Ilse M. Fasol-Boltzmann (Ed.)
Ludwig Boltzmann Principien der Naturfilosofi

Ilse M. Fasol-Boltzmann (Ed.)

Ludwig Boltzmann Principien der Naturfilosofi

Lectures on Natural Philosophy 1903–1906

With Two Essays by S. G. Brush and G. Fasol

With 58 Figures

Springer-Verlag
Berlin Heidelberg New York London
Paris Tokyo Hong Kong Barcelona

Ilse M. Fasol-Boltzmann
Am Brunen 34a, D-4630 Bochum 1, Fed. Rep. of Germany

Gerhard Fasol
Cavendish Laboratory, Cambridge University
Cambridge CB2 2RU, England

Stephen G. Brush
The University of Maryland
Institute for Physical Science and Technology
College Park, MD 20742-2431, USA

Cover picture/Frontispiece:

L. Boltzmann nach der Ehrenpromotion in Oxford 1894
L. Boltzmann after his honorary doctorate in Oxford 1894

Library of Congress Cataloging-in-Publication Data. Boltzmann, Ludwig, 1844–1906. Principien der Naturfilosofi [sic] = Lectures on natural philosophy 1903–1906/Ludwig Boltzmann: edited by I. M. Fasol-Boltzmann; with two essays by S. G. Brush and G. Fasol. p. cm. Prefatory matter in German and English. Includes bibliographical references.
ISBN-13: 978-3-642-75083-0 **e-ISBN-13: 978-3-642-75082-3**
DOI: 10.1007/ 978-3-642-75082-3
1. Philosophy of nature. 2. Science — Philosophy. I. Fasol-Boltzmann. I. M. (Ilse M.), 1927 – II. Fasol, Gerhard. III. Brush, Stephen G. IV. Title. V. Title: Lectures on natural philosophy 1903–1906. B3209.B873P75 1990 90–36449 113—dc20

Softcover reprint of the hardcover 1st edition 1990

2155/3150–543210 – Printed on acid-free paper

Vorwort

Ludwig Boltzmann war wegen seiner philosophischen Vorträge und seiner Vorlesungen über Naturphilosophie, die er in Nachfolge von Ernst Mach aufgrund eines gesonderten Lehrauftrags an der Universität Wien hielt, zum Teil starker Kritik durch zeitgenössische Philosophen ausgesetzt. Die spätere Generation jedoch konnte sich insbesondere über die Vorlesungen zur Naturphilosophie keinen eigenen Eindruck mehr verschaffen, denn diese galten bis heute als verschollen. Bekannt wurde lediglich der „Antrittsvortrag zur Naturphilosophie", veröffentlicht u. a. in Boltzmanns „Populären Schriften". Die im Wintersemester 1903/04 begonnenen und bis 1905 gehaltenen Vorlesungen basierten auf stenographischen Vorbereitungen unterschiedlicher Ausführlichkeit, die offensichtlich nur Boltzmann selbst lesen konnte. Diese Stenogramme befanden sich im Familienbesitz ebenso wie eine sorgfältig ausgeführte langschriftliche Ausarbeitung der Vorträge im Wintersemester 1903/04. Nach Abschluß meiner Arbeiten zur Transkription aller die Naturphilosophie betreffenden stenographischen Aufzeichnungen kann ich nun diese Texte gemeinsam mit der zeitgenössischen Ausarbeitung der Öffentlichkeit vorlegen. Damit wird es nach 85 Jahren wieder möglich, sich mit Ludwig Boltzmann als Naturphilosoph auseinanderzusetzen.

Nach meiner Transkription verblieben zunächst noch manche Unklarheiten und Lücken, deren Beseitigung nur durch die Sachkunde von Philosophen und Physikern möglich war. Es ist mir deshalb ein inniges Bedürfnis, für diese wertvollen Hilfen dem Professor (em.) für mathematische Logik an der Ruhr-Universität Bochum, Herrn Dr. phil. A. Menne, und Herrn Dr. H. Rechenberg vom Max-Planck-Institut für Physik und Astrophysik in München sehr herzlich zu danken.

Herrn Professor Stephen G. Brush, Ph. D. von der University of Maryland, bin ich großen Dank schuldig für seine Bereitschaft, das Kapitel über Ludwig Boltzmann und die Grundlagen der Naturwissenschaften zu verfassen. Meinem Sohn, Gerhard Fasol, Ph. D. von der University of Cambridge, danke ich sehr für seine fachliche Beratung und für die Ausarbeitung des „Summary" der Vorlesungen.

Die Fertigstellung des Buches wurde durch die Deutsche Forschungsgemeinschaft unterstützt, wofür ich mich bedanke.

Schließlich gilt mein herzlicher Dank dem Springer-Verlag für die spontane Zustimmung zum Verlegen meiner Arbeit und hier insbesondere Herrn Professor Dr. W. Beiglböck, von dem ich in mehreren Gesprächen wertvolle Anregungen zur Gestaltung des Buches erhielt.

Bochum, im März 1990 *Ilse M. Fasol-Boltzmann*

Preface

Ludwig Boltzmann's lectures on philosophy and the philosophy of nature given at the University of Vienna, where he had a special appointment to succeed Ernst Mach, attracted considerable criticism from contemporary philosophers. Following generations, however, were unable to gain any personal impression, since, until today, these especially of the lectures on the philosophy of nature were considered lost. Only the inaugural lecture on the philosophy of nature was known, published *inter alia* in Boltzmann's popular writings. The lectures that commenced in the winter semester of 1903/04 and continued up to 1905 were based on notes in shorthand of varying detail known, apparently, only to Boltzmann himself. These shorthand texts were owned by the family, as were the lectures for the winter semester 1903/04, carefully executed in longhand. Having completed my work, I am now in a position to present to the public a transcription of all the shorthand notes on the philosophy of nature. Thus after 85 years we can again approach Ludwig Boltzmann as a philosopher of nature.

In the course of my work I have had indispensable help from various quarters. Following my transcription there were still several gaps and discrepancies which could only be rectified by the expertise of philosophers and physicists. I should therefore like to express my sincere thanks to Dr. A. Menne, Professor Emeritus for Mathematical Logic at the Ruhr University of Bochum, and to Dr. H. Rechenberg of the Max Planck Institute for Physics and Astrophysics in Munich. I am most grateful to Professor Stephen G. Brush, Ph. D., of the University of Maryland, for his willingness to write the chapter on Ludwig Boltzmann and the foundations of natural science. I also express my thanks to my son, Gerhard Fasol, Ph. D., of the University of Cambridge, for his valuable technical advice and for providing the summary of the lectures' content.

Finally, I must thank Springer-Verlag for their prompt agreement to publish my work and, in particular, Professor W. Beiglböck, who made valuable suggestions concerning the layout of the book.

Bochum, March 1990 *Ilse M. Fasol-Boltzmann*

Inhaltsverzeichnis

Einführung[1]

Ilse M. Fasol-Boltzmann

Ludwig Boltzmann und seine Familie

Zumindest durch drei Generationen hindurch hatten die Vorväter Boltzmanns den Vornamen Ludwig. Der Urgroßvater, Samuel Ludwig Boltzmann, wurde am 25. März 1739 in Königsberg geboren. Seine Eltern waren Georg Friedrich Boltzmann und Anna Charlotta geborene Weinholtz. Er heiratete am 30. April 1769 in Königsberg Anna Sophie Strasser und ging später als königlicher Hofbediensteter nach Berlin. Sein Sohn Gottfried Ludwig Boltzmann kam am 29. Mai 1770 in Berlin zur Welt, zog offenbar schon früh nach Wien, wurde dort Spieluhrenfabrikant und heiratete am 25. Juni 1799 Anna Katharina Klöcksreich. Dieser Ehe entsproß am 26. Januar 1802 Ludwig Georg Boltzmann. Er wurde k. k. Finanzverwaltungskommissär und heiratete am 1. Mai 1837 in Maria Plain bei Salzburg die damals siebenundzwanzigjährige Katharina Pauernfeind. Als ihr erster Sohn wurde am 20. Februar 1844 der spätere Physiker *Ludwig Eduard* geboren, als zweiter Sohn 1845 Albert, und als drittes Kind kam 1848 Hedwig zur Welt. Albert verstarb schon als Fünfzehnjähriger, Hedwig wurde 42 Jahre alt. Kurz nach der Geburt Ludwigs wurde sein Vater zuerst nach Wels und dann nach Linz versetzt, wo er bereits am 22. Juni 1859 im 58. Lebensjahr verstarb. Seine Witwe überlebte ihn bis 1885 um ein Vierteljahrhundert.

Ludwig Eduard Boltzmann wurde zunächst privat unterrichtet bevor er in Linz das Gymnasium besuchte. Sein besonderes Interesse und sein größter Eifer galt schon damals der Mathematik und den naturwissenschaftlichen Fächern. Er selbst führte sein späteres Augenleiden darauf zurück, daß er als Gymnasiast diese Studien an langen Abenden bei unzureichendem Kerzenlicht betrieben hatte. Der frühe Tod seines Vaters hat den damals erst Fünfzehnjährigen wohl nachhaltig beeinflußt. Seine Mutter entstammte einer wohlhabenden Familie (noch heute gibt es in Salzburg eine Pauernfeind Gasse). Sie konnte dem Ausbleiben der an sich niedrigen Einkünfte des Verstorbenen dadurch begegnen, daß sie fortan ihr gesamtes Vermögen für die Erziehung ihrer Kinder einsetzte. Dadurch konnte sie es auch ermöglichen, daß Ludwig Eduard in seiner Gymnasiumzeit Klavierunterricht von Anton Bruckner erhielt. Das Klavierspiel pflegte er sein Leben lang, er brachte es zu guter Perfektion und er begleitete später regelmäßig das Violinspiel seines Sohnes Arthur Ludwig, meines Vaters. Nach Abschluß der Schulzeit in Linz begann Ludwig Boltzmann 1863 an der Universität Wien das Studium

[1] An English translation of the editor's introduction can be found on pp. 27–39

der Mathematik und der Physik und promovierte am 19. Dezember 1866. Noch während seines Studiums erschienen seine ersten beiden Veröffentlichungen in den Sitzungsberichten der Akademie der Wissenschaften in Wien. Bereits am 19. März 1868 wurde dem Vierundzwanzigjährigen von der Universität Wien die venia legendi für mathematische Physik erteilt. Schon ein Jahr danach wurde er als Professor für mathematische Physik nach Graz und 1873 als Professor für Mathematik an die Universität Wien berufen. Im Jahr 1875 lehnte er Rufe nach Zürich und Freiburg ab. Kurz vor Antritt seiner zweiten Grazer Professur, für Physik, heiratete er am 17. Juli 1876 in der Stadtpfarrkirche Maria Himmelfahrt zu Graz die zweiundzwanzigjährige Henriette Magdalena Edle von Aigentler. Henriette war Lehrerin und lebte damals als Vollwaise im Hause der Eltern des Komponisten Wilhelm Kienzl in Stainz, südlich von Graz. Als sie Ludwig Boltzmann kennenlernte, begann sie an der Grazer Universität Mathematik zu studieren. Für eine Frau war das damals nicht problemlos. Ihre Kinder waren Ludwig Hugo (1878–1889), Henriette (1880–1945), Arthur Ludwig (1881–1952), Ida (1884–1910) und Elsa (1891–1966) (siehe Abb. 1). An die lebhaften Erzählungen meiner Großmutter Henriette Magdalena Boltzmann kann ich mich gut erinnern. Nach dem Tode ihres Mannes übertraf ihre Witwenschaft an Dauer noch jene ihrer Schwiegermutter. Sie starb im Jahre 1938.

Der älteste Sohn, Ludwig Hugo, starb an einer Blinddarmentzündung. Die beiden Töchter Ludwig Boltzmanns, Henriette und Ida, blieben unverheiratet. Beide studierten Mathematik und Physik und legten die Lehramtsprüfungen für Gymnasien ab. Henriette promovierte 1905. Die jüngste Schwester, Elsa, war Heilgymnastikerin und heiratete Dr. Ludwig Flamm, Professor für Physik an der Technischen Hochschule Wien. Deren dritter Sohn, Dr. Dieter Flamm, ist Professor am Institut für theoretische Physik an der Universität Wien.

Mein Vater, Dr. Arthur Ludwig Boltzmann, wurde in Graz geboren. Er studierte an den Universitäten Wien und Berlin Physik sowie an der Technischen Hochschule Wien Maschinenbau und Elektrotechnik (dies war damals noch ein gemeinsames Studium). Als Student begleitete er seinen Vater auf mehreren Reisen. Davon hat er in meiner Jugendzeit sehr oft ausführlich erzählt und auch ich werde darauf noch kurz zurückkommen. Auf der Überfahrt nach Amerika (1904) nutzte er Zeit und Gelegenheit, um Experimente für Teile seiner Dissertation zu machen. Als der erste Weltkrieg begann, war mein Vater Assistent an der Universität Wien. Der Krieg jedoch unterbrach seine weitere Laufbahn und als passionierter Ballonfahrer diente er als Artilleriebeobachter im Fesselballon. Nach dem Krieg wurde er Beamter im Bundesamt für Eich- und Vermessungswesen in Wien, dessen Leiter er später war. Am 15. Januar 1922 heiratete er Dr. Pauline von Chiari.

Über das Leben Ludwig Boltzmanns gibt es viele Veröffentlichungen (u. a. Jäger 1925, Broda 1955, L. Flamm 1944, 1957, D. Flamm 1982, Dick und Kerber 1983, Höflechner und Hohenester 1985, Hörz und Laaß 1989). Daher sollen hier nur mehr einige Einzelheiten, vor allem nach Erzählungen meines Vaters und nach erhaltenen Briefen, angefügt werden.

Am Beginn seiner zweiten Professur in Graz kaufte Ludwig Boltzmann ein Landgut auf der „Platte“ in Oberkroisbach bei Graz (siehe Abb. 3), das er zu seinem Familiensitz umbauen ließ. Da er zeitlebens darunter gelitten hatte, als Jugendlicher keinerlei körperliche Ertüchtigung erfahren zu haben, worauf er auch seine Kränklichkeit zurückführte, schaffte er später in diesem Hause eine Reihe von Turngeräten an. Er legte größten Wert auf deren stete Benutzung durch seine Kinder, mit denen er auch regelmäßig weite Ausflüge machte. Dabei war er immer in heiterer Stimmung und meinem Vater waren besonders die botanischen Erklärungen in lebhafter Erinnerung. Offenbar suchte Boltzmann als großer Naturliebhaber bei diesen Wanderungen und im Winter beim Eislaufen mit seinen Kindern die ihm früher fehlende körperliche Betätigung nachzuholen. So animierte er später auch meinen Vater zu einer erlebnisreichen Fahrradtour von Wien nach Paris. Dort erwarteten ihn seine eben von London kommenden Eltern; sie besuchten gemeinsam die Oper und erstiegen auch den Eiffelturm. In Graz besaß mein Großvater auch einen Schäferhund. Dieser kam täglich um die Mittagszeit von der Platte herab in die Stadt gelaufen, wartete vor dem Institut, um dann während des von seinem Herrn in einer nahegelegenen Gastwirtschaft eingenommenen Mittagessens unter dem Tisch zu seinen Füßen zu liegen. Diese Grazer Jahre gehören wohl zu den wenigen ungetrübten Perioden im Leben Ludwig Boltzmanns.

In dieser Zeit war Ludwig Boltzmann mehrmals bei Hof eingeladen. Er war, vielleicht bedingt durch seine Kurzsichtigkeit, ein langsamer Esser. Kaiser Franz Josef berührte bei offiziellen Anlässen kaum seine Speisen, und die Etikette ließ es nicht zu, daß die Gäste länger als der Kaiser aßen. In der Familie wurde oft von Boltzmanns Verärgerung darüber erzählt, daß ihm von den Bediensteten seine Teller so rasch weggenommen wurden, daß er kaum etwas von den exquisiten Speisen essen konnte. Diese Erfahrungen waren aber sicher nicht der Grund für die Ablehnung des ihm damals angebotenen Adelsprädikats. „Meinen Vorfahren war der bürgerliche Name gut genug und muß es auch meinen Kindern und Enkeln sein“; so hat er die Ablehnung begründet.

In seinen letzten Grazer Jahren vor 1890 wurde mein Großvater rasch unausgeglichener. Mein Vater berichtete lebhaft davon, daß er sich tage- und nächtelang in seinem Arbeitszimmer einschloß, wenn er bis zur völligen Erschöpfung mit einem Problem beschäftigt war. Nur widerwillig ließ er sich in solchen Perioden wenigstens Getränke reichen. Seine ohnedies schwächliche Gesundheit litt darunter zusehends. Die Gefühlsschwankungen und die Unentschlossenheit verstärkten sich. Dies wird besonders durch die tragische und von ihm sehr rasch intensiv bereute Ablehnung des Rufs nach Berlin deutlich. Diese Ablehnung erfolgte ja bekanntlich nachdem er seine Ernennung bereits in Händen hatte. Dieser „nicht beschrittene Weg nach Berlin“ wird von Hörz und Laaß (1989) in hervorragender Weise dokumentiert.

Sehr einschneidend und wahrscheinlich sogar mit wesentlichem Einfluß auf das Leben Ludwig Boltzmanns und seiner Familie war der Verlust seines ältesten, hochbegabten Sohnes Ludwig. Mit elf Jahren starb er, wie bereits gesagt, an einer zu spät erkannten Blinddarmentzündung. Ludwig Boltzmann machte sich schwerste Vorwürfe, nicht rechtzeitig den Ernst der Erkrankung und die Fehldiagnose des Hausarztes erkannt zu haben. Durch diesen schweren Verlust ausgelöst verstärkten sich seine Unruhe und seine ersten Depressionen. Durch noch vertiefteres Arbeiten wollte er sich von seinen Selbstvorwürfen ablenken und lebte längere Zeit hindurch fast nur mehr im Institut; die Familie wurde jetzt vernachlässigt. Er strebte nun doch endgültig weg von Graz, wollte eine andere Umgebung und nahm schließlich den 1890 an ihn ergangenen Ruf nach München an, wo er allerdings nur vorübergehend zu Ruhe und Zufriedenheit fand.

Ludwig Boltzmann bezeichnete die Jahre in München als die schönste Periode seines akademischen Lebens. Er fand einen anregenden Kreis von Kollegen, zu dem u. a. van Dyk, Finsterwalder, Klein und Sohnke gehörten; mit diesen wurden regelmäßig bei abendlichem Bier wissenschaftliche Fragen diskutiert. Dadurch angeregt hielt er neben seiner eigentlichen Lehrverpflichtung auch mathematische Vorlesungen, vor allem über Zahlentheorie. Mit von Lommel, Professor für Experimentalphysik und mit dem Chemiker und späteren Nobelpreisträger von Baeyer verband ihn eine enge Freundschaft, und bei Einladungen zu Prinz Luitpold fanden Gespräche über physikalische Fragen statt. Boltzmanns wohnten zunächst in der Maximilianstraße. Von dort war es nahe zur Universität und auch zur Oper, wo die von Boltzmann gerne gehörten Werke Richard Wagners aufgeführt wurden. „Der Evangelimann“ von Wilhelm Kienzl fand in der Boltzmannschen Familie verständlicherweise begeisterte Zuhörer. Mein Vater berichtete, daß auch schon damals meine Großmutter regelmäßig wissenschaftliche Arbeiten vorlas, um die Augen ihres Mannes zu schonen. Als Mathematikerin war sie eine sachkundige Vorleserin. Offenbar war aber auch sie von großer Unrast erfüllt, denn hauptsächlich sie war es, die in der kurzen Münchener Zeit zu zweimaligen Umzügen hinaus aus der Stadt und schließlich auch zum Wechsel nach Wien drängte.

Daß Ludwig Boltzmann nach einigen so befriedigenden Jahren München und seinen so anregenden Kollegen- und Freundeskreis wieder verließ, ist im wesentlichen auch auf seine rasch zunehmende Kurzsichtigkeit und auf seine Angst vor einer vollständigen Erblindung zurückzuführen, die sich in seinen letzten Lebensjahren auch tatsächlich anzukünden begann. Er fürchtete, in München ohne Altersversorgung dienstunfähig zu werden. Er dachte an den frühen Tod seines Vaters und hatte wohl auch das Beispiel des erblindeten Georg Simon Ohm vor Augen, der ohne Pension in ärmlichsten Verhältnissen gestorben war. Obwohl als Universitätsprofessor bayerischer Staatsbürger und Königlich Bayerischer Geheimer Rat, war auch Boltzmann nicht pensionsberechtigt, weshalb auch seine Familie im Falle seiner Dienstunfähigkeit unversorgt geblieben wäre. Dies war auch für seine Frau Henriette Grund, zu einer Rückkehr nach Österreich zu drängen. Bei seiner 1894 erfolgten Berufung nach Wien wurde ihm unter Anrechnung seiner Vordienstzeiten in Österreich die volle Pension für den Fall seiner Dienstunfähigkeit zugesagt. In Wien fühlte er sich aber, nach den Erzählungen meines Vaters, absolut nicht wohl; es fehlte ihm nicht nur der anregende Verkehr mit Freunden, sondern es kam auch zu Auseinandersetzungen mit einigen Kollegen. Er litt zunehmend unter den Angriffen gegen seine wissenschaftlichen Erkenntnisse. In Ernst Mach, den er persönlich zwar sehr schätzte, hatte er bekanntlich einen erbitterten Gegner der Atomistik. Auch kränkte ihn, daß er, nachdem er durch seinen Ruf nach München aus der Akademie der Wissenschaften als wirkliches Mitglied ausgeschieden war, erst nach geraumer Zeit wieder aufgenommen wurde; einer sofortigen Wiederernennung hatte sich nämlich Kaiser Franz Josef widersetzt. In vielen Briefen aus dieser Zeit ist seine Enttäuschung dokumentiert. Unter diesen Eindrücken hat es meine Großmutter dann sehr bedauert, zum Wechsel nach Wien gedrängt zu haben. Nicht zuletzt als Zeichen seiner Unruhe strebte Boltzmann rasch wieder weg von Wien und wollte sogar, trotz der dort doch fehlenden Altersversorgung, wieder nach München zurückkehren. Das Münchner Kollegium betrieb auch diese Rückkehr, sie scheiterte jedoch an ministeriellen Entscheidungen. Nach sechs Jahren ging er sodann 1900 nach Leipzig. Obwohl manche seiner dortigen Kollegen wie Bruns, Credner und Wiener sich sehr um ihn bemühten, konnte er sich in Leipzig nicht eingewöhnen. Auch dort fand er in Ostwald einen Bekämpfer der Atomistik. Als neuerliches Zeichen seiner Unrast ging Boltzmann schon zwei Jahre später, und diesmal endgültig, wieder nach Wien zurück (siehe Abb. 2).

In seinen letzten Lebensjahren hat Ludwig Boltzmann mehrere größere Reisen gemacht. Am bekanntesten wurde seine 1905 allein unternommene dritte Amerikareise durch deren humorvolle Schilderung in „Die Reise eines deutschen Professors ins Eldorado“ in den Populären Schriften (Boltzmann, 1905). Zum Abschluß dieses persönlichen Teils meiner Einführung möchte ich noch einiges über die anderen, weniger bekannten Reisen berichten.

Am 20. Juni 1899 schiffte sich das Ehepaar Boltzmann in Bremen auf dem Dampfer „Kaiser Wilhelm der Große“ des Norddeutschen Lloyds ein. Die Überfahrt ging über Southampton und Cherbourg nach New York und dauerte sieben Tage. Anlaß zu dieser Reise war die Einladung an die Clark University in Worcester N.Y, wo im Rahmen der Feiern zu deren zehnjährigen Bestehen Ludwig Boltzmann vier Vorträge „Über die Grundprinzipien und Grundgedanken der Mechanik“ hielt und zum Ehrendoktor promoviert wurde. Es sind sechs Briefe vorhanden, in denen die Eltern Reiseberichte an ihre Kinder senden. Der erste stammt von Bord, ist von Henriette Boltzmann begonnen und berichtet im wesentlichen über die Abendessen mit neun Gängen, auf die sie aber wegen Seekrankheit verzichten mußte. „Mama kann vor Üblichkeit nicht mehr weiter schreiben“ beendet mein Großvater den Brief. „Papa war immer gesund“ schreibt hingegen Henriette Boltzmann im nächsten Brief vom Festland. Großen Eindruck machte New York: „Das Gedränge der elektrischen Bahnen und Dampfbahnen auf, ober und unter den Straßen ist wirklich großartig. Die Bahnen fahren rasend schnell. Es ist recht gefährlich“. Das nächste Ziel, Boston, hat weniger gefallen: „ ... der Staub ist furchtbar ... “ In Worcester waren Boltzmanns acht Tage lang Gäste von Professor Webster. In den Briefen meiner Großmutter wird vor allem von den zahlreichen gesellschaftlichen Ereignissen, merkwürdigerweise aber mit keinem Wort von der Ehrenpromotion berichtet. Mein Großvater hingegen war zu sehr in Anspruch genommen und kam nicht zum Schreiben. Nach dem Aufenthalt in Worcester ging die Reise per Bahn nach Montreal und per Schiff am

Lorenzstrom zum Ontariosee, später nach Buffalo und zu den Niagarafällen und am Eriesee wurde eine Dampferfahrt unternommen. Den letzten Brief schrieb am 17. Juli mein Großvater selbst aus Pittsburg und berichtet nochmals über Worcester: „Dort war es eher langweilig. Ich hielt meine Vorträge und die anderen (ein Franzos, ein Italiener, ein Spanier und ein Schweizer) hielten sie noch miserabler". In diesem Brief werden die weiteren Reiseziele angegeben: Washington, Baltimore, Philadelphia, New York. Dort begann dann am 25. Juli die Überfahrt nach Bremen.

Von Leipzig aus machte Ludwig Boltzmann von Ende Juli bis Anfang Oktober 1901 gemeinsam mit meinem Vater eine Mittelmeerreise (siehe Abb. 4). Diese sollte seinen damals schon sehr angegriffenen seelischen Zustand verbessern helfen. Allerdings litt er sehr unter der Hitze. „Papa schwitzt und schimpft nach Noten" schreibt am 8. August mein Vater von Bord des Dampfers „Pera" der Deutschen Levante Linie. Die Reise ging von Hamburg über Lissabon, Algier, Malta, Athen, Constantinopel, Panderma nach Cavalla. Wegen Ausbruch der Pest durften sie nicht, wie beabsichtigt, von Constantinopel weiter nach Odessa fahren. Das Schiff lag längere Zeit in Quarantäne. Großen Gefallen fanden dabei beide am täglichen Schachspiel. Am 4. Oktober trafen sie wieder in Leipzig ein.

Die zweite Amerikareise vom 21. August bis 8. Oktober 1904 hatte die Teilnahme Ludwig Boltzmanns an einem Kongreß im Rahmen der Weltausstellung in St. Louis zum Anlaß. Auch auf dieser Reise wurde er von meinem Vater begleitet. Die Überfahrt von Hamburg nach New York mit dem Postdampfer „Belgravia" der Hamburg-Amerika Linie dauerte diesmal zehn Tage. Sie war außerordentlich stürmisch und unbequem. Das ständige Heulen des Nebelhorns hinderte am Schlaf. „Das Schiff ist sehr minder und hat viele Unbequemlichkeiten" schreibt mein Großvater an seine „Liebste Mama" (so nannte er meine Großmutter stets in seinen Briefen; siehe Abb. 10). „Wir sind beide gesund. Hoffentlich bleibe ich es auch auf der ganzen Reise, die allerdings mehr Strapazen bringen wird, als bei meinem Alter und Nervenzustand gut ist"; und etwas später: „Ich bin krank und wenn diese entsetzliche Melancholie, die mich jetzt erfüllt, nicht in Wien rasch weicht, so kann ich keine Vorlesungen halten." Nach Ankunft in New York am 31. August ging die Reise von dort am 3. September weiter nach Philadelphia, Washington, Detroit, Chikago und St. Louis. Die Rückreise erfolgte auf der „Deutschland" nach Hamburg. Für meinen Vater waren diese Reise mit meinem Großvater, der Besuch der Weltausstellung in St. Louis, die dortigen Vorträge seines Vaters über statistische Mechanik, seine Ernennung zum Akademiemitglied und die Fahrt zu den Niagarafällen die größten Erlebnisse seiner Jugend.

Der unveröffentlichte Nachlaß

Der unveröffentlichte wissenschaftliche Nachlaß Ludwig Boltzmanns besteht im wesentlichen aus einer größeren Anzahl stenographischer Aufzeichnungen, teils in Notizbüchern, teils auf losen Blättern. Mein Vater verwaltete nach dem Tode meines Großvaters dessen gesamten Nachlaß. Es wäre naheliegend gewesen, diesen schon damals aufzuarbeiten. Mein Vater stand jedoch als Physiker Zeit seines Lebens unter dem Eindruck der weit über den Tod hinaus wirkenden starken Persönlichkeit sowie des tragischen Ablaufs und Endes des Lebens seines Vaters. Wie er mir öfters versicherte, konnte er sich deshalb nicht dazu entschließen, die Aufgabe der Nachlaßbearbeitung in Angriff zu nehmen. Später wollte er dies aber doch gemeinsam mit meinem 1923 geborenen Bruder Ludwig Ottokar Boltzmann tun. Dies deshalb, weil mein Bruder sich schon im Gymnasium intensiv mit Mathematik und Physik beschäftigt hatte und zum Physikstudium fest entschlossen war. Mein Bruder fiel 1943 bei Smolensk. Die Bearbeitung des Nachlasses unterblieb daher zunächst, und mein Vater starb 1952.

Mein Sohn Gerhard Ludwig Fasol (geb. am 13. September 1954 in Wien) studierte an der Ruhr-Universität Bochum Physik und promovierte an der Universität Cambridge, England. Danach arbeitete er am Max-Planck-Institut für Festkörperphysik in Stuttgart und ist derzeit Lecturer an der Universität Cambridge (Cavendish Laboratory). Er trug im September 1981 auf der aus Anlaß des 75. Todestages Ludwig Boltzmanns an der Wiener Universität veranstalteten Internationalen Tagung (Sexl und Blackmore 1982) über bisher unveröffentlichte Schriften aus dem Nachlaß vor (Fasol 1982). Natürlich konnte er, soweit die Vorlesungen über Naturphilosophie betroffen waren, nur über die in diesem Buch enthaltene langschriftliche Ausarbeitung eines Teils der Vorlesungen berichten, denn der größte Teil war damals noch nicht lesbar. Dieser ist in einer speziellen Form der alten Gabelsberger Stenographie geschrieben, die noch ausführlich zur Sprache kommen wird.

Die Bestandteile des naturphilosophischen Nachlasses sind ein 19 × 12 cm großes *Notizbuch* mit stenographischem Inhalt (siehe Abb. 13a, b), zahlreiche lose Bögen sowie die von einem Unbekannten angefertigte langschriftliche Ausarbeitung eines Teils der Vorlesungen über Prinzipien der Naturphilosophie.

Das Notizbuch enthält auf dem inneren Einbanddeckel stenographische Notizen, deren Transkription ich als „Gedanken zur Vorbereitung der Vorlesung" bezeichnet habe (S. 77). Auf der ersten Seite des Notizbuches steht in Langschrift der Titel „*Principien der Naturfilosofi 1903/04*". Sodann beginnen mit dem Datum 26.10.1903 die fortlaufenden stenographischen Notizen für die einzelnen Vorlesungen. Diese sind immer nur auf den rechten Seiten des mit genauer Seitennumerierung versehenen Buches zu finden. Auf den linken Seiten des Notizbuches sind immer wieder Gedanken und kurze Anmerkungen eingetragen. Auf die Einarbeitung dieser Texte in den fortlaufenden Text werde ich auf S. 16 eingehen.

Die von einem unbekannten Assistenten oder Studenten oder auch von einem angestellten Schreiber angefertigte Ausarbeitung enthält die Vorlesungen über die

„Prinzipien der Naturphilosophie“ des Wintersemesters 1903/04. Möglicherweise sollte diese Mitschrift einer Veröffentlichung in Buchform dienen, die jedoch unterblieb (siehe S. 15). Man kann annehmen, daß im Hörsaal mitstenographiert und später dieses Stenogramm präzise in Langschrift übertragen wurde. Die gestochene, gleichmäßige Schrift und vor allem auch das Anfertigen der eingefügten Zeichnungen wären im Hörsaal nicht möglich gewesen. Die Ausarbeitung beginnt allerdings erst mit der dritten Vorlesung am 3. November 1903. Es war in den ersten beiden, sehr turbulenten Vorlesungen am 26. und 27. Oktober im überfüllten Saal bei „lebensgefährlichem Gedränge“ wohl nicht möglich gewesen, mitzuschreiben. Es ist zwar eindeutig, daß es sich nicht um eine von Boltzmann nachträglich beeinflußte oder redigierte Fassung handelt, weil an mehreren Stellen einzelne Worte oder sogar ganze Zeilen fehlen. Dies sind wahrscheinlich Stellen, die der Schreiber in seinem Stenogramm später nicht lesen konnte, die aber Boltzmann sicher richtiggestellt hätte. Es ist aber anzunehmen, daß diese Mitschrift eine weitgehend wörtliche Wiedergabe der im Hörsaal gehaltenen Vorlesung ist, weil die Anrede „Nun, meine Damen und Herren ...“, oder Worte wie „ ... ich zeichne hier ...“ vorkommen; immer wieder das charakteristische „Nun“! Die Annahme eines wörtlichen Protokolls scheint auch dadurch bewiesen, daß sich diese Wortwahlen und Ausdrucksweisen mit bekannten Schriften Ludwig Boltzmanns decken. Dadurch spiegelt diese Mitschrift den unmittelbaren Vortragsstil Boltzmanns im Detail wider und darin liegt ihr großer Wert.

Einige Passagen dieser Mitschrift gleichen sich Wort für Wort mit Boltzmanns stenographischen Notizen. Diese Übereinstimmung trifft jedoch nur für manche Stellen zu; an anderen Stellen ist sein Stenogramm extrem kurz, oft nur in Satzfragmenten oder Stichworten ausgeführt. So gehen die detaillierten Ausführungen der Mitschrift über die kurzen Notizfragmente meist weit hinaus. Dazu möchte ich einige Beispiele anführen.

Die Mitschrift der 12. Vorlesung ist inhaltlich wesentlich ausführlicher als die für den 7. Dezember im Notizbuch vorhandenen stenographischen Vorbereitungen. Ludwig Boltzmann wird wohl im Schwung des Vortrags momentane Gedanken wesentlich weiter ausgeführt haben und sich nicht an die vorbereiteten Notizen gehalten haben. Andererseits gibt es im Stenogramm eine Vorbereitung mit dem Datum 14. Dezember 1903. Diese Vorlesung dürfte aber ausgefallen sein, da sie in der Mitschrift fehlt. Die Mitschrift setzt mit Nummer 13 am 11. Januar 1904 fort und deckt sich etwa mit dem Stoff der Notizen gleichen Datums. Ab der 15. Vorlesung finden sich in der Mitschrift abermals ausführliche Darlegungen, die im Stenogramm auch nicht andeutungsweise vorkommen. Man findet aber auch Themen, die im Stenogramm unter einem bestimmten Datum ausgeführt sind, in der Mitschrift unter einem späteren Datum wie z. B. in der 16. bis 18. Vorlesung. So kann man sich vorstellen, wie sich wohl der ab Februar 1904 tatsächlich gehaltene Vortrag von dessen stenographischen Vorbereitungen unterschieden haben muß, worüber dann keine Dokumentation mehr vorhanden ist. Die langschriftliche Ausarbeitung endet mit der 18. Vorlesung am 26. Januar 1904.

Die Stenographie Boltzmanns

Alle Notizen, Vorlesungen, Vorträge und Bearbeitungen von Büchern etc., schrieb Ludwig Boltzmann in einer speziellen Variante der alten Gabelsberger Kurzschrift, der sogenannten Debattenschrift, der am stärksten gekürzten Form (siehe Abb. 6, 7, 8). Frau Hofrat Dr. A. Dick, ehemals an der Zentralbibliothek des Physikalischen Instituts der Universität Wien, bezeichnete als Expertin für Gabelsberger Stenographie Boltzmanns Kurzschrift mir gegenüber ausdrücklich als so gut wie unlesbar. Boltzmanns Kurzschrift muß auf eine Form vor der Reform des Jahres 1867 zurückgehen. Es folgten nach 1867 noch einige weitere Reformen der Gabelsberger Kurzschrift bis in das 20. Jahrhundert. Auch meine Eltern schrieben Gabelsberger Kurzschrift, doch konnten auch sie jene von Ludwig Boltzmann nicht lesen.

In den alten Lehrbüchern dieser Stenographie wird ausdrücklich zu eigenständigen Wort- und Satzkürzungen aufgefordert. Es werden Klang- und Formenkürzungen angeregt, Anlaut und Auslaut werden gekürzt verwendet, ganze Silben und Wortstämme werden ausgelassen, Kürzel und sog. Siegel verwendet; es wird auch oft zu eigener Prägung von Zeichen und Kürzungen angeregt. Dadurch wurde die ohnedies schon vorhandene Mehrdeutigkeit der damaligen Kurzschrift noch weiter und wesentlich erhöht. Gerade dies war der Grund für die späteren Reformen. Doch Boltzmanns Kurzschrift ist, wie schon gesagt, noch vor alle diese Reformen einzuordnen und sie ist zudem höchst eigenwillig.

Zur Illustration der Vieldeutigkeit der alten Form der Gabelsberger Stenographie sollen zunächst zwei Beispiele dienen. Ein hochgestelltes *w* kann als werde, wird, wirst, wieder, Wirkung, wirken usw. gelesen werden. Ein Punkt auf der Zeile (nicht hoch- oder tiefgestellt) kann Land, Mann, Art und noch viele andere einsilbige Wörter mit dem Vokal *a* bedeuten. Diese Mehrdeutigkeit wird verständlich durch folgende Zitate aus K. Faulmann: „Stenographische Unterrichtsbriefe für das Selbststudium", A. Hartleben's Verlag Wien, Pest, Leipzig 1878: „Man bezeichnet das Wesentliche eines Satzes genau, deutet das Minderwesentliche nur kurz an und läßt das Selbstverständliche ganz unbezeichnet. Wesentlich sind die Stammsilben der Wörter; sind sie jedoch durch An- oder Auslaut angedeutet, läßt man den Stamm weg. Minderwesentlich sind die Vokale, die Vor- und Nachsilben, Artikel, Fürwörter, Hilfszeitwörter, Bindewörter. Jeder soll selbsttätig versuchen, eigene Kürzungen zu verwenden". An anderen Stellen findet man Anweisungen wie:

„Klangkürzung: Verwendet den Vokal der Stammsilbe zur Vertretung des Wortes."

„Formkürzung: Verwendet die Formsilbe (Vor- und Nachsilbe) zur Bezeichnung des Wortes und läßt den Stamm unberücksichtigt." z. B. „erwiderte": er-dert; „Anhaltspunkt": an-punkt; „Gulden", „gut", „Gut": tiefgestelltes *g*.

„Gemischte Kürzung: Die Nachsilbe wird unter die Vorsilbe gesetzt." z. B. „Befugnis": be-u-nis; „Erlaubnis": er-u-nis.

„Unregelmäßige Kürzungen: Welche sich in keine der Gruppen einordnen lassen. Öfters vorkommende Wörter sollen nur durch einen Buchstaben bezeichnet werden."

Aufgrund dieser Empfehlungen schreibt Boltzmann viele Wörter nur durch schräge, horizontale oder vertikale Striche verschiedener Länge. Ebenso wie er einem Zeichen verschiedene Bedeutungen zuordnet, schreibt er ein und dasselbe Wort auf verschiedenartige Weisen, indem er es auf verschiedene Versionen kürzt, Klang- und Formkürzung anwendet oder manchmal auch wieder alle Silben „ausschreibt".

Die alte Gabelsberger Schrift sowie alle folgenden Kurzschriften, wie die spätere Deutsche Einheitskurzschrift, verwenden die Strichverstärkung zur Verdeutlichung der Vokale. Doch Ludwig Boltzmann hat grundsätzlich mit Feder und Tinte stenographiert. Dadurch war entweder die Verstärkung nicht möglich oder er hat bewußt keine Verstärkung verwendet. Dadurch entstand eine zusätzliche Erschwerung der Lesbarkeit. Es ist auch nicht zu verwundern, daß Ludwig Boltzmann ganz eigenwillige, persönliche Kürzungsformen verwendete. So entstand ein Artenreichtum, der seiner schöpferischen Persönlichkeit entspricht.

Die Transkription der Stenographie

Am Beginn meiner Arbeiten wendete ich mich an den Österreichischen Stenographenverband, der mir freundlicherweise das oben zitierte Lehrbuch von Faulmann überließ. Das Erlernen der alten Form der Gabelsberger Kurzschrift war keine allzugroße Schwierigkeit, und die Übungstexte des Lehrbuches waren bald leicht zu lesen. Das erste Problem bestand jedoch sodann darin, zunächst auch nur ein einziges Zeichen der Kurzschrift Ludwig Boltzmanns entziffern zu können. Ich konnte am Beginn meiner Transkriptionsarbeiten überhaupt keine Ähnlichkeit mit der erlernten Gabelsberger Kurzschrift finden. Ich sah Zeichen für Zeichen, Seite für Seite durch und versuchte, annähernde Übereinstimmungen zu entdecken. Es erforderte Jahre intensiver Vertiefung, um von einigen wahrscheinlichen Deutungen auf zunächst noch unverständliche Satzfragmente zu kommen.

Im Laufe der Transkriptionsarbeit habe ich ein nach verschiedenen Gesichtspunkten geordnetes Verzeichnis der von Ludwig Boltzmann verwendeten stenographischen Zeichen, Worte und Kürzungen angelegt und so einen genauen Nachschlagekatalog erarbeitet. Dadurch war es möglich geworden, die stenographische Vorbereitung der ersten beiden Vorlesungen mit der als „Antrittsvortrag" bekannten, im Druck vorliegenden Version zu vergleichen. Mit ihr stand gewissermaßen ein „Stein von Rosette" zur Verfügung. Auch die bereits erwähnte langschriftliche Ausarbeitung konnte mir erst in diesem Stadium nur sinngemäß, jedoch nicht Wort für Wort, etwas helfen. Sich überdeckende Stellen konnten herausgefunden, verglichen und richtiggestellt werden. Die Transkription wurde auch dadurch erschwert, daß Boltzmann in seinen Stenogrammen grundsätzlich keinerlei Interpunktion verwendete. Nicht zuletzt deshalb kann ich geringfügige

Übersetzungsfehler nicht völlig ausschließen. Das Stenogramm ist oft sprachlich und grammatikalisch nicht exakt ausgeführt, auch dort wo vollständige Sätze geschrieben wurden. Das Notizbuch war ja keineswegs zur Veröffentlichung gedacht, sondern diente lediglich als Skizze und Gedächtnisstütze für die Vorlesung.

Der Vortragsstil Boltzmanns

Ludwig Boltzmann hat immer vollständig frei vorgetragen. Dies scheint, wie schon erwähnt, auch dadurch bewiesen, daß seine stenographischen Vorbereitungen und die wörtliche Mitschrift des ersten Teils der naturphilosophischen Vorlesungen immer wieder stark voneinander abweichen. Auch erzählte mein Vater von dem erstaunlichen Gedächtnis. In seinen letzten Lebensjahren konnte Ludwig Boltzmann wegen zunehmender Sehschwäche nur mehr mit größter Anstrengung schreiben und lesen. Daher las ihm seine Frau regelmäßig wissenschaftliche Abhandlungen und Bücher vor, und umgekehrt diktierte er häufig auch theoretische Arbeiten einschließlich aller Formeln.

Broda (1955) bezeichnet unter Berufung auf Zeitgenossen Ludwig Boltzmanns diesen als den „geborenen akademischen Lehrer" und seinen Vortrag als „kristallklar; enormes Wissen war mit hervorragender Lehrfähigkeit gepaart". L. Flamm (1944) nennt Boltzmanns Ausdrucksweise „lebhaft, klar und fesselnd, witzig, humorvoll und häufig von anregenden Anekdoten begleitet. Oft war er schalkhaft und manchmal derb-bissig". Eine lebhafte Schilderung findet sich bei Przibram (1973): „In der Hitze des Vortrags gebrauchte Boltzmann bisweilen kuriose Wortverbindungen, so wenn er ein zu vernachlässigendes Glied einer Gleichung als „riesig klein" bezeichnete. Doch derlei belebte den Vortrag nur noch mehr. Es wird wohl in einer der philosophischen Vorlesungen gewesen sein – Einsteins allgemeine Relativitätstheorie lag ja damals noch in weiter Ferne –, daß Boltzmann auf mehrdimensionale und gekrümmte Räume zu sprechen kam. Darauf bezog sich ein Distichon in einer Kneipzeitung: „Tritt der gewöhnliche Mensch auf den Wurm, so wird er sich krümmen; Ludwig Boltzmann tritt auf: Siehe, es krümmt sich der Raum"! Das war ein Scherz, aber man kann kaum treffender die gewaltige Wirkung schildern, die von Boltzmanns überragender Persönlichkeit ausging und sich auch in seinen Vorlesungen offenbarte."

Ich erinnere mich an eine Erzählung eines Freundes der Familie, Professor Dr. Gustav Riehl. Er war an der Universität München Gast bei einem festlichen Abendessen des Kollegiums mit Damen zu Anfang des Studienjahres 1890/91. Es war Gepflogenheit, daß der jüngst ernannte Professor eine Rede an die Damen zu halten hatte. Ludwig Boltzmann, eben aus Graz gekommen, hatte keine Kenntnis dieses Brauches. Ein Kollege war zwar vorbereitet die Rede zu halten, wurde jedoch aufmerksam gemacht, daß Boltzmann kurz nach ihm, nämlich am 6. Juli 1890, ernannt worden war. So ging dieser Kollege zu ihm und teilte ihm erleichtert mit, daß er die Last mit Vergnügen abwälzen könne und es an der Zeit wäre, mit der Rede zu beginnen. Boltzmann löste sich aus dem Gespräch mit seinem Gegenüber. Er erhob sich langsam mit bedeutungsvollem Blick auf seinen Kollegen und begann mit einer von Witzen und Bonmots gewürzten, unterhaltend fesselnden und geistreichen Rede. Immer wieder soll im Kollegen- wie Damenkreis von dieser Rede gesprochen worden sein. Ich erinnere mich, wie noch im hohen Alter Professor Riehl von dieser Erinnerung an die beeindruckende Persönlichkeit Ludwig Boltzmanns erzählte. Er hätte sich nie darüber gewundert, daß Boltzmann für seine Vorlesungen und Vorträge immer die größten verfügbaren Säle brauchte. Auch mein Vater erzählte in diesem Zusammenhang, sein Vater habe oft lachend gesagt: „Wenn ich nicht so viele Hörer hätte, könnten wir nicht so gut leben". Damals war ja das Kolleggeld ein wesentlicher Teil der Einnahmen eines Hochschullehrers.

Die Naturphilosophie an der Universität Wien

Franz Brentano (1838–1917) war ab 1874 Inhaber einer der beiden damaligen philosophischen Lehrkanzeln. 1880 legte er seine Professur nieder, gehörte aber der Wiener Universität noch bis 1895 als Privatdozent an. 1896 wurde auch die zweite Lehrkanzel vakant. Nachdem im Jahre 1894 eine dritte Lehrkanzel für Philosophie gegründet worden war, waren damals drei Professuren zu besetzen. Eine davon sollte philosophisch-historisch und die neugegründete Professur sollte mathematisch-naturwissenschaftlich orientiert sein. Für diese schlugen zunächst mehrere Berufungen fehl. Nachdem schon früher die Bemühungen von Ernst Mach (1838–1916), die Nachfolge Joseph Stefans (1835–1893) als Inhaber einer physikalischen Lehrkanzel anzutreten, durch die 1894 erfolgte Berufung Ludwig Boltzmanns fehlgeschlagen waren, erhielt schließlich Ernst Mach 1895 die dritte philosophische Lehrkanzel „für Philosophie, insbesondere für Geschichte und Theorie der inductiven Wissenschaften". Im Bericht des damaligen Dekans über die Beschlußfassung des Professorenkollegiums wird die „befriedigte und freudige" Zustimmung u. a. auch Ludwig Boltzmanns hervorgehoben. Es ist bemerkenswert, daß diese philosophische Professur mit einem Physiker besetzt wurde. Diese Vorgänge werden von Mayerhöfer (1966) detailliert geschildert. Bereits 1898 erlitt Mach einen Schlaganfall, konnte seiner Lehrtätigkeit nicht mehr nachkommen und mußte schließlich im April 1901 um seine Versetzung in den Ruhestand ansuchen. Boltzmann war inzwischen in Leipzig.

Die letzte Station in der Laufbahn Ludwig Eduard Boltzmanns war nach Graz, Wien, wieder Graz, München, nochmals Wien, Leipzig schließlich abermals und endgültig Wien. Boltzmanns letzte Berufung an die Universität Wien erfolgte durch Ernennung zum ordentlichen Professor für theoretische Physik durch Erlaß vom 4. Juni 1902 mit Rechtswirksamkeit vom 1. Oktober 1902. Er mußte die ehrenwörtliche Erklärung abgeben, keinem Ruf ins Ausland mehr Folge zu leisten.

Die nach Mach vakante naturwissenschaftlich-philosophische Lehrkanzel blieb unbesetzt. Statt dessen wurde an Boltzmann mit Erlaß vom 5. Mai 1903, Zl. 10128 des Ministeriums für Kultus und Unterricht der zusätzliche Lehrauftrag erteilt, beginnend mit dem Wintersemester 1903/04 über „*Philosophie der*

Natur und Methodologie der Naturwissenschaften" Kollegien im Ausmaß von zwei Wochenstunden abzuhalten. Im Gegensatz zu den Ausführungen von Wiesner (1950) war jedoch Boltzmann niemals Ordinarius für Philosophie. Auf dem Original der den zusätzlichen Lehrauftrag betreffenden Mitteilung der Philosophischen Fakultät findet sich die stenographierte Bemerkung aus Boltzmanns Hand: „Hochverehrter Herr Minister! Der ergebens Gefertigte bittet, ihm die mit Erlaß vom 5. Mai 1903, Z. 10128 für die im Wintersemester 1903/04 gehaltenen zwei Stunden Vorlesung über Naturphilosophie bewilligte Remuneration von 2000 Kronen höchst tunlichst anweisen lassen zu wollen" (siehe Abb. 5).

Auch nach dem Tode Ludwig Boltzmanns blieb die ehemals Machsche Lehrkanzel weiterhin unbesetzt, und 1914 verwaiste auch eine der beiden anderen philosophischen Professuren. Bis 1922 gab es sodann nur eine einzige besetzte Lehrkanzel für Philosophie. Die Nachwirkungen der naturphilosophischen Lehrtätigkeiten Machs und Boltzmanns waren offensichtlich außerordentlich groß. Als Moritz Schlick (1882–1936) im Jahre 1922 als zweiter Professor der Philosophie an die Wiener Universität berufen wurde, vertrat er die Naturphilosophie und bezeichnete sich innerhalb des „Wiener Kreises" offiziell als Nachfolger Machs und Boltzmanns (Mayerhöfer, 1966).

Boltzmanns Vorbereitung der Vorlesungen

Nach den vorliegenden Unterlagen hat Ludwig Boltzmann die Arbeiten einiger Philosophen eingehend studiert. Die dabei entstandenen Notizen liegen in Form von mehreren, stenographisch eng beschriebenen Doppelbögen (34 × 21 cm) vor, die ich vollständig in Langschrift übertragen habe. Abgesehen von den im Anhang enthaltenen Notizen werden diese Transkriptionen jedoch hier nicht wiedergegeben, denn dies würde den Rahmen des Buches sprengen. Boltzmann hat diese Aufzeichnungen z. T. zur Vorbereitung der Vorlesung verwendet. Sie haben folgende Überschriften:

1. Kant
2. Wundt: Psychologie
3. Avenarius
4. Schmitz, Dumont
5. Stallo: Begriff und Theorien der modernen Physik
6. Poincaré
7. Ostwald
8. Schopenhauer.

Boltzmanns Bearbeitung der Schriften Schopenhauers tragen die Überschrift: „Bald zu benützende Notizen für Naturfilosofi" (siehe Abb. 8). Es sind drei originale Empfangsscheine der Universitätsbibliothek Wien vorhanden, nach denen Ludwig Boltzmann folgende Werke entliehen hat. Vom 10. Oktober 1904: Schopenhauer: „Die vierfache Wurzel des Satzes vom zureichenden Grunde";

vom 10. Oktober 1904: Schopenhauer: „Die Welt als Wille und Vorstellung", Band 2, 3 und vom 14. Januar 1905: Schopenhauer: „Parerga und Paralipomena" (siehe Abb. 9).

Ich habe diese Bücher wieder entlehnt und darin viele, z. T. sehr kritische Anmerkungen Ludwig Boltzmanns in seiner Stenographie gefunden. Leider wurden diese alten Bücher bei neuerlichem Binden beschnitten und so Teile der am Rand befindlichen Notizen verstümmelt, so daß sie nur mehr fragmentarisch vorhanden sind. So z. B.: In Schopenhauers „Über die vierfache Wurzel des Satzes vom zureichenden Grunde" in Paragraph 20 (Satz vom zureichenden Grunde des Werdens): „Mephistophelischer Humor!"; in Paragraph 26 (Erklärung dieser Klasse von Objekten): „Dieser Bericht ist einer der ausgezeichneten des Buches"; in Paragraph 39 (Geometrie): „stimmt aber nicht bei ... und gleichschenkeligem ... rechtwinkeligem Dreieck".

Der Antrittsvortrag

Am 26. Oktober 1903 fand der „Antrittsvortrag für Naturphilosophie" im damals größten verfügbaren Saal statt. Am Tag darauf erschien darüber in der Wiener „Neuen Freien Presse" auf Seite 5 ein kurzer Artikel: „ ... bei Öffnung der Saaltüren entstand ein lebensgefährliches Gedränge ... Der Vortragende, der mit rauschendem Applaus begrüßt wurde, gedachte eingangs seiner Vorlesung Ernst Machs". Am 29. Oktober nahm die „Arbeiter-Zeitung" auf Seite 6 den Antrittsvortrag zum Anlaß für eine kritische und teils polemische Stellungnahme zum Lehrauftrag Boltzmanns (siehe Abb. 14, 15). Offenbar im Zusammenhang damit schreibt Ludwig Boltzmann selbst in einer Fußnote seiner Veröffentlichung „Ein Antrittsvortrag zur Naturphilosophie" in der „Technisch-Naturwissenschaftlichen Zeit" vom 11. Dezember 1903, einer regelmäßigen Beilage zur Tageszeitung „Die Zeit": „Da sich von meiner ersten Vorlesung über Naturphilosophie teilweise infolge mißlungener Zeitungsreferate offenbar ganz falsche Ansichten verbreitet haben, so folge ich gern der Aufforderung der Redaktion der „Zeit", sie zu veröffentlichen. Da die Vorlesung vollkommen frei gehalten wurde, kann ich nicht den Wortlaut, wohl aber unbedingt den Sinn verbürgen" (siehe Abb. 16). Diese Fußnote findet sich auch bei der späteren Veröffentlichung des Antrittsvortrags in den Populären Schriften.

Die stenographischen Vorbereitungen der ersten beiden Vorlesungen und deren als „Antrittsvortrag" veröffentlichte Version sind dem Inhalt nach gleich, manche Passagen sind jedoch anders angeordnet und unterscheiden sich in der Wortwahl. Im Stenogramm sind ausdrücklich zwei getrennte Vorlesungen, nämlich für den 26. und 27. Oktober 1903 konzipiert. Auch in den folgenden Wochen des Semesters wurden die Vorlesungen jeweils an den entsprechenden beiden Wochentagen (Montag, Dienstag) gehalten. Der das Stenogramm der ersten Vorlesung beschließende Absatz findet sich sinngemäß am Ende der veröffentlichten Version wieder, also am Ende der eigentlich zweiten Vorlesung. Es ist also sicher, daß die als „Ein Antrittsvortrag zur Naturphilosophie" bekannte

Version an zwei aufeinanderfolgenden Tagen gehalten wurde. Somit wurden von Ludwig Boltzmann die ersten beiden Vorlesungen aufgrund der vorbereitenden stenographischen Notizen zur Veröffentlichung ausgearbeitet. Die Zeitungsredaktion hat dabei allerdings eine beträchtliche Kürzung vorgenommen (siehe S. 80, 81 und S. 154).

Der Verlauf der Vorlesung über Naturphilosophie

Die Vorlesung nahm während des Wintersemesters 1903/04 ihren Lauf. Die Fortsetzung im Sommersemester 1904 war offenbar zunächst geplant. Im Notizbuch findet sich eine ganz kurze Zusammenfassung des vorgesehenen Inhalts. Ludwig Boltzmann mußte sich jedoch aus Gesundheitsgründen vom Lehrauftrag dispensieren lassen. Ende August reiste er dann aber zum zweiten Mal nach USA, um an dem Kongreß in St. Louis teilzunehmen (siehe S. 6).

Höflechner und Hohenester (1985) zitieren aus einem langen Brief des Boltzmann zugeordneten Assistenten, Privatdozent Dr. Stefan Meyer, aus dem Jahre 1944, in dem Meyer seine Erinnerungen an Boltzmann zusammenfaßt: „Nach seiner Rückkehr von Leipzig hatte er zu seiner sonstigen Tätigkeit auch noch in Nachfolge von Mach die Vorlesungen über Naturphilosophie übernommen. Nach einigen sehr geistvollen Anfangsvorlesungen geriet das aber sehr bald ins Stocken und es freute ihn nicht mehr". Auch Brentano hat sich in einem 1908 an Mach geschriebenen Brief ähnlich ausgedrückt. Daß Ludwig Boltzmann an seinen Vorlesungen „keine Freude" mehr hatte und die Vorlesungen „ins Stocken" gerieten, ist allerdings sicher für das Wintersemester 1903/04 zu bezweifeln, denn seine ausführlichen Vorbereitungen und die vorhandene Mitschrift sprechen dagegen. Daß die Vorlesungen damals weite Beachtung fanden, ist auch aus einem Brief meines Vaters zu schließen, den er im November 1903 an seine Schwester Ida schrieb: „Gerade heute war ein Buchverleger da, der dem Papa den Antrag machte, wenn er die Philosophievorlesungen bei ihm als Buch drucken ließe, ihm cirka 100 Kronen für 2 Vorlesungsstunden zu geben. Es wird das nach Druckbogen berechnet".

Im Wintersemester 1904/05 wurde die Vorlesung ein zweites Mal, jedoch keineswegs mit gleichem Inhalt gehalten. In einem Brief an Brentano schreibt Boltzmann am 26. Dezember 1904: „Nun im Wintersemester lese ich wieder wöchentlich 2 Stunden über Naturphilosophie und mache mir die Sache viel einfacher. Ich exponiere irgendeinen bekannten Filosofen (jetzt gerade Schopenhauer) und zeige an der Hand der Ansichten dieses Filosofen meine eigenen, worin ich übereinstimme, worin aber nicht". Zur Auseinandersetzung mit Schopenhauer äußerte sich Ernst Mach in Briefen vom 9. und 12. Januar 1905 an Heinrich Gomperz (Professor für klassische Philologie in Wien): „Böswillig ist ja Boltzmann nicht, aber unglaublich naiv und burschikos ..., ... er ist einmal ein Mann, der kein Gefühl für das Maß des Zulässigen hat. Das fehlt ihm leider auch in anderen, für *ihn* wichtigen Dingen". (Höflechner und Hohenester, 1985).

Die stenographischen Vorbereitungen für das Sommersemester 1905 sind wieder außerordentlich kurz und enden mit dem Datum 5. Juni 1905. Daran schließt sich die bekannte dritte Reise nach USA mit dem Aufenthalt in Berkley, die ihren Niederschlag auch in den Populären Schriften als „Reise eines deutschen Professors ins Eldorado“ fand. Für 1905/06 war die abermalige Wiederholung der Vorlesung vorgesehen. Ludwig Boltzmann hat auch am 23. Oktober 1905 seine Vorlesungen begonnen. Die stenographischen Vorbereitungen im Notizbuch enden jedoch nach sechs Vorlesungen mit dem 31. Januar 1906, wobei zwischen der Vorlesung vom 20. November 1905 und jener vom 22. Januar 1906 eine längere Lücke klafft. Es ist anzunehmen, daß er den Stoff des vorhergegangenen Jahres aufnehmen wollte. So enthalten die stenographischen Vorbereitungen für diese sechs letzten Vorlesungen nur kurze, schlagwortartige Hinweise sowie ergänzende Gedanken und Wiederholungen. Der Gesundheitszustand Ludwig Boltzmanns verschlechterte sich rasch und am 5. Mai 1906 wurde er vom Dienst suspendiert. Er beendete sein Leben am 5. September 1906.

Zur Herausgabe der Vorlesung

Das stenographierte Vorlesungsmanuskript habe ich Wort für Wort genau transkribiert wiedergegeben. Da im Original alle Interpunktionen fehlen, habe ich diese nach bestem Wissen gesetzt. Alles was ich sonst noch hinzugefügt habe, habe ich in eckige Klammern gesetzt. In runden Klammern stehen alle auch im Stenogramm in Klammern gesetzte Worte und Sätze. Alles im Stenogramm Durchgestrichene habe ich durch ([durchgestrichen:] ...) gekennzeichnet. Lateinischen und griechischen Texten habe ich zur Erleichterung die Übersetzungen in eckigen Klammern beigefügt. Wie schon früher erwähnt, sind auf den jeweils linken Seiten des Notizbuches verschiedene Gedanken und Notizen zu finden. Diese habe ich mit ([Einschub:] ...) bezeichnet. Es wird auffallen, daß Boltzmann mehrmals in den Texten eine Aufzählung mit „erstens“ bzw. „1.“ beginnt, ohne daß dann ein „zweitens“ folgt. Dies habe ich unverändert gelassen.

Zur Orthographie hatte Boltzmann eine eigene Einstellung. Er wollte die damalige Reform nicht annehmen und betrachtete sie als unwichtig und das Umlernen als Zeit- und Energieverschwendung. Im bekannten „forwort“ zu den Populären Schriften kommt dies deutlich zum Ausdruck. Im Stenogramm zur „Naturfilosofi“ hat er hin und wieder einzelne Wörter in seiner Orthographie in Langschrift ausgeschrieben. Ich gebe diese in der Transkription stets in der verwendeten Schreibweise wieder. z. B.: Thatsache, urtheilen, Thürme, Methafisik, Lirik.

Literaturverzeichnis

Boltzmann, L. (1905). Populäre Schriften. J. A. Barth, Leipzig. Gekürzt neu erschienen in: Ludwig Boltzmann. Populäre Schriften. R. U. Sexl, E. Broda (1979). F. Vieweg & Sohn, Braunschweig, Wiesbaden

Broda, E. (1955). Ludwig Boltzmann. Mensch, Physiker, Philosoph. Franz Deuticke Verlag, Wien

Broda, E. (1973). Philosophical Biography of L. Boltzmann. In: The Boltzmann Equation. Theory and Applications. E. G. D. Cohen, W. Thirring (Herausg.) Springer-Verlag, Wien, New York

Dick, A., Kerber, G. (1983). Ludwig Boltzmann. Katalog zur Ausstellung an der Zentralbibliothek für Physik, Wien. Eigenverlag

Fasol, G. (1982). Comments on some manuscripts by Ludwig Boltzmann. In: R. U. Sexl, J. Blackmore. (Herausg.): Ludwig Boltzmann, Gesamtausgabe, Bd. 8. Ausgew. Abhandlungen. F. Vieweg & Sohn, Braunschweig, Wiesbaden

Flamm, D. (1973). Life and Personality of Ludwig Boltzmann. In: The Boltzmann Equation. Theory and Applications. E. G. D. Cohen, W. Thirring (Herausg.) Springer-Verlag, Wien, New York

Flamm, D. (1982). Aus dem Leben Ludwig Boltzmanns. In: R. U. Sexl, J. Blackmore (Herausg.): Ludwig Boltzmann Gesamtausgabe. Bd. 8. Ausgew. Abhandlungen. F. Vieweg & Sohn, Braunschweig, Wiesbaden

Flamm, D. (1982). Die Persönlichkeit Ludwig Boltzmanns. In: R. U. Sexl, J. Blackmore (Herausg.): Ludwig Boltzmann Gesamtausgabe. Bd. 8. Ausgew. Abhandlungen. F. Vieweg & Sohn, Braunschweig, Wiesbaden

Flamm, L. (1944). Die Persönlichkeit Ludwig Boltzmanns. Wiener Chemiker-Zeitung. Nr. 47. S. 28

Flamm, L. (1957). Die Persönlichkeit Ludwig Boltzmanns. Österreichische Chemiker-Zeitung. Nr. 58. S. 61–65

Höflechner, W., Hohenester, A. (1985). Ludwig Boltzmann. Vollender der klassischen Thermodynamik. Eine Dokumentation. Deutsches Museum, München

Hörz, H., Laaß, A. (1989). Ludwig Boltzmanns Wege nach Berlin. Ein Kapitel österreichisch-deutscher Wissenschaftsbeziehungen. Akademie-Verlag, Berlin

Jäger, G. (1925). Ludwig Boltzmann. In: Neue Österreichische Biographie, Bd. 2, S. 117–137. Amalthea-Verlag, Wien

Mayerhöfer, J. (1966). Ernst Machs Berufung an die Wiener Universität 1895. In: F. Kerkhof (Herausg.): Symposium aus Anlaß des 50. Todestages von Ernst Mach. Ernst-Mach-Institut, Freiburg i.Br.

Przibram, K. (1973). Erinnerungen an Boltzmanns Vorlesungen. In: The Boltzmann Equation. Theory and Applications. E. G. D. Cohen, W. Thirring (Herausg.): Springer-Verlag, Wien, New York

Schopenhauer, A. (1818, 1847). Über die vierfache Wurzel des Satzes vom zureichenden Grunde; Die Welt als Wille und Vorstellung I und II; Parerga und Paralipomena I und II. In: Arthur Schopenhauer (1977). Zürcher Ausgabe, Werke in zehn Bänden. Diogenes Verlag, Zürich.

Sexl, R. U., Blackmore, J. (1982; Herausg.). Ludwig Boltzmann Gesamtausgabe. Bd. 8., Ausgew. Abhandlungen. F. Vieweg & Sohn, Braunschweig, Wiesbaden

Stiller, H. (1988). Ludwig Boltzmann, Altmeister der Physik. Wissenschaftliche Buchgemeinschaft Barth, Leipzig

Streintz, F. (1904). Artikel im Grazer Tagblatt vom 20. Februar 1904. Zitiert in E. Broda, (1955). Ludwig Boltzmann. Mensch, Physiker, Philosoph. Franz Deuticke, Wien

Thiele, J. (1978). Wissenschaftliche Dokumentation. Die Korrespondenz Ernst Machs. A. Henn Verlag, Kastellaun

Wiesner, A. R. (1950). Die Geschichte des Faches Philosophie an der Universität Wien 1848–1938. Dissertation. Universität Wien (unveröffentlicht)

Abb. 1. Die Familie in Graz 1886
Fig. 1. The Family in Graz 1886

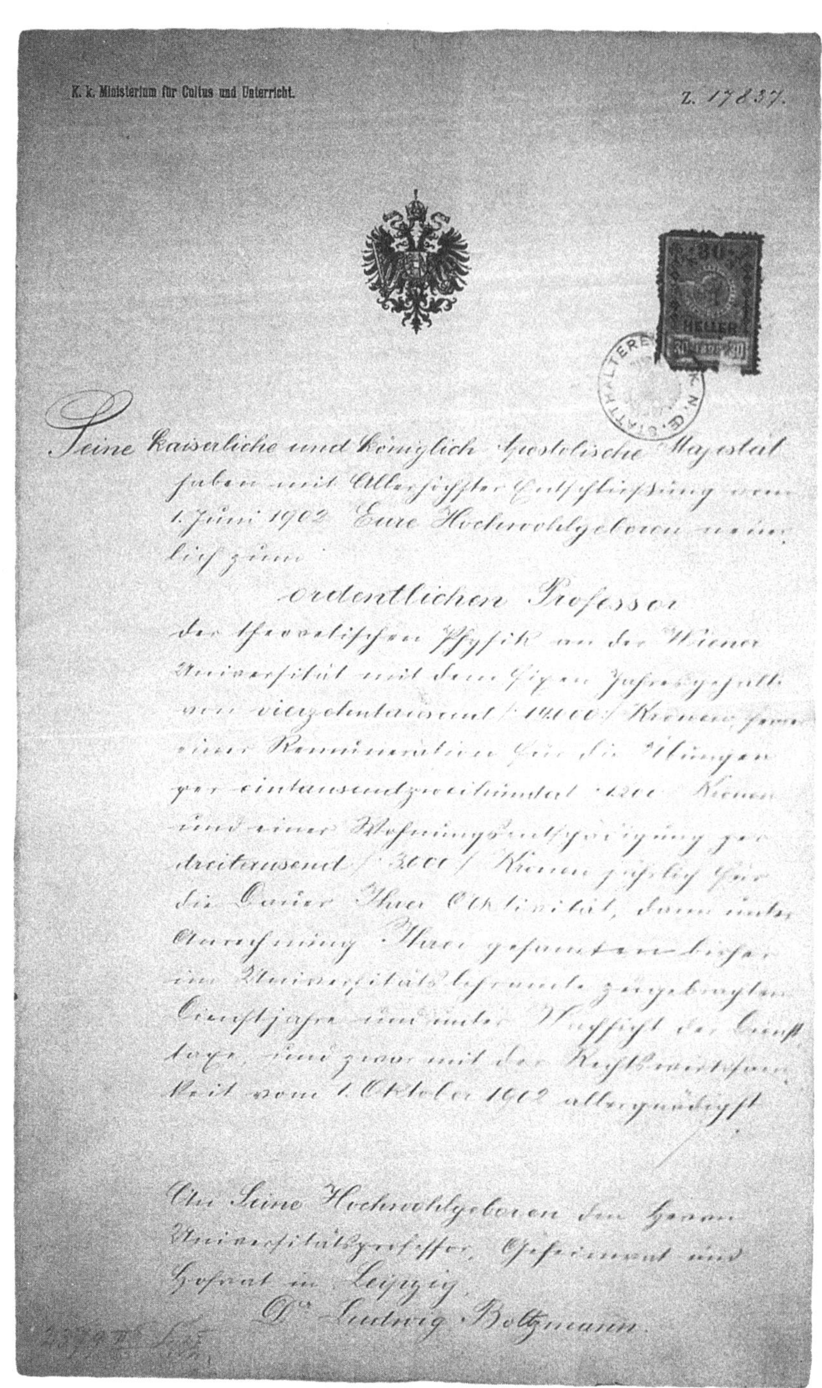

K. k. Ministerium für Cultus und Unterricht.

Z. 17837.

Seine Kaiserliche und Königlich Apostolische Majestät haben mit Allerhöchster Entschließung vom 1. Juni 1902 Euere Hochwohlgeboren neuerlich zum

ordentlichen Professor

der theoretischen Physik an der Wiener Universität mit den systemmäßigen Jahresgehalte von vierzehntausend (14000) Kronen, ferner einer Remuneration für die Übungen per eintausendzweihundert (1200) Kronen und einer Wohnungsentschädigung per dreitausend (3000) Kronen jährlich für die Dauer Ihrer Aktivität, dann unter Anrechnung Ihrer gesammten bisher im Universitätsdienste zugebrachten Dienstjahre und unter Nachsicht der Diensttaxe, und zwar mit der Rechtswirksamkeit vom 1. Oktober 1902 allergnädigst

An Seine Hochwohlgeboren den Herrn Universitätsprofessor, Geheimrat und Hofrat in Leipzig

Dr. Ludwig Boltzmann.

Abb. 2. Urkunde der Berufung an die Universität Wien zum 1. Oktober 1902

Fig. 2. Document of L. Boltzmann's appointment to the University of Vienna on 1 October 1902

Abb. 3. Landgut Platten in Oberkroisbach, Steiermark
Fig. 3. The Platten country estate in Oberkroisbach, Styria

Abb. 4. Erste Mittelmeerreise im August 1901
Fig. 4. First Mediterranean voyage in August 1901

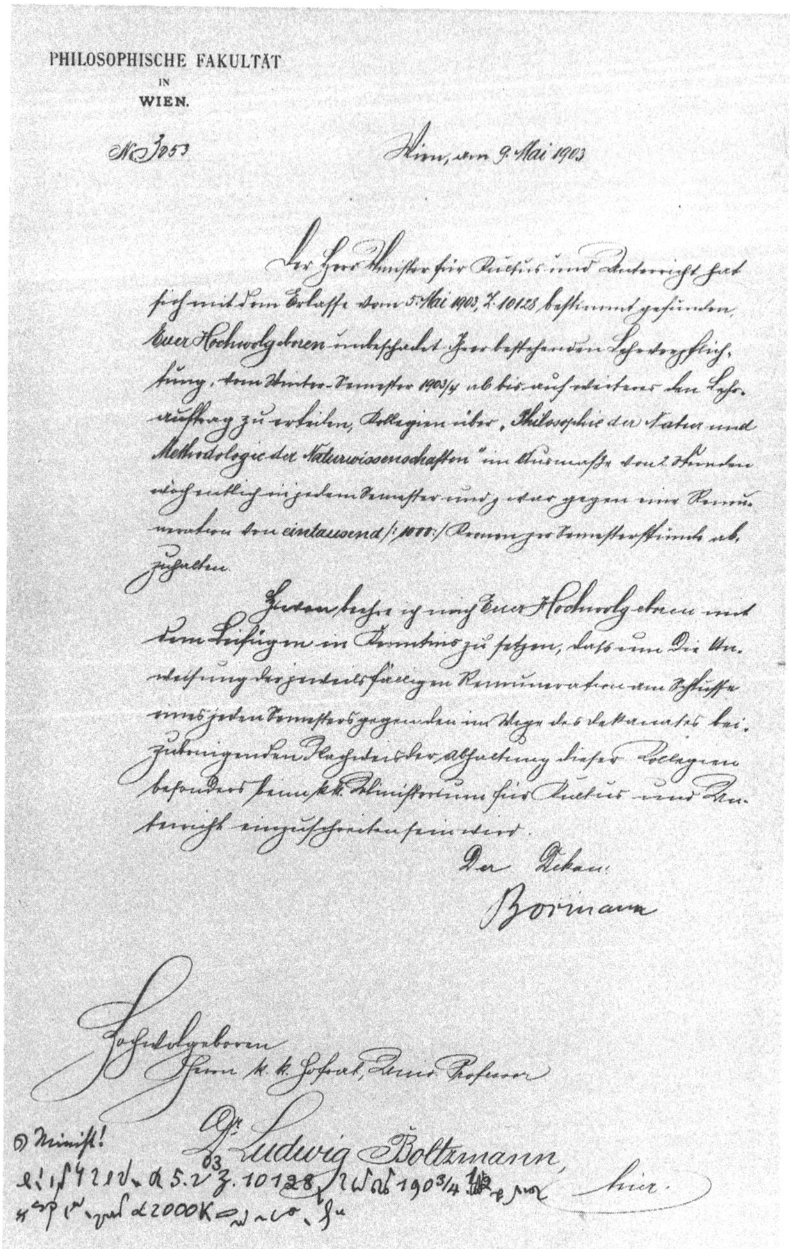

PHILOSOPHISCHE FAKULTÄT
IN
WIEN.

No 3053 Wien, am 9. Mai 1903

Der Herr Minister für Kultus und Unterricht hat sich mit dem Erlasse vom 5. Mai 1903, Z. 10128, bestimmt gefunden, Euer Hochwohlgeboren unbeschadet Ihrer bestehenden Lehrverpflichtung, vom Winter-Semester 1903/4 ab bis auf weiteres den Lehrauftrag zu erteilen, Kollegien über „Philosophie der Natur und Methodologie der Naturwissenschaften" im Ausmaße von 2 Stunden wöchentlich in jedem Semester und zwar gegen eine Remuneration von eintausend (: 1000 :) Kronen pro Semesterstunde abzuhalten.

Hievon beehre ich mich Euer Hochwohlgeboren mit dem Beifügen in Kenntnis zu setzen, dass um die Anweisung der jeweils fälligen Remuneration am Schlusse eines jeden Semesters gegen den im Wege des Dekanates beizubringenden Nachweis der Abhaltung dieser Kollegien besonders beim k.k. Ministerium für Kultus und Unterricht einzuschreiten sein wird.

Der Dekan:
Bormann

Hochwohlgeboren
Herrn k.k. Hofrat, Univ. Professor
Dr. Ludwig Boltzmann, hier.

Abb. 5. Lehrauftrag zu den Vorlesungen über Naturphilosophie mit handschriftlichem Kommentar von L. Boltzmann
Fig. 5. Special teaching post for the lectures on natural philosophy with handwritten comments from L. Boltzmann

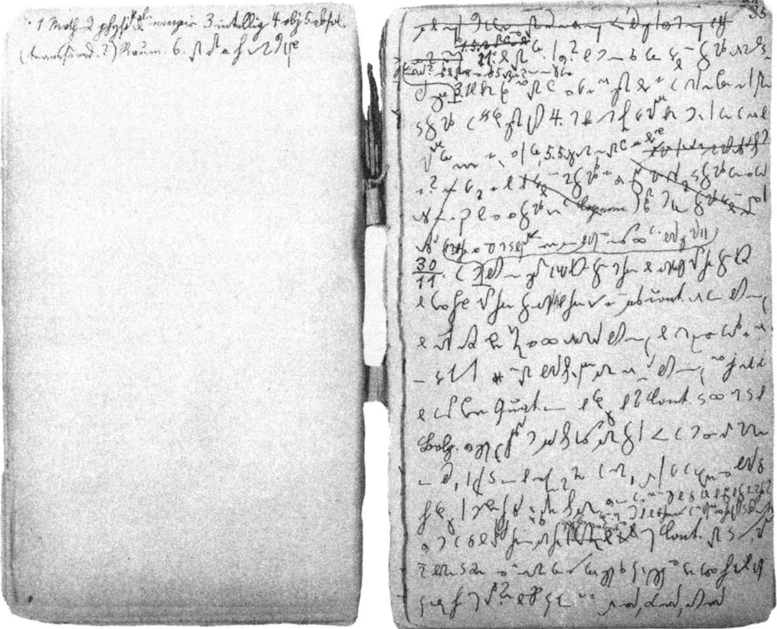

Abb. 6/Fig. 6

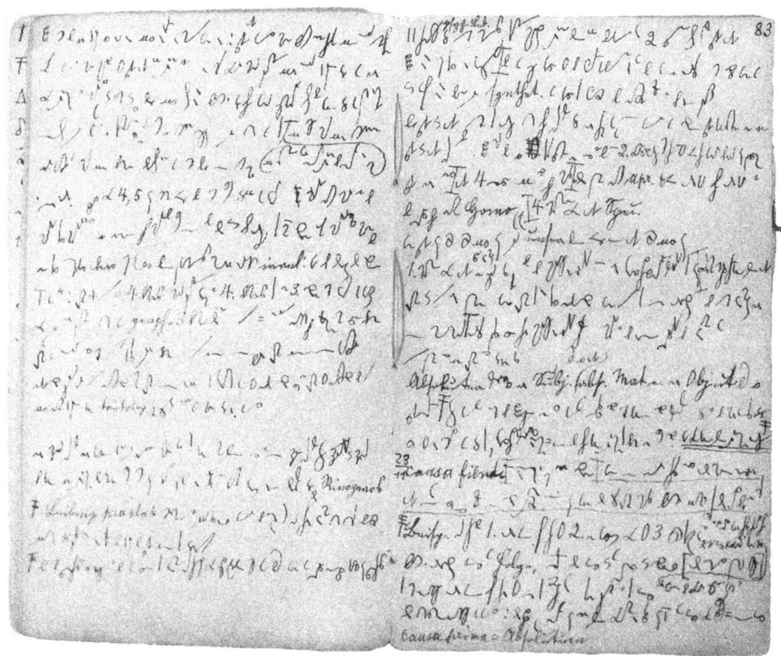

Abb. 7/Fig. 7

Abb. 6, 7. L. Boltzmanns Stenographie im Notizbuch zur Naturfilosofi
Figs. 6, 7. L. Boltzmann's shorthand in the notebook on natural philosophy

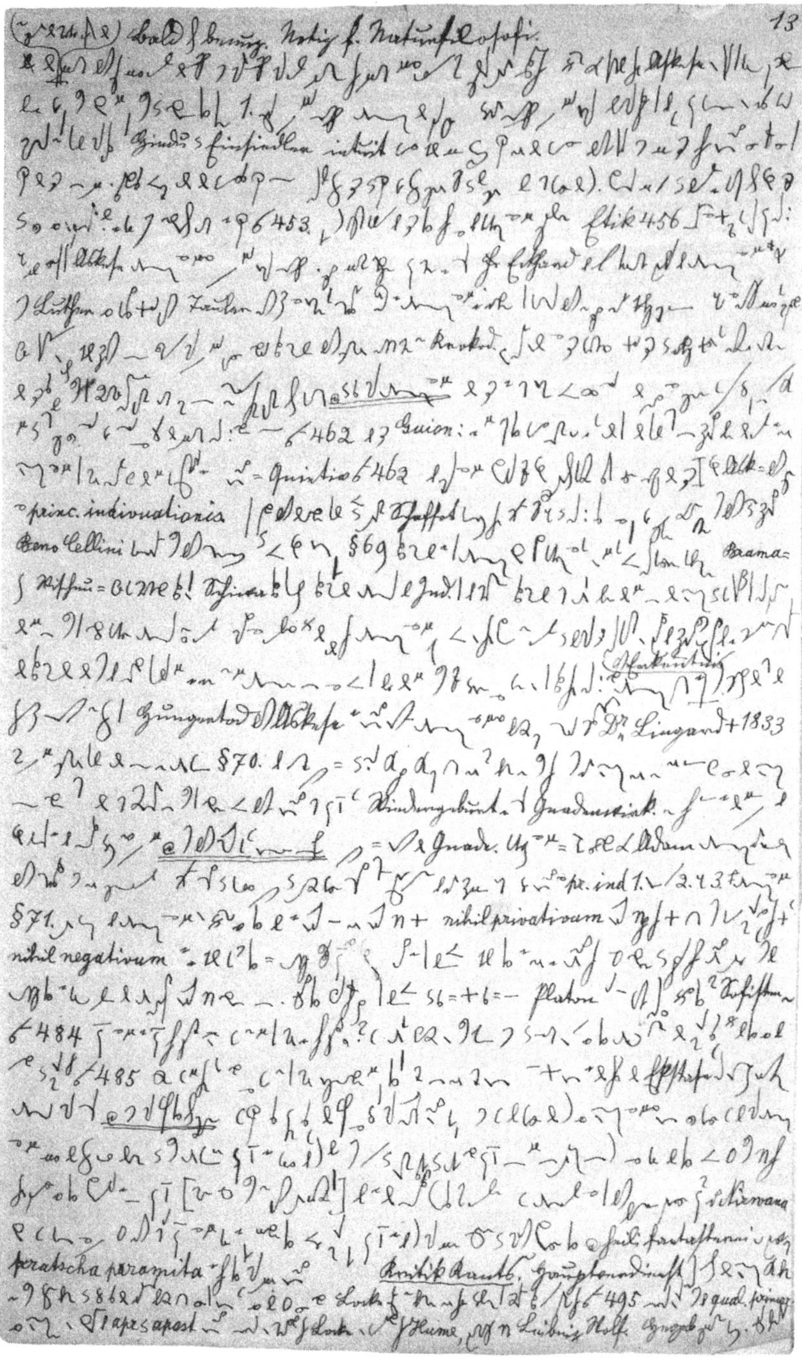

Abb. 8. Notizen L. Boltzmanns zu den Schriften Schopenhauers
Fig. 8. Notes of L. Boltzmann on Schopenhauer's writings

Signatur des Werkes: I 93220. (5) 9393

Empfangschein Sämtl. Werke 5

Unterzeichneter bestätigt, aus der k. k. Universitätsbibliothek in Wien auf Grund seines Bibliothekscheines Nr. .... das Werk: Schopenhauer, Parerga und Paralipomena, nächster Band. in 1. Stücke zum eigenen Gebrauche entlehnt zu haben und verpflichtet sich, dasselbe bis .... zurückzustellen.

WIEN, am 14. Jänner 1905

Unterschrift, Stand und Wohnort des Entlehners:

Hofrat Dr. Ludwig Boltzmann
k. k. o. ö. Universitätsprofessor

☛ Jedermann haftet für ein ausgeliehenes Werk so lange, als der hierüber ausgestellte Empfangschein amtlich erliegt. Wer für längere Zeit als acht Tage verreist, hat die entlehnten Bücher zurückzustellen.

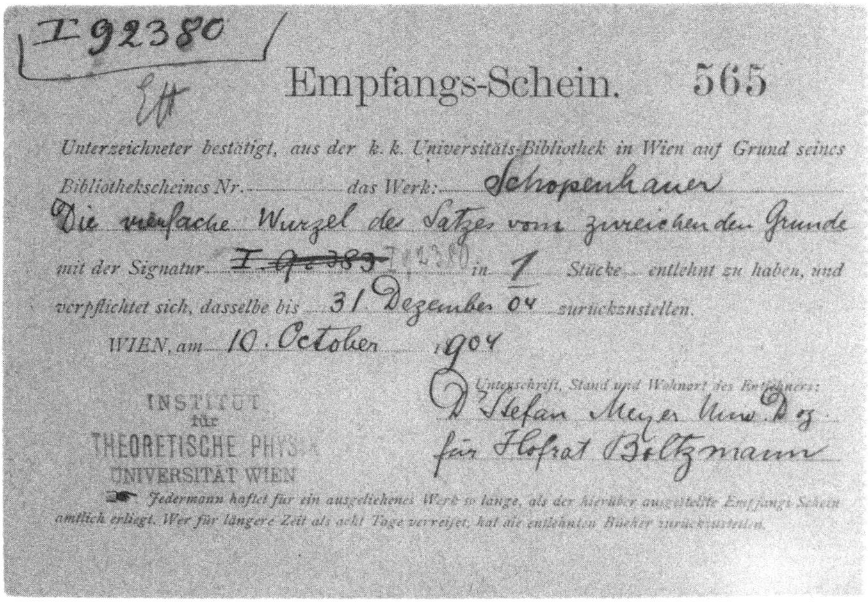

I 92380

Empfangs-Schein. 565

Unterzeichneter bestätigt, aus der k. k. Universitäts-Bibliothek in Wien auf Grund seines Bibliothekscheines Nr. .... das Werk: Schopenhauer Die vierfache Wurzel des Satzes vom zureichenden Grunde mit der Signatur ~~I 92383~~ I 92380 in 1 Stücke entlehnt zu haben, und verpflichtet sich, dasselbe bis 31 Dezember 04 zurückzustellen.

WIEN, am 10. October 1904

Unterschrift, Stand und Wohnort des Entlehners:

Dr. Stefan Meyer Univ. Doz.
für Hofrat Boltzmann

☛ Jedermann haftet für ein ausgeliehenes Werk so lange, als der hierüber ausgestellte Empfangs-Schein amtlich erliegt. Wer für längere Zeit als acht Tage verreiset, hat die entlehnten Bücher zurückzustellen.

Abb. 9. Ausleihscheine der Universitätsbibliothek Wien
Fig. 9. Library tickets for the University library, Vienna

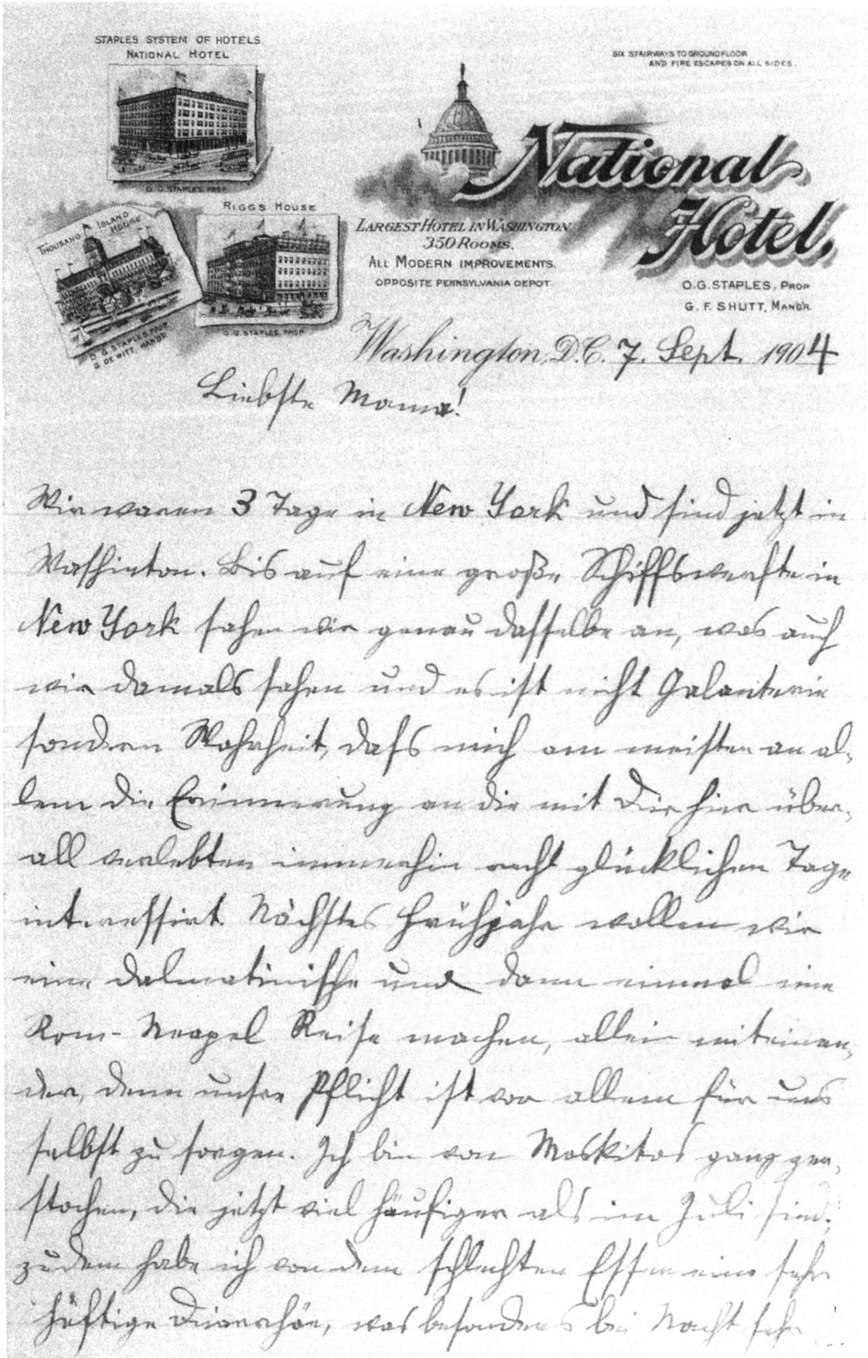

STAPLES SYSTEM OF HOTELS.
NATIONAL HOTEL
O. G. STAPLES, PROP.

THOUSAND ISLAND HOUSE
O. G. STAPLES, PROP.
G. DE WITT, MANGR.

RIGGS HOUSE
O. G. STAPLES, PROP.

SIX STAIRWAYS TO GROUND FLOOR
AND FIRE ESCAPES ON ALL SIDES.

National Hotel,

LARGEST HOTEL IN WASHINGTON
350 ROOMS.
ALL MODERN IMPROVEMENTS.
OPPOSITE PENNSYLVANIA DEPOT

O. G. STAPLES, PROP.
G. F. SHUTT, MANGR.

Washington D.C. 7. Sept. 1904

Liebste Mama!

Wir waren 3 Tage in New York und sind jetzt in
Washington. Bis auf eine große [illegible] in
New York sehen wir genau dasselbe an, was auch
wir damals sahen und es ist nicht Galanterie
sondern Wahrheit, dass mich am meisten an allem die Erinnerung an die mit Dir hier überall verlebten immerhin recht glücklichen Tage
interessiert. Nächstes Frühjahr wollen wir
eine Dolomitenreise und dann einmal eine
Rom-Neapel Reise machen, allein miteinander, denn unsere Pflicht ist vor allem für uns
selbst zu sorgen. Ich bin von Moskitos ganz zer-
stochen, die jetzt viel häufiger als im Juli sind;
zudem habe ich von dem schlechten Essen einen sehr
heftigen Diarrhöe, was besonders bei Nacht sehr

Abb. 10. Brief L. Boltzmanns an seine Frau, zweite USA-Reise 1904

Fig. 10. Letter from L. Boltzmann to his wife while on his second visit to the United States in 1904

Introduction

Ilse M. Fasol-Boltzmann

Ludwig Boltzmann and His Family

The Christian name Ludwig had been used by Boltzmann's ancestors for at least three generations. Great-grandfather Samuel Ludwig Boltzmann was born on 25 March 1739 in Königsberg. His parents were Georg Friedrich Boltzmann and Anna Charlotta, née Weinholtz. On 30 April 1769 he married Anna Sophie Strasser and later went to work at the royal court in Berlin. His son Gottfried Ludwig Boltzmann was born in Berlin on 29 May 1770, apparently moved early on to Vienna, where he became a musical-box maker, and married Anna Katharina Klöcksreich on 25 June 1799. Ludwig Georg Boltzmann was born to this couple on 26 January 1802. He became imperial and royal financial administrator, and on 1 May 1837 he married the then 27-year-old Katharina Pauernfeind at Maria Plain near Salzburg. Of three children born to her, *Ludwig Eduard*, who was to become the physicist, was the eldest, born on 20 February 1844; the second son, Albert, was born in 1845, and the third child, a daughter Hedwig, was born in 1848. Albert died when only fifteen years old; Hedwig at 42. Shortly after Ludwig Eduard's birth, Ludwig Georg Boltzmann was transferred to Wels and then to Linz, where he died on 22 June 1859, aged 58. His widow survived him for a quarter of a century up to 1885.

Ludwig Eduard Boltzmann was educated privately before attending the grammar school in Linz. Even then, his special interest and great enthusiasm were mathematics and science. The eye complaint he suffered from later in life he put down to the fact that, while at grammar school, he had spent long evenings studying these subjects in poor candlelight. His father's early death had a lasting effect on the then only 15-year-old boy. His mother came from a prosperous family (there is a Pauernfeindgasse, still, in Salzburg) and was able to compensate for the absence of her late husband's rather low salary by investing her entire wealth in the education of her children. So it was that Ludwig Eduard received piano tuition from Anton Bruckner while at grammar school. He continued to play the piano throughout his life, perfected his playing, and later regularly accompanied his son – my father – Arthur Ludwig, who played the violin. On leaving school in Linz, Ludwig Boltzmann began his studies in mathematics and physics at the University of Vienna and gained his Ph. D. on 19 December 1866. While still a student his first two publications appeared in the Proceedings (Sitzungsberichte) of the Academy of Science in Vienna. On 19 March 1868, when only twenty-four years old, he was awarded the *venia legendi* for mathematical physics and just the following year was appointed to his first chair in Graz. On 17 July 1876, shortly before taking up his second professorship in Graz, he married the 22-year-old Henriette Magdalena Edle von Aigentler. At that time Henriette was living as an orphan in the house of the parents of the composer Wilhelm Kienzl in Stainz, south of Graz. She was a teacher, and, when she got to know Ludwig Boltzmann, she began to study mathematics at the University of Graz. In those days this was not without its problems for a lady. Her children were Ludwig Hugo (1878–1889), Henriette (1880–1945), Arthur Ludwig (1881–1952), Ida (1884–1910) and Elsa (1891–1966) (see Fig. 1). I well remember the lively stories told by my grandmother Henriette Magdalena Boltzmann. Her years of widowhood after her husband's death exceeded even those of her mother-in-law. She died in 1938.

The eldest son, Ludwig Hugo, died of appendicitis. Ludwig Boltzmann's two daughters Henriette and Ida never married. Both studied mathematics and physics and passed the examination for secondary-school teachers. Henriette gained her Ph.D. in 1905. The youngest sister, Elsa, was a physiotherapist and married Dr. Ludwig Flamm, a professor of physics at the Technical University of Vienna. Their third son, Dr. Dieter Flamm, is today professor at the Institute for Theoretical Physics at the University of Vienna.

My father, Dr. Arthur Ludwig Boltzmann, was born in Graz. He studied physics at the Universities of Vienna and Berlin, and mechanical and electrical engineering at the Technical University of Vienna (in those days these subjects formed a combined course of study). As a student, he accompanied his father on several journeys. When I was a young girl, he very often talked at length of these journeys, and I, too, shall refer to them again briefly. During the voyage to America in 1904, he made use of the time and opportunity to do experiments for parts of his Ph. D. thesis. When World War I broke out, my father was an assistant lecturer at Vienna University. However, the war interrupted his academic career and, being a passionate balloonist, he served as an artillery observer in a captive balloon. When the war ended, he became a civil servant in the Federal Office for Weights and Measures, and later its director. On 15 January 1922 he married Dr. Pauline von Chiari.

There have been many publications on the life of Ludwig Boltzmann (e.g., Jäger 1925, Broda 1955, L. Flamm 1944 and 1957, D. Flamm 1982, Dick and Kerber 1983, Höflechner and Hohenester 1985, Hörz and Laass 1989). Thus it is necessary here only to add a few details, above all from accounts given by my father and from letters.

At the beginning of his second professorship in Graz, Ludwig Boltzmann bought an estate on the "Platte" in Oberkroisbach near Graz, which he had converted to a family seat (see Fig. 3). As he had suffered all his life from never having had any physical training as a boy, a fact he made responsible for his poor health, he later installed gymnastic apparatus in this house. He not only laid great emphasis on it being used constantly by his children, but he also took his children regularly on long outings. On these occasions he was always in good humour, and my father remembered particularly well his father's botanical explanations. It would seem that, as a great lover of nature, Ludwig Boltzmann used these walks, and also ice-skating in winter, to make up for his own lack of physical exertion in earlier years. Thus it was that later he encouraged my father to undertake an eventful cycling tour from Vienna to Paris. There he was met by his parents who had just arrived from London; together they went to the opera and also climbed the Eiffel Tower. In Graz my grandfather owned an alsatian dog, which used to come down into the town from the "Platte" at midday, wait outside the institute, and accompany his master to a nearby inn for lunch, where he lay at his feet under the table. The years in Graz were probably the happiest in Ludwig Boltzmann's life.

During this time Ludwig Boltzmann was invited to court on several occasions. He was, however, a slow eater, possibly owing to his shortsightedness. On official occasions, the emperor Franz-Josef hardly touched the food, and etiquette did not allow his guests to take longer over their meal than the emperor. The family liked to tell about Boltzmann's annoyance when the servants took away his plate so quickly that he hardly had a chance to sample the exquisite dishes. But this was surely not the reason for his declining to accept the title of nobility offered to him. "Our civil name was good enough for my forefathers and will have to be for my children and grandchildren too", he argued, as he declined the offer.

During his last years in Graz, my grandfather quickly became increasingly moody. My father recalled vividly how he would shut himself away in his study for days on end, grappling with a problem to the point of complete exhaustion. At such times, it was only reluctantly that he allowed drinks to be brought to him. His already weak state of health deteriorated rapidly. Changes of mood and the state of indecision increased. This became all too clear in the tragic rejection of a chair in Berlin, a rejection he very quickly regretted deeply. This "untrodden path to Berlin" is extremely well documented by Hörz and Laass (1989).

The loss of their eldest and highly gifted son Ludwig had drastic and far-reaching effects on the life of Ludwig Boltzmann and his family. As already mentioned, the boy died at the age of eleven as a result of appendicitis being diagnosed too late. Ludwig Boltzmann reproached himself harshly for failing to recognize the severity of the illness and the general practitioner's mistaken diagnosis. This tragic loss led to increased uneasiness and the onset of his first depressions. By absorbing himself in his work he hoped to distract himself from his own reproaches and for a long time spent almost all his time at the institute; his family were neglected. His one aim now was to get away from Graz into different surroundings, and so, finally, he accepted the chair offered to him in Munich in 1890, but his time in Munich proved to be one of only temporary calm and contentedness.

Ludwig Boltzmann described the years in Munich as the happiest period of his academic career. He found a stimulating circle of colleagues: van Dyk, Finsterwalder, Klein and Sohnke, among others; academic questions were discussed regularly in the evenings over a glass of beer. Urged on by this, Ludwig Boltzmann held lectures on mathematics, especially the theory of numbers, in addition to his own teaching commitments. He formed close friendships with von Lommel, Professor for Experimental Physics, and with the future Nobel Prize winner for chemistry, von Baeyer. When guests of Prince Luitpold, they had many conversations about questions of physics. At first, Ludwig Boltzmann lived in Maximilian Strasse, which was convenient both for the university and the opera, where he could hear the works of Richard Wagner he loved so much. The "Evangelimann" by Wilhelm Kienzl was greatly enjoyed by the Boltzmann family. According to my father, even at that time, my grandmother would regularly read aloud academic writings to spare her husband's eyes. Being a mathematician herself, she was a well-informed reader. But, apparently, she too was filled with restlessness, for it was she who urged the family to move twice during the short time in Munich and then, in the end, to Vienna.

The fact that Ludwig Boltzmann left Munich and his stimulating circle of friends and colleagues after such contented years there was due principally to his rapidly increasing shortsightedness and his fear of becoming totally blind, a fear which indeed began to be realized in the last years of his life. He was afraid of becoming unfit for work in Munich without any provision for his old age. He remembered his father's early death and the example of the blind Georg Simon Ohm, who died without a pension in the most wretched circumstances. Although as a university professor Ludwig Boltzmann was a Bavarian citizen and a Royal Bavarian Geheimer Rat (privy councillor), he was not entitled to a pension, and his family would have been unprovided for had he become too ill to work. For his wife Henriette this was a good reason to urge for a return to Austria. On his appointment to Vienna in 1894 he was promised the full pension in case of his becoming unfit to work, with the earlier periods of service in Austria being taken into account. However, according to my father, he did not feel at all happy in Vienna; not only did he miss the stimulating company of his friends, but he had arguments with some colleagues. He suffered increasingly from attacks on the results of his scholarly work. Ernst Mach, whom he personally admired very much, presented for him an embittered opponent of atomistics. He was also offended that, having resigned his active membership of the Academy of Sciences on taking up his chair in Munich, it was a considerable time before he was readmitted; the emperor Franz-Josef had been opposed to his immediate reappointment. Many letters of this time give expression to his disappointment. Seeing all of this, my grandmother then regretted deeply having urged the move to Vienna. It was a clear sign of his unrest that Ludwig Boltzmann strove to leave Vienna again very quickly and even wanted to return to Munich, despite the fact that there was no provision for old age there. His colleagues in Munich favoured this return but it failed because of ministerial decisions. Six years later, in 1900, Ludwig Boltzmann went to Leipzig. Although some of his colleagues there, such as Bruns, Credner, and Wiener made great efforts on his behalf, he could not settle in Leipzig. There, too, he encountered an opponent of atomistics in Ostwald. As a renewed sign of his unrest, Ludwig Boltzmann left after two years to return, finally, to Vienna (see Fig. 2).

In the later years of his life, Ludwig Boltzmann undertook several longer journeys. His third journey to America, which he made alone in 1905, became widely known through the entertaining description of it in *Journey of a German Professor to Eldorado*. To conclude this personal part of my introduction, I should like to give an account of the other, less well-known journeys.

On 20 June 1899, Mr and Mrs Boltzmann embarked on the steamer *Kaiser Wilhelm der Grosse* of North German Lloyd. The voyage was via Southampton and Cherbourg to New York and took seven days. As part of the celebrations for their tenth anniversary, Clark University in Worcester had invited Ludwig Boltzmann to give four lectures on "The Basic Principles and Ideas of Mechanics", and he was also made an honorary doctor. There are six letters in which the parents send reports of their travels to their children. The first comes from on board ship; Henriette Boltzmann begins it, and the main part of it is an account of the nine-course dinner, which she herself was unable to partake of owing to seasickness. My grandfather ends the letter with "Mama is so sick she cannot write any more". In the next letter from the mainland Henriette Boltzmann writes "Papa was always healthy". Both were greatly impressed with New York: "The jostling of the electric trams and steam trains on, above, and below the streets is quite splendid. They travel extremely fast. It is really quite dangerous." The next stop, Boston, did not please them as much: " ... the dust is terrible ... ". In Worcester the Boltzmanns were the guests of Professor Webster for eight days. My grandmother's letters tell a great deal about the numerous social occasions, but strangely not a word is said about the honorary doctorate, and my grandfather was always so very busy that he did not have the time to write. After Worcester the journey continued by train to Montreal, along the St. Lawrence River to Lake Ontario, and later to Buffalo and the Niagara Falls; at Lake Erie they made a steamer trip. The last letter was written from Pittsburgh on 17 July by my grandfather and again reports on Worcester: "It was rather boring there. I held my lectures and so did the others (a Frenchman, an Italian, a Spaniard and a Swiss), but theirs were even worse." This letter makes reference to the remaining destinations: Washington, Baltimore, Philadelphia, New York. And it was in New York that the crossing to Bremen began on 25 July.

From the end of July to the beginning of October 1901, Ludwig Boltzmann travelled from Leipzig to the Mediterranean with my father (see Fig. 4). It was hoped that this would improve his exhausted mental state. However, he suffered terribly from the heat. "Papa sweats and swears all the time", wrote my father on 8 August on board the steamer *Pera* of the German Levant Line. The journey took them from Hamburg via Lisbon, Algiers, Malta, Athens, Constantinople, and Bandirma to Cabakkale. Owing to an outbreak of the plague, they could not, as planned, continue from Constantinople to Odessa. For a long period the ship lay in quarantine. But both of them enjoyed their daily game of chess. On 4 October they arrived back in Leipzig.

The reason for the second journey to America (21 August – 8 October 1904) was Ludwig Boltzmann's participation at a congress during the World Exhibition in St. Louis. My father accompanied him on this journey too. This time the crossing from Hamburg to New York on the packet steamer *Belgravia* of the Hamburg America Line lasted ten days and was extremely rough and uncomfortable. The continual wailing of the foghorn prevented sleep. "Dearest Mama," he wrote (he always addressed my grandmother like this in his letters) (see Fig. 10), "the ship is very inferior and has many inconveniences. We are both well. I hope I may remain so on the whole journey, which will certainly be more strenuous than is good for my age and the state of my nerves"; and somewhat later he writes: "I am ill, and if this terrible melancholy which grips me at the moment does not subside in Vienna, I shall be unable to hold my lectures." Having arrived in New York, they continued the journey on 3 September to Philadelphia, Washington, Detroit, Chicago and St. Louis. The return crossing was made on the *Deutschland* to Hamburg. This journey with my grandfather, the visit to the World Exhibition in St. Louis, the lectures his father held on statistical mechanics, his appointment as member of the Academy, and the journey to the Niagara Falls formed the greatest experiences of my father's youth.

The Unpublished Works

Ludwig Boltzmann's unpublished work consists mainly of a large number of shorthand notes, partly in notebooks and partly on loose sheets. My father took charge of the entire unpublished works after my grandfather's death. It would have seemed desirable to have prepared it for publication there and then. However, the strong personality of my grandfather and the tragic course of his life and death deeply affected my father as a physicist long after his father's death. As he often assured me, this was the reason for his not feeling able to tackle the task of publishing the works. Later, he intended to undertake the task together with my brother Ludwig Ottokar Boltzmann, born in 1923, especially as my brother had devoted himself to mathematics and physics at grammar school and was all set to study physics. But my brother fell in action near Smolensk in 1943. The work therefore remained unpublished, and my father died in 1952.

My son, Gerhard Ludwig Fasol (born 13 September 1954 in Vienna), studied physics at the Ruhr University of Bochum and took his Ph. D. at the University of Cambridge in England. He then worked at the Max Planck Institute for solid-state physics in Stuttgart and is now a lecturer at Cambridge University at the Cavendish Laboratory. In September 1981, on the occasion of the 75th anniversary of Ludwig Boltzmann's death, he lectured on hitherto unpublished works (Fasol 1982) at an international conference held at the University of Vienna (Sexl and Blackmore 1982). Of course, as far as the lectures on the philosophy of nature were concerned, he was only able to report on one part of the lectures contained in this book and written out in longhand, since the majority of the unpublished works at that time were not yet legible and were written in a special form of the old Gabelsberger shorthand, which will be discussed in detail later.

The main part of the unpublished works on the philosophy of nature is contained in a notebook (19 × 12 cm) with the contents in shorthand (see Fig. 13a, b) and a part of the lectures on the principles of the philosophy of nature executed in longhand by a person unknown. On the inside cover the notebook contains shorthand notes, the transcription of which I have called "Thoughts on Preparation of Lectures" (see p. 77). On the first page of the notebook we find the title in longhand "*Principien der Naturfilosofi 1903/04*". Then there follows a series of shorthand notes for the individual lectures beginning with the date 26/10/1903. These notes are always to be found only on the right-hand-side pages of the book with exact page numbering. On the left-hand pages of the notebook we find over and over again thoughts and short annotations. The incorporation of these texts into the full text of my transcription is indicated by ([Einschub:] ...).

The longhand written manuscript before us is the work of an unknown assistant, student, or clerk on the lecture "The Principles of the Philosophy of Nature" held in the winter semester 1903/04. Perhaps this work was intended for publication in book form, which did not transpire (see p. 38). We assume that shorthand notes were taken in the lecture room and that this shorthand was then carefully transcribed into longhand. It would not have been possible to write so neatly and evenly in the lecture room, let alone copy the drawings inserted in the text. The manuscript, however, only begins with the third lecture held on 3 November 1903. In the first two lectures on 26 and 27 October, it must have been impossible to write notes in the overcrowded room owing to the "dangerous crush". This is clearly not a version that was influenced or edited by Boltzmann afterwards, since there are several places in the text where individual words or even whole lines are missing. These are probably places where the writer was unable to decipher his shorthand afterwards, but which Boltzmann would have been able to rectify. But we can regard these notes as a largely faithful reproduction of the lecture held, since the address "Now, ladies and gentlemen", or words such as "... now I draw ...", "... now, you will ask me ..." and similar phrases occur; over and over again we have the characteristic "now"! It would seem that this was a literal record of the lecture, because the choice of vocabulary and expression tallies with other known writings of Ludwig Boltzmann. Thus these notes present a direct and genuine reflection of Boltzmann's style of lecturing, and herein lies their great value.

Some of the passages in the notes are identical with Boltzmann's shorthand notes. But this only holds true for some passages; in others his shorthand is extremely short, consisting only of fragments or abbreviations. The detailed execution of the notes therefore goes far beyond the brief fragmented notes for the lecture. I should like to quote a few examples.

The notes on the 12th lecture are considerably more detailed than the existing shorthand preparation to be found in the notebook for 7 December. When the lecture was in full swing, Ludwig Boltzmann probably elaborated considerably on certain ideas without keeping to his prepared notes. In contrast, there is a draft in shorthand for the 14 December 1903, but this lecture could not have taken place, because it is missing in the notes. The notes continue with no. 13 on 11 January 1904 and correspond with the content of the notes of the same date. From the 15th lecture onwards we find detailed presentation in the notes, again of which there is little hint in the shorthand. There are also topics that are executed in shorthand under a certain date, but that appear in the notes for a later date, e.g. in the 16th to 18th lectures. Thus one is able to imagine how the lectures held in February 1904 must have been different from the shorthand preparations, and for that there is no longer any documentation. The longhand version ends with the 18th lecture on 26 January 1904.

Boltzmann's Shorthand

Ludwig Boltzmann wrote all his notes, lectures, talks, and book manuscripts in a special kind of the Gabelsberger shorthand known as "Debattenschrift" which is an extremely abbreviated form (see Figs. 6, 7, 8). Frau Hofrat Dr. A. Dick, formerly of the central library of the Institute of Physics at the University of Vienna, and an expert on the Gabelsberger shorthand, described Ludwig Boltzmann's shorthand as almost indecipherable. Boltzmann's shorthand must go back to a form known prior to the reform of 1867. There were later reforms of the Gabelsberger shorthand from 1867 up to and into the 20th century. My own parents used this particular shorthand. But they, too, were unable to read that of Ludwig Boltzmann. Not only is this form of shorthand in itself difficult, but the writer is encouraged to use personal forms of abbreviations, and ambiguities abound. In addition to all this, Ludwig Boltzmann used a highly individual form, which presented endless problems in the transcription.

Transcription of the Shorthand

At the outset of my work I turned to the Austrian Association of Stenographers, who kindly let me have K. Faulmann's book on the Gabelsberger shorthand. Learning the old forms of this shorthand was not so very difficult, and it soon became possible to read the practice passages of the manual. But the first problem was to be in a position to decipher any one of Ludwig Boltzmann's signs, and at first I could not find any similarity at all with the Gabelsberger shorthand I had learnt. I studied each sign over and over again, page for page, in an endeavour to find even approximate similarities. It took years of intensive study to advance from some probable meanings to as yet unintelligible sentence fragments.

During the course of transcription I collected shorthand signs, words, and abbreviations used by Ludwig Boltzmann under various headings and worked out an exact reference list. I was then able to compare the shorthand preparation of the first two lectures with the existing printed version of the inaugural lecture. This I could use as a kind of Rosetta stone. At this stage the longhand version could only help me to gain an idea of the meaning, but it was not a word-for-word version. Corresponding passages were recognized, compared, and corrected. The transcription was made more difficult because Ludwig Boltzmann used absolutely no punctuation in his shorthand. Therefore I cannot rule out the possibility of a few minor mistakes in translation. The shorthand is often not exact with regard to language and grammar, even when complete sentences were written. After all, the notebook was not intended for publication but was meant simply as an outline and memory aid for the lecture.

Boltzmann's Style of Lecturing

Ludwig Boltzmann always lectured completely without notes. As already mentioned, this would seem to be supported by the fact that his shorthand preparations and the word-for-word record of the first part of the lectures on the philosophy of nature repeatedly deviate strongly from one another. My father told of his father's amazing memory. In the last years of his life, owing to his poor sight, Ludwig Boltzmann could read and write only with great difficulty. Therefore his wife read out scholarly papers and books, and he for his part often dictated theoretical works, including all the formulae.

With reference to Ludwig Boltzmann's contemporaries, Broda (1955) describes Boltzmann as the "born academic teacher" and his lecturing as "crystal clear; great knowledge was coupled with outstanding teaching ability." L. Flamm (1944) describes Boltzmann's mode of expression as "lively, clear and rivetting, witty, humorous and accompanied by stimulating anecdotes. Often he was roguish and sometimes vulgar and vicious.". Przibram (1973) gives us a lively description: "In the heat of the lecture Boltzmann now and then used strange word combinations, as, e. g., when he defined a minor term of an equation as 'gigantically small'. But such utterances only livened up the lecture even more. It must have been in one of the philosophy lectures – Einstein's theory of relativity was still a long way off – that Boltzmann spoke on multi-dimensional and curved spaces. A student rag referred to this in the following couplet: 'When a normal human being treads on a worm, it will curl up; but when Ludwig Boltzmann appears: Look, space curls up!' This was just a joke, but it would be difficult to find a more fitting way of depicting the enormous effect created by Ludwig Boltzmann's outstanding personality and revealed in his lectures."

I remember a story told by a friend of the family, Professor Dr. Gustav Riehl. He was a guest at a ceremonial staff dinner at the University of Munich at the beginning of the academic year 1890/91. It was customary for the most recently appointed professor to hold a speech in honour of the ladies present. Having just arrived from Graz, Ludwig Boltzmann had no knowledge of this custom. Another colleague was already prepared to hold the speech but was then informed that Boltzmann had been appointed shortly after him on 6 July 1890. So this colleague went up to Boltzmann and told him with great relief that the pleasure was his and that it was now time to start the speech. Boltzmann stopped his conversation with the person sitting opposite him, got up slowly with a meaningful look at his colleague, and launched into a speech that was spiced with jokes and *bon mots*, rivettingly entertaining and witty. It is said that this speech was talked about again and again among colleagues and their wives. I remember Professor Riehl as an old man recalling this memory of Ludwig Boltzmann's impressive personality.

He had never been surprised that Boltzmann always needed the largest available rooms for his lectures and talks. My father, too, remembered how his father had often laughingly said: "If I didn't have so many students, we couldn't live so well." In those days lecture fees were a major part of a university lecturer's income.

Philosophy of Nature at the University of Vienna

From 1874 onwards, Franz Brentano (1838–1917) held one of two chairs for philosophy in Vienna. In 1880 he gave up his professorship but remained at Vienna University as an outside lecturer until 1895. In 1896 the second chair then fell vacant. Following the establishment of a third chair for philosophy in 1894, there were now three professorial positions to be filled. One of these was to have a bias towards history and philosophy, and the newly founded chair was to be orientated towards mathematics and science. First attempts to fill these positions failed. After Ernst Mach's efforts (1838–1916) to succeed Joseph Stefan (1835–1893) as holder of a physics chair had failed, owing to Ludwig Boltzmann's appointment in 1894, Ernst Mach finally took up the appointment to the third chair "for philosophy, especially for the history and theory of inductive sciences". The dean's report of that time on the passing of the resolution by the professors emphasises the "satisfied and happy" approval of, among others, Ludwig Boltzmann. It is remarkable that this chair for philosophy should have been occupied by a physicist. These events have been described in detail by Mayerhöfer (1966). In 1898 Ernst Mach suffered a stroke, was unable to fulfil his teaching commitments, and finally was forced to retire in April 1901. Meanwhile Boltzmann was in Leipzig.

The last stage in Ludwig Eduard Boltzmann's career took him to Graz, Vienna, Graz again, Munich, back to Vienna, Leipzig, and then, finally, back to Vienna to stay. Boltzmann's last chair at Vienna University followed his appointment as professor for theoretical physics by a decree of the 4 June 1902 with effect from 1 October 1902. He had to make a solemn declaration not to accept a chair abroad.

The chair for science and philosophy made vacant by Mach's retirement remained unfilled. Instead, Boltzmann was charged through a decree of 5 May 1903 (Zl. 10128) of the ministry of education and cultural affairs to give an additional series of lectures of two hours a week beginning with the winter semester 1903/04 on "The Philosophy of Nature and Scientific Methodology". In contrast to Wiesner's statement (1950), Boltzmann was never a professor of philosophy. The original communication of the faculty of philosophy concerning the additional lectures contains a shorthand note in Boltzmann's writing: "Sir, the undersigned humbly requests that in accordance with the decree of 5 May 1903 (Zl. 10128) the approved remuneration of 2000 Kroners for lectures held on the philosophy of nature in the winter semester 1903/04 be transferred as soon as possible" (see Fig. 5).

After Ludwig Boltzmann's death, the former Ernst Mach chair remained unfilled, and in 1914 one of the other two philosophy chairs fell vacant. Thus up to 1922 there was only one occupied chair for philosophy. The after-effects of Mach's and Boltzmann's teachings on the philosophy of nature were apparently very far-reaching. When Moritz Schlick (1882–1936) was appointed to the second professorship for philosophy at Vienna University, he specialized in the philosophy of nature and within the "Viennese circle" saw himself as the official successor to Mach and Boltzmann (Mayerhöfer 1966).

Boltzmann's Lecture Preparation

Judging by the material available, Ludwig Boltzmann made a detailed study of the work of some philosophers. The corresponding notes were closely written in shorthand on double sheets (34 × 21 cm) (see Fig. 8) which I have completely translated into longhand. Apart from the notes in the appendix, no other transcriptions are reproduced here, since that would go beyond the scope of this book. Ludwig Boltzmann borrowed the works of Schopenhauer from the University Library in Vienna (we still have the original receipts) (see Fig. 9). I borrowed the same books again and found some very critical comments by Ludwig Boltzmann in his shorthand in the margin. When these old books were rebound, the pages were recut, and so parts of the margin notes were lost and only fragments remain.

The Inaugural Lecture

On 26 October 1903 the "Inaugural Lecture on the Philosophy of Nature" took place in the then largest available lecture theatre. The following day a short article on it appeared on page 5 of the Vienna *Neue Freie Presse*: "... When the doors to the lecture room were opened, there was a dangerous crush ... The speaker, who was greeted with tumultuous applause, recalled Ernst Mach at the beginning of his lecture." On 29 October the *Arbeiter-Zeitung* published on page 6 a critical and partly polemic article on Boltzmann's additonal lecture series. With obvious reference to this, in a footnote to his publication "An Inaugural Lecture on the Philosophy of Nature" in the *Technisch-naturwissenschaftliche Zeit* of 11 December 1903 (a regular supplement to the daily paper *Die Zeit*), Ludwig Boltzmann wrote: "As totally false views seem to have spread following my first lecture on the philosophy of nature, as a result partly of unfavourable press reports, I willingly accept the invitation of the editor of *Die Zeit* to publish this lecture. As the lecture was held extempore, I cannot vouch for the wording, but I can vouch for the meaning." This footnote can be found in the later publication of the inaugural speech in the *Populäre Schriften*.

So far as the content is concerned, the shorthand drafts of the first two lectures and the published version of the inaugural lecture are the same, although some passages appear in a different order and the wording varies. Two separate lectures in particular, those for 26 and 27 October 1903, are drafted in shorthand. During the following weeks the lectures were always held on the same days (Monday and Tuesday). The closing paragraph of the shorthand text of the first lecture is to be found again as a summary at the end of the published version, i.e., at the end of the second lecture. So we can be certain that the version known as the "Inaugural Lecture on the Philosophy of Nature" was actually held on two consecutive days. Thus Ludwig Boltzmann prepared the first two lectures for publication on the basis of the shorthand notes. An essential cut was made by the newspaper editor (see pp. 80, 81, 154).

The Lecture Series on the Philosophy of Nature

The lectures took place during the winter semester 1903/04. A continuation was apparently planned for the summer semester 1904. In the notebook we find a very brief summary of the content. However, for reasons of health, Ludwig Boltzmann was forced to withdraw from his teaching commitment. At the end of August he travelled to the USA for the second time to take part in the St. Louis congress (see p. 31).

Höflechner and Hohenester (1985) quote from a long letter from Boltzmann's assistant, Privatdozent Dr. Stefan Meyer, from the year 1944, in which Meyer summarizes his recollections of Boltzmann: "After his return from Leipzig, in addition to his usual teaching load, he had taken on the lectures on the philosophy of nature as Mach's successor. Following the first excellent lectures he soon began to flag and he was not happy." A similar view was expressed by Brentano in a letter to Mach in 1908. This flagging and dissatisfaction surely cannot apply to the winter semester 1903/04 as his detailed preparation and the record available do not support this. The wide attention attracted by the lectures is obvious from a letter written by my father to his sister Ida in November 1903: "There was a publisher here today who offered Papa about 100 Kroners for every two hours of lecturing if he let him publish the lectures on philosophy. It is calculated on the number of printed pages."

The lectures were held again in the winter semester 1904/05, but this time the content was changed. In a letter to Brentano, Boltzmann writes on 26 December 1904: "This winter semester I am lecturing again on the philosophy of nature for two hours a week and I am making life easier for myself. I take any one of the well-known philosophers (at the moment Schopenhauer) and, using this philosopher's views, I show where I agree or disagree with him." In the discussion about Schopenhauer, Ernst Mach wrote in letters from 9 to 12 January 1905 to Heinrich Gomperz (professor for classical philology in Vienna): "Boltzmann is not malicious, but incredibly naive and casual ..., ... he is simply a man who does not know where to draw the line. This applies to other things too, which are important for him." (Höflechner and Hohenester 1985).

The shorthand notes for the summer semester 1905 are extremely brief and end with the date of 5 June 1905. This was followed by the famous third journey to the USA with a stay in Berkeley, which found expression in the *Populäre Schriften* under the title "Journey of a German Professor to Eldorado". Another repeat of the lectures was planned for 1905/06 and Ludwig Boltzmann began his lectures on 23 October 1905. But the shorthand notes end after six lectures on 31 January 1906 with a yawning gap between the lectures of 20 November 1905 and 22 January 1906. We can assume that he intended to take up the material of the previous year. The shorthand preparations for these last six lectures contain only short, abbreviated notes, as well as additional thoughts and repetitions. Ludwig Boltzmann's state of health deteriorated rapidly and on 5 May 1906 he was retired. His life came to an end on 5 September 1906.

Abb. 11. L. Boltzmann, Graz 1884
Fig. 11. L. Boltzmann, Graz 1884

Ludwig Boltzmann and the Foundations of Natural Science

Stephen G. Brush, University of Maryland, USA

The Austrian physicist Ludwig Boltzmann explored in his research and lectures several of the fundamental problems of 19th-century science: the atomic structure of matter, the validity of the Second Law of Thermodynamics, the nature of electromagnetic radiation, and the direction of time. In some cases, such as the statistical interpretation of entropy and the theory of equilibrium and transport properties of gases, his results have survived in today's textbooks and provide the basis for current research. In other cases, such as the development of mechanical models for molecules, he revealed the limitations of classical physics and thus helped to prepare the way for the new physics of the 20th century.

Boltzmann's notes for his lectures on natural philosophy, published for the first time in this volume, do not cover these subjects, presumably because by the years when the lectures were given, he had spoken and written so often on the problems of physics that he did not need to write out the lectures for this purpose. Instead, the notes deal primarily with basic principles of mathematics and the abstract representation of colours – subjects to which he did not make major original contributions, but which nevertheless gave him a good opportunity to express his philosophical and methodological views.[1] In this introductory essay I sketch Boltzmann's ideas about physical theory and his role in the elaboration and defense of the atomic-mechanistic worldview at the end of the 19th century, indicating briefly some connections with the mathematical concepts discussed in the Lectures.

Boltzmann was educated at Linz and Vienna, receiving his doctorate in 1867 from the University of Vienna, where he had studied with the physicist Josef Stefan.[2] He held professorships at the universities of Graz, Vienna, Munich, and Leipzig. The first stimulus for Boltzmann's researches came from teachers and colleagues at the University of Vienna, especially Stefan and the chemist Joseph Loschmidt. Stefan introduced him to Maxwell's electrical theory, and in a lecture suggested the electrical problem whose solution constituted Boltzmann's first published paper;[3] he also published a few papers on kinetic theory and hydrodynamics, and did important theoretical work on gases and radiation that provided the basis for some of Boltzmann's theories.[4] Their names are permanently linked in the law that relates radiation energy to the fourth power of absolute temperature.

Loschmidt's name is linked to Boltzmann's in a different way, through the "reversibility paradox" which is now remembered as a dispute between them and which seems to have led Boltzmann to introduce his mathematical relation between entropy and probability. But Loschmidt actually prepared the way for Boltzmann's research programme in a more fundamental way when he devised in 1865 the first reliable method for estimating the diameter of a molecule and the number of molecules in a given quantity of gas. As William Thomson (later known as Lord Kelvin) pointed out, such estimates brought the atom out of the realm of metaphysical speculation into the domain of quantitative science, and thus gave legitimacy to theories based on atomic hypotheses. This claim was in line with his general position that numerical measurement is essential to scientific knowledge.[5]

Mechanical Basis for Thermodynamics: Boltzmann began his lifelong study of the atomic theory of matter by seeking to establish a direct connection between the Second Law of Thermodynamics and the mechanical Principle of Least Action.[6] Since the First Law of Thermodynamics appeared to be a direct generalization of the principle of conservation of energy in mechanics, it seemed plausible that the Second Law should also correspond to some principle in mechanics; this would require finding the correct mechanical interpretation of thermodynamic concepts like heat and entropy. Although Clausius, Szily, and others later worked along similar lines, and Boltzmann himself returned to the subject in his elaboration of Helmholtz's theory of monocyclic systems in 1884, the analogy with purely mechanical principles seemed insufficient for a satisfactory interpretation of the Second Law.[7]

Statistical Theory of Molecular Motions: The missing element was the statistical approach to molecular motion that had already been introduced by the British physicist James Clerk Maxwell, and even earlier in a more limited way by the German physicist Rudolf Clausius; here physics seems to have been influenced by developments in the social sciences.[8] Maxwell postulated (and later tried to justify in terms of molecular collisions) a statistical distribution law for molecular velocities, similar to the well-known Gaussian exponential "law of errors". Earlier writers on the kinetic theory of gases had assumed that the effect of collisions would be to average the velocities or momenta of the colliding molecules, so that after many collisions all molecules would have about the same speed. But according to Maxwell's distribution law, the result of numerous collisions would be a state in which a few molecules have very low speeds, a few have very high speeds, and most are clustered around an average speed that is determined by the absolute temperature (actually, proportional to its square root).

Maxwell's original theory left open the question of the effect of forces (external or intermolecular) on the distribution law. It was generally believed that in a vertical column of gas subject only to the earth's gravitational field, the average molecular speed must decrease with height, in accordance with the observation that the temperature of the earth's atmosphere decreases with height above the ground. Maxwell himself, in his second kinetic theory of gases submitted to the

Royal Society of London in 1866, concluded that the temperature should *increase* with height, but soon realized that this result was erroneous and stated in the published version of the paper that a vertical column in thermal equilibrium should have the same temperature throughout.[9] But the proof of this result was buried in his complex equations.

The Boltzmann Factor for Thermodynamic Equilibrium: Boltzmann in 1868 generalized Maxwell's distribution law by including the effects of forces.[10] The molecular kinetic energy, which had appeared (divided by absolute temperature) in Maxwell's exponential formula, was replaced by the total energy including the potential energy corresponding to the forces. The result was a new exponential formula giving the relative probability of any specified molecular state, now known as the "Boltzmann factor" and basic to all modern calculations in statistical mechanics. The thermodynamic properties of any physico-chemical system, assumed to be in thermal equilibrium at a specified temperature, can in principle be computed by writing down the appropriate formulas for those properties for each molecular state and then computing the average by using the Boltzmann factor to give the weight of each state. The introduction of the Boltzmann factor thus allowed the statistical approach to be extended from ideal gases (no forces) to real gases, liquids, and solids.[11] As a byproduct, it confirmed in a more convincing way the conclusion that the temperature is uniform throughout a vertical column of gas in thermal equilibrium, as Maxwell acknowledged in later papers.[12]

In the same paper of 1868, Boltzmann presented another derivation of the Maxwell velocity distribution law that was independent of any assumptions about collisions between molecules. He simply assumed that there is a fixed total amount of energy to be distributed among a finite number of molecules, in such a way that all combinations of energies are equally probable. (More precisely, he assumed uniform distribution in momentum space.) By regarding the total energy as being divided into small but finite elements, he could treat this as a problem of combinatorial analysis, and obtained a rather complicated formula that reduced to the Maxwell velocity-distribution law in the limit of an infinite number of molecules and infinitesimal energy elements.

The device of starting with finite energy elements and then letting them become infinitesimal is not essential to such a derivation, but it reveals an interesting feature of Boltzmann's mathematical approach in his early period. Boltzmann asserted on several occasions that a derivation based on infinite or infinitesimal quantities is not really rigorous unless it can also be carried through with finite quantities. This viewpoint delayed his appreciation of some of the developments in pure mathematics that appeared toward the end of the 19th century, such as Georg Cantor's theory of transfinite numbers; the Lectures on Natural Philosophy (see "8. Vorlesung", p. 91) indicate a subsequent development of Boltzmann's mathematical ideas in the light of Cantor's work. But Boltzmann's earlier finitist approach had a remarkable influence on the development of modern physics through Max Planck's 1900 work on the black body radiation problem. Thomas

Kuhn has argued that Planck, following Boltzmann, originally used the assumption of finite energy elements simply as a convenient mathematical device and did not (in 1900) propose a *physical* quantization of energy.[13]

Transport Equation and H-Theorem: Although Maxwell and Boltzmann had succeeded in finding the distribution laws by assuming that the system is in an equilibrium state, they thought that one should also be able to show that the system will actually evolve toward an equilibrium state if it is not there already. Maxwell had made only fragmentary attempts to solve this problem; Boltzmann devoted several long papers to establishing a general solution for low-density gases (for which only two-molecule interactions need be considered), and his results suggested that the problem might also be solved for other systems. His approach, like Maxwell's, involved the derivation of general equations that could be used to describe transport processes such as viscosity, heat conduction, and diffusion.

Approach to equilibrium in a low-density gas was seen by Maxwell and Boltzmann as a special case of a general phenomenon: dissipation of energy and increase of entropy, as postulated by Clausius and Thomson in the 1850s and 1860s. Clausius and Thomson were in turn generalizing the earlier postulate of Joseph Fourier, that heat naturally tends to flow irreversibly from high to low temperatures. It was Boltzmann's achievement (going beyond Maxwell's qualitative ideas) to show in detail how thermodynamic entropy is related to the statistical distribution of molecular configurations, and how increasing entropy corresponds to increasing randomness on the molecular level. This was a peculiar and unexpected relationship, for macroscopic irreversibility seemed to contradict the fundamental reversibility of Newtonian mechanics, which was still assumed to apply to molecular collisions. Boltzmann's attempts to resolve this contradiction formed part of the debate on the validity of the atomic theory in the 1890s. It also led him to give an explicit rôle to molecular randomness, going beyond the use of statistical methods to describe motions that had been assumed to be deterministic. Seen in this context, the proof of the distribution law has even more significance than the law itself.[14]

Boltzmann's first major work on the approach to equilibrium (and on transport processes in gases) was published in 1872.[15] This paper, like that of 1868, took Maxwell's theory as the starting point. Boltzmann first derived an equation for the time-rate of change in the number of molecules having a given energy, resulting from collisions between molecules; he used here, without comment, Maxwell's assumption that the velocities of two colliding molecules are statistically independent before they meet. Later it was recognized that there might be valid grounds for objecting to this assumption, since the calculation must take account of inverse collisions, and one is thus in effect assuming that their velocities are statistically independent *after* they meet.[16] With this assumption, the time-rate of change of the distribution function f can be written in terms of products of the values of the same function evaluated for different values of the initial and corresponding final velocities for two-particle collisions, integrated over all sets of initial velocities. This non-linear integro-differential equation, which may also incorporate terms describing the effects of external forces and nonuniform conditions, is now known as Boltzmann's transport equation or simply "The Boltzmann Equation". It provides the basis for modern research on fluids, plasmas, and neutron transport.

With special assumptions about the physical conditions of the gas and the interaction between the molecules, Boltzmann's equation can be solved to yield values for the transport coefficients. As Maxwell had already discovered, an exact solution is possible only for a special force law: intermolecular repulsion inversely proportional to the 5th power of the distance between point particles. In this case the term depending on the relative velocity v, which cannot be calculated unless one already knows the non-equilibrium velocity distribution f, drops out of the integral. It was in reference to this result of Maxwell's that Boltzmann wrote his oft-quoted comparison of styles in theoretical physics and styles in music, dramatizing the almost magical disappearance of v when the words "let $n = 5$" were pronounced.[17] Boltzmann made several attempts to develop accurate approximations for other force laws, but this problem was not satisfactorily solved until the work of Sydney Chapman and David Enskog around 1916–1917.[18]

If the velocity distribution function f is the one proposed by Maxwell for thermal equilibrium, then the Boltzmann equation implies that the time-rate of change of f is zero. In other words, once the Maxwellian state has been reached, the molecular motions and collisions will not produce any further change (in the absence of external forces).

So far this is simply an elaboration of the previous arguments of Maxwell and Boltzmann himself, but now, with an explicit formula for the rate of change of the distribution function, Boltzmann was able to go further and show that f always tends toward the Maxwellian form. He did this by introducing a function, later known as Boltzmann's H function, which is computed by integrating $f \log f$ over all velocities at a particular time t. He then showed, using the assumption about statistical independence mentioned above, that H always decreases with time until it reaches the Maxwellian form; it then maintains a fixed minimum value. This value is essentially the same (apart from a constant negative factor) as the thermodynamic entropy in the equilibrium state. Thus Boltzmann's H function provides an extension of the entropy concept to nonequilibrium states not covered by the thermodynamic definition.

The theorem that H always decreases for non-equilibrium systems was called "Boltzmann's minimum theorem" in the 19th century and now goes by the name "Boltzmann's H-theorem". It is considered equivalent to the "generalized Second Law of Thermodynamics" of Clausius, which states that the entropy of a system tends toward a maximum.[19] As Clausius pointed out, the Second Law thus contradicts the idea the world is cyclic and may go on forever in the same way; on the contrary, when the universe reaches its maximum entropy, no further changes are possible and the universe will be in a state of unchanging death.[20]

This doctrine of an inevitable "heat death" was widely publicized, striking a responsive chord in the pessimistic atmosphere of the late 19th century.[21]

Reversibility Paradox: The H-theorem raised some difficult questions about the nature of irreversibility in physical systems, in particular the so-called "reversibility paradox" and "recurrence paradox".[22] The reversibility paradox was first discussed in 1874 by William Thomson, who noted the contrast between reversible "abstract dynamics" and irreversible physical processes. Of course there must be a contradiction between Newtonian mechanics, which is time-reversible, and any theory that requires an irreversible change, but one could not talk about a paradox until one had a reasonably well-developed kinetic theory that made specific claims about molecular motions. Thomson pointed out that one could avoid any absolute contradiction by invoking Maxwell's Demon; so it is only a pragmatic question of whether the kinetic theory allows reversals in a way that is actually observable. He showed that while it is possible in principle to produce a disequalization of temperature by reversing molecular velocities, the amount of time during which this could happen goes rapidly to zero as the number of molecules becomes large.[23]

Loschmidt, apparently without knowledge of Thomson's paper, brought the paradox to Boltzmann's attention in 1876 as part of his attack on the thesis that the Second Law of Thermodynamics requires an irreversible dissipation of energy (and on the doctrine that the temperature is constant in a vertical column of gas in thermal equilibrium). Loschmidt claimed that the Second Law could be formulated as a mechanical principle without reference to the sequence of events in time; he thought that he could thus "destroy the terroristic nimbus of the second law, which has made it appear to be an annihilating principle for all living beings of the universe; and at the same time open up the comforting prospect that mankind is not dependent on mineral coal or the sun for transforming heat into work, but rather may have available forever an inexhaustible supply of transformable heat".[24]

Loschmidt noted that in any system "the entire course of events will be retraced if at some instant the velocities of all its parts are reversed".[25] His application of this reversibility principle to the validity of the Second Law was somewhat obscurely stated, but Boltzmann (perhaps as a result of private discussions) quickly got the point and published a reply, in which he gave a thorough discussion of the paradox.[26] He suggested that the irreversibility of processes in the real world is not a consequence of the equation of motion for individual particles and the form of the intermolecular force law, but, rather, seems to be a result of the initial conditions. For some unusual initial conditions the system might in fact decrease its entropy as time progresses; such initial conditions could be constructed simply by reversing all the velocities of the molecules in an equilibrium state known to have evolved from a non-equilibrium state. But, Boltzmann asserted, there are infinitely more initial states that evolve with increasing entropy, simply because almost all possible states are equilibrium states.

Moreover, the entropy would also be almost certain to increase if one picked an initial state at random and followed it backward in the time instead of forward.

The problem of irreversibility was revived in England in the 1890s as part of a more general discussion, within the British Association for the Advancement of Science, of the Laws of Thermodynamics. Analysis of the relation of the Second Law to dynamical principles focussed attention on the conditions for validity of the assumption of thermal equilibrium and the use of the Maxwell-Boltzmann distribution law. E. P. Culverwell asked how a system of particles obeying Newton's laws could have a tendency to reach equilibrium, in view of the fact that "for every configuration which tends to an equal distribution of energy, there is another which tends to an unequal distribution" because of the reversibility of Newton's laws. He suggested that perhaps interactions between molecules and aether are responsible for attaining thermal equilibrium. Other British scientists attempted to identify the stage in Boltzmann's derivation of the H-theorem where irreversibility enters. S. H. Burbury proposed that the crucial assumption is the statistical independence of two colliding molecules, an assumption that becomes questionable when it is applied to reverse collisions. Burbury proposed that the assumption could be justified by postulating some kind of external disturbance "the effect of which, coming at haphazard, is to produce that very distribution of coordinates which is required to make H diminish".[27]

In response, Boltzmann agreed that a new assumption, which he called "molecular disorder", was needed in order to prove that a system tends to change irreversibly toward thermal equilibrium. While randomness causes irreversibility, it does not require it, since even if molecular motions were completely random there is still a small but finite probability that H may sometimes increase. Thus the H-theorem itself is only statistically true.[28]

Recurrence Paradox: The recurrence paradox arises from a theorem in mechanics first published by Henri Poincaré in 1890.[29] According to this theorem, any mechanical system constrained to move in a finite volume with fixed total energy must eventually return to any specified initial configuration. The theorem was motivated by an attempt to give a rigorous proof of the stability of the solar system, a problem that had attracted much attention in the 18th century in connection with the cyclic "clockwork universe" view of the world. Although at the beginning of the 19th century Laplace was thought to have solved the problem, by Poincaré's time standards of mathematical proof had risen substantially and Laplace's proof no longer seemed adequate. Poincaré was interested both in the mathematical aspects of the mechanical problem, and in the physical theory of cosmic evolution.[30] The concept of cosmic recurrence, as an alternative to the thermodynamic heat death, was also a topic of discussion among philosophers such as Friedrich Nietzsche at this time.[31]

If a certain value of the entropy is associated with every configuration of the system (a disputable assumption), then according to the recurrence theorem the entropy cannot continually increase with time, but must eventually decrease in order to return to its initial value. Therefore the H-theorem cannot always be valid.

Poincaré, and later Zermelo, argued that the recurrence theorem makes *any* mechanical model, such as the kinetic theory, incompatible with the Second Law of Thermodynamics; and since, it was asserted, the Second Law is a strictly valid induction from experience, one must reject all mechanical models and the mechanistic viewpoint in general. The Poincaré–Zermelo criticism thus reinforced contemporary assaults on the mechanical worldview.[32]

Boltzmann replied that the recurrence theorem does not contradict the H-theorem, but is completely in harmony with it. The equilibrium state is not a single configuration but, rather, a collection of the overwhelming majority of possible configurations, characterized by the Maxwell-Boltzmann distribution law. From the statistical viewpoint, the recurrence of some particular initial state is a fluctuation that is almost certain to occur if one waits long enough; the point is that the probability of such a fluctuation is so small that one would have to wait an immensely long time before observing a recurrence of the initial state. Thus the mechanical viewpoint does not lead to any consequences that are actually in disagreement with experience.[33]

Is there an objective "Direction of Time"?: For those who are concerned about the "heat death" of the universe, Boltzmann suggested the following idea. The universe as a whole is in a state of thermal equilibrium, and there is no direction between forward and backward directions of time. However, within relatively small regions, which he calls "worlds", there will be noticeable fluctuations that include ordered states corresponding to the existence of life. A living being in such a world will distinguish the direction of time for which entropy increases (processes going from ordered to disordered states) from the opposite direction; in other words, the concept of "direction of time" is statistical or even subjective, and is determined by the direction in which entropy happens to be increasing. Thus the statement "entropy increases with time" is a tautology. In this way local irreversible processes would be compatible with cosmic reversibility and recurrence.

Boltzmann's proposal to make time-direction subjective has been criticized by Karl Popper, who argues that the proposal is tantamount to abandoning Boltzmann's claim to give a statistical explanation of irreversibility and represents a surrender to philosophical idealism.[35] Indeed, Boltzmann's philosophical opponent Ernst Mach had suggested a similar interpretation of the entropy-time relation in 1894.[36] Popper's critique has been discussed in detail by Martin Curd, who concludes that while Boltzmann's idea is "untenable, at least for a realist", Popper's own claims for the objectivity of a time-direction are not substantiated and his criticism does not fatally undermine Boltzmann's interpretation of irreversibility.[37] Other philosophers and cosmologists have found Boltzmann's proposal appealing for the same reason that Popper rejects it, and it seems by no means certain that we must accept an objective unidirectional arrow of time in the world.[38]

For the historian of ideas it is more important to look at Boltzmann's hypothesis about time-direction in the context of late-19th-century culture and science than to worry about whether it is compatible with late-20th-century physics. In the 1890s philosophers like Lotze, Bradley, Bosanquet, Moore, McIntyre and Lloyd wondered whether absolute time exists at all and whether the past and future are real, and scientists like Flammarion pointed out that someone travelling faster than light would see events in reverse time sequence.[39] For the 19th-century traveller the non-existence of an objective universal time was not a metaphysical fantasy but an annoying practical reality.[40]

Statistical Mechanics and Ergodic Hypothesis: Having followed Boltzmann's work on irreversible processes into some of the controversies of the 1890s, let us now return to his contributions to the theory of systems in thermal equilibrium (for which the term "statistical mechanics" was introduced by J. Willard Gibbs).

It would be possible (as is in fact done in many modern texts) to take the Maxwell-Boltzmann distribution law as the basic postulate for calculating all the equilibrium properties of a system. Boltzmann, however, preferred another approach that seemed to rest on more general grounds than the dynamics of bimolecular collisions in low density gases. The new method was in part a by-product of his discussion of the reversibility paradox, and is first hinted at in connection with the relative frequency of equilibrium, as opposed to nonequilibrium configurations of molecules: "One could even calculate, from the relative numbers of the different distributions, their probabilities, which might lead to an interesting method for the calculation of thermal equilibrium".[41] This remark was quickly followed up in the same year (1877) in a paper in which the famous relation between entropy and probability was developed and applied. In this relation, there appears the logarithm of a quantity "W", defined as the number of possible molecular configurations ("microstates" in modern terminology) corresponding to a given macroscopic state of the system.[42]

The new formula for entropy – from which formulas for all other thermodynamic quantities could be deduced – was based on the assumption of equal *a priori* probability: all microstates that have the same total energy are postulated to have the same probability of occurrence, in the thermal equilibrium. As noted above, Boltzmann had already proved in 1868 that such an assumption implies the Maxwell velocity distribution for an ideal gas of noninteracting particles; it also implies the Maxwell-Boltzmann distribution for certain special cases in which external forces are present. But the assumption itself demanded some justification beyond its inherent plausibility. For this purpose, Boltzmann and Maxwell introduced what is now (following the Ehrenfests) called the "ergodic hypothesis", the assumption that a single system will eventually pass through all possible microstates during its deterministic time-evolution.

There has been considerable confusion about what Maxwell and Boltzmann really meant by ergodic systems. It appears that they did not have in mind completely-deterministic mechanical systems following a single trajectory unaffected by external conditions; the ergodic property was to be attributed to some random element or at least to collisions with a boundary. Boltzmann seems to have had in mind a path that goes arbitrarily close to every point in the phase space (space of all possible positions and momenta of all the particles), but does not necessarily pass through every point. In the 1880s, before he was familiar with Cantor's theory of sets, Boltzmann did not seem to recognize the difference between these two assumptions, or at least he considered it a purely mathematical distinction with no physical significance. His remarks on the Cantor theory in the Lectures on Natural Philosophy suggest that he might have expressed himself more precisely on this subject if he had written on it after 1903.

In fact, when Boltzmann first introduced the words *Ergoden* and *ergodische*, he used them not for single systems but for collections of similar systems with the same energy but different conditions. In these papers of 1884 and 1887, Boltzmann was continuing his earlier analysis of mechanical analogies for the Second Law of Thermodynamics, and also developing what is now (following J. Willard Gibbs) known as "ensemble" theory.[43] Here again, Boltzmann was following a trail blazed by Maxwell, who had introduced the ensemble concept in his 1879 paper.[44] But while Maxwell never got past the restriction that all systems in the ensemble must have the same energy, Boltzmann suggested more general possibilities and Gibbs ultimately showed that it is most useful to consider ensembles in which not only the energy but also the number of particles can have any value, with a specified probability.

The Maxwell-Boltzmann ergodic hypothesis led to considerable controversy on the mathematical question of the possible existence of dynamical systems that pass through all possible configurations. The controversy came to a head with the publication of the Ehrenfest article in 1911, in which it was suggested that while strictly ergodic systems are probably non-existent, "quasi-ergodic" systems that pass "as close as one likes" to every possible state might still be found.[45] Shortly after this, two mathematicians, Rosenthal and Plancherel, used some recent results of Cantor and Brouwer on the dimensionality of sets of points to prove that strictly ergodic systems (in which the system goes through every point in the phase space corresponding to the specified total energy) are indeed impossible.[46] Since then, there have been many attempts to discover whether physical systems can be quasi-ergodic; "ergodic theory" has become a lively branch of modern mathematics, altough it now seems to be of little interest to physicists.

After expending a large amount of effort in the 1880s on elaborate but mostly fruitless attempts to determine the transport coefficients of gases, Boltzmann returned to the calculation of equilibrium properties in the 1890s. He was encouraged by the progress made by Dutch researchers – J. D. van der Waals, H. A. Lorentz, J. H. van't Hoff, and others – in applying kinetic methods to dense gases and osmotic properties of solutions. He felt obliged to correct and extend their calculations, as in the case of virial coefficients (correction to the ideal-gas law) for gases of elastic spheres. The success of these applications of kinetic theory also gave him more ammunition for his battle with the energeticists (see below).

Other Contributions: Although Boltzmann's contributions to kinetic theory were the fruits of an effort sustained over a period of years, and are mainly responsible for his reputation as a theoretical physicist, they account, numerically, for only about half of his publications. The rest are so diverse in nature – ranging over the fields of physics, chemistry, mathematics, and philosophy – that it would be useless to try to describe or even list them here.[47] Only one characteristic seems evident: most of what Boltzmann wrote in science represents some kind of interaction with other scientists or with his students. All of his books originated as lecture notes; in attempting to explain a subject on the elementary level, Boltzmann frequently developed valuable new insights, although he often succumbed to unnecessary verbosity. He scrutinized the major physics journals and frequently found articles that inspired him to dash off a correction, design a new experiment, or rework a theoretical calculation to account for new data.

Soon after he started to follow Maxwell's work on kinetic theory, Boltzmann began to study the electromagnetic theory of the great British physicist. In 1872, he published the first report of a comprehensive experimental study of dielectrics, conducted in the laboratories of Helmholtz in Berlin and of Toepler in Graz. A primary aim of this research was to test Maxwell's prediction that the index of refraction of a substance should be the geometric mean of its dielectric constant and its magnetic permeability – a formula that epitomizes the linkage of optical to electric and magnetic properties that was Maxwell's greatest achievement. Boltzmann confirmed this prediction for solid insulators and (more accurately) for gases. Boltzmann became one of the primary advocates of Maxwell's electromagnetic theory on the Continent, although his own approach to the subject differed from that of Maxwell on a number of points; what they had in common was the use of mechanical models and analogies to explain electrical and magnetic phenomena.[48]

In 1883, Boltzmann learned of a work by the Italian physicist Adolfo Bartoli on radiation pressure. Bartoli's reasoning stimulated Boltzmann to work out a theoretical derivation of the temperature-dependence of radiation energy, based on the Second Law of Thermodynamics and Maxwell's electromagnetic theory. The result – that the radiation energy is proportional to the 4th power of the absolute temperature – coincided with Stefan's conclusion, published in 1879, for the rate of heat transfer by radiation, derived from an analysis of empirical data. (It also involved the law, based on Maxwell's kinetic theory, that the heat conduction coefficient of gas is independent of pressure.) The T^4 law is now known as the Stefan-Boltzmann law.[49] It played an important role as a constraint in theories of black-body radiation in the late 19th century, leading up to Planck's discovery of his distribution law.

Defense of the Atomic Viewpoint: Throughout his career, even in his works on subjects other than kinetic theory, Boltzmann was concerned with the mathematical problems arising from the atomic nature of matter. Thus an early paper with the title "Über die Integrale linearer Differentialgleichungen mit periodischen Koefficienten"[50] turned out to be an investigation of the validity of Cauchy's theorem on this subject, which is needed to justify the application of the equations for an elastic continuum to a crystalline solid in which the local properties vary periodically from one atom to the next.

Until the 1890s, it seemed to be generally agreed among physicists that matter *is* composed of atoms, and Boltzmann's concern about the consistency of atomic theories may have seemed excessive. But toward the end of the century, the various paradoxes – specific heats, reversibility, and recurrence – were taken more seriously as defects of atomism and Boltzmann found himself cast in the role of principal defender of the kinetic theory and of the atomistic-mechanical viewpoint in general. Previously he had not been much involved in controversy – with the exception, ironically, of a short dispute with O.E. Meyer, who had accused Boltzmann of proposing a theory of elasticity that was inconsistent with the atomic nature of matter. But now Boltzmann found himself almost completely deserted by Continental scientists; his principal supporters were in England and Holland. In Germany, the "energetics" doctrines of Wilhelm Ostwald and Georg Helm challenged the kinetic theory and the value of atomic theories; in France, Pierre Duhem advocated a positivist thermodynamic approach; in Austria, Ernst Mach, while recognizing that hypotheses can be useful in science, rejected all attempts to ascribe reality to unobservable concepts such as absolute space and time or atoms.[51]

In 1976 Peter Clark, a follower of Imre Lakatos's "methodology of scientific research programmes", argued that the atomic-kinetic research programme was objectively "degenerating" after 1880. According to the Lakatos methodology, it would then have been rational for scientists to abandon that programme in favour of the macroscopic thermodynamics programme.[52] Clark's analysis ignores the successes of Boltzmann and van der Waals, and their followers, in developing quantitative explanations of the properties of matter based on the kinetic theory during this period. An alternative interpretation for the unpopularity of Boltzmann's programme in the late 19th century is that it was the victim of a more general "reaction against materialism" – a philosophical bias against the atomistic-mechanistic worldview and in favour of phenomenological or positivist approaches.[53]

It has been suggested that Boltzmann himself, as a result of the criticisms of his theory, abandoned his mechanistic philosophy and adopted a more pragmatic approach in which the real existence of entities like atoms was no longer important. The result of this revisionist view is to see Boltzmann as a convert to Mach's philosophy and to make him an honorary member of the Vienna Circle. Perhaps the best justification for this interpretation is Boltzmann's view that scientific concepts such as "atom" are mental pictures rather than entities independently existing in the world (see below, his notes for the 7 November 1904 lecture). Andrew Wilson argues that this aspect of Boltzmann's scientific epistemology influenced Wittgenstein. But despite Boltzmann's explicit interest in philosophy, it may be misleading to interpret his scientific work as motivated by philosophical convictions; he could be a strong advocate of the necessity of atomism without rejecting other approaches that promised to be fruitful.[54]

In the first volume of his *Vorlesungen über Gastheorie* (1896) Boltzmann argued vigorously for the kinetic theory:

> Experience teaches that one will be led to new discoveries almost exclusively by means of special mechanical models. ... Indeed, since the history of science shows how often epistemological generalizations have turned out to be false, may it not turn out that the present "modern" distaste for special representations, as well as the distinction between qualitatively different forms of energy, will have been a retrogression? Who sees the future? Let us have free scope for all directions of research; away with all dogmatism, either atomistic or antiatomistic! In describing the theory of gases as a mechanical *analogy*, we have already indicated, by the choice of this word, how far removed we are from that viewpoint which would see in visible matter the true properties of the smallest particles of the body.

In the foreword to the second volume of this book 1898, Boltzmann seemed rather more conscious of his failure to convert other scientists to acceptance of the kinetic theory. He noted that attacks on the theory had been increasing, but added:

> I am convinced that these attacks are merely based on a misunderstanding, and that the role of gas theory in science has not yet been played out. The abundance of results agreeing with experiment which van der Waals has derived from it purely deductively, I have tried to make clear in this book. More recently, gas theory has also provided suggestions that one could not obtain in any other ways. From the theory of the ratio of specific heats, Ramsay inferred the atomic weight of argon and thereby its place in the system of chemical elements – which he subsequently proved, by the discovery of neon, was in fact correct. In my opinion it would be a great tragedy for science if the theory of gases were temporarily thrown into oblivion of a momentary hostile attitude toward it, as was for example the wave theory because of Newton's authority.
>
> I am conscious of being only an individual struggling weakly against the stream of time. But it still remains in my power to contribute in such a way that, when the theory of gases is again revived, not too much will have to be rediscovered.

Boltzmann and Ostwald, although on good personal terms, engaged in bitter scientific debates during this period; at one point even Mach thought the argument was becoming too violent, and proposed a reconciliation of mechanistic and phenomenological physics.[55]

Despite his travels and discussions with scientific colleagues, Boltzmann did not seem to realize that the new discoveries in radiation and atomic physics after 1900 were beginning to vindicate his theories. He ended his life in 1906 just before the existence of atoms was finally established (in his own pragmatic, not metaphysical sense) by experiments on Brownian motion guided by the kinetic-statistical theory of molecular motion he had helped to develop.[56]

There is a continuous line leading from Boltzmann's ideas to 20th century physics, not only in statistical mechanics but also in the foundation of mechanics.[57] As he himself noted, new theories usually build on old ones rather than completely displacing them.[58] His views on the possible extension of physical theory to biology were also well ahead of his time; unlike some critics in his own time and later, Boltzmann recognized that there is no contradiction between biological evolution and the laws of thermodynamics. (The supposed contradiction rests on a misunderstanding of the conditions under which the Second Law requires an increase of entropy.) He even showed qualitatively, in a 1904 lecture, that evolution from simple to complex forms of life should be expected to occur according to the statistical-atomic theory.[59]

Boltzmann was a powerful thinker whose ideas helped to shape modern science. Even if his reliance on mechanical models makes his writings look somewhat out of date, his profound analyses, technical ingenuity and bold hypotheses confer permanent value on his contributions.[60]

Notes

1. A part of these lectures has been summarized and discussed by Gerhard Fasol, "Comments on some Manuscripts by Ludwig Boltzmann", in Roman Sexl & John Blackmore (eds.), *Ludwig Boltzmann Internationale Tagung anläßlich des 75. Jahrestages seines Todes 5.–8. Sept. 1981, Ausgewählte Abhandlungen* (Braunschweig/Wiesbaden: Friedrich Vieweg & Sohn, 1982), pp. 87–95.
2. For biographical information see E. Broda, *Ludwig Boltzmann: Mensch, Physiker, Philosoph* (Berlin: VEB Deutscher Verlag der Wissenschaften, 1957); English translation by L. Gay and E.Broda, *Ludwig Boltzmann: Man, Physicist, Philosopher* (Woodbridge, Conn., USA: Ox Bow Press, 1983); C. Jungnickel and R. McCormmach, *Intellectual Mastery of Nature: Theoretical Physics from Ohm to Einstein* (Chicago: University of Chicago Press, 1986), vol.2, Chapters 16, 21–23; articles by Dieter Flamm, Paul Urban, Anne Kox, and Karl von Meyenn in Sexl & Blackmore (*op. cit.*, note 1).
3. "Über die Bewegung der Electricität in krummen Flächen", *Sitzungsberichte, Akademie der Wissenschaften, Wien, Mathematisch-Naturwissenschaftliche Klasse* 52 (1866), 682–690. In the following notes I use the standard 19th-century abbreviation for this publication, *Wien. Ber.* The paper is reprinted in Boltzmann's *Wissenschaftliche Abhandlungen* (Leipzig: Barth, 1909; New York: Chelsea Pub. Co., 1968).
4. See S. G. Brush, *The Kind of Motion We Call Heat* (Amsterdam & New York: North-Holland Pub. Co., 1976, repr. 1986); B. Pourprix & R. Locqueneux, "Josef Stefan (1853–1893) et les phénomènes de transport dans les fluides: la jonction entre l'Hydrodynamique continuiste et la théorie cinétique des gaz", *Archives Internationales d'Histoire des Sciences* 38 (1988), 86-118.
5. J. Loschmidt, "Zur Größe der Luftmoleküle", *Wien. Ber.* 52 (1865), 395–413. On the history of this and other estimates of molecular parameters see Brush, *Kind of Motion*, pp. 75–78 and references cited therein. In his memorial address for Loschmidt, Boltzmann pointed out that the number of atoms into which the dead scientist's body would disintegrate could be calculated by his own method, and wrote the number – "1" followed by 25 zeros – on the blackboard (Broda, *Boltzmann*, English translation, p. 27). Boltzmann's recollections of Loschmidt were published in *Physikalische Zeitschrift* 1 (1900), 168–171, 180–182, 254–257,

264–267. Thomson's remark about the importance of a numerical estimate of the size of an atom is in a paper in which he showed that four different methods lead to a similar estimate: "The Size of Atoms", *Nature* 1 (1870), 551–553. His well-known statement about numerical measurement was first made public in an 1883 lecture on "Electric Units of Measurement"; see his *Popular Lectures and Addresses*, vol 1, second edition (London: Macmillan, 1891), pp. 80–81.

6. "Über die mechanische Bedeutung des zweiten Hauptsatzes der Wärmetheorie", *Wien. Ber.* 53 (1866), 682–690. G. Bierhalter, "Boltzmanns mechanische Grundlegung des zweiten Hauptsatzes der Wärmelehre aus dem Jahre 1866", *Archive for History of Exact Sciences* 24 (1981), 195–205.

7. Rene Dugas, *La Théorie Physique au Sens de Boltzmann et ses Prolongements Modernes* (Neuchâtel: editions du Griffon, 1959), pp. 153–157. Edward E.Daub, "Probability and Thermodynamics: The Reduction of the Second Law", *Isis* 60 (1969), 318–330. Martin J. Klein, "Boltzmann, Monocycles and Mechanical Explanation", *Boston Studies in the Philosophy of Science* 11 (1974), 155–175. Günter Bierhalter, "Clausius' mechanische Grundlegung des zweiten Hauptsatzes der Wärmelehre aus dem Jahre 1871", *Archive for History of Exact Sciences* 24 (1981), 207–219. "Das Virialtheorem in seiner Beziehung zu den mechanischen Grundlegungen des zweiten Hauptsatzes der Wärmelehre", *ibid.* 27 (1982), 199–211; "Zu Szilys Versuch einer mechanischen Grundlegung des zweiten Hauptsatzes der Thermodynamik", *ibid.* 28 (1983), 25–35. "Die von Helmholtzschen Monozykel-Analogien zur Thermodynamik und Clausiussche Disgregationskonzept", *ibid.* 29 (1983), 95–100. "Die mechanische Entropie- und Disgregationskonzepte aus dem 19.Jahrhundert: Ihre Grundlagen, ihr Versagen und ihr Entstehungshintergrund", *ibid.* 32 (1985), 17–41; "Wie erfolgreich waren die im 19. Jahrhundert betriebenen Versuche einer mechanischen Grundlegung des zweiten Hauptsatzes der Thermodynamik?" *ibid.* 37 (1987), 77–99.

8. J.T. Merz, *A History of European Thought in the Nineteenth Century*, Vol. II (Edinburgh & London: William Blackwood and Sons, 1912), Chapter XII. C. C. Gillispie, "Intellectual Factors, in the Background of Analysis by Probabilities", in A. C. Crombie (ed.), *Scientific Change* (New York: Basic Books, 1963), pp. 431–453. Elizabeth Garber, "Aspects of the Introduction of Probability into Physics", *Centaurus* 17 (1972), 11–39. Ivo Schneider, "Rudolph Clausius' Beitrag zur Einführung wahrscheinlichkeitstheoretischer Methoden in der Physik der Gase nach 1856, "*Archive for History of Exact Sciences* 14 (1975), 237–261. T. M. Porter, "A Statistical Survey of Gases: Maxwell's Social Physics", *Historical Studies in the Physical Science* 12 (1981), 77–116; *The Rise of Statistical Thinking 1820–1900* (Princeton, N. J.: Princeton University Press, 1986), Chapter 7. L. Krueger, L. J. Daston, and M. Heidelberger (eds.), *The Probabilistic Revolution* (Cambridge, Mass.: MIT Press, 1987).
Extracts and translations of the early papers by Clausius and Maxwell may be found in S. G. Brush (ed.), *Kinetic Theory*, vol 1, *The Nature of Gases and of Heat* (Oxford & New York: Pergamon Press, 1965); German edition, *Kinetische Theorie*, Band I, *Die Natur der Gase und der Wärme, Einführung und Orginaltexte* (Berlin: Akademie-Verlag/Braunschweig: Vieweg & Sohn, 1970).

9. J.C. Maxwell, "On the Dynamical Theory of Gases", *Philosophical Transactions of the Royal Society of London* 157 (1867), 49–88. Addition made December 17, 1866. This paper is reprinted along with relevant documents in Elizabeth Garber, Stephen G. Brush and C.W.F. Everitt (eds.), *Maxwell on Molecules and Gases* (Cambridge, Mass.: MIT Press, 1986); see pp. 419, 469–470. On the history of this problem see Brush, *Kind of Motion*, pp. 70–71, 122–123, 154, 195–196, 349–350, 588–589.

10. L. Boltzmann, "Studien über das Gleichgewicht der lebendigen Kraft zwischen bewegten materiellen Punkten", *Wien. Ber.* 58 (1868), 517–560.

11. On the development of statistical mechanics using Boltzmann's factor see Brush, *Kind of Motion*, Chapters 10 & 11; *Statistical Physics and the Atomic Theory of Matter from Boyle and Newton to Landau and Onsager* (Princeton, N.J.: Princeton University Press, 1983, Chapters IV,VI; Ryogo Kubo, "Statistical Mechanics: A Survey of its One Hundred Years", in V.

Mathieu and P. Rossi (eds.), *Scientific Culture in the Contemporary World* (Milan: Scientia, 1979), pp. 131–157.

12. Garber et al. (eds.), *Maxwell on Molecules and Gases*, pp. 233, 516. J.C. Maxwell, "Clerk Maxwell's Kinetic Theory of Gases", *Nature* 8 (1873), 84; "On the equilibrium of temperature of a gaseous column subject to gravity", *Nature* 8 (1873), 527–528; "On the Final State of a System of Molecules in Motion Subject to Forces of Any Kind", *Nature* 8 (1873), 537–538; "On Boltzmann's Theorem on the Average Distribution of Energy in a System of Material Points", *Transactions of the Cambridge Philosophical Society* 12 (1879), 547–570. Some but not all of these papers are reprinted in W. D. Niven (ed.), *The Scientific Papers of James Clerk Maxwell* (Cambridge, Engl.: Cambridge University Press, 1890).

13. T.S. Kuhn, *Black-Body Theory and the Quantum Discontinuity, 1894–1912* (Oxford: Clarendon Press, 1978). See also M. Planck, *The Theory of Heat Radiation*, reprint of the 1906 edition with translation by Morton Masius and a new introduction by A. A. Needell (New York: Tomash Publishers & American Institute of Physics, 1988). In his Nobel Lectures (1920), Planck states that the decision to postulate a physical quantum rather than a fictitious mathematical device was made by Einstein rather than himself; see M. Planck, *A Survey of Physical Theory* (New York: Dover Pubs., 1960), p. 109.

14. Dugas, *Théorie Physique*, Seconde Partie. Brush, *Statistical Physics*, Chapter II; *Kind of Motion*, Chapter 14.

15. L. Boltzmann, "Weitere Studien über das Wärmegleichgewicht unter Gasmolekülen", *Wien. Ber.* 66 (1872), 275–370; English translation in S. G. Brush (ed.), *Kinetic Theory*, vol. 2 (Oxford & New York: Pergamon Press, 1966), pp. 88–175. See also M. J. Klein, The Maxwell-Boltzmann relationship", in J. Kestin (ed.), *Transport Phenomena–1973* (New York: American Institute of Physics, 1973), pp. 297–308; "The Development of Boltzmann's Statistical Ideas", in E. G. D. Cohen & Thirring (eds.), *The Boltzmann Equation, Theory and Applications* (Vienna & New York: Springer-Verlag, 1973), pp. 53–106.

16. L. Boltzmann, *Vorlesungen über Gastheorie*, I. Teil (Leipzig: Verlag von Johann Ambrosius Barth, 1896; reprint, Braunschweig/Wiesbaden: Friedr. Vieweg & Sohn, 1981), section 3; English translation by S. G. Brush, *Lectures on Gas Theory* (Berkeley: University of California Press, 1964). The critical discussion by the Ehrenfests had considerable impact on the subsequent understanding of this subject; see Paul and Tatiana Ehrenfest, "Begriffliche Grundlagen der Statistischen Auffassung in der Mechanik", *Encyklopädie der mathematischen Wissenschaften* (Leipzig: B. G. Teubner), Vol. IV, Part 32 (1911); English translation by M. J. Moravcsik, *The Conceptual Foundations of the Statistical Approach in Mechanics* (Ithaca, N.Y.: Cornell University Press, 1959). Martin Klein gives a comprehensive review of Boltzmann's derivation and Ehrenfest's critique in his biography, *Paul Ehrenfest*, Vol.1 (Amsterdam: North-Holland Pub. Co., 1970), Chapter 6.

17. L. Boltzmann, *Populäre Schriften* (Leipzig: Barth, 1905), p. 51. See Maxwell's 1866 memoir, text between Eqs. (13) and (14); Garber et al. (eds.), *Maxwell on Molecules and Gases*, p. 435. A German translation of Maxwell's paper has been published in S. G. Brush (ed.), *Kinetische Theorie*, Band II, *Irreversible Prozesse: Einführung und Originaltexte* (Berlin: Akademie-Verlag/Braunschweig: Vieweg & Sohn, 1970); see pp. 60–61.

18. S.G. Brush, *Kinetic Theory*, vol. 3: *The Chapman-Enskog Solution of the Transport Equation for Moderately Dense Gases* (Oxford & New York: Pergamon Press, 1972).

19. R. Clausius introduced the thermodynamic entropy *concept* (heat transfer divided by absolute temperature) in 1854, but first called it "entropy" in 1865. His famous statement of the two laws of thermodynamics – "1. The energy of the universe is constant; 2. The entropy of the universe tends to a maximum" – was also first published in this paper: "Über verschiedene für die Anwendung bequeme Formen der Hauptgleichungen der mechanischen Wärmetheorie", *Annalen der Physik* [2] 125 (1865), 353–400.

20. R. Clausius, "On the Second Fundamental Theorem of the Mechanical Theory of Heat", *Philosophical Magazine* [4] 35 (1868), 405–419.

21. S. G. Brush, *The Temperature of History: Phases of Science and Culture in the Nineteenth Century* (New York: Burt Franklin & Co., 1978); German translation, *Die Temperatur der Geschichte: Wissenschaftliche und kulturelle Phasen im 19. Jahrhundert* (Braunschweig/Wiesbaden: Friedr.Vieweg & Sohn, 1987).

22. The modern terminology goes back only to the Ehrenfests' 1911 article, "Begriffliche Grundlagen" (*op. cit.*, note 16), in which the words *Umkehreinwand* and *Wiederkehreinwand* were introduced.

23. W. Thomson, "Kinetic Theory of the Dissipation of Energy", *Proceedings of the Royal Society of Edinburgh*, 8 (1874), 325–334; reprinted in Brush, *Kinetic Theory*, vol. 1; German translation in Brush, *Kinetische Theorie*, Band II.

24. J. Loschmidt, "Über den Zustand des Wärmegleichgewichtes eines Systems von Körpern mit Rücksicht auf die Schwerkraft", *Wien. Ber.* 73 (1876), 128–142 (quotation from p. 135).

25. *ibid.*, p. 139.

26. L. Boltzmann, "Über die Beziehung eines allgemeinen mechanischen Satzes zum zweiten Hauptsatze der Wärmetheorie", *Wien. Ber.* 75 (1877); English translation in Brush, *Kinetic Theory*, vol. 2.

27. For references and further discussion of this controversy see Brush, *Kind of Motion*, pp. 616–627.

28. L. Boltzmann, "On certain questions of the theory of gases", *Nature* 51 (1896), 413–415, 581; "On the Minimum Theorem in the Theory of Gases", *ibid.*, 221; *Vorlesungen über Gastheorie*, I. pp. 20–21 (see pp.40–41 in the English translation). On the distinction between "molecular chaos" and the "Stoßzahlansatz" assumption see P. and T. Ehrenfest, *op. cit.* (note 16). A somewhat different interpretation of the meaning of "molecular disorder" is given by T. S. Kuhn, *op. cit.* (note 13), Chapter II.

29. H. Poincaré, "Sur le problème des trois corps les équations de dynamique", *Acta Mathematica* 13 (1890), 1–270. For translation of the relevant section see Brush, *Kinetic Theory*, vol. I, pp. 194-202, or *Kinetische Theorie*, Band II, pp. 248–257.

30. See S. G. Brush, "Poincaré and Cosmic Evolution", *Physics Today*, 33, no. 3 (March 1980), 42–49.

31. Brush, *Temperature of History*, Chapter VI; "Nietzsche's Recurrence Revisited: The French Connection", *Journal of the History of Philosophy* 19 (1981), 235–238.

32. H. Poincaré, "Le Mécanisme et l'Expérience", *Revue de Métaphysique et de Morale*, 1 (1893), 534–547; E. Zermelo. "Über einen Satz der Dynamik und die mechanische Wärmetheorie", *Annalen der Physik* [3] 57 (1896), 485–494. Translations in Brush, *Kinetic Theory*, vol. 2. On the critique and defense of the mechanical worldview see Brush, *Temperature of History*, Chapter VI; M. J. Klein, "Mechanical Explanation at the End of the Nineteenth Century", *Centaurus* 17 (1972), 58–82; J. L. Heilbron, "*Fin-de-siecle physics*", in C. G. Bernhard et al. (eds.), *Science, Technology and Society in the Time of Alfred Nobel* (Oxford: Pergamon Press, 1982), pp. 51–73.

33. L. Boltzmann, "Entgegnung auf die wärmetheoretischen Betrachtungen des Hrn. E. Zermelo", *Annalen der Physik* [3] 57 (1896), 773–784; translation of this paper, Zermelo's response, and Boltzmann's rejoinder in Brush, *Kinetic Theory*, vol. 2.

34. L. Boltzmann, "Zu Hrn. Zermelo's Abhandlung über die mechanische Erklärung irreversibler Vorgänge", *Annalen der Physik* [3] 60 (1897), 392–398; translation in Brush, *Kinetic Theory*, vol. 2. See also Boltzmann's *Vorlesungen über Gastheorie*, II. Teil, section 90; translation, *Lectures on Gas Theory*, pp. 446–447.

35. K. Popper, "Autobiography of Karl Popper", in P. A. Schilpp (ed.), *The Philosophy of Karl Popper* (LaSalle, I11.: Open Court, 1974), pp. 124–129; *Unended Quest* (LaSalle, I11.: Open Court, 1976), pp. 156–162.

36. E. Mach, "On the Principle of the Conservation of Energy", *The Monist* 5 (1894), 22–54; see his *Popular Scientific Lectures* (LaSalle, I11.: Open Court, 5th ed., 1943), p. 178.

37. M. Curd, "Popper on Boltzmann's Theory of the Direction of Time", in Sexl & Blackmore (ed.), *Ludwig Boltzmann Internationale Tagung*, pp. 263–303. See also the comments by Blackmore in *ibid.*, pp. 161–162.
38. See references in Brush, *Kind of Motion*, page 639, note 29, and the recent speculations discussed by John Gribbin, *In Search of the Big Bang* (New York: Bantam Books, 1986).
39. S.G. Brush, "Changes in the Concept of Time during the Second Scientific Revolution", in Sexl & Blackmore (eds.), *Ludwig Boltzmann Internationale Tagung*, pp. 305–328.
40. C. Stephens, "'The most reliable time': William Bond, the New England Railroads, and Time Awareness in the 19th-Century America", *Technology and Culture* 30 (1989), 1–24; I. R. Bartky, "The Adoption of Standard Time", *ibid.*, 25–56.
41. Quoted from the translation in S.G. Brush, *Kinetic Theory*, vol. 2, p. 192.
42. In modern texts the equation is written $S = k \log W$, where S = entropy and k = Boltzmann's constant. Boltzmann himself could not write it in such a simple form because W is infinite or undefined in classical physics where one has a continuous infinity of microstates. He could only write an equation for the difference in entropy between two states, so that the infinite term in log W cancels out on subtraction. The logarithmic formula for S is clearly related to Boltzmann's earlier expression for the H function in his 1872 paper.
43. L. Boltzmann, "Über die Eigenschaften monocyclischer und anderer damit verwandter Systeme", *Wien Ber.* 90 (1884), 231–245; "Über die mechanischen Analogien des zweiten Hauptsatzes der Thermodynamik", *Journal für die reine und angewandte Mathematik*, 100 (1887), 201–212. Gibbs states that "the explicit consideration of a great number of systems and their distribution in phase ... is perhaps first found in Boltzmann's paper on the 'Zusammenhang zwischen den Sätzen über das Verhalten mehratomiger Gasmoleküle mit Jacobi's Princip des letzten Multiplicators' (1871)". This is the first section of a paper whose general title is "Einige allgemeine Sätze über Wärmegleichgewicht", *Wien Ber.* 63 (1871), 679–711. See J.W. Gibbs, *Elementary Principles in Statistical Mechanics* (New York, Scribner, 1902), preface and Chapter III.
44. Maxwell, "On Boltzmann's Theorem", *op. cit.* (note 12).
45. P. and T. Ehrenfest, *op. cit.* (note 16).
46. See S.G. Brush, "Proof of the Impossibility of Ergodic Systems: The 1913 papers of Rosenthal and Blancherel", *Transport Theory and Statistical Physics*, 1 (1971), 287–311.
47. Boltzmann's technical papers were reprinted in his *wissenschaftliche Abhandlungen*, three volumes, edited by F. Hasenöhrl (Leipzig: J. A. Barth, 1909; reprinted, New York: Chelsea, 1968). Lectures and articles of general interest are collected in *Populäre Schriften* (Leipzig: Barth, 1905). A comprehensive new edition, *Ludwig Boltzmann Gesamtausgabe* (Graz: Akademische Druck- und Verlagsanstalt/Wiesbaden: Friedr. Vieweg & Sohn), was started under the editorship of the late Roman Sexl in 1981, and includes the *Vorlesungen über Gastheorie* (1981) and the *Vorlesungen über Maxwells Theorie der Elektricität und des Lichts* (1982). Translations of some of his works have been published, as indicated elsewhere in these notes.
48. J.Z. Buchwald, *From Maxwell to Microphysics: Aspects of Electromagnetic Theory in the Last Quarter of the Nineteenth Century* (Chicago: University of Chicago Press, 1985). M. J. Klein, "Mechanical Explanation at the End of the Nineteenth Century", *Centaurus* 17 (1972), 58–82. M.V. Curd, *Ludwig Boltzmann's Philosophy of Science: Theories, Pictures and Analogies* (Ph. D. Dissertation, University of Pittsburgh, 1978), Chapter 3.
49. Brush, *Kind of Motion*, Chapter 13.
50. *Wien Ber.* 58 (1868), 54–59.
51. E.N. Hiebert, "The Energetics Controversy and the New Thermodynamics", in D. H. D. Roller (ed.), *Perpectives in the History of Science and Technology* (Norman: University of Oklahoma Press, 1971), pp. 67–86; *The Conception of Thermodynamics in the Scientific Thought of Mach and Planck* (Freiburg: Ernst-Mach-Institut, 1968). J. Blackmore, *Ernst Mach: His Work, Life, and Influence* (Berkeley: University of California Press, 1972). R.J. Delte, *The Energetics Controversy in late 19th-century Germany: Helmholtz, Ostwald and their Critics* (Ph. D. Dissertation, Yale University, 1984). M. J. Nye (ed.), *The Question of the Atom, From the Karls-*

ruhe Congress to the First Solvay Conference, 1860–1911 (Los Angeles: Tomash Publishers, 1984). Brush, *Temperature of History*, Chapter VI and references cited therein. Jungnickel & McCormmach, *op.cit.* (note 2), Chapter 24. Curd, *op.cit.* (note 48), Chapter IV.

52. P. Clark, "Atomism versus Thermodynamics", in C. Howson (ed.), *Method and Appraisal in the Physical Sciences* (Cambridge and New York: Cambridge University Press, 1976).

53. Brush, *Temperature of History*. J. Blackmore, "An Historical Note on Ernst Mach, "*British Journal for the Philosophy of Science* 36 (1985), 299–305. John Nyhof, "Philosophical objections to the Kinetic Theory", *ibid.* 39 (1988), 81–109. Curd, *op. cit.* (note 48).

54. Y. Elka, "Boltzmann's Scientific Research Programme and its Alternatives", in Y. Elkana (ed.), *The Interaction between Science and Philosophy* (Atlanta Highlands, N.J.: Humanities Press, 1974), pp. 243–279. S. R. de Groot, "Foreword", in B. McGuinness (ed.), Ludwig Boltzmann, *Theoretical Physics and Philosophical Problems: Selected Writings* (Dordrecht & Boston: Reidel, 1974), pp. ix–xiii. E. Hiebert, "Boltzmann's Conception of Theory Construction: The Promotion of Pluralism, Provisionalism, and Pragmatic Realism", in J. Hintikka et al. (eds.), *Probabilistic Thinking, Thermodynamics and the Interaction of History and Philosophy of Science* (Dordrecht & Boston: Reidel, 1981), pp. 175–198. J. Blackmore, "Boltzmann's Concessions to Mach's Philosophy of Science", in Sexl & Blackmore (eds.), *Boltzmann Internationale Tagung*, pp. 155–190. Broda, *Boltzmann, (op. cit.*, note 2), Chapter III. A. D. Wilson, "Hertz, Boltzmann and Wittgenstein Reconsidered", *Studies in History and Philosophy of Science* 20 (1989), 245–263.

55. E. Mach, *Die Prinzipien der Wärmelehre, historisch-kritisch entwickelt* (Leipzig: Barth, 1896), pp. 362 ff.

56. Brush, *Kind of Motion*, Chapter 15. M.J. Nye, *Molecular Reality: A Perspective on the Scientific Work of Jean Perrin* (London: MacDonald/New York: American Elsevier, 1972).

57. See the papers by A.I. Miller, S. Wagner, and H. Motz in Sexl & Blackmore (eds.), *Boltzmann Internationale Tagung*.

58. For discussion of Boltzmann's views on theory-change and a comparison with those of T. S. Kuhn, see E. Scheibe, "The physicists' conception of progress", *Studies in History and Philosophy of Science* 19 (1988), 141–159.

59. See Brush, "Changes in the concept of time" in Sexl & Blackmore (eds.), *Boltzmann Internationale Tagung*, pp 315–316.

60. This article is based on research supported by the National Science Foundation's History and Philosophy of Science Program. It relies in part on material used in my article on Boltzmann published in the *Dictionary of Scientific Biography*, reproduced by permission of Charles Scribner's Sons and the American Council of Learned Societies. I thank Professor Elizabeth Garber for some useful suggestions about the exposition.

Abb. 12. L. Boltzmann, Krieglach (Steiermark) 1899
Fig. 12. L. Boltzmann, Krieglach (Styria) 1899

Die Vorlesungen über Naturphilosophie
Lectures on Natural Philosophy

Summary

Gerhard Fasol, Cavendish Laboratory, University of Cambridge, England

In the years 1903–1906 Ludwig Boltzmann was responsible for holding a lecture course on the Principles of the Philosophy of Nature ("Vorlesungen über die Prinzipien der Naturphilosophie"). The first two lectures of this course have been published as a single article, and are contained in the volume *Populäre Schriften*, a collection mainly of evening lectures and philosophical and autobiographical essays addressed to non-specialists. In contrast to his almost inaccessible (and most likely very seldom read) scientific papers, *Populäre Schriften* needs almost no background knowledge of science or mathematics.

The present book documents the whole lecture course on the Philosophy of Nature. It is extracted partly from a manuscript of the first part of the course (lectures 3 to 18 held between 3 November 1903 and 26 January 1904). The largest part of this book consists of notes that Ludwig Boltzmann made in preparation for his lectures. These notes are contained in a number of notebooks. They are written in a personalized shorthand which deviates strongly from the standard shorthand used in Austria in the 1860s. Boltzmann's shorthand notes are full of ambiguities and abbreviations, and he used his own symbols for many particular words and technical terms.

Boltzmann had a very passionate way of working. His lecture notes, and also the notes he took to prepare the course, express this passion. I hope that the present book is able to convey some of the passion.

The purpose of the present article is to give a short summary of the content of the lectures. The aim is to make Boltzmann's lecture course accessible in English. I will also try to convey some of the emotions Boltzmann presents, to give a flavour of his style of life and work.

Boltzmann became involved with philosophy before having to give this lecture course. The reason for this involvement was that he felt that philosophers were exceeding their range of competence when they tried to solve problems with pure logic that can only be solved by experiments and experience. Boltzmann's attacks on some philosophers use very strong words, "stupidity" being one of the weaker ones! Reading Boltzmann's manuscripts, we can really feel how strongly he was emotionally involved with science. It must have been quite an experience to watch his performance in this lecture course.

This summary is not the place to put Boltzmann's lecture course into the proper historical context. But, in order to appreciate Boltzmann's strong emotional involvement, the reader should be reminded that the understanding of nature by his contemporaries and his colleagues in science was quite different from that of today. Just to pick the most important example, I would like to remind the reader that the existence of atoms was not generally accepted in Boltzmann's day. Today this is, of course, very different, and a large part of the electricity supply of most countries is generated by splitting atoms.

Boltzmann was a passionate believer in atoms. All his life he had to fight many battles about the acceptance of them. This intellectual battle appears directly or indirectly in many places in this lecture course on philosophy. It is interesting to note that nowhere in this lecture course does Boltzmann state explicitly that atoms actually exist. He goes to great lengths to show that "atoms" are a useful picture for explaining patterns of nature. He explains many specific properties of these useful pictures called "atoms". But he states that "atoms" should only be seen as a useful concept, and one should be ready to drop them as soon as some more useful concept is found. He is, of course, extremely cunning in doing so. He escapes the confrontation with those scientists who do not believe in the existence of atoms by emphasizing that it is beside the point whether "atoms" exist or not. It is only appropriate to consider whether this concept is useful to us for surviving better in our world. In this way Boltzmann very cleverly renders a confrontation about the existence of atoms irrelevant.

He took his job very seriously. He prepared his lectures very thoroughly and spent a lot of time studying the books of important philosophers. Many of the actual copies of the books he used may still be consulted in the National Library in Vienna. And some of these books in the National Library still contain Boltzmann's handwritten remarks in the margins. In particular, he studied Kant, Hegel, and Brentano and many others. Schopenhauer is one of the most exposed victims of his violent attacks. These attacks are repeated frequently in the lecture course. A typical example chosen to show the philosopher's error is the curvature of space. As is well known today, space is curved. Whether space is curved or not (i.e. whether the world around us is governed by Euclidean geometry or not) can only be measured. A possible way of measuring this is to determine if the sum of the angles in a triangle is 180 degrees or not. Experimentally it has been found that this sum deviates from 180 degrees; as the deviation is very tiny, such an experiment must use triangles of astronomical dimensions. The point Boltzmann makes repeatedly in these lectures is that such a problem cannot be solved by any amount of reasoning.

Generally, Boltzmann appears through these lectures as a magnificent teacher. He teaches his students to work very hard, to be intellectually very honest and to keep their minds open to new developments. Boltzmann was probably the last great "classical" physicist. He used classical mechanics to solve problems and mechanical models even to visualize Maxwell's equations of electromagnetism.

But the present lecture course shows that he was very well prepared for the revolution in physics that was to come very soon after the sudden end of his life (Boltzmann committed suicide on 5 September 1906). In this lecture course on philosophy, Boltzmann asks several questions. He asks whether the energy scale needs to be continuous and whether space is curved or not. He looks at time in relation to space, etc. Of course, Boltzmann was very well aware of the great unsolved problems of the age (atomic spectra, anomalous behaviour of the specific heat), which later led to the development of quantum mechanics.

The inaugural lecture was an important event. Boltzmann at that time was quite famous in Vienna and far beyond. The lecture hall must have been very full, and the next day newspapers were discussing the event. The style of the first lecture is quite different from the other lectures. It is quite clear that he addresses himself here to the great public and not to his students alone. The first lecture states the motivation for the course. Boltzmann is interested in philosophy because he uses logic daily as a tool for his work. He is an immensely practical person: philosophy should try to find reasons for the world existing as it is and not differently. He expresses his admiration for the complexity of nature. This complexity might be confused with randomness, if the complex underlying patterns are not deciphered. Intense work, mathematical and logical tools, and an open mind are necessary to discover the underlying patterns of nature.

Boltzmann gives us a characterization of his course in the following words: "... it seems that philosophy follows the proverb: *Multa sed non multum* (Quantity but not quality; this may be translated as something like: Many different subjects without going to exceeding depth in a particular one). The philosophical society of Vienna has recently edited a book which contains only the introductions of all mathematical books; this is typical. I follow the same principle: First I give an introduction to imaginary numbers and then an introduction to set theory. Once this is explained I finish. But I do not want to criticize philosophy as being superficial; its thoroughness lies just in the critical examination of the elements of thought without going into the details. We help each scientific branch by critically investigating the elements."

Emotional Ludwig Boltzmann had several heroes in his life – Charles Darwin was one of them. Repeatedly Boltzmann refers to Darwin's ideas of evolution. He does not only mean evolution in the development of living creatures. Boltzmann says that mathematical ideas and concepts such as numbers, time, space, and matter develop according to Darwin-like evolutionary processes, i.e. that concepts such as numbers are not god-given and unchangeable, but that they are tools which might well be replaced by other tools if the new ones prove to be more useful. He discusses attempts to define "numbers" from logical thoughts in his third lecture, but he concludes that we have inherited numbers along with many other tools because they are necessary for our survival. He denies that such concepts can be true or false, but he feels that they can only be assessed according to their usefulness. And we must always be ready to exchange them for more useful tools. Boltzmann introduces complicated concepts by combining elementary ones, and, as examples, he discusses the group properties of integers, and multiplication and addition. He strongly resists that theories must comply with "laws of thought" (*Denkgesetze*) based on pure logic before they are tested experimentally. He insists that only experiments and experience can be relied upon. "Laws of thought" must be changed just as any other tool if they no longer enable us to survive better in our world, and to describe the patterns of nature.

Boltzmann tells his students that it is one of his favourite topics to insist that absolute truth does not exist. It might be added here as a comment that this statement is, of course, a truth in itself. This type of recursive statement appears at several stages in Boltzmann's lectures, and he devotes extended later sections on this topic. In the fifth lecture he illustrates the non-existence of absolute truth with several examples from gas theory.

He turns to another frequent topic of the course: How can apparently simple axioms lead to such complicated theorems? He gives examples of several types of mathematical proof. He asserts that proofs do not normally give insight into the complexity of the theorems. Finding patterns behind the complexity of nature is, of course, Boltzmann's life. Boltzmann asks why we are motivated to work so hard in attempting to understand the complexities of nature. His answer is that this is inherited, and that we inherit this ambition because it helps us to survive in our world, which is governed by Darwinian evolution.

In the following lectures Boltzmann introduces negative integers, imaginary and complex numbers, and Hamilton's quaternions. He introduces these numbers as solutions of mathematical equations that would otherwise be insoluble. In discussing mathematical concepts he always refers to applications, e.g. the description of the amplitude and phase of waves using complex numbers. He introduces Cantor's set theory and he discusses the concept of infinity in great detail. He introduces infinity in physics to represent the limit of a series of finite numbers. He argues similarly that matter must consist of a discrete number of material points with finite size. He quotes Cantor, who said that the power of mathematics lies in its freedom, while theoretical physics has to explain experiments. Having introduced the concepts of numbers, Boltzmann begins applying them to the continua of space, time, and matter. He starts by emphasizing how little these concepts have been clarified. He repeats his statement from the opening lecture, with which he contradicts his hero Schiller: "Lieber guter Schiller, Du hast nicht recht, es wächst der Mensch nicht mit seinen höheren Zwecken!" (Dear good Schiller, you are wrong, man does not mature by having high aims).

Lectures 10 to 18 are concerned with space. Boltzmann explains that space is far more complicated than time. The dominant idea of this discussion is to convince his students to approach nature without preconceived ideas and to rely on experimental observations alone. He expresses his convictions very enthusiastically, and he contradicts Kronecker's and Kant's views: "Kronecker says that the concept of numbers is based purely in our minds, it therefore contains nothing random or arbitrary but results with necessity. This situation is different for the concept of space, which is not entirely based in our minds. It already contains some empirical facts and, therefore, also some random elements that do not result with necessity but are to some extent arbitrary. But Kronecker goes far beyond Kant in this respect. For Kant, space and time are also concepts in our minds which we have prior to any practical experience. It seems to me that in Kant's ideas there is nothing at all arbitrary or random connected with space and time; but I cannot agree with Kronecker's view either. I think that no qualitative distinctions between numbers, space, and time can be proved; all are derived from empirical facts. Of course, this is very simple in the case of numbers; we can therefore understand the consequences immediately and this does not appear to be arbitrary to us. Arbitrariness appears to be present where we do not see the underlying causes...".

From this quotation it is clear how Boltzmann prepares his students to keep their minds wide open for experimental results that could contradict the theories. Boltzmann feels that philosophy has encountered great difficulties in attempting to prove the existence of space. He thinks that the philosophical methods have to be changed if they are not adequate to describe the existence of space. The eleventh lecture introduces Euclidean geometry and its axioms. Boltzmann shows that it is more fruitful to consider the axioms as useful empirical rules rather than as a result of mental reflection according to Kant. This prepares the students to be ready to change these axioms if that should be more useful for explaining new observations. Boltzmann struggles persistently to make his methods more perfect. This is apparent from his following introduction of non-Euclidean geometry. He reminds his students of the basic assumptions of Euclidean geometry: the sum of the angles in a triangle is 180 degrees and parallel lines intersect at infinity. Our experience seems to tell us that these two assumptions are fulfilled in the world we live in. But this experience is incomplete! Only very careful measurements can tell us whether these two assumptions are really fulfilled in the world we live in. Boltzmann credits Gauss with the suggestion of measuring the sum of the angles in an appropriate triangle in space: if the experimental result for this sum is 180 degrees, than we have learnt that we live in an Euclidean space; if the sum of the three angles is not equal to 180 degrees, than we conclude that we live in a curved space. He tells his students that it is more probable that we live in a curved space than that we live in an Euclidean space.

Boltzmann reflects on his own way of teaching: "Lectures can be done in two different ways. One can present views as they are taught by all authors in the field who are in agreement with each other. It is then quite reasonable to assume that these views are beyond doubt. They will never be completely reliable, though, since it has occurred frequently that theories accepted by all scientists at one time were later recognized as wrong. One can, on the other hand, present things which only appear correct to a few, including the lecturer of course. But he must make perfectly clear, which of the things are not generally accepted as true." Boltzmann, of course, chose the second more controversial and more difficult method of teaching.

Another passage refers directly to non-Euclidean geometry: "Now there are many people who can just not understand such a non-Euclidean geometry. They are those people who think that the axioms of geometry are absolutely certain and result from mental reflections..." – another attack on some of his contemporaries.

Lectures 13 to 16 are intended to help students to understand why "mental reflections" and experience have been confused by some philosophers. Boltzmann helps his students to develop a feeling for geometrical spaces different from the three-dimensional Euclidean space that most people are used to thinking in (in most cases without being particularly aware that they are doing so). The section is a good example of Boltzmann's vivid style of teaching. To demonstrate a geometrical space for which we cannot use our usual experience of space, Boltzmann discusses "colour space". The sensation a particular colour produces in our minds can be described as a sum of an intensity x of red light, y of yellow light, and z of blue light. Each colour thus corresponds to a point in a colour space (present day colour television screens work according to this principle). Boltzmann then shows how distances, angles, and cubes can be defined in such a geometrical space, which is quite unlike the usual three- dimensional space which we inhabit. The purpose of this section is to enable students to become aware of how much their thinking is dominated by the daily experience of Euclidean space. This section serves to train one to think in other types of geometrical space.

Boltzmann introduces curved space. He defines curvature of space, and he shows models for surfaces of uniform and non-uniform curvature to his audience such as an ellipsoid and a hyperbolic paraboloid. He demonstrates that a sheet of lead can only be moved on a surface of constant curvature if the distances within the sheet are conserved. He discusses four-dimensional space and shows how polygons in four dimensions can be imagined. While the geometries discussed so far use the experience of numbers as coordinates, Boltzmann now turns to absolute geometry in lectures 17 and 18. He wants to show that geometries need not rely on experience of space and restricts himself here to the introduction of the axioms and their explanation.

The handwritten protocol of the lecture course ends with lecture 18 with a preview of the following lectures on time: "Time gives rise to far fewer different considerations, since it only has a single dimension. Time is determined by a single series of numbers. But it has one peculiarity: both directions are not equivalent...". This is of course the property of time Boltzmann devoted his life to exploring.

At this point the handwritten manuscript ends. It was written by somebody other than Boltzmann, and, judging from the style of the text, it must have been written directly during the lecture course as it was held. The remainder of the course is only available in the form of notes written by Boltzmann himself in his personal shorthand. Their character varies quite a lot. In some places there are short notes, just words or ideas jotted down as he was working. In other places there are continuous developments of his thoughts.

Lecture 19 covers time, a concept based on experience, as Boltzmann notes. After the discussion of time, which is not preserved in these notes, Boltzmann turns to a subject close to his heart: atoms. As discussed at the beginning of this summary, Boltzmann uses a very cunning method to escape confrontation with those contemporaries who maintained that atoms do not exist. Boltzmann says that atoms are a useful picture for explaining observations – it is irrelevant whether they exist or not, so long as this picture is useful: "Atoms are in fact only imagined symbols to obtain pictures which help to act correctly. They cannot exist independently from the person who thinks...".

He lists some of the observations which are usefully explained by the picture of atoms:

1. Dissociation chemistry,
2. Electrolysis, valence,
3. Size of "el[ectricity] atoms".

Another example of Boltzmann's criticism of philosophy as practised by some: "My idea is not only to say that the philosophy done up to now is stupid [German: dumm] but to prove it in detail and to show how to do it better. This should certainly be rewarding, shouldn't it. Putting a stop to the waste of so much working capacity directs this philosophical work to more useful things. Similary, it would be very desirable to show lawyers how simple and intelligible law could be made. I would like to have a teaching contract in law as well. We physicists can express a law with three letters and a horizontal bar which will remain a fundamental law when there is no trace of lawyers left...".

A note follows where Boltzmann pauses and expresses the difficulties and doubts he has in holding this course. He is depressed because he feels that following Newton he is badly qualified to hold the present lecture course. Having announced the title of this lecture course he states that he has to force himself now to complete it. Thus he expresses his deep humility and strong self-criticism in his lecture note book, which after all is one of his many personal notes.

In the following sections of the lecture course (lectures held between 24 October 1904 and 14 November 1904) Boltzmann explains his criticism of contemporary philosophy. He summarizes the tasks he sees for philosophy in the following words:

"For me these tasks [of philosophy] are:

(1) that one always knows the result;
(2) consistency: that you obtain the same results independent of the path you take;
(3) that you agree with experience wherever you can check philosophy against experience."

And: "To think means to form oneself pictures with which one can act correctly".

He emphasizes that "we have to stop asking questions which make no sense, and we must stop being dissatisfied if we cannot answer such questions. What is the cause that everything must have a cause; are cause and effect necessarily or randomly connected? Do only I myself, only man, or only mammals, or even stones have conscience? Is God outside or inside this world?..." Nevertheless, Boltzmann contrasts such useless questions with another type; for instance, those about the surface of the planet Mars. Such questions, he feels, do make sense, because they merely represent a continuation of our quest to understand nature through our actions. He feels "that the big task is: 1. To train our thinking so that we clearly recognize the inconsistency of such questions..., 2. The other task is to find the most useful definitions and combinations of fundamental concepts so that there are no contradictions and so that they are most useful for all sciences..."

Boltzmann feels that "the lecture course of this term should be sufficient to discuss everything philosophers have done up to then and to show that it is really full of contradictions; full of unnecessary contradictions that originate not from the subject matter itself but from using the wrong methods". He picks Schopenhauer as a victim of his stong criticism. He does so because he feels that Schopenhauer's work is less accepted than Kant's but more so than any recent philosopher – and he wishes to avoid criticizing a living philosopher. In the following lectures he discusses several parts of Schopenhauer's work in detail. One of these subjects is the principle of "Ursache und Wirkung" ("Ursache und Wirkung" correspond to the terms cause and effect in English – the subject is causality). Boltzmann considers this principle in several lectures and severely criticizes Schopenhauer's approach. Boltzmann's main point is that he feels that "Ursache" and "Wirkung" are not essentially different. He explains that it is impossible to justify a causal connection, in the sense that one is the cause of the other and not the other way around. He explains that it is most sound just to interpret the time sequence of events: "It makes no sense to ask for the cause of matter which is infinite and remains the same, or to ask for the cause of the laws of nature. Force cannot be a cause...".

In the remainder of the lecture notes, Boltzmann digresses further and further from physics into areas of philosophy more remote from physics, and he writes about art and music. The lecture notes also become less detailed and several sections consist of a series of short thoughts and statements. This section contains a detailed criticism of Schopenhauer's books *Welt als Wille und Vorstellung* (English: *The World as Will and Imagination*). There is also a lengthy discussion of "will" as seen by himself and by several philosophers – he discusses the extrapolation of "will" as a human driving force to inanimate nature.

Several lectures (five lectures between 20 February 1905 and 13 March 1905) express Boltzmann's (traditional) views of art and of music. These lectures have quite a descriptive character. It is not surprising to see that Boltzmann made his students aware of the relationship between music and numbers. The notes for the 13 March 1905 lecture contains a section referring to thoughts about suicide – he underlines the word suicide in his notes.

The present manuscript ends with a few pages of notes preparing the course for the summer term 1905 and for the winter term 1905/1906. These notes are very condensed and it is difficult for me to make an abbreviating outline here. Some of the topics he plans to discuss are "Weltanschauung" (which means something like view of the world), Brentano's Philosophy, the law of causality, the "Theory of Existence", and the relationship of philosophy to other sciences.

To summarize the contents of Boltzmann's lecture courses on the Principles of Natural Philosophy I have prepared the following small table:

1903/1904

1st and 2nd Lectures	Introduction, numbers
3rd and 4th Lectures	Definition of essential terms. How do we define them? Do we have to define them?
5th Lecture	What is a mathematical proof? How can seemingly simple concepts lead to so complicated theorems? How should we understand the complexity of nature?
6th to 9th Lectures	Introduction of mathematical concepts: negative integers, rational and irrational numbers, complex numbers, set theory and infinity Space
10th Lecture	Numbers, space and time are derived from observation Existence of space
11th Lecture	Axioms of Euclidean geometry
12th Lecture	Non-Euclidean geometry
13th to 15th Lectures	Preconceived ideas about space Space of mixed colours demonstrates a space where we have no prejudices Distance, angles, cubes in colour space
16th Lecture	Curvature of manifolds, curvature of space, four-dimensional space
17th and 18th Lectures	Axioms of absolute geometry
19th Lecture	Time
20th and 21st Lectures	Matter, atoms

Winter term 1904/1905

24 October–14 November	The tasks of philosophy Creating pictures which help us to act correctly Useful and useless questions to ask; Schopenhauer as the main example for criticism of philosophy

16 November 1904–15 February 1905	Detailed discussions of Schopenhauer's philosophy, "Ursache und Wirkung" Law of causality Discussion of Schopenhauer's book *Welt als Wille und Vorstellung*
20 February–1 March 1905	Art
13 March 1905	Music

Notes in preparation of the lecture course for the summer term 1905 and for the winter term 1905/1906.

Abb. 13a,b. Notizbuch und Vorlesungsnotizen
in L. Boltzmanns Gabelsberger Kurzschrift (*Originalformat*)
Figs. 13a,b. Notebook and lecture notes
in L. Boltzmann's Gabelsberger shorthand (*reproduced in original size*)

Filosofi:

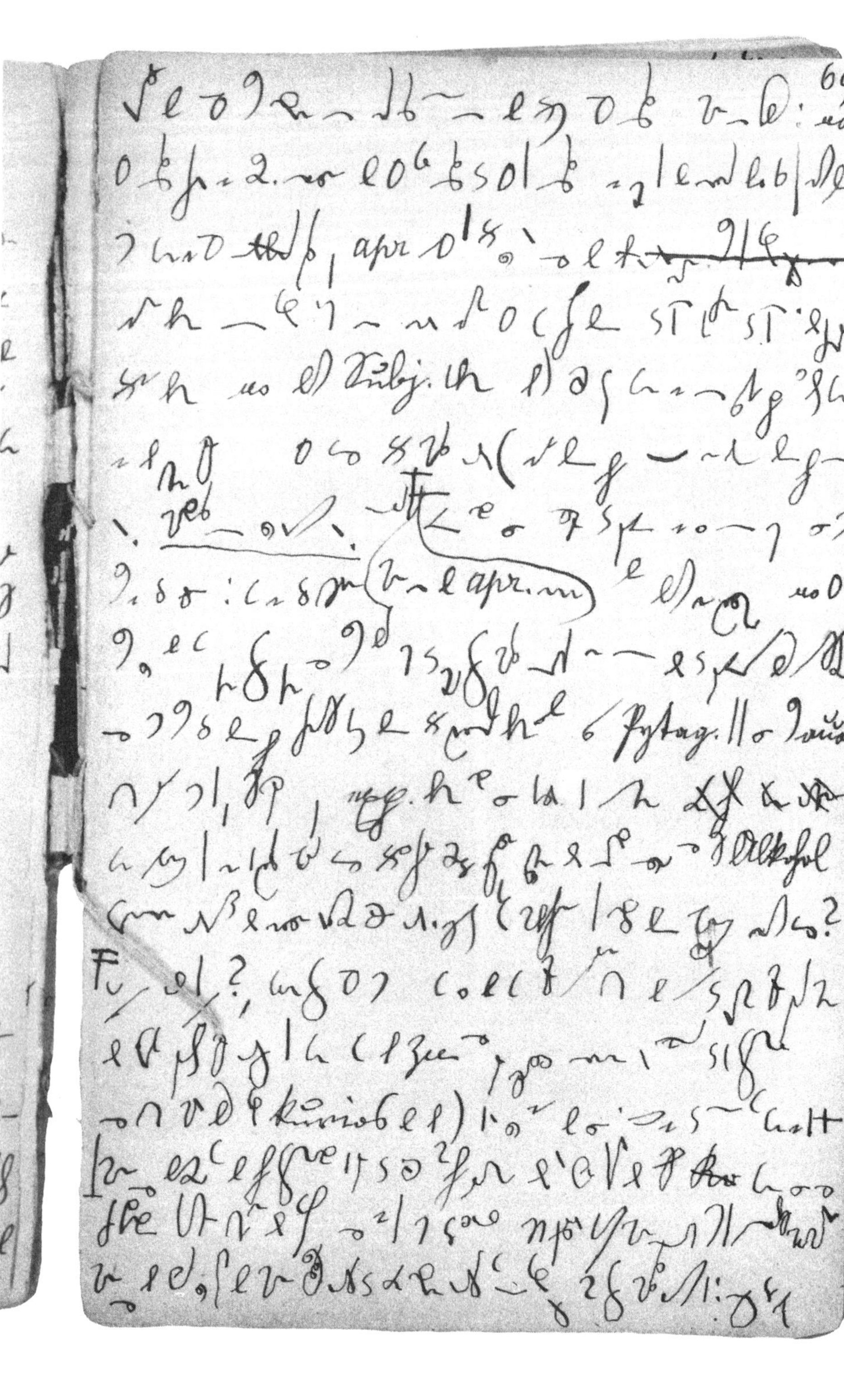

Ludwig Boltzmanns Manuskript der Vorlesungen über „Principien der Naturfilosofi" (Transkription)

[Gedanken zur Vorbereitung der Vorlesung] [1]

Frage: Wie drückt man sich am zweckmäßigsten aus, daß man nicht Worte verschwendet; nicht: ist das so oder so; von den Atomen zu den Vorstellungen kommen wir leicht, von den pos[itiven] Erscheinungen zu den Atomen schwer. Wir müssen uns abgewöhnen, Dinge definieren zu wollen, die man nicht definieren kann; sonderbar zu finden, daß wir existieren; zu fragen: warum wir leben. Was heißt: die Natur ist mechanistisch, ist eindeutig bestimmt. Warum nenne ich Darwins Theorie eine mechanistische? Die bloße Entwicklungstheorie ist nicht mechanistisch. Sind solche Speculationen überhaupt zweckmäßig? Was müssen wir zunächst beibehalten, was verwerfen; was wahr ist, entscheidet nur die Tat, nicht logischer Streit. Die Tat gibt erst die Methode, wie man logisch streiten muß. Es hängt nicht vom Zufall ab, ob sich Natur und Geist erklären lassen, sodaß man resigniert. Wird man die Ausdrücke am zweckmäßigsten wählen? Wir sind immer in Gewohnheiten befangen und sollen dies prüfen. Man hat das Gefühl, daß es nicht möglich ist, das was man denkt, so klar, so adaequat zum Ausdruck zu bringen, wie in [der] Mathematik. Vielleicht, weil konsequent, Philosophie keine so junge Wissenschaft ist. Bloß durch Beispiel, es existiert noch kein Begriff. Ein jeder meint, er habe den Schlüssel gefunden und macht die Sache nur verwirrter. Die frühere Philosophie war so, daß man mit den gegebenen Denkgesetzen die Erscheinungen zu erklären suchte, auch wohl Widersprüche fand, daß sie sich nicht erklären lassen. Jetzt sucht man, glaube ich, die (willkürlich gewählten, besser durch Erlernen angewandten) Bezeichnungen möglichst zweckmäßig zu wählen; das muß erreichbar sein. Rätsel können da nicht vorkommen. Man dürfe nicht fragen: ist die Materie [ein] Kontin[uum], sondern Kontin[uum] ist ein von uns gemachtes Wort. Was heißt definieren? Die Zahl definieren? Wie sind die synthetischen Urteile a priori durch vollständige Induktion zu erklären; so Helmholtz: Beweis daß $a + (b + c) = (a + b) + c$. Wenn man fragt, ob die Materie existiert, ob das Kausalgesetz notwendig, was die Zahl ist, ob die übrigen Menschen sich bewußt sind; so schießt immer eine Denkgewohnheit über das Ziel hinaus. Eine Augentäuschung vergeht nicht, wenn man die Ursache erkannt hat. Man muß die besonderen Widersprüche der Gedanken prüfen, aber nicht das Kausalgesetz. Im letzten Fall muß man mit der negativen Antwort zufrieden sein. Ich habe die Überzeugung, daß das keine Rätsel sind, daß sie eine ähnliche, klare, eindeutige Antwort finden müssen, die zweckmäßigste Ausdrucksweise. Die Natur objektiv lassen, sie nicht wie mathematische Begriffe definieren. Ostwalds Benzinmotor wäre kein Tier. 12.2.: Kant 100. Todestag.

[1] Transkription des Textes am inneren Einbanddeckel des Notizbuches.

[1. Vorlesung]

26.10. Sie haben sich ungewöhnlich zahlreich zu den bescheidenen Eingangsworten eingefunden, die ich heute an Sie zu richten habe. Ich kann mir das nur daraus erklären, daß meine gegenwärtigen Vorlesungen in der Tat eine Besonderheit, nur in Wien mögliche. Fast behauptet: ein Curiosum im akadem[ischen] Leben aber etwa nicht durch den Inhalt, auch durch [die] äußere Form, sondern durch die begleitenden Nebenumstände. Ich habe bisher in meinem Leben nur eine einzige Abhandlung philosophischen Inhalts geschrieben, welche den Titel hat: „Über die objektive Existenz der Gegenstände der unbelebten Natur". Die Entstehungsgeschichte ist einfach: Ich hatte mich in einer lebhaften Kontroverse, welche unter Physikern ausbrach und welche eigentlich nur eine Fortsetzung der eher widrigen Streitigkeiten war, die schon die alten griechischen Philosophen über das Wesen der Materie geführt hatten, nur lebhaft für die atomistische Theorie eingesetzt. Einmal debattierte ich über diesen Gegenstand mit Professor Mach in der Wiener Akademie. Ich wollte bei dieser Gelegenheit bemerken, daß ich in gewisser Hinsicht in der Tätigkeit, die ich mit meiner heutigen Vorlesung beginne, der Nachfolger Professor Machs bin und mir eigentlich die Pflicht obgelegen hätte, mit seiner Ehrung diese Vorlesung zu beginnen. Ich glaube aber, besonderes Lob zu erweisen demselben wäre ja überflüssig; Mach hat selbst in so geistreicher Weise ausgeführt, daß keine Theorie absolut wahr, aber auch keine absolut falsch sein kann. Daß vielmehr jede Theorie vervollkommnet werden muß dadurch, daß eine Theorie kräftig bekämpft wird, das Unzweckmäßige derselben immer mehr durch Zweckmäßiges ersetzt, während das Zweckmäßigste bleibt. So wird die Theorie stets vervollkommnet wie die Organismen nach Darwin's Lehre. Und so glaube ich, ihn am besten zu ehren, wenn ich in dieser Weise zur Weiterentwicklung seiner Ideen, soweit es in meinen Kräften steht, das meine beitrage. Also: In der Akademie der Wissenschaften sprach eine Gruppe von Mach-Männern über Atomistik; da sagte er lakonisch: Ich kann nicht glauben, daß die Atome existieren.

Wenn sie den Erinnerungsbildern an wesensgleiche Dinge analog in der Vorstellung konstruiert sind; Maß zu Vergleich; oder [der] Vogel Greiff existiert; oder ein Einhorn existiert; oder ein Onkel von mir; oder der Raum existiert; oder die Welt existiert. Man dürfe nicht so fragen. Sondern: Was verstehe ich darunter, was denke ich mir dabei. Außer dieser einen Abhandlung habe ich nie etwas auf dem Gebiet der Philosophie publiziert oder sonst notwendige Studien auf diesem Gebiet gemacht. Nun das möchte noch hingehen. Wenn man boshaft sein wollte, könnte man sagen, daß hie und da jemand an der Universität gelehrt hat, der noch um eine publikationswerte Abhandlung weniger geschrieben hat. Jedenfalls aber mußte es mich mit der größten Bescheidenheit erfüllen; man sagte: Wem Gott ein Amt gibt – anders das Ministerium – kann zwar den Lehrauftrag, aber niemals den dazu nötigen Verstand verleihen. Nicht bloß bei Verfassung meiner einzigen Abhandlung, auch sonst gegrübelt, einen Blick habe ich doch hie und da schon auf das enorme Gebiet Philosophie-Wissen geworfen. Unendlich ist es und meine Kraft schwach. Wenn man ihm seine ganze Kraft und Lehrtätigkeit

widmen würde, könnte man es kaum würdig vertreten und ich soll dies nur so nebenbei tun. Schiller sagt: es wächst der Mensch mit seinen Zwecken; Lieber, guter Schiller! Ach, ich finde, es wächst der Mensch nicht mit seinen höheren Zwecken. Als ich Bedenken hatte, diese schwere Last auf mich zu nehmen, sagte man mir: Ein anderer würde es auch nicht besser machen. Wie arm erscheint mir dieser Trost in dem Augenblick, wo ich die Last heben soll. Ja, was mich niederdrückt, sollte es mich nicht auch wieder aufrichten? Wenn ich, der ich in die Philosophie kaum ein bißchen hinein gehört habe, mehr für fähig erachtet wurde, darüber vorzutragen als alle anderen (beweist das nicht umsomehr), ist das nicht doppelt ehrenvoll für mich? Wenn es für den Professor der Medizin oder der Technik wünschenswert ist, daß er daneben ärztliche oder technische Praxis betreibe. Wenn man Moltke zum Mitglied der historischen Klasse der Akademie wählte; nicht weil er Geschichte schrieb, sondern weil er Geschichte machte. Vielleicht wählte man auch mich; nicht weil ich über Logik schrieb, sondern weil ich einer Wissenschaft angehöre, wo man Gelegenheit hat *sich in logischer Praxis zu üben* (gilt bloß als Hilfsgebiet der Philosophie, auch Schriften der Philosophie). Übrigens, ein wenig habe ich schon in philosophische Schriften hineingeblickt, aber das macht die Sache schlimmer statt besser. Bin ich nur mit Zögern (Zagen) dem Rufe gefolgt, mich in die Philosophie hineinzumischen, so mischen dagegen desto öfter unlieb die Philosophen sich in die Naturwissenschaften hinein (da hatte ich öfter Gelegenheit). Bald kamen sie auch mir ins Gehege – ich verstand nicht einmal was sie meinten. Ich wollte mich besser informieren; um gleich aus den tiefsten Tiefen zu schöpfen, griff ich zu Hegel. Welch Gegensatz zwischen dem seichten, oberflächlichen Redeschwulst, den ich da fand und den klaren Wissenschaften. Schopenhauer, Citat, philosophischer Stil, Herbart. Ich beobachtete das Verdrehen von Vorstellungen. Kant, ich glaube er zählt zu den Besten in der praktischen Philosophie; sogar er heuchle. Widerwillen, Haß gegen Phiosophie. Bock zum Gärtner – Demokraten zum Hofrat; nie werde ich philosophischen Stil, aber doch Mach – Vervollkommnung. Ich habe etwas derben Stil, Widerwillen bei allen Naturforschern. Man verfolgte die metaphysische Richtung, kehrte doch zurück; unwiderstehlicher Zauber; nicht bloß Mayer, Helmholtz, Kirchhoff Ostwald; Königin. Bacon (Philosophie = gottgeweihte Jungfrau) Titel absichtlich; ich wollte lehren, ich weiß eigentlich nicht, was Naturphilosophie ist. Ein Arzt dürfe oft nicht sagen, daß er die Krankheit selbst nicht kennt.
ist, sondern weil er gar nicht gemacht ist. Er drückt aus, was ich fühle: ich fühle heute dasselbe wie damals, daher derselbe Schluß: Mit dieser Bitte will ich auch heute die erste Vorlesung schließen, denn sie drückt gerade aus, was ich zu Ende der ersten Vorlesung empfand.[2]

([Einschub:] Nicht wir bilden andere Richtungsbilder, sondern andere Vorstellungen. Wir wissen etwas heißt nur, wir haben für viele Eigenschaften zunächst Bezeichnungen eingeführt. Die Seienden, das Ding selbst (das Ding an sich) zu

[2] Dieser die erste Vorlesung beschließende Absatz wurde in der veröffentlichten Fassung („Ein Antrittsvortrag zur Naturphilosophie") sinngemäß an das Ende der zweiten Vorlesung gesetzt.

erkennen ist höchstes, die Furcht allein, wirkliche Bezeichnungen zu haben, was oft nicht möglich ist. Die Logik kommt mir vor, wie wenn jemand vorwärts kommen will und aus irgend einem Vorurteil meint, seine Kleider müssen so lange sein, daß er sich die Füße verwickelt. Die Schwierigkeit, das Kausalgesetz zu erklären ist ein Unsinn; nur Schwierigkeit das Zeeman-Phänomen zu erklären. Schwierigkeit sich zweckmäßig auszudrücken. Meine Ausdrucksweise ist sicher noch nicht ganz zweckmäßig aber doch fortschreitend. Man dürfe sich nicht einbilden, daß die Worte Gegenstand seien. Das Wort Materie stellt wirklich einen Gegenstand dar, diese Ausdrucksweise, die eine Reise im Gedanken gemacht, sich nicht wesentlich von einer wirklichen unterscheidet, hat etwas für sich. Sie zeigen daß da wirklich nichts metaphysisch unabhängig von einer Vorstellung existent ist; wäre aber im ganzen doch unzweckmäßig. Es fragt sich nicht, ist das eine oder andere das Richtige, sondern was ist zweckmäßig. Geruchsraum: Körper sind sinnlich wahrnehmbar; Verzweiflung ist es nicht. Wir bilden uns ein, daß wir das Bewußtsein direkt empfinden; wie das Unten und Oben, West und Ost. Die Rotempfindung ist nicht rot; nicht logische Gründe beweisen, sondern Taten. Daß eine Methode oft zum Ziel geführt hat, daß man sich und andere versteht, beweist ihre Richtigkeit. Nicht Gründe, die dahinterstehen, sind Tatsachen, Beweis recurs. Schlüsse sind synth[etische] Urteile – a priori. Den Satz: alles rote ist gegeben – rot könnte ich nur erklären, wenn ich zu vielen Gegenständen rot, zu allen anderen nicht rot sage. Hätte ich den Stein nicht geschleudert, wäre die Welt zugrundegegangen. Ich kann nicht einen Menschen sehen, nur dessen Empfindung haben. Kleinpeter: die Empfindung ist unbezweifelbar. Es ist nur ein Quant [Quentchen] Unterschied zwischen Qual und Quant.

Schon der Name drückt mich zu Boden. Phil[osophia] nat[uralis] = Bibel des Naturforschers (theoretischen Physikers).
Philosophie = untersucht das Widerspüchliche des Gedankens, Kritik des Denkinstruments nach Helmholtz. Einteilung der Wissenschaften, der Philosophie, der Geisteswissenschaften; siehe Wundt: Metaphysik, Seite 27.

Einige rechnen die Philosophie zur Naturwissenschaft – Psychologie, nicht Geisteswissenschaft. Die quant[itas] transfin[ita]: Zahlen, selbst die römischen, arabischen Ziffern sind mehr oder minder willkürliche Produkte des menschlichen Geistes.)

[2. Vorlesung]

27.10. Wir haben gestern die Untersuchung begonnen der Frage, was Philosophie ist, aber wir haben sie nicht zu Ende geführt. Denn komplett zu Ende führen werden wir sie auch heute nicht, wohl in unserem Leben nicht. Aber ein wenig weiter möchte ich sie doch führen als wir gestern gekommen sind. Die Definition, wie die Philosophie ist: 1. das Denken der Welt oder 2. die Königin [der Wissenschaften] nützt uns, als völlig nichtssagend, ursprünglich gar nichts. 3. Auch die Definition, die Philosophie hat alles zusammenzufassen – aus allen Wissenschaften ein großes Weltbild zu machen – kann ich nicht gelten lassen; es möge dies eine ihrer letzten idealsten Aufgaben sein, die einzige. Oft Philosophen Alleswisser, multa non multum – alles, nichts gründlich. Gerade Philosophie am gründlichsten. Wahr nur einige Weise, das aber gründlich. 4. Von allen die Grundprinzipien; Machtbefriedigung; die Grundprinzipien stellt auch die Mathematik, Physik auf; diese noch erklären. Philosophie = Wissenschaft von etwas Wahrem nicht möglich. Ja, die lassen sich nicht erklären. 5. Wissenschaft der Psyche, hat man es für sich objektiv getrennt – Rang selbstständiger Wissenschaft, verliert es; aber die königlichen Würden verdient erst empirische Psychologie = Philosophie. Ich habe geltend gemacht, die Metaphysik der Natur geht verloren. Durch einen Kunstgriff wird sie wieder ann[ulliert]. Aber eigentlich sind alle Erscheinungen psychisch. Ich komme auf die Hauptsache: Es gibt gar nicht getrennt Phys[ik] und Psych[ologie]. Nur andere Seite. Wir müssen nicht getrennt von zwei Seiten, möglichst von allem. Überhaupt keine Geisteswissenschaften; mir verhaßt, es sieht aus als ob die Naturwissenschaft geistlos wäre. Geisteswissenschaften nicht. Bloß Betrachtungen des menschlichen Geistes; alles was dieser geschaffen, geschrieben: Geschichte. Aber aus Mathematik, Geometrie, man könnte behaupten: doch unabhängige Quatern. Mehr Dimensionen; Geometrie. So wären wir wieder auf dem Standpunkt, auf dem wir waren, als ich die gestrige Vorlesung schloß: dem, der vollendeten Skepsis. Sie werden wenig Befriedigung empfinden, wenn ich heute wieder sage was Philosophie sei weiß ich nicht, gliche ich zu sehr dem Arzt, den ich einmal holen ließ und der sagte: Was ihnen fehlt weiß ich nicht? Als ich ihn zum zweiten Mal rief, sagte er: Ich weiß es wieder nicht. Nun gerade diesen Arzt ließ ich zum dritten Mal rufen. Da sagte er: Jetzt habe ich eine Vermutung, was ihnen fehlt und siehe da, die Vermutung traf die Wahrheit viel näher als alles, was mein früherer Arzt mir für unbedingte Gewißheit geboten hatte.[3]

Einen Gewinn wollen wir aus der gestrigen Vorlesung doch ziehen: Ich hoffe, doch eines klar gestellt zu haben: Einmal, daß es nicht gut ist, einfach zu fragen: Was ist Chemie, was Philosophie etc. ... Daß es vielmehr besser ist zu sagen: Was hat diese Frage für einen Sinn; was wollen wir unter dieser Frage verstehen? Immer vor allem die richtige Fragestellung. Es zeigt sich, daß ein und dieselbe Frage in verschiedener Weise aufgefaßt werden kann. 1. Wie wird diese Frage von den verschiedenen Philosophen beantwortet? 2. Wie glauben wir, daß es dem allgemeinen Sprachgebrauch am besten entspräche? 3. Was scheint mir am zweckmäßigsten? 4. Was will ich, ohne Rücksicht darauf ob zweckmäßig, vorläufig feststellen, um den Streit – da ich das Zweckmäßigste nicht finden kann – zu beenden. Wie drängt mich ein inneres Gefühl, die Frage zu beantworten. Wir könnten jede dieser Fragen wieder spalten und analysieren. Absolute

[3] Die diesem ganzen [eingerückten] Absatz entsprechenden Ausführungen wurden in „Ein Antrittsvortrag zur Naturphilosophie" durch die Redaktion der „Zeit" gekürzt bzw. durch folgende in Klammern geschriebene Anmerkung ersetzt: „Hier geht der Vortragende die wichtigsten bisher gebräuchlichen Definitionen der Philosophie durch, von denen ihm jede unhaltbar scheint. Hierauf fährt er fort:" (Siehe S. 154).

Gründlichkeit würden wir auch dann noch nicht erreichen, aber wir setzen das Analysieren solange fort, bis wir eben glauben, uns passabel zu verstehen.

Ich will die Frage im letzten Sinn beantworten. Wie drängt mich ein inneres, unwiderstehliches Gefühl, die Philosophie zu definieren. Das empfinde ich stets wie einen drückenden Alp, das Gefühl, daß es eigentlich ein Rätsel ist, daß ich überhaupt lebe. Ebenso, daß die Welt ist; daß die Welt gerade so ist wie sie ist. Die Wissenschaft, der es gelänge dieses Rätsel zu lösen schien mir die größte, die wahre Königin und dies nannte ich Philosophie. Ich gewann immer mehr an Naturkenntnis, ich nahm die Darwinsche Lehre in mich auf; daraus ersah ich, daß es eigentlich verfehlt ist zu fragen; daß es auf diese Frage keine Antwort gibt; daß die Frage ein Unsinn ist. So kommen wir wieder fast darauf zurück, daß die Philosophie eigentlich ein Unsinn ist. Es ist ein altes Los der Philosophen. – Höfler's Abschiedsmahl – aber trotz allem Darwin. [Bei einem Abendessen aus Anlaß der Verabschiedung des emeritierten Professors Höfler hielt Boltzmann einen Vortrag.] Die Frage kehrt immer wieder und läßt sich nicht beantworten (Wenn sie schon Unsinn ist, warum kehrt sie immer wieder und läßt sich nicht abweisen?). Wie die Lust, den Schleier von Sais zu lüften, das war Verbrechen. Ist Philosophie Verbrechen, Krankheit, Wahnsinn? Sicher kommen noch andere Fragen. Gibt es Dinge, die hinter den Wahrnehmungen stecken? Wenn ja, die möglichen. Wie können wir zunächst wissen, wenn keine; kann dann Mars nicht existieren; sehen einander, wenn ich die Augen schließe; schon Schopenhauer – wenn ich ihn recht verstehe – lehrte dies; nicht bloß Wahrnehmungen, auch der Drang Objekte zu konstruieren gegeben ist. Wenn diese Fragen wirklich sinnlos sind, so drängt uns erst recht die Frage: Warum drängen sie sich so unwiderstehlich auf. Warum lassen sie sich nicht abweisen, oder was muß man tun, damit sie endlich verschwinden. Dies zu finden soll die Aufgabe meiner gegenwärtigen Vorlesung sein. Ich habe es bisher nicht gefunden; ich lebe daher in einer wahren Fauststimmung, der ja auch sagte: „Ich soll vortragen mit saurem Schweiß, was ich selbst nicht weiß". Ich will es auch vortragen, bloß zusammensuchen, alles was damit zusammenhängt, alles was beitragen kann, sich langsam und langsam diesem Ziel zu nähern. Sie sind ja alle Wissenschaftler hoher Bildung, viele von ihnen schon Meister im philosophischen Denken. Vielleicht gelänge es ihnen, zur Lösung der Frage beizutragen. Meine Methode vorzutragen möge vielleicht manchem absonderlich erscheinen, aber wir Philosophen sind eben an Absonderlichkeiten gewöhnt, vielleicht ist sie doch echt akademisch. Der echte akademische Vortrag, im höchsten Sinn des Wortes, hat weniger den Zweck, fertige Lösungen von Problemen zu lehren, als vielmehr Probleme richtig zu stellen und die Anregung zu geben, daß ihre Lösung allmählich gelingt. Wir werden die verschiedenen Grundbegriffe der Wissenschaften durchgehen und alle mit Rücksicht auf diesen vorgesteckten Zweck sub specie philosophandi betrachten. Nicht mehr so harmonisch heute wie bisher; recht trocken untersucht. In der Mechanik läßt man die Flüssigkeiten für später, beginnt man mit den festen Körpern. In der Philosophie mit den trockenen Büchern.

[3. Vorlesung]

3.11. Durch die besondere Liebenswürdigkeit meiner Amtskollegen wurden mir diese Arbeitsräume und der schöne Hörsaal zu den Vorlesungen über Naturphilosophie zur Verfügung gestellt. Die ganze philosophische Facultät besitzt keinen derartigen Hörsaal. Daß sich soviele für irgend einen Gegenstand der Philosophischen Facultät interessieren könnten, daran dachten die Erbauer der Universität gar nicht. Allein nur die Medizin: Praktiker; die Praktiker sind halt doch praktische Leute. Sollte sich nun der reine Philosoph hier, an der nur der speziellen Praxis, der Anatomie des Menschen, geweihten Stätte fremd fühlen; ich bin so kühn, darauf mit einer Frage zu antworten: Betreiben wir nicht gerade auch Anatomie des Menschen; wohl nicht des menschlichen Körpers, aber der menschlichen Seele; seines ganzen Empfindens, Denkens, Wollens und Handelns? Mit scharfem Seciermesser öffnet der Anatom den Schädel und legt jede Windung des Gehirns bloß. Wir handhaben ein noch schärferes Messer, das der Speculation und sind verwegen, um nur tiefer darin zu wühlen. Die Wahrnehmung, selbst die Vorstellungen, die Gedanken; und schließlich wollen wir bloßlegen und präparieren. Schneidet der Anatom die Brust auf und seciert das Herz, besieht dessen Muskel und Klappen, so streben wir noch mehr ins Innere und wollen die verborgenen Gefühle, unbewußte Schmerzen und Hoffnungen entschleiern. Um mit dem Dichter zu sprechen: allem Höheren spüren wir nach, was Menschen-Geist erregt. Allem, selbst dem was [des] Menschen Brust durchbebt. Aber in einem sind wir dem Anatomen unähnlich: Dieser seciert nur Leichen – die können wir nicht brauchen. Wir durchforschen nur Empfinden und Vorstellungen, Gedanken und Gefühle. Mit einem Wort: einzig und allein was lebt. Wir betreiben ausschließlich Vivi[section] und, ach schmerzhaft ein Schnitt ins Fleisch, tut mehr noch in der Seele weh; ein Stich in die Brust ist gefährlich, einer durch unser Gefühl noch verderblicher. Nun zu unserem Gegenstand: Mechanik beginnt mit Festkörpern, dann erst Flüssigkeit. Wir beginnen auch mit dem Trockensten, wohl viel ernster, mit dem für's Denken schwierigstem Gebiet. Man hat mir prophezeit, der größte Teil meines Auditoriums werde dann abfallen; ich glaube das nicht! Im Gegenteil, ich glaube sie würden abfallen, wenn ich den Vortrag immer in dem bisher leichten Ton halten würde. Der bloßen Unterhaltung wegen, haben sie sich gewiß nicht in dieses Kolleg inscribieren lassen. Die finden sie viel besser beim Ronacher [Varietétheater in Wien]. Wenn ich hie und da noch ein Witzwort einfließen lasse, so geschieht es auch nur zu pädagogischen Zwecken. Auch der Professor einer experimentellen Wissenschaft muß zu sinnlosen Mitteln greifen, um die Gesetze einzuprägen; schöne, drastische Experimente, Projektion in die Tiefe; an [die] Stelle zunächst treten hier scharfe Zusammenfassungen in ein prägnantes Witzwort. Nichts behält man besser als einen Witz! Wenn mir jemand das Leben rettet – niemals einen schlechten Witz – ich sagte schon das vorige Mal, Revue [passieren zu lassen], kritisch beleuchten und Stufen zur Lösung des Welträtsels gewinnen: zuerst die einfachen Begriffe der Arithmetik, Geometrie, Physik und Chemie: Zahl, Raum, Zeit, Materie, Masse, Kraft, Energie; mehr in einem Atem. Als die Menschheit in Jahrtausenden – vorläufig bloß Orientierung, nicht als deutlicher Anfang – beim Einfachsten – beim Satz, daß $2 \cdot 2 = 4$ ist, nicht eben symbolisch, sondern buchstäblich. Das ist mir bitter ernst; ich bin neugierig, wie viele Vorlesungen vergehen, bis wir den eigentlichen Grund dieses Satzes erfaßt haben. Wir fassen die Sache natürlich gleich allgemeiner und beginnen mit der Analyse des Zahlbegriffes. Ich fand in einem Lehrbuch einmal die folgende Definition der Zahl, welche ich mir gemerkt habe, weil sie typisch ist und gewissermaßen die Krone aller Definitionen des Zahlbegriffs. Zusammenfassen: Zahl ist der Begriff für die Anzahl einer größeren und geringeren Menge von wirklichen oder gedachten Dingen oder sonstigen Objekten. Mit diesem Urtypus, der gewissermaßen allen Unsinn der gewöhnlich bei Definitionen des Zahlbegriffs vorgebracht wird, will ich jetzt die von den namhaften Philosophen gegebenen Definitionen vergleichen: 1. Euklid: Zahl ist eine Vielheit von Dingen. 2. Kronecker: Über den Zahlbegriff, Seite 339. 3. Schmitz, Dumont: Naturphilosphie, Seite 100. 4. Helmholtz: Vorlesungen über theoretische Physik, Einleitungsseite. 5. Mach: Wärmelehre, Seite 67. 6. Euklid I 1, Seite 1. 7. Alberts [Bruder Boltzmanns, mit 15 Jahren verstorben] Definition: Eine Zahl von etwas ist etwas, eine Zahl von etwas ist eine Zahl von etwas etwas. Analyse: Die erste Zahl heißt 1, die zweite 2, ... originell, wenigstens keine Cirka-Erfahrung; rein empirischer Begriff. Vielleicht auch Fehler, nicht dem Sprachgebrauch nach, nicht recht verständlich: Was Zählen ist weiß jeder; hat es gelernt, nachdem es ihm gezeigt worden war. Ich glaube, beim Gebrauch solcher Worte sind die Philosophen viel zu unvorsichtig. Man dürfe nicht glauben, daß diese Begriffe etwas, dessen Bedeutung wir von vornherein, a priori, vollkommen klar wissen, wenn wir schon ([durchgestrichen:] erst nachdenken) wissen, was der Zahlbegriff ist, so brauchen wir uns nicht mehr zu kümmern ob empirisch ob a priori. ([Einschub:] Die Frage ist bloß, ist dieser Ausdruck zweckmäßig.) Wie kann ich ja schon, wenn wir nicht einmal wissen was Zahl ist, noch weniger was a priori. Wir dürfen nicht fragen: Ist der Zahlbegriff a priori, als wenn das eine Wahrheit wäre, die unabhängig von aller Welt existiert. Wir müssen fragen: Ist es zweckmäßig, ihn so zu bezeichnen. Wie $a \cdot b^{-1} = a/b$ nicht zunächst existiert, unabhängig von uns. Schon Kant, noch mehr Schopenhauer, schildern es klar, daß einiges a priori sein muß. Wir hätten bloß wahrnehmen können, nicht denken. Sie verbinden nach Darwin. Aber warum mußte alles a priori richtig sein. Es könnte auch irgend etwas falsch sein; muß geprüft werden. Man schließt dies aus zwei Gründen: 1. Man meint es kommt von Gott. Auch das Auge kommt von Gott, doch nicht von ihm gemacht. Nach Darwin's Gesetz unvollkommen. Viel mehr Gründe. Das Meiste, das unwahr – schon die Ahnen abgestoßen haben, daher fast immer wahr – man meint, es muß wahr sein. Sind die Gesetze der Arithmetik notwendig? Sie können nicht anders sein. Alles was ist, ist notwendig. Man sieht ihre Bedeutung, daher ihre Notwendigkeit klarer – zufällig nur subjektiv. Ich halte die Macht der Gottheit für höchst bescheiden, da sie nicht einmal einen Deut von $\sqrt{2}$ ändern kann.

1. $a+(b+1) = (a+b)+1$; beide bedeuten: Man zähle um eine Einheit weiter. 2. Wenn $a+(b+c) = (a+b)+c$ richtig ist, dann auch $a+(b+c+1) = (a+b)+(c+1)$; daher für jedes c richtig; ebenso wird mühsam bewiesen, daß überhaupt kommutierbar.

Addition von linearen in der Gerade, von Vect[oren], von Farben, $-a$, $1/a$, $\sqrt{2}$, π, $\sqrt{-1}$, ∞, dx, adjungieren.

([Einschub:] Je elementarer, desto schwieriger; könnte ich wenigstens beweisen, daß keine Gleichung 5. Grades, die zusammengesetzt ist, durchsichtiger ist als die einfache, auflösbar ist; vortragen: Das wäre Klarheit.)

[4. Vorlesung]

9.11. Wir haben über den Zahlbegriff gesprochen. Wir können komplizierte Begriffe, die aus einfachen, schon bekannten bestehen, in diese zerlegen. Bei biquadratischem Rest Gauß'sche Funktion (m) aber nicht die einfachen. Wir wollen auch als bekannt voraussetzen was apr[ioristisch], apost[erioristisch], was synthetisch, analytisch, empir[isch], indukt[iv], ded[uktiv] etc. und dann meinen, es lasse sich ontolog[isch], genetisch, apodict[isch] bestimmen, ob a pr[iori]... wenn unter a pr[iori] angeboren [verstanden wird], deshalb nicht gewiß. Wir müssen so über den Zahlbegriff reden, wie es am zweckmäßigsten ist; daher mit möglicher Worterspamis; jeder sich selbst und wir uns untereinander möglichst gut verstehen. Noch weiter erläutert: Wir müssen unsere Gedanken und Worte darüber so stellen und formieren, daß wir bei Lösung aller praktischen Aufgaben möglichst gefördert werden. Man könnte sagen, es ist das gleiche oder ähnliches. Gerade solche überflüssigen und nichtssagenden Definitionen sind ein Wortkram; erstens der uns sehr aufhält, also Zeitverlust verursacht; zweitens aber zu falschen Schlüssen verführt. Wenn wir zu Anfang unserer Wissenschaft solche Zirkelschlüsse schließen, so machen wir sie auch später, da schaden sie; wir meinen, etwas definiert zu haben; wir beruhigen uns im Augenblick. Ist die Definition ein Zirkel, wenn man sie anwenden will, läßt sie uns im Stich; oder wir bemerken es nicht und kriegen ein falsches Resultat. In den positiven ganzen Zahlen nichts anderes erblicken. Ich glaube also, allen diesen Ansichten tut am meisten daher [not] die zweckmäßigste Analyse des Zahlbegriffs. Ist eben dieser die ganzen positiven Zahlen, von denen reden wir zunächst, als Worte geschriebene Zeichen etc., deren richtigen Gebrauch wir von Jugend auf gelernt haben; teilweise mögen uns die Fähigkeiten dazu schon angeboren gegeben scheinen. Wir kennen den Hausgebrauch, er ist das Fundament was es gibt und kann nicht weiter definiert werden, als höchstens wieder durch sich selbst; wir können es überblicken. Das ungefähr hätte ich auch als Mathematiker, wenn ich Einleitung in die Arithmetik hätte lesen sollen, gesagt. Nun muß ich noch die Sache speziell als Philosoph betrachten, sub specie phil[osophandi]. Erst fürs praktische Bedürfnis des Mathematikers müssen wir uns die Sache in ihrer Beziehung zu den einfachsten und fundamentalsten Welträtseln ansehen. Weil ich mit Bacon die Philosophie wegen dieser ihrer so hohen Aufgabe die gottgeweihte Jungfrau genannt habe, will ich, damit wir uns verstehen, wenn ich das meine, immer künftig sagen: Jetzt kommt die gottgeweihte Jungfrau dran. Da fragt es sich also: Bin ich durch diese Lösung wirklich befriedigt? Die Antwort ist eine: Ich habe selbst das Gefühl, daß es doch eine Definition gibt. Soll ich dieses Gefühl berücksichtigen; gibt es wirklich eine, oder ist es nur eine irrleitende Vererbung oder Angewohnheit. Weil ([durchgestrichen:] wir uns immer nach einer Definition zu) es die wichtigste Regel exakt [zu] denken ist, immer, wenn wir einen Begriff einführen. Möglich wäre es, ich erinnere mich der Jugendzeit: Oben – Unten; Osten – Westen. Nicht möglich: Beobachten ohne zu sehen, wohl ohne zu hören. Nicht befriedigt durch die Strahlentheorie des Lichtes. Damals lernte ich nur Strahlen kennen; hinter dem Sehen muß noch etwas stecken. Damals war ich Kind; bin ich in Bezug auf die heutige Frage noch Kind? Bin ich in Beziehung auf diese philosophische Frage noch ein Kind? Ist die von mir gegebene Lösung wirklich die richtige Lösung? Dann ist also Aufgabe der Philosophie, dieses Gespenst ganz zum Schwinden zu bringen. Unseren Geist so zu schulen, daß dieses Bedürfnis, ich will es nennen das Bedürfnis nach Erkenntnis des Wesens der Dinge, ganz verschwindet. Es ist ein Fehler, daß unser Geist das wunderbar findet, was selbstverständlich ist.

Nun kommen die Rechnungsoperationen mit ganzen, positiven Zahlen, also die vier Species. Es kann sich bloß darum handeln, in der einfachsten und klarsten Methode die Betrachtung des commutativen Gesetzes zu beschreiben. Helmholtz: b zu a addieren, heißt, wenn man im Zählen bei a angelangt ist, b so viele Schritte weiter zu zählen, als bei der Zahl b machbar. Aus diesem Buch (Anweisung, wie zu machen) beweist er, daß I): $a+(b+c) = (a+b)+c$. Man könnte es so machen; er verfährt so: $a+(b+1) = (a+b)+1$. Nach der Definition des Schlusses von n auf $n+1$ sei bewiesen daß II): $a+(b+c) = (a+b)+c$; dann $a+(b+c+1) = (a+b)+c+1$. Ist dieser Beweis etwas wirkliches, beweist er mehr als I)? Ich glaube nicht. Wir wissen in komplizierten Fällen, daß solche Beweise immer zum Ziel führen, sie bewähren sich empirisch als richtig; jetzt fühlen wir uns gedrängt, sie anzuwenden, wo sie nicht hingehören. Ich bin so kühn, daraus den Beweis [zu] erläutern, daß die Reihenfolge des Zählens gleichgültig. Subtraktion, Multiplikation dann leicht. Meine Zahldefinition aus n auf $n+1$. $111 \ldots a$ mal, $111 \ldots b$ mal oder n auf $n+1$. Ist das alles Zufall, woher kommt es? Wird die Philosophie einst das nil mirari bringen? Das wäre eine neue Zeit, dasselbe als ob alles gelöst. Welche Ruhe, welches Wohlgefühl, Königin, Gespensterdämmerung. Addition von Linien, die in einer Geraden liegen; Farben, später Vectoren.

([Einschub:] Zahlbegriff nach Breuer Größenbegriff, daß höchstens empirisch gegeben wo es größer und kleiner gilt. (Ich sage nur was Teile hat. Ein Zählen von [ein Wort unlesbar] ist aber auch empfindungsintensiv. Auch nur wo Messungen durch Zusammenwirken zweier Lichter möglich?) Wenn dieser Kontrast abgegrenzt ist, wird Zählung möglich. Inhom[ogene] Farbe einzelne Farbflecke. Zahlen = Größenbestimmung des Diskontinuums nach Kolbenmayer 1. Systematisierung: Zusammenfassung in einer Einheit, 2. Unterschied von zunächst verschiedenem, 3. Vorstellung übersehbarer Mengen, 4. psych[ische] Zahlen in der Zeit; Verlauf exakt früher, 5. abstrakte Zahlen der Arithmetik. Frank: vielleicht ist jede einzelne Empfindung schon eine Mehrheit. Blau kann ich nur ein gewisses Feld empfinden. Der Ton erregt viele Fasern, vielleicht nicht bewußt. Jedenfalls ist die erste Tatsache, daß ich viele Empfindungen haben kann. Aus Zusammenfassen zu Einheiten und Trennen entsteht Mannigfaltigkeit wie Ostwalds Rocktasche; oder ist größer und kleiner Fundamentalbegriff. I. Selbst bei der Größe (Raum, Zeit) Frage: ob atomistisch oder nicht. Solche Ausgeburten erzeugt der Formalismus. Wo er nicht so handgreiflich falsch ist, halte ich ernste Männer für nützlich. ([Durchgestrichen:] Der Philosoph sollte ertragen den Kitzel nach Wissen, was sich nicht wissen läßt. So wie die anderen Leidenschaften, wo sie zu nichts führen. Darwin: Triebe die übers Ziel hinaus schießen. Er weiß wie Sokrates, aber in anderem Sinn, daß er nichts weiß. [Durchgestrichen Ende]). Ich will nicht, daß man an Stelle meines Satzes einen anderen Satz setzt, wo der Widerspruch minder auffällt, oder gar wegfällt. Man soll meine Behauptung, daß dieser eine Satz dem p. e. t. [propositio exclusi tertii] widerstreitet widerlegen. Insofern nicht ernst, daß ich nicht die Anwendbarkeit des p. e. t. bestreiten will. Nur insofern, als ich es rein formal in einem Fall für unrichtig lasse. „Ich hoffe, daß meine Hoffnung sich nicht erfüllt etc." sind lauter inhaltslose Sätze. I. Aus $a = -a$ folgt $a = 0$. Aus „der Satz ist richtig und nicht richtig" folgt: Er hat keinen Inhalt; es müßte alles nicht richtig [sein]. Auch der Tausch der zwei anderen Sätze sind nur Pflaster; unwesentlich. Es entsteht der Zweifel, gibt es nicht andere Urteile, die keine sind. Man fragt: Ist dieses eine Urteil (nicht Satz) richtig oder (nicht richtig) ohne Zusatz, ohne Erläuterung, ohne ein Wort mehr (niemand könnte dem Urteil anmerken, daß es keines ist). Man sollte ein recht drastisches Beispiel finden, daß, wenn man nicht sicher sein kann, daß das p. e. t. auch für unzerlegte Sätze gilt, wir oft fehlschließen. Fried.: Der dritte Satz heißt eigentlich: Der erste ist falsch, der zweite ist falsch; es ist wahr, daß der dritte nicht wahr ist. Da ist schon ein Widerspruch darin. Es ist kein Urteil und deshalb die pr[opositio] excl[usi] tert[ii] sowenig anwendbar wie $a^2 = x^2 + y^2$ auf einen viereckigen Kreis. Schönfließ: Der dritte Satz zerlegt liefert nur: Der erste ist falsch, der zweite ist falsch; was übrig bleibt ist kein Urteil, daher ist der dritte Satz wahr. Honorar zu zahlen, wenn der Schüler den ersten Preis gewinnt. ([Durchgestrichen:] Mein Beweis, daß alle mathematischen Beweise falsch sind. Bei späteren Vernunftschlüssen bleibt Beweis des zweiten Hauptsatzes, tritt die bloße Gewohnheit noch mehr hervor. Jungfrau. Sonderbare Eigenschaften der Zahlen. Welcher Vorteil, daß die Primzahlen nicht alle werden. $4n + 1 = a^2 + b^2$ haben wir einen Beweisgrund; 5. Wurzel zu Schopenhauer's 4.)

[5. Vorlesung]

10.11. 1. Ich sprach zu Ende der vorigen Vorlesung über ein Lieblingsthema: Daß es nichts Absolutes, speziell nichts absolut Wahres gibt. Ich will das nachher erläutern, sonst verfalle ich in den von mir gerügten Fehler, als bekannt voraus zu setzen, was das eigentlich heißt „etwas ist absolut". Ich behaupte also, daß auch die mathematischen Schlüsse ihre Evidenz in der Übereinstimmung mit der Erfahrung haben; daher in der Erfahrung, daß sie uns zum richtigen Eingreifen anleiten. 2. Bei den Schlüssen in der theoretischen Physik liegt das auf der Hand. Denen, die in diesem Fach nicht völlig eingeweiht sind, will ich erzählen, wie man schließt: Bei einem der famosesten Beweise nimmt man an, weil mancher Körper schlechter leitet; man nicht zu falschen [Resultaten] kommt. Ferner, weil Druck weniger verschieden sein kann, Temperatur unendlich wenig fällt;

die Schlüsse haben sich gleich bewahrheitet. Elementarparallelepipede. 3. Eher klar daß nicht ganz a priori; aber Geometrie; noch mehr Zahlentheorie; schlimm noch mehr. Wenn ich etwas willkürlich definiere und es folgt aus der Definition, ist das nicht a priori evident. Sobald irgendetwas Neues, sind schon Schlüsse notwendig und alle diese Schlüsse manipulat[iv]. Liegt nicht in der Definition, sondern immer erfahrungsmäßig. 4. Der gewisseste Satz ist doch der des excl[usi] tert[ii], daß, wenn ein Satz falsch ist, das contradiktorische Gegenteil wahr sein muß; und doch gibt es selbst da eine Ausnahme, deren Aufdeckung allerdings schon der Weisheit und dem Witz der alten Griechen gelang. Modernisiert: So ich schreibe auf einen Zettel: I. Gras blau, II. Himmel grün, III. Alle Sätze falsch. Der dritte Satz ist weder wahr noch falsch. Wenn er falsch ist, so folgt notwendig, daß er wahr ist; umgekehrt, wenn er wahr ist ... Selbst wenn es nur aus der Definition feststeht, muß ich fragen, ob dies möglich ist, ihre Anwendung nicht auf Widerspruch führt. 5. Nun kommt wieder Beziehung zu den Welträtseln. Gottgew[eihte Jungfrau]. Es entsteht die Frage: können aus dem, was ich über die Rechnungsoperationen gesagt habe so merkwürdige Eigenschaften folgen, wie sie die Zahlen haben. 6. Schon auf den ersten Blick: Zerstreute Primzahlen, bald dichter gesetzt, bald seltener. 7. Beweis möglich, daß sie nie aufhören; wäre n die letzte, so müßte $n! + 1$ wieder eine sein. Satz des Widerspruchs hier wohl überzeugend. 8. Aber wenn wir tiefer eindringen; die kuriosesten Eigenschaften; ich erwähne nur eine der einfachsten. $4n+1 = a^2+b^2$, $4n+3$ niemals, $5 = 1^2+2^2$, $7, 11, 13 = 2^2+3^2, 17 = 1^2+4^2, 19, 23, 29 = 2^2+5^2, \ldots$ 9. Das [werden] wir erst später beweisen auf großen Umwegen; den Grund sieht man nicht ein. Fünfte Wurzel des zureichenden Grundes: Beweisgrund; Eltern des Kindes. Aus der Hitze im Zimmer, daß geheizt. Daraus, daß alle Punkte von einem [Mittelpunkt] gleich entfernt: konstante Krümmung. Hunger: daß ich esse. Fünfte Wurzel paßt besser. Irred[uktibel]. Jetzt werde ich selbst Mystiker. Natürlich noch schöner, es gibt Fünferl [Wiener Ausdruck für schlechte Schulnote]. 10. Ich komme wieder zurück; diese merkwürdigen Eigenschaften der Zahlen, deren Theorie ganze Bücher ausfüllt; sind es reine Zufälligkeiten? Wie kann aus den so einfachen vier Spec[ies] so Verwickeltes folgen, hat es doch einen inneren Grund, oder sollen [wir] uns abgewöhnen, uns zu wundern. 11. nil mirari. 12. Man sagt: [der stoische] Philosoph ist ein Mann, der die Leidenschaften beherrscht, durch nichts aus der Fassung kommt. Auch die, nach den inneren Gründen zu fragen. Nicht aus der Fassung durch dieses Wunder. Wir wissen, daß wir nichts wissen, aber in anderem Sinn als Sokrates. 12. Ist dies nur ein nach Darwin angeborener Trieb, der über das Ziel hinaus schießt; wie Admiralraupe; Hund, der auf dem fremden (glatten) Boden mit den Füßen scharrt. Graben wir da auch nach Wahrheit, wo fremder Boden ist? Welch große Zeit, wenn die Gespenster verschwinden würden. Es sind Anzeichen; mehrere solcher scheinbarer Rätsel sind uns keine mehr. Ich rede nicht von Oben und Unten, aber von Unendlichkeit des Raumes, der Zeit, unendlicher Teilbarkeit; Kant war noch unter dem Banne (welch große Zeit, wenn alle diese Gespenster verschwinden würden) Gespensterdämmerung, Götzendämmerung. Welche Ruhe, welche Befriedigung, die uns dies brächte. Wahrheit, Königin, sie würde viel, in dem Momente, wo sie alle ihre Aufgaben gelöst, selbst sterben. Es ist ganz absurd, daß wir das Einfachste nicht begreifen können: wie man die Atome scharf um uns wahrnehmen, zu erklären und dann fand man das größte Rätsel darin, daß Wahrnehmungen möglich sind. Das handelt alles von ganzen Zahlen; Erweiterung überall die gleichen Zeichen, wo die gleichen Rechenoperationen zum Ziel führen. Addieren von Strecken, Farben, später Vectoren, Erweiterung des Zahlbegriffes. Division: $1/a$ oder durch a nicht teilbare Zahl dividiert durch a. Symbole dafür, daß das nicht geht; aber wir bekommen ein in sich komplexes System, eine Reihe von Ausdrücken, mit denen wir gleich operieren können. Innerer Grund. Negative Zahlen $5 - 7$ unmöglich, wider Regeln, ganz analog denen für ganze positive Zahlen, in sich komplex. Auch hier finden wir gewissen Sinn; nicht immer. Das kann uns nicht frappieren, wenn wir wissen, auch ganze positive Zahlen nicht scharf definiert. Wenn man das glauben würde, wäre unbegreiflich, daß auch was nicht definierbar ist, Sinn haben kann. Irrationale Zahlen können noch mit beliebiger Annäherung dargestellt werden; imaginär.

([Einschub:] Wenn die sichersten Gesetze über Zahlen nicht ganz sicher einen Sinn haben, wundern wir uns dann weniger, wenn oft das Widersinn hat, wo wir keinen erwarten. $\sqrt{-1}$.)

[6. Vorlesung]

16.11. Wir wollen es mit dem über ganze Zahlen Gesagten genug sein lassen. Eigentümliche Lettern und Zeichen und eigentümliche Regeln. Ihr Zusammenhang, deren praktische Anwendung wir aus Erfahrung kennen. Unter diese Regeln gehören Addition, Subtraktion, Multiplikation und Division zu den Einfachsten. Gewisse Operationen lassen sich nicht immer anwenden; Symbol fürs unmögliche Resultat. In gewisser Beziehung negative Zahlen einfachste, weil Subtraktion vor Division in andere Brüche. Wir reden von diesem zuerst b/a oft nicht möglich. Man macht neue Definition, führt [zu] völligem Unsinn. Man gibt Regeln zu operieren und beweist, daß man auf keinen Widerspruch kommt. Der Mathematiker hat ein Riesen-Vergnügen, wie alles in sich übereinstimmt. Daß dieser Blödsinn doch etwas Wirklichem entspricht, kann uns von unserem Standpunkt nicht so sehr wundern. Wir sehen ja, die ganzen positiven Zahlen auch als etwas a priori konstruiertes von dem unfehlbaren heiligen Geiste der reinen Vernunft direkt inspir[iert]. Ihre Übereinstimmung erst empirisch erkannt, daher, daß sie etwas Wirkliches ausdrücken. Uns kann es nicht wundern, daß diese Operationen, zu denen wir weiter angeregt, gewissermaßen verleitet werden, auch wieder tatsächlich entsprechen. Bei Brüchen tritt das noch sehr wenig hervor. Jedes Ding, das wir der Zählung als Einheit zugrunde legen, ist wieder zusammengesetzt; daher die Einheit mehr oder minder schon eine Mehrheit; daher auch die Division der Einheit ausführbar: Dutzend, Schock, Mandel [am Feld aufgestelltes, gebundenes Getreide?], Äpfel. Daß jedoch Zahlen noch einen Sinn haben, liegt flach auf der Hand; weil Brüche nicht immer glaubhaft wie der halbe Soldat, den das Fürstentum Liechtenstein zur einstmaligen deutschen Bundesarmee zu stellen hatte. Schon weniger glatt geht die Sache bei den negativen

Zahlen. Auf das, was so die trivialsten Einheiten sind, nicht anwendbar; negative Zahl: Äpfel, Häuser; aber es gibt doch viele Fälle, wo auch diese scheinbare Unmöglichkeit ausführbar wird: Wasserstand unter dem Pegel; [Celsius-]Grade unter Null; Schulden. Ja, in der höheren Mathematik in der Regel, negative Koordinatenwerte, negative Brennweite und Bildweite, negative Krümmung. Die gebrochenen, negativen Zahlen sind dem Mathematiker fast gerade so wichtig, wie die ganzen positiven. Er vergißt ganz, daß in der Definition eigentlich ein Widerspruch steckt. Negative, gebrochene Potenzen so zu definieren, daß alles stimmt; bei Neueinführen sollen Symbole – falls unmöglich – müssen wir alle Operationen neu definieren, sodaß zunächst kein innerer Widerspruch und die Regeln, die wir gewöhnt sind, möglichst erhalten bleiben.

Neuer Schritt: Irrationale Zahlen. Wieder unlösbare Aufgabe: $\sqrt{2}$. $\sqrt{2}$ Kronen. Verschiedene Irrationale: $\sqrt{3}$, π, e. Konstante des Integral-Logarithmus; doch auch wieder gewisse Bedeutung. Ja, wenn es, falls es Quadrate wirklich gibt, auch Diagonale wirklich; vielleicht Quadrat gedachtes Ding, daher auch seine Diag[onale]; aber doch brauchbar. Auch angenäherte Darstellungen erleichtern das Verständnis; adjungieren. Nun, aber $\sqrt{-1}$. Man kommt überein: $+a \cdot +a = +a^2$; auch: $-a \cdot -a = +a^2$, sonst würde die schöne innere Komplexität gestört. Keine Zahl mit sich selbst multipliziert [ergibt] -1. Auch: $-2 = i\sqrt{2}$ [mit sich multipliziert].

([Einschub:] Ellipse hat imag[inäre] Assympt[ote]. Zwei auseinanderliegende Kreise imaginäre Schnittpunkte, durch die die Potenzlinie geht. Stolz: Das Kopflose in der Geometrie. Clebsch: Mathematische Anmerkungen, Bd. IV, 871; Staudt: Beitrag zur Geometrie der Lage.)

[7. Vorlesung]

17.11. Nur eine einzige solche ganz unmögliche Zahl i; das heißt: durch die Summe gefunden wird, ist uns ganz geläufig. Mann auf Schiff – Kräfte #[4].

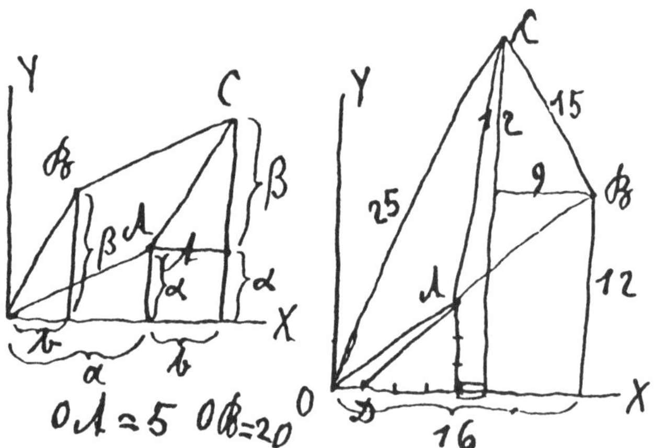

[4] Bei den Abbildungen in diesem Kapitel (Transkription) handelt es sich um die originalen Handskizzen Ludwig Boltzmanns, übertragen aus dem Notizbuch Abb. 13a, b (Seite 75, 76)

$(4 + 3i)(4 + 3i) = 7 + 24i$. ODA $\approx$ OAC, OC aus OA wie OA aus eins. i oft nur Ausdruck, daß keine Lösung möglich, aber auch mehr. Gauß, Fresnel. Könnte viel besser, wenn ich das indische i hätte. Vor Prüfung aus Mathematik in modernem Stil. Zahl = Ein Punkt der Ebene. Addieren = Kräfte ♯ der Strecken bilden. Produkt = Man findet die Wurzel von gleichen; alles stimmt; man meint, imaginäre Zahlen notwendig um Geometrie darzustellen; hier Pferdefuß: Wenn wir Geschöpfe wären, die in einer Ebene leben würden – auch möglich. Wir könnten umeinander herumkommen. Ich sehe keine wesentliche Änderung; keine Bergfexen möglich [Bergfexen: alter österr. Ausdruck für Bergsteiger]. Allerdings alles einfacher. In der Geraden Geselligkeit nicht möglich. Was heißt möglich? Sollen wir uns mehr wundern, daß einiges so gut stimmt, oder, daß nicht alles stimmt? Hamilton, Graßmann. Diese bewußt widrige Vollendung des Aprioristischen hat einen Riß. Die Mathematik bleibt nicht stehen. Hamilton's j. Noch allgemeine Begriffe, mit denen man allerlei Operationen vornehmen kann in der Hoffnung, daß ihnen etwas entsprechen wird. Verschiedene Begriffe in der Zahlentheorie, komplexe ganze Zahlen, Zahlenkörper. Ideale, ich erwähne sie nur.

([Einschub:] 1. Frühe Definition von Vectoren und Argumenten: Summe der Arg[umente] = Arg[ument] des Produkts. nil mirari [sich über nichts wundern]. Wer als kleines Kind die Quat[ernionen] und das indische i als Spielzeug studieren würde, würde sich nicht wundern. Aber wir existieren doch auch schon als kleine Kinder und wundern uns doch, daß wir existieren. In der Ebene wären keine kreuzenden Mannigfaltigkeiten der Verbindungen der Gehirnneuronen möglich. Aus inneren Gründen muß Mannigfaltigkeit von mehreren Dimensionen solcher Analogien zeugen. Aber die Dimensionszahl braucht nicht gleich zu sein. Aus rein logischen a-priori-Gründen sind das die einfachsten Eigenschaften: zwei Dimensions- oder drei Dimensions- Mannigfaltigkeiten. 3. Alle reellen Zahlen sind schon unendlich viel, die komplexen unendlich zum quadrat mal soviel, die positiven und negativen doppelt soviel; das führt zur Mengenlehre.)

[8. Vorlesung]

23.11. Eines: Die Mengenlehre eine mathematische Theorie, die heute große Wichtigkeit erlangt hat. Grundlage von einem Österreicher, Bolzano: Paradoxien des Unendlichen. Allerdings gibt er nicht die Lösung, sie ist keine. Nur Ignorej [Georg] Cantor, früher Hankel, Steiner, Paul du Bois. Vielleicht vom Begriff des Unendlichen physikalisch nur ausdrücken, daß kein Grund des Wachstums angegeben werden kann. Es liegt nahe, die wirklich unendliche Zahl zu betrachten. Macht der Mathematik ist ihre Freiheit. Spezieller Fall einer sehr allgemeinen Lehre, der Mengenlehre.

1. Jede Zusammenfassung M von Objekten m bestimmt wohl unterschiedliche Objekte zu einem Ganzen; Menge = (Jeder Inbegriff von Dingen (M)). Ich übe nur in kleinen Zwischenrufen Kritik. Endliche Zahl oder unendliche aus zwei Äpfel.

2. Theilmenge: $D(M, N)[N \in M]$ Teilmenge = alle Glieder von N sind solche von M, nicht umgekehrt;
3. Mächtigkeit: Vorstellung der Menge ohne Rücksicht auf Anordnung, Reihenfolge; bei endlicher Zahl der Glieder auch Cardinalzahl. Bei endlicher Menge Anzahl m.
4. Zwei Mengen M und N haben gleiche Mächtigkeiten $m = n$, wenn [ein-] eindeutige Zuordnung möglich, bei endlich gleichen Zahlen; gerade Zahlen so mächtig wie [ungerade]. Alle $O - 1$ so mächtig wie $1 - w$.
5. Zählbar von der Mächtigkeit der Menge der ganzen Zahlen.
6. Teil ebenso mächtig als [wie] Ganzes [bei unendlichen Mengen]
7. Die Mengen besitzen nicht Zahlencharakter aber Größencharakter; aus $a = b$, $a = c$ folgt $b = c$; aus $a > b$, $b > c$ [folgt] $a > c$. Alle algebraischen Zahlen abzählbar.
   Wurzeln von $x^n + a_o x^{n-1} [+] \cdots [+] a_n = 0$.
8. Eine abzählbare Menge von abzählbaren Mengen ist abzählbar.
9. Menge aller Zahlen. Alle irrationale, π. Daß nicht n beliebig aber endlich; wenn n beliebig groß wird, erhalten wir wieder nur eine abzählbare Menge abzählbarer Mengen.
10. Mächtigkeit des linearen Cont[inuums], des zweidimension[alen Continuums], des n-dimen[sionalen] Contin[uums]; [gleich mächtig]

[9. Vorlesung]

24.11. Addition, Multiplikation von Mengen erz[ielt] deren Mächtigkeit. Multipliplikation; commutativ, associativ und distributiv. n. Potenz = Variationen zu n Elementen. Alle rationalen Zahlen abzählbar $1, 2, \frac{1}{2}, 1\frac{1}{2}, 2\frac{1}{2}; 3, \frac{1}{3}, \frac{2}{3}, 1\frac{1}{3}, \ldots 3\frac{2}{3};$ $4, \ldots$ Geordnet, wenn ein Gesetz eine bestimmte Reihenfolge einhält: Ordungstypus. Die ganzen Zahlen mehrfach geordnet, wie Amben [Paare], Ternen [Tripel] der ganzen Zahlen. Wohlgeordnet wie Reihenfolgen der Zahlen. Für mächtigere Mengen muß man dies über w fortsetzen = transfinite Zahlen. w = unendliche Zahl; man fingiert $w + 1, w + 2 \ldots w$ gewissermaßen letzte Zahl: schon Widerspruch. Jetzt kommt es auf einen zweiten Widerspruch nicht mehr an, die Macht der Mathematik liegt in ihrer Freiheit. Man kann enorme Zahlgesetze aussagen: muß immer vorsichtig sein, aber man kann sich konsequent bleiben. Jetzt fängt die eigentliche Theorie an: wir müssen aufhören, weil wir Philosophen sind. Zu allem bloß die Einleitung. Es hat die Definition etwas für sich, multa non multum, von allem etwas, nichts gründlich, doch wieder alles erst recht gründlich.

Was brauchen wir zur Darstellung der Natur, wenn die Dinge aus diesen Kräften, Teilchen, Atomen bestehen. Bloß die endlichen Zahlen, wenn kontinuierlich auch die unendlichen; letztes kann auch der Fall sein. Die ganzen Zahlen sind auch gedachte Dinge, die Unendlichkeit auch. Aber viel einfacher ist die Sache im ersten Fall: immer unterscheidbar; die unendlichen Zahlen brachten Widerspruch; Teil = Ganzes. Vega. Stoß: Das ist mein Beweis, daß die Natur atomistisch konstruiert sein muß. Nicht, daß Natur muß, daß wir sie so denken müssen, wenn wir nicht so absurde Begriffe, wie die der Mengenlehre anwenden wollen, die zu Mehrdeutigkeiten führen.

Ist der Raum wirklich [oder] nicht? So fragen: das hat keinen Sinn; welche Ausdrucksweise zweckmäßig? Vermeidbarer unnützer Wortschwall. Ähnliche Frage: Existiert der Raum? Es existieren fünf reguläre Körper ohne einheitliche Winkel. Jedes Ding bedarf eines Raums, wo es wie in einer Schachtel darin ist. Wir können anstoßen, ihn nicht färben; unzweckmäßig; wir würden wieder Schachtel brauchen. Ganz dieselben Eigenschaften wie materielle Dinge hat er nicht. Wenn wir nur das Materielle wirklich nennen ist er sicher nicht wirklich. Fünf verschiedene Räume – ein Raum.

([Einschub:] 1. Math.[ematischer], 2. physikal.[ischer] oder empir.[ischer], 3. intellig.[ibeler] 4. obj.[ectiver] 5. ab sol.[uter] (transzend.[enter]?) Raum. 6. Raum in dem alle diese Räume sich befinden.)

([Duchgestrichen:] Nachdem wir in der Mengenlehre uns in der Betrachtung des Unendlichen, des unendlich Großen, Aufzählung aller Glieder der Menge im unendlich Kleinen, Betrachtung des Intervalls zwischen zwei sich überschneidenden Gliedern geübt haben, gehen wir zur Betrachtung der Cont.[inua] über. Noch nicht Materie als Continuum, erste bloß ideale Gedanken. Cont[inuum] die beiden großen Contin[ua]: Raum, Zeit. Noch nicht Ursache und Wirkung, bloß Grund und Folge. Zeit einfach, wir lernen bei Raum mehr. Immer das, was alle neuen Seiten zeigt zuerst. Kronecker meint: Zahl bloß innere Erfahrung, unabänderlich; Raum äußerst zufällig, könnte anders sein. Schon Fortschritt. Kant hält beides für a priori. Ich kann auch Kr[onecker] nicht recht geben. Schon Zahl innere Konstruktion, die in der ... [abgebrochen].

Vielleicht mir nicht möglich, irgend einem mich verständlich zu machen. Ich frage: Nun wie glaube ich, daß die Ausdrucksweise eine am zweckmäßigsten ist; sehr schwierig; man könnte glauben unzweckmäßigst, wenn es wenige verstehen, aber ich hoffe, daß es als zweckmäßig erkannt wird. Copernicus: Weltsystem auch bloß zweckmäßigste Ausdrucksweise, anfangs nicht verständlich.)

[10. Vorlesung]

30.11. Wir haben die ganzen, positiven Zahlen als etwas ganz undefinierbares kennengelernt. Der Begriff des einseitig Unendlichen wird aber damit schon mitgegeben. Durch Einschalten beliebiger Brüche zwischen ganze Zahlen, der algebraischen Irrationalzahlen zwischen Brüche, der transcendenten irrationalen Zahlen zwischen algebraische, der Zahlenreihe, ist ein vollständiges Continuum verwendet. Durch Einführen der negativen nach der anderen Richtung als unendlich verlängert, durch Einführen der komplexen, wenigstens in einer Ebene ausgebreitet. Den Raum damit zu erfüllen gelang nur künstlich durch Einführen eines j neben i. Der Vektoren-Strecken [und] Quat[ernionen]lehre. Die Widersprüche, die im Continuum und Unendlichen liegen und die Bolzano so scharf präzisiert hat, völlig zu beseitigen gelang zwar nicht, aber wir haben sie in der Mengenlehre doch genau geprüft und lernen, die Klippen [zu] umgehen. Bekamen genaue Vorschriften wie wir operieren müssen, damit uns diese Widersprüche nicht hindern, zu bestimmten Resultaten zu gelangen. So lernen wir in einer Weise [zu] schließen, daß uns weder die Schwierigkeit, daß zwar zwischen je zwei Zahlen immer wieder eine liegen muß, noch die, daß wir den Begriff einer unendlichen Zahl brauchen und doch nicht erreichen können. So haben wir uns das Rüstzeug zurecht gelegt zur Bearbeitung der großen Continua Raum und Zeit, Materie. Meine Damen und Herren, es ist enorm, welche Arbeit, welcher Scharfsinn auf Erschöpfung des wahren Wesens dieses Begriffes, auf Lösung dieses großen Rätsels, Fragen der Menschheit, aufgewendet worden ist. Vor Kant, von Kant, nach Kant.

Manche schätzbare Errungenschaften sind ja erzielt worden. Das Wort Resultat will mir nicht recht aus dem Munde, aber: Im wesentlichen sind alle auf unseren Gegenstand bezüglichen Fragen noch unbeantwortet. Bis zur Lösung der Rätsel, bis zum Eindringen in deren Wesen sind wir nicht gelangt.([Durchgestrichen:] Wie wir mit diesen beiden Dingen – pardon, sie Dinge zu nennen ist ja Blasphemie, eben diese beiden Begriffe will ich also nennen. Da kann Goethe wenigstens nicht sagen, daß Begriffe fehlen [Faust: denn eben wo Begriffe fehlen, da stellt ein Wort zur rechten Zeit sich ein]; ebenso, wie wir eigentlich daran sind, wissen wir noch immer nicht recht. [Durchgestrichen Ende].)

Das Zagen, das Gefühl von Ehrfurcht und heiliger Scheu, womit ich die erste Vorlesung eröffnete, ergreift mich wieder, wenn ich an die Diskussion des Problems von Raum, Zeit gehen muß. Ist mir zu Mute, als ob ich das Innere eines gotischen Domes betrete; alles ist ehrwürdige Furcht und Grauen einflößend, erhaben und doch alles dunkel, unbestimmt, ins Unbestimmte, Unermeßliche. Möglich, sich alles zu denken, was man sieht und noch mehr, was man nicht sieht, nur im dunklen Hintergrund ahnt. Ich fühle meine Kräfte nicht ausreichend da mitzuwirken, wo die größten Geister der Menschheit eine Riesen-Arbeit vollbracht haben und hinterher zeigt sich nur zu oft, daß sie in ein Danaidenfaß geschöpft, eine Sysiphusarbeit geleistet haben. Wenn auf eine, so läßt sich auf diese Tätigkeit das Märchen vom Sysiphus anwenden. „Guter, lieber Schiller" möchte ich, wie in der ersten Vorlesung, ausrufen; ich finde nicht, daß du recht hast. Es wächst der Mensch nicht mit seinen höheren Zwecken. Um wieviel lieber würde ich über die Gestalten, alle die Singularitäten, Kanten, Spitzen, Umkehrpunkte der Flächen dritter und vierter Ordnung vortragen.

Ich mußte mich wieder tüchtig hineinstudieren, aber es wäre doch banal, hätte ich wieder gesagt; etwas wirkliches an der Hand der Rodenberg'schen Modelle würde ich hoffen, ihnen das wesentlich verständlicher machen zu können. Noch lieber ein Kapitel der Physik zum Vortrag bringen, aber ich soll über Raum, Zeit im allgemeinen reden. Über das Inhaltslose und meine Rede soll nicht inhaltslos werden. Und doch hat es hinwiederrum einen großen Reiz für mich, in einer so großen, mir wohlgesinnten Versammlung meine Ideen hierüber, gewissermaßen die inneren Kümmernisse meines Herzens auszuplaudern, denn ich habe eingehende Studien gemacht, suchte alles in mich aufzunehmen; auch selbst nachgedacht habe ich über den Gegenstand wohl schon oft und viel, aber gesprochen habe ich darüber noch wenig, in der Furcht, das könnte undurchführbar sein. Vielleicht wird es mir nicht möglich sein, mich verständlich zu machen.

([Durchgestrichen:] Von diesen beiden Dingen dürfe ich nicht sagen; selbst „Etwassein" ist schon zuviel gesagt; „Nichtsein" wäre wieder zu wenig; ist die Zeit bei weitem das einfachere aber sogleich auch das weniger mannigfaltigere. Die Inhaltsleere wäre leerer als der leere Raum. Wir können daher weitere Betrachtungen des Raumes auf einmal lernen; das mannigfaltige Gebiet; mehr Seiten zur Auffassung. [Durchgestrichen Ende.])

Von diesen drei Continua: Raum, Zeit und Materie, bilden wieder die zwei Raum und Zeit einen scharfen Gegensatz zum dritten: der Materie. Raum und Zeit sind bloß etwas gedachtes, ideales transzendentales, intelligibles oder wie man sich noch ausdrückt. Die Materie ist das wirklich reell Existierende. In den beiden ersten Gebieten herrscht das Kausalgesetz noch immer als Erkenntnisgrund und folgt im Gebiet des Materiellen als Ursache und Wirkung. Wir wollen uns also zunächst mit Raum und Zeit befassen; von diesen beiden Dingen – pardon, sie Ding zu nennen wäre so unphilosophisch als möglich. Selbst „Etwassein" ist schon zuviel gesagt; „Nichtsein" ist wieder zu wenig; also sagen wir Begriff. Da kann uns Goethe wenigstens nicht einwenden, daß uns die Begriffe fehlen. Ist die Zeit entschieden das einfachere, aber eben deshalb das weniger mannigfaltige. Inhaltsleere wäre leerer als der leere Raum. Wir können daher bei Betrachtung des Raumes mehr auf einmal lernen. Dieses Gebiet mehr Seiten zur Auffassung, lassen sich leichter erfassen und das Erfaßte könnte dann bei den Betrachtungen der Zeit zugrundeliegen. Ich glaube daher, daß es zweckmäßig ist, mit Betrachtungen des Raumes zu beginnen. Kronecker meint, der Zahlbegriff ist bloß aus innerer Erfahrung konstruiert, enthält daher nichts zufälliges; könnte nicht abgeändert werden. [Kronecker: Die ganzen Zahlen hat der liebe Gott gemacht, alles andere ist Menschenwerk.] Der Raumbegriff dagegen enthält schon auch äußere Erfahrung, daher zufällig und könnte daher auch anders konstruiert werden; ist nicht unabänderlich. Das ist schon ein Fortschritt gegenüber Kant. Kant hält beides für a priori. Ich kann auch Kronecker nicht ganz beistimmen. Schon Zahlen innerer Konstruction, auf die uns nur Erfahrung führt; und die nur an solchen geprüft werden können, weil die einfachsten daher dort weniger banal. Zwar verschiedenen Konstruktionen; im Raum liegen wieder viel einfachere Erscheinungen zugrunde als eine Konstruction, die wir zur Erklärung der Materie besonders der Elektrizität der Wärmeerscheinungen. Daher die wesentlich andere Rolle welche die Zahlenbilder, geometrische Bilder und physikalische Bilder spielen; nur quant[itative] Unterschiede.

Hier Anfang der Seite 35 [Seitenangabe bezieht sich auf das Notizbuch; d. h. 9. Vorlesung, 24.11.; Vergleich der Räume mit Schachteln]

([Einschub:] nach Hölder; besser Helmholtz: Reden, Seite 5. Ich suche nur nach zweckmäßigstem Ausdruck, ist das nicht ganz unzweckmäßig, was so schwer verständlich wird. Diejenigen, welche die von mir vertretene Ansicht ausgearbeitet haben, hoffen, daß man einst die Zweckmäßigkeit erkennt. Wie bei Kopernikus Weltsystem. Dies ist erstens auch nur zweckmäßigere Ausdrucksweise, zweitens anfangs auch verständlich. Es wurde aber dann wirklich von allen als zweckmäßig erkannt.)

[11. Vorlesung]

1.12. 1. [In] Ägypten machte Nil wiederholt Feldmessungen wünschenswert, nur praktische Regeln; Euklid: bewunderungswürdig, viele wissenschaftliche Grundlagen; Muster von logischem, konsequentem Aufbau; nicht vollendet: lag in der Natur; Schöpfer kann nicht alles; gilt schon das oft [als] unverständlich. Unsere Bewunderung erhöht, daß die Schöpfer oft gerade auch die Unvollkommenheiten ziemlich klar sehen. Newton an Bentley. Die Briefe Euklids erschienen nicht gedruckt. 2. Nach Hölder, Euklid: Begriffe zur Konstruktion (Quadrat, Ellipse) und ursprünglich gegebenen Punkt der keine Ausdehnung hat, Grenze nicht Linie; Gerade durch zwei Punkte bestimmt, Linie. Grenze nicht Fläche; so [werden die] Sätze [eingeteilt] in bewiesene und Axiome oder Postulate. 3. Die Ansicht, daß a priori gewiß innere Anschauung; schneidet jede Forschung ab. Physischer Raum. Wenn man fragt wie aus den Wahrnehmungen abgeleitete Erfahrung; empirisch; intell[igibel] = aus Zahlensätzen abgeleitet, genommen; nicht zwei Räume, besser empirische Geom[etrie], intell[igible] Geometrie oder wie man sagen will: verschiedene Pforten in denselben Raum. 4. Im empirischen Raum; Punkt: Grenze eines ganz kleinen Gegenstandes. Gerade gespannter Faden, besser Lichtstrahl: Anordnung von kleinen Gegenständen, die aus einer Richtung zusammenfallen; Schrauben: Werkzeuge die selbst geometrische Erkenntnisse voraussetzen, dürfen nicht benutzt werden.

[12. Vorlesung]

7.12. Die Anfänge einer wirklich wissenschaftlichen und durchführbaren Raumtheorie beginnen von dem Moment, wo man den Raum nicht als ein Produkt innerer Anschauung, nicht als etwas a priori Gegebenes, Ungewisses anzusehen anfing, sondern als etwas aus Sinneswahrnehmung und Erfahrung abstrahiert und sich fragt: Auf welchem Wege und auf Grund welcher Erfahrung man auf diese kam. Ich trage meine subjektive Ansicht vor: Ich werde zunächst überzeugen, und kann nicht anders reden. Ich trage nicht allgemeine Erkenntnisse vor. Der Anstoß zu dieser Betrachtungsweise wurde nicht durch bloßes Philosophieren, sondern durch positive Errungenschaften gegeben. Von Gauß veranlaßt, konstruieren Bolyai und Lobatschewskij, [ein] Russe, eine von Grund auf andere Geometrie als die Euklids, die nichteuklidische. Zwei Arten: Sphär[ische] und hyp[erbolische Geometrie]. Nach der ersten lassen sich keine nicht schneidenden Geraden ziehen; nach letzterer mehrere. Parallelaxiome. Viele konnten das durchaus nicht begreifen, ihnen scheint der Raum aus innerer Anschauung zu stammen. A priori die Axiome gewiß, aber einige mathematische Gedanken durchaus nicht. Die nichteuklidische Geometrie ist in sich konsequent, widerspruchslos. Nur der Erfahrung widerspreche sie in gewisser Weise. Sie könnten sich ganz gut vorstellen, daß es Welten gibt, wo die Dinge sich in einem nicht-euklidischen Raum bewegen. Es ist doch nicht möglich, daß bei den meisten Menschen der Raum durch innere Anschauung entsteht; bei einigen nicht. Aber auch die Widersprüche mit der Erfahrung bedürfen der Erläuterung. Es gibt nur einen euklidischen, unendlich viele nicht-euklidische Räume. Jeder ist durch den Wert einer Konstanten charakterisiert. Bei sphär[ischem] größte Entfernung, wo Durchschnitt steht, finden [sich] bei hyp[erbolischem] größte Winkel, wo kein Durchschnitt. In Dimensionen, die klein gegen diese sind, ist jeder Raum nur unmerklich vom euklidischen verschieden. Jeder von uns kann sich in Gedanken einen absolut euklidischen Raum denken; gewisse metrische Beziehungen sind im euklidischen und nichteuklidischen Raum verschieden; im kleinen stimmen diese, mit den wirklichen Messungen [überein], ob auch im Großen fraglich. Winkelsumme im Dreieck. Man kann sich nach Analogie der Kugelfläche vorstellen. Fixsterndreieck nicht möglich; Eklipt[ik]. Ob unsere Größe genau, weiß ich nicht, die Welt ist groß, aber daß es welche gibt, bin ich *rein subjektiv* überzeugt. Hat den Vorteil, daß der Raum endlich und doch nicht begrenzt ist. Sie behaupten: das können wir uns nicht vorstellen und das soll heute noch ein Gegengrund sein. Kugelgestalt der Erde; Drehung der Erde konnte man sich auch [nicht] vorstellen, wenn etwas widerspruchslos mathematisch begründet; für die geschultesten Geister [sind] Gedanken unvorstellbar in Wirklichkeit, muß dies später für alle [sein]. Wie kann die Erfahrung über die Erfahrung hinaus zeigen, sie zeigt selbst ihre richtige Interprätation. Es ist nicht Erfahrung, sondern täuschende Schlüsse aus der Erfahrung. Vom Zahlbegriff allein müssen wir ausgehen. Sie werden begreifen, warum ich ihn vorangestellt habe.

Wenn wir komplizierte geometrische Wahrheiten aus einfacheren erschließen wollen, ist die Anschauung unbezahlbar. Daher ist es schwer einzusehen, daß man unter Umständen zunächst abstrahieren muß, wenn wir die Grundlage analysieren wollen. Wie wir durch Erfahrung zu dieser gelangen, müßten wir uns auf den Standpunkt stellen, daß wir noch keine Erfahrung haben. Die Anschauung ist Resultat der Erfahrung; die dürfen wir auch noch nicht haben. Analytische und synthetische Methode (metr[isch] projiciert). Descartes, Steiner, Klein, Hilbert, Hölder, Riemann, Helmholtz. Welches sind die topogenen Eigenschaften (nach Helmholtz)? Die Bewegung von Körpern an verschiedenen Stellen mit unveränderter Eigenschaft, eigentlich auch Zeit mitwirkend. Hätte den Raumbegriff nicht, wenn die Zeit nicht wäre. Körperelement nennen wir Punkt (materieller Punkt, besser reell wirkender Körperpunkt). Wir können ein Körperelement an verschiedene Stellen bringen. Cont[inuierlich] dazu eine Variable notwendig cont[uierlich] veränderlich. Wenn ein Element gegeben ist, noch ein zweites. Zwei cont[inuierliche] Variable aber selbst, wenn zwei gegeben sind noch eine dritte. Drei Variable. Man braucht drei voneinander unabhängige Variable, um die Verhältnisse der Elemente gegeneinander darzustellen: drei Dimensionen.

Wir brauchen für den ersten Punkt nur eine, für den zweiten nur zwei Variable, für alle anderen Punkte drei; dies in der Synth[ese], in der Anal[ysis] werden alle gleich behandelt. Jeder Punkt durch drei Zahlen bestimmt; brauchen wir die algebraisch irrationalen auch die transzendent irrationalen, ist die Punktmenge abzählbar. Wir wollen auch den Krümmungsumfang auftragen können, daher nicht abzählbar. Andere Frage, ob auch die topogenen Momente nicht Abzählbarkeit hindern. Es muß trotzdem Änderungen der Koordinaten etwa konstant bleiben. 1. Nur Koordinatendifferenzen. 2. Noch andere Lageänderungen, wobei alles konstant bleibt. Gewisse Funktion der Koordinaten allein ausschlaggebend, diese muß konstant bleiben. Entfernungen zweier Punkte: $r^2 = x^2 + y^2$.

[Wahrscheinlich nicht gehaltene Vorlesung]

14.12. Raumproblem: Was von unseren Raumvorstellungen, der Begriff und Lehrsatz ist wohl begründet, was steht nicht ganz fest, könnte auch anders sein = was haben wir a priori, ist gewiß, was aus Erfahrung und aus dieser wählen. Ich stelle mich auf den Standpunkt, wenn a priori wäre es gar nicht begründet, daher reines Vorurteil. Wenn angeboren, stammen sie doch aus Erfahrung der Menschheit und müssen mehrfach geprüft werden. Was stammt aus bloßer Zählerfahrung. Welche Erfahrung muß dazu kommen um Raumbegriff zu konstruieren. Zwei Wege: analytischer, synthetischer. Wir betreten den analytischen; Objekte, wir wollen lieber einen mehr charakteristischen Namen. Punkte – ohne Präjudiz. Jeder durch drei Zahlen bestimmt. Wir nennen die Koordinaten x, y, z; zwischen je zwei eine Beziehung, wir nennen sie Entfernung. Gegeben, wenn x_1, y_1, z_1 und x_2, y_2, z_2 bestimmte Funktionen. Zunächst müssen solche starre Körper möglich sein; besonders zunächst unabhängig, veränderlich und doch alle Entfernungen konstant. $3n$ besondere Variable zur Verfügung. $n(n-1)/2$ Ent[fernungen]. $n = 10$: natürlich verfügbar 45 Ent[fernungen]. Schwierige analytische Aufgabe; sie haben schon zuviel Mathematik; muß auch auf Farbenraum passen. Entfernung geschätzt durch das gerade Wahrnehmbare.

$$\overset{\text{g}}{\underset{\text{v}}{}}\,\text{s}\cdot\text{r},\qquad \overset{\text{gr}}{\underset{\text{vr}}{}}\,\text{r}, 2\,\text{r}\quad \text{das können wir auch drehen}$$

100 r + 100 g 50 r + 150 g 150 r + 5 g
100 r, 200 r, 100 r

Wir können gewisse Punkte in gleicher Entfernung konstruieren und fragen, ob die anderen Ent[fernungen] gleich bleiben. Höchst sonderbar: die Geometrie [ist] ohne Anschauung möglich. Will ich durch Anschauung deutlich machen. Mathematik schon zuviel. Diese Betrachtungen sind nicht an drei Dimensionen gebunden, auch 4, 5 aber auch 2. Von unserem Standpunkt wären auch Wesen mit zwei Dimensionen möglich. Nur Neuronen würden ihre Dendriten verwirren, dieser Grund der Dreidimensionalität; Mehr Dimensionen wären überflüssig. Die Raumanschauung dieser Zweidimensionswesen können wir uns in unserem drei Dimensionsraum anschaulich darstellen. Vielleicht sagen sie: Das gilt nicht im dreidimensionalen Raum, also in unserem geht das nicht. Aber die Analogie ist doch klar: vierdimensionale Wesen könnten sich unseren dreidimensionalen, nicht-euklidischen Raum ebenso gut vorstellen. Wer durchaus sagt: Unser Raum ist dreidimensional, etwas anderes kann ich mir nicht vorstellen, dem ist nicht zu helfen. Wir nehmen eine Mannigfaltigkeit von zwei Dimensionen. Analytisch können wir uns die Funktion $f(x_1, y_1, x_2, y_2)$ gerade so gut wie bei 3 und 4 Dimensionen vorstellen, allein zu analytischen Entwicklungen haben [wir] nicht einmal oft die zureichende Geduld; veranschaulichen können wir uns für zwei

Dimensionen alles auf Flächen. Künstl[iche] Verbindungslinien = Entfernung, xy bestimmt, liegen auf der Fläche. Einf[acher] Fall: $\sqrt{((x_2 - x_1)^2 + (y_2 - y_1)^2)}$; Ebene. Jede andere Funktion durch irgendeine Fläche. Alle Räume, die außerdem eben möglich wären, kann man durch Flächen darstellen. Ich muß ein paar Worte über Krümmung sagen: was Krümmung ist, ist bekannt, quant[itatives] Maß. Die Krümmung der Kimmung.

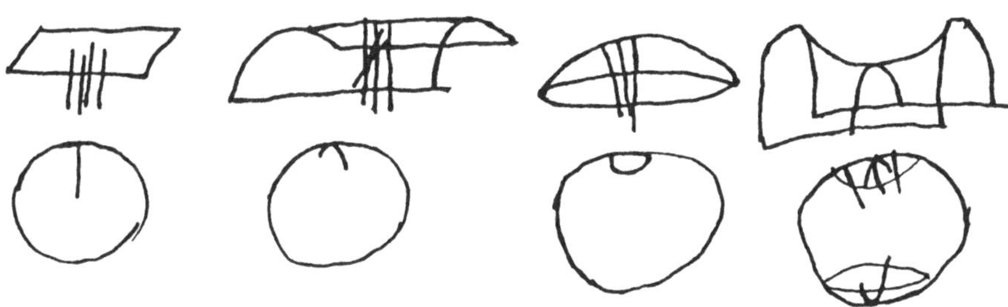

[13. Vorlesung]

11.1.1904 Die Dichter werden nicht müde, die Wunder zu preisen, welche die Welt enthält. Nicht das geringste, der Raum in welchem die Welt enthalten ist. Wenn man, wie ich gerade jetzt, die Figuren studiert hat bei Durchschneiden. Wir wollen uns nicht in diese Figuren vertiefen, wir wollen tiefer gehen, was notwendig, was zufällig, was könnte anders sein; was a priori, was aus Erfahrung existiert. Der Raum, objektiv existiert er in uns, also existiert er gar nicht. Man hat tatsächlich Fortschritte gemacht. Alte Traumideale, Erungenschaften, fast zu schwierig; ich fürchte sehr, es wird mir nicht gelingen, dann leere Worte, nicht Platz an der Tafel. Ob ich ihren Geist – ich war krank und lebe noch in dieser Stimmung – alles erscheint schwierig, aufmunternde Blicke, ich will ändern. Wenn wir außer Wahrnehmungen noch innere Anschauung annehmen. Wir machen es uns scheinbar leicht. Darüber, was wir a priori wissen; können wir nicht zurück; dadurch daß wir diese Frage aufwerfen; schon nicht a priori bezweifeln; es könnten Vorurteile sein, die wir ablegen sollen. Wir müssen es doch mit der Erfahrung vergleichen. Es gibt keinen unfehlbaren heiligen Geist. Die Analyse bleibt gleich, wir müssen prüfen, was ist in der Erfahrung gegeben, was paßt darauf; wir können es nicht, dann wäre einer der Räume direkt durch die Erfahrung gegeben. Das stellt sich als völlig unwahr; wir nehmen ihn gar nicht wahr, denken ihn hinzu, das drücken wir damit aus, daß wir sagen: Er existiert nicht. Resultat komplizierte psychische Operation. Erschweren wir uns das Problem; wir müssen zweierlei prüfen: Ist sie nicht reines Vorurteil. Wir müssen sie doch begründen, nur aus Wahrnehmungen, topogene Eigenschaften der Wahrnehmungen. Wie kamen wir zur Raumvorstellung. Viel angeboren, so von Jugend auf erlernt; daß wir nicht daran denken, das erleichtert den Gebrauch. Ansehen von subjektiven Empfindungen, Farbkontrasten; Maler sehen sie speziell besser; immer weiß, immer grün. Wir müssen uns aller Raumvorstellungen entschlagen; wir knüpfen an die Zahlenvorstellung an. Die Methode Descartes, großer Philosoph, dreifache Mannigfaltigkeit. Wir wissen, daß alles schon nicht so leicht, woher andere Mannigfaltigkeiten her kommen; wir machen uns selbst die entsprechenden Gedanken, Dinge, den Raum konstruieren. Wir sehen wie, was topogen. 1. Aus drei Elementen Erklärung nicht wesentlich, macht anschaulicher; dies ist das topog[ene] Moment der Dreidimensionalität; können weniger [oder] mehr sein, sind 3 nicht a priori. $x, y, z, x + \xi, y + \eta, z + \zeta$, Entfernung $x - \xi$ gleich, $x + 2\xi$ doppelt; $r^2 = \mathrm{A}\xi^2 + \mathrm{B}\eta^2 + \mathrm{C}\zeta^2 + \mathrm{D}\eta\zeta \cdots \xi^4$.

Verschiebung einer Farbe eines Farbpaares. Drehung. Ändert sich die dritte Entf[ernung] kürzeste Linie, Farbenebene, Kugel, Würfel. Transzend[enter] Farbenraum; wirklicher Farbenraum, angenäherter. Bei oft sprachlichen Unterschieden; nicht mathematische Theorie aber pop[uläres] Beispiel: 1 rot, 2 gelb, 3 grün, 4 blau. 2 4 1 3 oder 3 1 4 2, wie fünf Farben? Eisplatte (ich will mich selbst halten). Die größten Unterschiede: 1. Begriff kein negativer, auch die unendlichen schrumpfen zusammen. 2. Nicht homogen, nicht isotrop, kürzeste Linie nichtlinear; nicht Verschiebung ohne Deform[ation] möglich. Bitte sagen sie nicht mehr, was eine Gerade, eine Ebene ist, ist unmittelbar klar; daß es nicht anders sein kann, durch unmittelbare Anschauung; gerade so wie, daß sich die Erde nicht dreht nehmen wir unmittelbar wahr; wir können es nicht anders denken; das nur eine Gegebenheit; diese Ausdrucksweise ist unzweckmäßig, undurchführbar.

[14. Vorlesung]

12.1.1904 Wenn wir die Raumlehre entwickeln wollen, etwas Gegebenes, woraus wir ableiten. Die Lehre von den Zahlen *daher* früher. Als große Lehre nicht a pr[iori]; nicht durch innere Anschauung auch durch Erfahrung. Drei Zahlen x, y, z; nehme x alle Werte, y zunächst unabhängig, auch z. Alle möglichen Zahlenternen $x + \xi$, $y + \eta$, $z + \zeta$. Eine zweite, irgendeine zunächst abhängige Größe. Entfernung beider Ternen: $s = f(x, y, z, \xi, \eta, \zeta)$. Dieser Inbegriff aller Entfernungen trans[zendentaler] dreidimensionaler Raum. Durch Funktion metrische Bestimmung. Die aus Messungen bestimmte [Entfernung] $s = \sqrt{\xi^2 + \dots}$. Euklidscher Raum. Daß die komplexen Zahlen im Zweidimensionalen so gut stimmen, im Dreidimension[alen] nicht, kann uns nicht wundern. Wie kann so ein Raum dienen, irgendwelche Empfindungen darin unterzubringen; die Verhältnisse der Empfindungen dadurch zu verstehen, begreifbar zu machen; die Erinnerung an die Verhältnisse der Empfindungen zu erleichtern, wählte ich zuerst absichtlich nicht den gewöhnlichen Raum, den ich Körperraum nannte, sondern den Farbraum. Jede Farbe ist erzeugbar. Mannigfaltigkeit von drei Dimensionen. Entfernung meßbar, rein experimentell. Kleine Entfernung $s = \sqrt{\xi^2 + \eta^2 + \zeta^2}$. Erste Annäherung [aus] Euklid; großer Unterschied [besteht] nicht. Wir haben vollkommene Analogie zu unserem Raum.

1. Parallelverschiebung bei geringer, keine Entfernungsänderung bei größerer. Wohl Unterschied: es würde sich aber auch Maßstab mit ändern.
2. Darstellungen: 100 r + 110 g   107 r + 107 g
   100 r + 100 g   110 r + 100 g
   Farbenkugel rechter Winkel $R/2$.

3. Kürzeste Entfernung: 100 r + 100 g zu 110 r + 120 g

Es muß linear anwachsen ob Farbengerade, Farbenebene. Würfel. Trigonometrie.

Die größten Unterschiede 1. nicht negativ unendlich bis positiv unendlich. Begriff bei Null auch bei unendlich. 2. nicht homogen und iso[trop] 3. kurz, nicht linear 4. nicht Verschiebung bei Entfernungsänderung möglich.

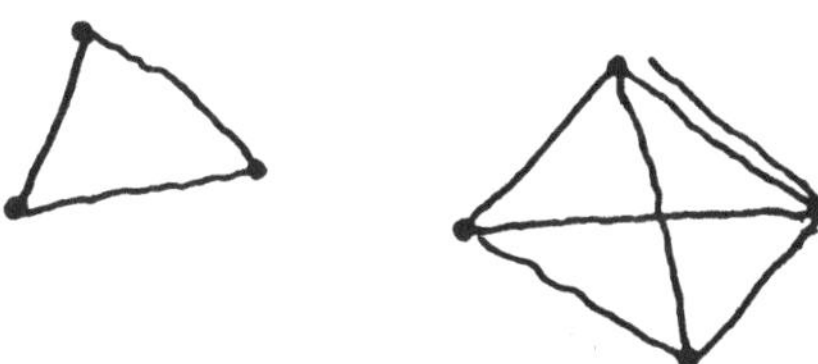

Nicht nähert rot 1, gelb 2, grün 3, blau 4. Wie rot, gelb, grün, blau, violett. Eisplatte, Petrollampe, topogen? Körperraum! Welche Erfahrung liegt zugrunde. Jede Stelle durch drei Zahlen bestimmt. Höhe über dem Boden, Abstand von zwei Wänden $x\,y\,z$. Zwei so bestimmte Stellen können gewisse Entfernung zu Enden zweier Stäbe, mit Maßband bestimmt. Entfernung mit Maßband $s = \sqrt{\xi^2 + \eta^2 + \zeta^2}$. Wir brauchen keine innere Anschauung. Aus diesen Daten alles durch Rechnungen. Wenn exakt eukl[idischer] Raum kürzeste Entfernung, wobei alle [ein Wort unlesbar] wachsen. Winkel auf Kreis definierbar. Wir sind nicht auf diesem Weg dazu gelangt; wären wir es, so wäre dies eine nicht vorhanden, wir könnten dasselbe wissen, aber nicht so geläufig. Diese innere Anschauung, dieses Fällen des Urteils a priori besteht aber nur durch Überzeugung. Sie ist nicht beweisbar mittels des Sinnes aber auch ohne ihn.

[15. Vorlesung]

18.1. Dreidimension[ale] Mannigfaltigkeit; Entfernung beliebige Funktion; beliebige Bewegung, starre Gebilde im Raum; Entfernung vorläufig empirisch gegeben; Zweidimensionale Wesen; es ergeben sich verschiedene solche Funktionen, welche diese Eigenschaften haben; das andere trifft zu; kürzeste Entfernung; nur nicht Parallelensatz; Krümmungstheorie:

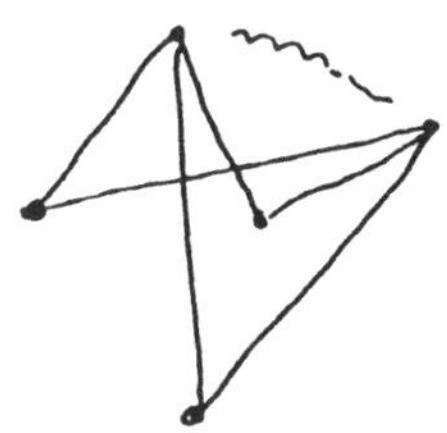

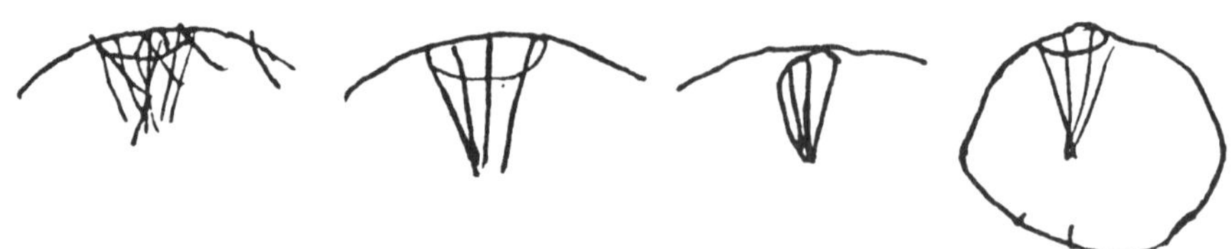

1. Eb[ene], Cyl[inderfläche], Kegel[fläche], Krümmungsmaß Null. Kugel konstant positiv, Ellips[oid] inkonstant positiv. Hyp[erbolisches] Par[aboloid] und zweischalig ist erst negativ; pseudo[sphärische Flächen] konstant negatives Krümmungs[maß]. Kreise der Schnitte.

[16. Vorlesung und laut Mitschrift vorwiegend 17. Vorlesung vom 25.1.1904 und 18. Vorlesung vom 26.1.1904]

19.1. Kürzeste Linien statt der Geraden. Flächenstück auflegbar, verschiebbar, solange Krümmungsmaß gleich. Die Geraden werden kürzeste Linien; für ein zweidimensionales Wesen wären alle Bedingungen erfüllt. Es würde glauben, in einer Ebene zu sein; hat immer charakt[eristische] Constante. Der nichteuklid[ische] Raum absolut nicht vorstellbar. Geometrie der Lage; Hilbert: Festschrift zur Enthüllung des Gauß-Weber-Denkmals. Es gibt verschiedene Mannigfaltigkeiten, die zueinander in Beziehung stehen:

[Laut Mitschrift: 17. Vorlesung]

1. Punkt A, B, C, ...
2. Gerade a, b, ...
3. Ebene α, β, ...

Die Beziehungen werden durch Axiome geregelt; zueinander verschieden. 1. Axiome der Verknüpfung, 2. der Anordnung, 3. der Parallele. 4. Congruenz. 5. Stetigkeit.

I. Verknüpfung

1I. Gerade ist ein näher zu definierender Begriff von mindestens zwei Punkten. Besser: 1I. Unter Gerade verstehen wir gewiß näher zu beschreibenden Inbegriff von mindestens zwei Punkten.

2I. Zwei Punkte bestimmen eine Gerade. Man sagt: a geht durch A und B, verbindet sie; es gibt nicht zwei voneinander verschiedene Punkte die keine Gerade bestimmen würden.

3I. Die Gerade ist durch zwei ihrer Punkte vollständig bestimmt.
Wenn $AB = a$ und $AC = a$ und BC, so $BC = a$.

4I. Eb[ene] = Inbegriff von Punkten, die nicht ...

4I. Unter Eb[ene] wieder gewisse Inbegriffe von Punkten, von denen wir jetzt schon aussagen, daß sie nicht alle in einer Geraden liegen dürfen, daher mindestens drei.

5I. Drei nicht in einer Geraden liegende Punkte bestimmen eine Ebene α. Es gibt nicht drei Punkte, die keine Ebene bestimmen.

6I. Die Ebene ist durch drei beliebige ihrer Punkte bestimmt.

7I. Wenn zwei Punkte einer Geraden in einer Ebene liegen, liegt jeder andere Punkt auch darin.

8I. Wenn zwei Ebenen einen Punkt gemein haben, haben sie mindestens einen zweiten [die Ziffern 2 und 3 sind übereinander geschrieben] gemein; beide bestimmen eine Gerade.

9I. Alle Punkte die es gibt, liegen nicht in einer Ebene, daher gibt es mindestens vier. Daraus folgt: 1. zwei voneinander verschiedene Gerade haben einen oder keinen Punkt gemein, sonst fallen sie zusammen. 2. Zwei Ebenen haben keinen Punkt oder eine Gerade gemein. 3. Eine Ebene und eine nicht in ihr liegende Gerade haben einen Punkt oder keinen gemein.

II. Axiome der Anordnung; diese bestimmen die Bedeutung des Wortes „zwischen" auf einer Geraden.

1II. Wenn B zwischen A und C liegt, auch zwischen C und A.

2II. Von 3 Punkten A B C kann nur einer zwischen den beiden anderen liegen.

3II. Es gibt immer einen Punkt B, der zwischen zwei gegebenen Punkten liegt und einen anderen D, so daß A zwischen D und C liegt.

4II. Wenn vier Punkte gegeben sind, so lassen sie sich immer in einer solchen Reihenfolge mit A B C D bezeichnen, daß B zwischen A C und A D, C zwischen A D und B D. Strecke sind Punkte. Punkte der Strecke innerhalb, außerhalb.

5II. Wenn a durch einen Punkt innerhalb A B geht, muß es durch einen innerhalb A C oder innerhalb C B gehen.
([Einschub:] Logischer: hier Winkel, Strecke.

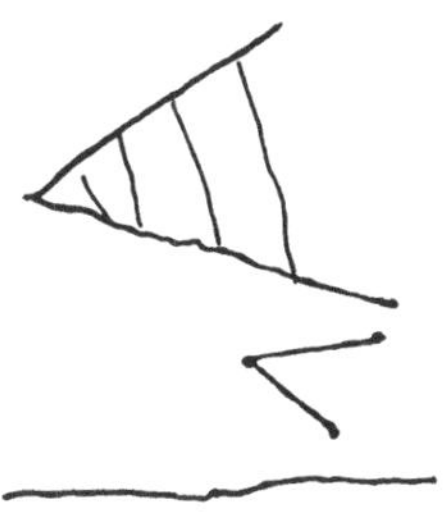

Der Inbegriff aller verbindenden Linien zweier Winkelschenkel bildet den inneren Raum. Der Inbegriff aller Punkte, deren Verbindungslinien mit einem Punkt die Geraden nicht schneidet, bildet die Seite; dieser Punkt die der anderen Punkte die andere Seite.)

Daraus folgt:

1. Jede Gerade hat unendlich viele Punkte innerhalb und außerhalb.
2. Zwei Seiten einer Geraden einer Ebene; Streckenzug, wenn geschlossen wird Polygon. Innerer, äußerer Punkt.

[Laut Mitschrift: 18. Vorlesung]

III. Congruenz

1. A B eine Strecke; wenn A′ ein Punkt derselben oder anderen Geraden, gibt es nach einer Seite nur einen Punkt B′ so daß A′ B′ ≡ AB . [Dieses Axiom wird in der Mitschrift als zweites Axiom bezeichnet; die Numerierungen der nachfolgenden Axiome verschieben sich entsprechend.]
2. Wenn A′ B′ ≡ A B und A″ B″ ≡ A B, so auch A′ B′ ≡ A″ B″.

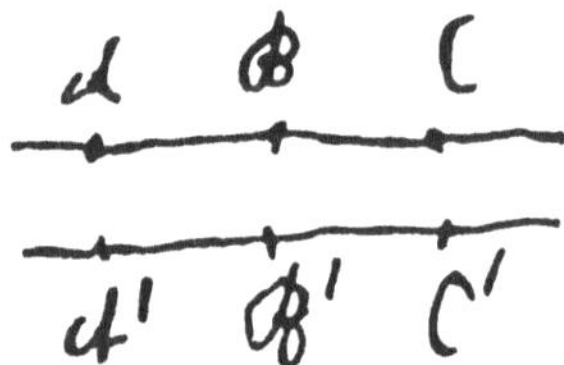

3. Wenn A B ≡ A′ B′ und B C nach der anderen Seite ≡ B′C′ auch nach der anderen Seite, so auch A C ≡ A′ C′.
4. Nach einer Seite nur ein kongruenter Winkel; Defin.[ition] des Winkels, des inneren und äußeren Raumes. Zwei Punkte des inneren Raumes können durch eine Gerade, zwei des äußeren Raumes manchmal nur durch einen Streckenzug verbunden werden.
5. Wenn Winkel $h'k' \equiv$ Winkel hk und $h''k'' \equiv hk$ dann auch $h'k' \equiv h''k''$.
6. Wenn alle Seiten, dann auch alle Winkel kongruent. Wie gelangen wir dazu?

1.2. Zeit eindimensional. Bes[onderer] Zeitsinn: wir können urtheilen, wie viel Zeit verflossen. Müdigkeit, Hunger; nicht direkt, sowenig als Raum. Welche Thats[ache] liegt zugrunde, welche Eigenschaften der Wahrnehmung. Veränderungen wenig, scheinbar immer allmählich; dopp[elter] Schein; scheinbar plötzlich, erweisen sich als allmählich. Wir denken uns unendlich viele Welten. Das Unendliche ist nur ein Grenzbegriff.

Kinematograph. Alle Schwierigkeiten hören auf; wir können zwei Gründe denken: Messen der Zeit; wir können uns die Zeit nicht vorstellen, wo wir gestorben sind.

Gewöhnliche Vor[?] anfangs geordnet; die Geschwindigkeiten, die Größen derselben und Richtungen, die gleichartigen Atome; dann Mischung, wenn für viele aus Unordnung hie und da Ordnung. Zwei Proc[esse]; überhaupt nur dort belebte Wesen. Undissip[ierte] Energie zwei Läufe; Welt gar nicht verschieden in Zeitrichtung; dann wäre keine absolute Zeit. Absoluter Raum fraglich. Man sollte meinen, alle Gesetze nur von der relativen Lage abhängig, aber nicht wahr. Bei prog[ressiver] Bewegung, wohl nicht bei Drehung. Fouc. Glas Wasser. Liegt tief im Trägheitsgesetz; Äther, Trägh[eit], Folge des Äthers; Lorentz, Hasenöhrl. Gegebene Vorstellungen, besser Erinn[erung]. Substanzen: wir können sie definieren, aber gibt es welche? Zwei Gegensätze: 1. Die Substanzen verschieden, wenn Gegenstand hinter der Säule. 2. Substanz muß beharren. Landolt. Kraft? Muß Substrat sein. Man wollte den ganzen Weltplan gewissermaßen erraten. Webers Gesetz. Ohne Hypoth[esen] beschreiben. Kann uns die Erfahrung lehren, was Bedingung der Erfahrung ist? Der Raum und [die] Zeit sind kontinuierlich. Unsere Bilder, zunächst die Zahlen diskontinuierlich. Die Materie ist kontinuierlich, unsere Bilder, zunächst die Atome diskontinuierlich, weil wir nicht unendlich denken können, die Natur kann es aber schaffen. Man sagt: Die stellen sich die Materie nicht materiell vor.

Anordnung

1. Raum, Zeit bloß Formen ihrer Vorstellung, Bedingungen durch Eigenschaften der Dinge.
2. Woher Vorstellung der Dinge gegeben: Sinneswahrnehmungen, besser Erinnerungen. Wenn wir uns bestimmt erinnern, wissen wir nicht, ob wahre Vorstellungen?
3. Es könnte vollkommen charakteristisch sein ohne regelmäßige Zeit, nie Vorstellung daß etwas zugrunde liegt.
4. Muß ein Substrat sein, welches erzeugt.
5. Die Erfahrung lehrt die Gesetzmäßigkeit; diese ist Vorbedingung der Erfahrung. Wahrscheinlichkeit, daß die Sonne aufgeht. Was gleich wahrscheinlich ist, können wir nicht wissen, muß auch durch Erfahrung gegeben sein.
6. Zwei Gegensätze: man weiß a priori, daß Subst.[anzen] sich nicht ändern können, verschieden hinter der Säule. Träger der Kräfte. Bei unserer Zeitvorstellung sind die Substanzen immer andere; brauchen sich nicht zu erhalten, damit wir sie als gleich erkennen, müssen sie ähnlich sein.
7. Noch anderer Gegensatz: Lösung des Weltplans. Bloß beschreiben: nackte Tatsachen; Dinge auch bloß Anschauungsformen zur Erklärung, wohl realer als der Raum.

23.2.1904 Ganz klare Modelle; einzelne Punkte; ihre Bewegung erregt keine besondere Kraft. Laplace-Formel. Wir fragen nicht woher das kommt, bloß Bilder. Feste Körper, tropfbare Gase, dissoc. Chemie, el. Jonen, Wirbelringe. Sind diese materiell? Punkte wirklich ganz verschieden von den Atomen? Ist die Energie wirklich Continuum? Ursache und Wirkung notwendig zufällig, El.[ektro]lyse der Metalle. Phänomenologie Katalog der Eig[en]sch[aften]. El[ektrizität] ist die Eigenschaft, die wir schon kennen gelernt haben und noch kennen lernen werden. Wir hoffen doch auf einfachere Darstellung, wie die chemischen Verbindungen. Schwerpunktsatz, Flächensatz falsch, nicht schädlich oder unnütz.

Montagvortrag 7.3. 1. Dissoc. Chemie Grundsatz beweist Zusammensetzung der Moleküle, einzelne Stellen, wo die Anzieh[ung] wirkt. Valenzen.

2. El[ektro]lys. eine bestimmte El[?]menge scheidet unter allen Umständen gleich viel Val[enzen] ab. El[ektronen]einheit, El[ektronen]atome. Ein Atom bildet eine Val[enz] ab. Cl_- H_+ Umladung.
3. Diese Ansicht die El. atom hat eine Bestimmung erfahren. Plücker, Hitt., Kath[oden]strahlen. Crookes, Eman. Wiedemann, Undul[ierte] Anlockbarkeit durch Magnet und el[ektrisch] geladene Körper. Lorentz bewies: Viel feiner als Atome. 1000 auf Länge eines Atoms. Kanalstrahl. Scheinbare Masse. Wenn ein El[ektron] in Bewegung ist, wird es ohne träg zu sein fort getrieben. Die pond. Atome sind Aggreg[ate] und El[ektr]onen 1000 Mill. Wenn eines zuviel, elektr[ische] Kraft auch eines zu wenig. 1 gr Rad[ium] lief[ert] 100 grcal pro Stunde. 1 gr H braucht 23400 cal. 1 gr Rad 1000 Mill. 23400 cal würde 234000 Mill. Stunden dauern. Jahr = 8760 St; 30 Mill. Jahre.

([Einschub:] Abweichung vom Energieprinzip, vielleicht nur vom zweiten Hauptsatz, auch vom Flächensatz, Schwerpunktsatz; Ausnahme durch Strahlungsdruck. Diese Art nicht unnütz oder gar schädlich. Wirbelringe, Continuum. Themata Ostwald, Höfler. Meine Idee ist nicht bloß zu sagen die bisherige Philosophie ist dumm, sondern es im einzelnen nachweisen und zeigen wie besser. Das ist doch lohnend. Die Vergeudung von soviel Arbeitskraft aufzuhören, bewirkt, daß sich die an sich brauchbare Arbeit Nützlicherem zuwende. Dasselbe wäre auch bei Jus sehr wünschenswert, wirklich [zu] zeigen, wie einfach und allen verständlich sich das Recht machen ließe. Ich möchte noch einen Lehrauftrag für Jus bekommen. Wir sprechen mit drei Buchstaben und einem Strich ein Gesetz aus, was noch Fundamentalgesetz bleiben wird, wenn von der Erde mit allen Juristen keine Spur mehr vorhanden ist. Schopenhauer erklärt die Welt wie sie ist; rühmt sich oft Begriffe anzuführen, die doch aus der Welt, wie sie ist, hervorgenommen sind. Schopenhauer wärmt eigentlich den alten Satz auf, daß alles der Wille Gottes ist, daß die ganze Welt gewollt werden mußte um zu sein. Das magnetische Hellsehen paßt ganz gut in Schopenhauers Theorie. Schopenhauer: Welt als Wille, II., Kap. 24 Seite 352: „Lust entsteht von selbst".)

Sommersemester 1904

1. Ich habe im vorigen Semester der Reihe nach die verschiedenen Grundbegriffe analysiert, deren wir zur Erfassung der Naturerscheinungen benötigen. Angefan-

gen von den einfachsten: Zahl, Raum, Zeit, Materie, Gedanken; Gesetze gegeben; analyt. Darwin. Bewußtsein psych. wirkliche Schwierigkeiten. Wir hielten anfangs alles für bewußt; quant. Ameisen. Daß ein jedes Gehirn glaubt, es hat kein besonderes Selbstbewußtsein und alles andere nicht existent nennt, läßt sich analytisch erklären. Weitere analytische Methode; werden diese Vorstellungen und Motive vorausstellen; die Motivierung kommt nach. Das befriedigt nicht vollständig; aus dem psych. allein können wir nicht bilden.

Wintersemester 1904/05

24.10.1904 Schon Titel gegen meinen Willen; wenig Aufmerksamkeit, Zweifel ob lesen. Vorlesung über Philosophie ganz anders, der Vortragende zweifelt selbst. Wenn ich vortrage, wie die Elementarströme im Magnet angeordnet sind und selbst zweifle. Was liegt daran, wenn ich den Zweifel, das Endziel der menschlichen Existenzhandlung, ein ganzes Leben vortrage und mir Zweifel kommen, ob zwar ob Leben wert so kann es ganz verhängnisvoll werden. Die Philosophie greift die Nerven an. Wenn wir die letzten Gründe von allem analysieren, zuletzt führt leicht alles ins Nichts. Aber ich entschließe mich doch, die Vorträge wieder aufzunehmen und des Zweifels Hydra fest ins Auge zu blicken. Ich will wieder schreiben ausgewählte Kapitel; man kann auswählen was man will. Der Titel sagt nichts Zusammenhängendes. Ich schrieb wie im vorigen Semester, man meint voriges Jahr, Princ[ipien der Naturfilosofi]. Diesen Titel hatte ich für den ersten Vortrag gewählt; eigentlich ein Witz. Das erste größere Werk über mathematische Physik schrieb N[ewton]; gleich Meisterwerk; Bibel! Und diese nannte er wörtlich „Übung“ Eigentlich niederdrückend. Wie komme ich dazu, wenn man in diesem Sinne auffaßt, Verwegenheit ohne gleichen; aber ich faßte es ganz anders auf. Wandelbarkeit. Carry Foster, Professor der experimentellen Philosophie. Der Titel steht nun gedruckt, ich muß sorgen, daß die Vorlesung adäquat wird. Große Schwierigkeiten; man weiß nicht, was eigentlich Naturphilosophie ist; auch bei anderen Wissenschaften sagt man erst zuletzt, was sie sind; man weiß nur die Definition, nicht aber doch beiläufig, welche Gegenstände dazu gehören; hier weiß man's praktisch nicht.

1. Nicht Newtons Auffassung soll analytisch, mechanisch [sein]; später wird das Wort schon in ganz anderem Sinn gebraucht.
2. Hegel, besonders Schelling nennt eine Abteilung seiner Werke so. Diese suchen die Natur a priori zu konstruieren; ihm stand ich so fern als möglich.
3. Prüfung des Werkzeugs; Analyse der Grundbegriffe der Naturwissenschaften: Zahl, Raum, Zeit, Materie, Kraft.
4. Naturarzt, Natur, Sommer.
5. Ich meine es ganz allgemein. Natur. Der Inbegriff von allem, der Mensch gehört zur Natur, was erschaffen ist. Auch, wenn Bienen, Ameisenstaat Objekte der Naturwissenschaft sind. Auch der Mensch stets nur, weil er uns wichtig. Weil Medizin Lehre von den Krankheiten ist, gehört [sie] in die Naturwissenschaft. Nun habe ich es leicht. Wir müssen doch speziell zu dieser

Behauptung [muß ich] weiter ausholen. Schelling [hat] alles a priori; jetzt anders; man geht vom Experiment aus, man betrachtet die Entdeckung als nachträglich hinzu kommenden Bestand. Ich sage sie sind das einzige Kriterium; wir müssen die Gedanken und Worte so ordnen, daß wir weiter kommen. Der einzige Beweis ist die That, Wort, Sinn, Kraft, That. Wir können nicht durch Definition der Wahrheit des Raums, der Zeit Tramwaywagen bewegen. Es war konsequent, daß die Naturforscher lange nicht redeten, aber weiter Naturwissenschaft betrieben; müssen wir immer von diesen Dingen reden; wie sollen wir reden, daß wir uns immer verstehen, nie in Widerspruch kommen, uns nicht selbst ärgern, wenn man sie auf andere Fälle anwendet. Man schließt Delta $V = 0$ und lehrt durch Erfahrung, daß es $-4\pi\varrho$ sein kann. Schlüsse beweisen so gut. Weil durch Taten erprobt ist, daß diese Art zu schließen zu richtigen Taten führt; sie beweist nicht.

([Einschub:] Warum ist die Lösung der Aufgabe, daß Pferd ein Schiff in strömendem Wasser zieht und die Arbeit zu berechnen ist, scheinbar ohne alles Experiment doch nicht so a priori; wie gewisse Philosophen [meinen]; der höchste Beweis ist die größte Tat. Große Taten der Naturwissenschaft beweisen ihre Richtigkeit. Keine logischen Schlüsse. Große Taten der Japaner, daß sie ein Recht hatten, die Russen zu vertreiben. Man kann statt Tat sagen Experiment, aber das ist Taten nur zum Zweck zu erproben. Die meisten Denkgesetze sind an wirklich nützlichen Taten erprobt. Schwierigkeiten, daß [die] Wirkung nach [der] Ursache erscheinen muß und doch sobald die Ursache ist, nicht fehlen dürfe, sodaß eigentlich alles gleichzeitig sein sollte.)

26.10. Ich erinnere an Kants Ant[wort]. Raum unendlich und Begriff ebenso; Zeit, Materie unendlich teilbar und aus Teilen zusammengesetzt. Diese könnten kein Kontinuum geben, doch muß ein solches aus Teilen bestehen; auch auf anderen Gebieten; jede Wirkung muß [eine] Ursache haben, [die] Kette [geht] nicht ins Unendliche. Schwierigkeiten in allem Wirken in die Ferne von Volumelement zu Volumelement, Leib und Seele [ergibt] Widerspruch. Rätsel, daß etwas sich ändern kann, entstanden sein kann, daß überhaupt etwas existiert. Man kann doch nicht sagen alles was existiert war in zwei Klassen; das was wirklich existiert und was nicht existiert. Ich glaube nicht, daß Kant da besonders tief nachgedacht hat. Wenn ich etwas fest für a priori gewiß halten würde, so wäre es, daß ([durchgestrichen:] die Vernunft sich nicht widersprechen kann) in den Dingen keiner widerlegen kann, nur in dem was wir dazu denken; ungeschickte Bezeichnung; ungeschickte Art der Spekulation über die Dinge. Alles durch Subj[ekt] bedingt. Die Welt hört auf, wenn ich kein Subjekt setze; sieh zu, wenn ich die Augen schließe. Was Ursache, übermäßiges Vertrauen in die Denkgesetze. Ohne angeborene Denkgesetze keine Erfahrung, *mindestens keine so reiche Erfahrung* möglich. Schon Bakt[erien] erwarben durch Vererbung gewisse Denkgesetze. Man kann das a priori nennen, aber sind sie deshalb unfehlbar? Ich sehe keinen Grund. Sie haben sich in unserer Seele, sagen wir in unserem Gehirn gebildet durch Anpassung. Alles was sich so bildet, wird für den Zweck, für den es sich bildet ganz unglaublich zweckmäßig, erregt den Schein der Unfehlbarkeit; doch [es gibt] Täuschungen. Es haben sich in uns Denkgesetze zunächst behauptet, Gedanken über praktische Dinge gebildet. Seit Pytagoras hätten sie sich acco[modieren] können. Vielleicht haben nicht genug Menschen Philosophie studiert. Für exp[erimentelle] Dinge sind sie besser geeignet. Wenn Gewohnheiten, oft angepaßt. Gewalt. Ursache. Übers Ziel hinaus schießen. Saugen der Kinder, Essen des Menschen, Alkohol trinken, Vereiterung der Nasen, Rachenhöhle, Verabscheuung; betrifft Medizin. Nicht anders Denkgewohnheiten, nach Ursachen fragen? Wir wollen einfach Begriffe noch zerlegen; alles Denkprozesse die einzelne schon haben, muß aber nicht angeboren [sein]. *Λογον ζητουσιν, ων ουκ εστι λογος, αποδειξεως γαρ αρχη ου δυναται ειναι αποδειξις.* [Sie suchen eine Definition (oder: einen Begriff) von Dingen, von denen es keine Definition (oder: keinen Begriff) gibt; denn Ausgangspunkt eines Beweises kann nicht ein Beweis sein.] Wer einmal klar eingesehen hat, daß die Aufgabe der Philosophie nur darin besteht, die Worte zweckmäßig zu stellen und nicht gewisse, eingebildete angeborene Denkgesetze oder -gefühle zu gebrauchen, und jeder muß dies nach mühevollem Nachdenken zugeben, der sieht auch ein, daß wenn jeder psychische Vorgang wirklich einem im Gehirn entspräche, es am zweckmäßigsten ist, für den psych. kein neues Wort zu schaffen. Wenigstens nicht zu sagen er ist qualitat[iv] verschieden; nur das ist eine andere Seite der Betrachtung eines Vorgangs. Ich wollte, jedem wäre das Vorurteil schon so geschwunden wie mir, daß es wirklich ein Problem ist, ob Ameisen Maschinen sind, ob mein Bruder Maschine ist, ob wir in der Welt sind, oder die Welt in uns ist, ob etwa hinter dem Wort Materie, Kraft steckt oder nicht, zwischen uns und den Dingen steht, nach Locke der Intellekt. Ob frei oder nicht frei. Frage welchen Zweck etwas hat; wir sehen, daß wir immer teilen können, daß Zeit und Raum immer fortgehen, der Trieb fehlzuschließen verschwindet nicht. Wenn wir die Quellen des Fehlschlusses kennen, erscheint [er] unbezwinglich. Es kommt mir doch wieder kurios, daß die Welt gerade so ist, daß sie wahrscheinlich ist und sein wird, wenn ich gestorben bin. Vermöge dieser zwingenden Gefühlsbewegung des übers Ziel hinausschießens kann man die Frage nicht lösen. Wirklich, die Welt könnte nicht so regelmäßig sein, wenn das nicht eine besondere Ursache hätte; aber was ist es für Weisheit, solchen Gefühlen nachzugeben. Die einzige Weisheit ist, die Anpassung des Gedankens möglichst absichtlich zu befriedigen, sich solche unzweckmäßigen Gedanken abzugewöhnen und alle Worte so zu stellen, daß man glatt überall zu richtigen Resultaten kommt. nil mirari. Man muß dahin wirken, daß dieses zwingende Gefühl aufhört. Dem dies gelänge, der wäre Wohltäter der Menschheit, wenn sie es zustande brächte: Königin der Wissenschaft. Es ist nicht ganz aussichtslos; Gegenfüßler begreift man, einige auch nicht. Euklidische Geometrie. Man muß die Worte so fügen, daß man sich selbst versteht und von anderen verstanden wird; ohne Widerspruch am zweckmäßigsten; leicht gesagt, schwer ausgeführt.

([Einschub:] Die Mathematik hat sich ganz allmählich so entwickelt, daß Widersprüche verschwinden; anfangs nach erprobten Gesetzen $\Delta V = O$, erst aus Erfahrung $\Delta V = -4\pi\varrho$. Die Mathematik hat Begriffe und Worte so zu stellen gelernt, daß kein Widerspruch erscheint. Etwas absolut Unendliches führt in der Rechnung zu Widersprüchen, ebenso diverg. Reihen. Gerade so führt das Cont[inuum] zu Widerspruch, wenn nicht als Limite; die führen zu keinem Widerspruch. 1. Es muß in sich stimmen, auf allen Wegen zum gleichen Resultat führen. 2. Dieses Resultat muß, wo man es anwenden kann, mit der Erfahrung stimmen. Petron[ijević] ist, als ob man das Galv[anometer] wieder mit dem Galv[anometer] untersuchen wollte. Wir müssen uns abgewöhnen zu glauben, daß begreiflich sei, nicht poetisch, nicht moralisch begeisternd, gerade als ob Venus als Stern der Liebenden nicht mehr entzückte.)

31.10. Wir sehen nur, wo wir durch Experimente oder doch wenigstens Beobachtungen unsere Schlüsse kontrollieren können; lassen sich darin Nichtigkeiten verbergen, ja nur dort Krit[ik] ob richtig möglich. Nur wenn eine Schlußweise schon gefunden, kontrolliert ist, daß sie zu richtigen Begriffen führt, kann man sie zu Schlüssen benützen. Wir haben aber kein Mittel, über metaphysische Fragen, Verhältnis von Ursache und Wirkung, Wesen von Raum, Zeit, Zahl, Materie, Kraft, Experimente anzustellen. Deshalb ging man dieser Frage aus dem Weg. Dränge [sie] sich unwidersprüchlich auf, man ist gezwungen, zunächst zu reden; man hat das Bedürfnis nichts auf Treu und Glauben hinzunehmen, alles zu prüfen. Wir können nicht umgehen, Aufgabe und Wort so zu stellen, daß wir uns selbst verstehen, von den anderen verstanden werden, daß alles in sich abgerundet ist. Gerade heute weiß man, daß es nur eine zweckmäßigere Denkform ist, zu sagen: die Erde dreht sich. Ich sage Worte, man denkt mit Worten. Dem dies gelänge, der wäre ein Wohltäter der denkenden Menschheit. Königin. Die berühmte Frage Kants: Wie sind synthetische Urteile a pr[iori] möglich, löst sich nach unserer Anschauung von selbst; sie sind a pr[iori], weil nicht von uns durch Erfahrung gemacht, angeboren durch synth[etisch] aber nicht unfehlbar, nur für die gewöhnlichen Fälle, sehr zweckmäßig geregelt. Man gibt das von geometrischen Urteilen zu, aber [für] die rein logischen [gilt das] exclus[i] tertii. Jeder Gegenstand muß rot oder nicht rot sein. Contin[uum] unendlich nur als Limite; Contin[uum]. Nur, wenn wir zuerst endliche Zahlen denken, zunächst können wir nicht disp[onieren], werden Begriffe endlich sehr großer Zahlen viel einfacher. Gewisse Eigenschaften nähern sich einer Limite. Dies sind die Eigenschaften eines Continuums. Die Frage ist diese: Wird man imstande sein, große Zahlen der Teilchen zu bestimmen, sodaß bei diesen Zahlen größere Übereinstimmung als bei noch größeren, oder wird die Übereinstimmung umso größer, je kleiner die Teilchen.

7.11. Petronijević: Princ. der Metaphysik. Wintens Verlag. Die Philosophen müssen, sollen sie konsequent sein, vor allem den Beweis liefern, daß überhaupt etwas existiert. Dieser Beweis ist so, wenn wir denken und sagen es existiert gar nichts, hört sich alles, all unser Begreifen auf; dann denken wir ganz unzweckmäßig; wer einen anderen Beweis aus dem Denkgesetz erarbeitet ist verloren. Spezielle Formen des Übers-Ziel-Hinausschießens sind: 1. Das Kleben an

Worten synthetisch, analytisch, discurs[iv], int[entional]. Ideal, Mater[ie], Irritab[ilis], Sensibil[is], transzendent, immanent, judicial, emp[irisch], Real., Enthymem und Absol[ut]. Man meint, wenn die Worte nur recht klingen, müssen sie etwas sein und untersuchen, ist dies der einen oder anderen Klasse angehörig; nicht verbindet man einen klaren Begriff damit. 2. Alles in Kategorien zwingen, weil oft Einteilung. In einem gewissen Ausmaße sind ja recht systematische Einteilungen von Nutzen. 3. Bloß Gefühl für Wahrheit halten. 1. Das Gefühl, daß man frei ist. 2. Sicher bildet das Selbstbewußtsein etwas anderes als Spiel der Atome. 3. Daß es eine Unvollkommenheit sei, das Wissen nicht zu erkennen, daß die Dinge nicht sein könnten ohne ein denkendes Subjekt, daß es eine besondere Sinnfrage sei, *ob die Materie war bevor Denkgeschöpfe entstanden.*

Das Denken heißt doch, sich Bilder formen, mittels deren man richtig handeln kann. Gefühl, daß der *Wille* etwas besonderes, die *Vorstellung* etwas besonderes ist. Einbildung, daß nur der Wille existiert, daß er nicht eine Anordnung von Atomen „sein" kann. Das Bewußtsein existiert nicht, besonders weil es unzweckmäßig ist so zu reden, bloß zweckmäßig zu sagen: der Mensch hat Bewußtsein, der Wind nicht. Frage, ob Ameisen Bewußtsein haben, ist Unsinn. Das Bewußtsein ist nicht etwas besonderes; man muß sich aber an diese Vorstellung erst gewöhnen; sind Ameisen Maschinen? Wie kann man daraus, daß Vollmond und Kälte, längeres Durchleuchten und besseres Sehen nur beisammen sind, schließen, daß Ursache und Wirkung etwas anderes als bloßes Nacheinandersein ist. Daß das Gesetz von Ursache und Wirkung eine Ursache haben muß.

Anordnung

1. Freiheit.
2. Ursache und Wirkung.
3. Unvollkommenheit das Wesen nicht zu erkennen.
4. Das Selbstbewußtsein vom Spiel der Atome verschieden; Ameisen. Daß es aufhören muß.

([Einschub:] Empirisch und intelligibel; Transexercibation [exercitatio – Übung, Ausübung, Geübtheit; cibatus – Nahrung] und Artikulation.
Wir können etwas fühlen, aber nicht, daß das von einem Spiel der Atome verschieden. Das Spiel der Atome können wir ja nicht fühlen. Die Atome sind in der Tat nur gedachte Symbole um Bilder zu erhalten, um richtig einzugreifen; sie können nicht unabhängig vom Denkenden existieren. Aber das Bild, wenn es konsequent sein soll nach den bestehenden Regeln, die immer zu richtigem Eingriff führen müssen, eine solche Existenz der Welt lange vor denkenden Wesen war, wiederspiegeln. Zu glauben, wenn ich aufhöre, hört alles auf, ist nicht den bestehenden Denkregeln konsequent; auch der Solipsismus nicht. Wenn ich die Augen schließe, sehen auch die anderen nicht; dieser Schluß schießt wieder übers Ziel hinaus. 4. Eine Denkgewohnheit schießt übers Ziel hinaus, wenn man meint, man hat etwas erklärt; wenn man Phrasen, die anderswo etwas bedeuten auch dort anwendet, wo sie nichts bedeuten; wenn die Worte die äußere Form einer Erklärung haben, aber keinen Sinn. Wie wenn Schopenhauer sagt: Der

Wille an sich ist frei; alle Handlungen sind unfrei; wie drei sind ein Gott (Welt als Wille und Vorstellung I, Paragr. 55) Rache = Übers Ziel hinausschießen des Triebs der Verteidigung. Erklärung des Egoismus durch Bejahung und Verneinung des Willens. Schopenhauer I: Welt als Wille, Seite 376, Paragr. 58. Lauter leere Worte. Aus wieviel Gründen fließt der Rechtsbegriff. Schopenhauer: Welt als Wille S. 397; ist Wortgeklingel, Scholastik, daß er erklärt, daß wenn Subjekt aufhört, alles aufhört und doch Subjekt nur kleiner Teil von allem ist. Was heißt Form des Kausalgesetzes a priori bestimmbar, Inhalt nicht. Schopenhauer Welt als Wille, Paragr. 16.)

9.11. Wenn nur Taten über die Wahrheit des Gedankens entscheiden, was für Sinn haben dann Reden über den Mars wie zu arch. Zeiten Forschungen über die Ellipse. Diese Reden sind ein konsequentes Fortwirken der durch Taten als zweckmäßig erkannten Denkformen. Riesen-Unterschied zwischen Lehrsätzen, die mit den durch Taten bewiesenen, logischen Zusammenhängen ohne die das, was uns zu so schönen Taten befähigt, unmöglich wäre und solchen, die nur hemmen, nur verwirrt machen; wo die Denkgewohnheit nicht schadet, ist sie beizubehalten. Es ist etwas ganz anderes, ob wir nach den Marslandschaften fragen oder ob Ursache und Wirkung notwendig verknüpft sind, ob [die] Seele auf [den] Leib wirken kann.

([Einschub:] Für Ethik, Jus zeigt sich die Klarheit der materialistischen Anschauung gegenüber anderen. Bleibt Schopenhauer: Welt als Wille I Seite 453, daß man nicht wie Schopenhauer meint, der Erhalt der Materie folgt a pr[iori].)

14.11.04 Die bisherigen Vorlesungen hatten den Zweck, die Aufgaben der Philosophen darzulegen. Was mir Aufgabe, gerade so wie Mathematik die Potenz mit einem ungebrochenen Exponenten, die Produkte eine Größe, die [die] Log[ik] so zu definieren hat, daß man 1. immer eindeutig weiß, was herauskommt, 2. dasselbe auf allen Wegen bekommt; keinen Widerspruch, 3. wo man an Erfahrung anknüpft, mit dieser übereinstimmt.

Gerade so gibt es Philosophen, die sagen, wir begreifen Vorstellungen. Ich glaube eigentlich, die Worte und Bezeichnungen, die wir als Werkzeug brauchen, um die Fundamente zum Gedankengebäude aller Wissenschaften zu legen, so zusammen[zu]stellen, daß sie dieselben Bedingungen erfüllen:

1. Sie müssen immer zu eindeutigen Resultaten führen, daß man sich selbst versteht und von den anderen immer verstanden wird.
2. [Sie] dürfen nie zu Widersprüchen mit sich selbst führen.
3. Erfahrung durch übers Ziel schießen von Denkgewohnheiten entstandener Trieb. Fragen zu stellen, die gar keinen Sinn haben und unbefriedigt zu sein, wenn wir sie nicht beantworten können, müssen wir uns ganz abgewöhnen. Was ist die Ursache, daß alles eine Ursache haben muß; es sind Ursache und Wirkung notwendig oder zufällig verknüpft. Habe nur ich, nur die Menschen, nur die Säugetiere oder gar jeder Stein Bewußtsein? Ist Gott außerhalb der Welt oder steckt er in der Welt? Warum ist die Welt gerade so wie sie ist?

> Warum schmerzt mein Auge, schmerzt gerade mich? Was ist eigentlich das Wesen der Dinge? Das ist also nach meiner Ansicht Philosophie: Stets ewiger Nöte Antwort zu suchen. Alle diese Fragen sich abzugewöhnen, mit einem Wort, die Philosophie sich abzugewöhnen, oder vielmehr das, was man nicht selten bisher Philosophie nannte.

Das ist die eine große Aufgabe: 1. Den Geist so zu dressieren, daß er die Ungereimtheit dieser Frage so klar durchschaut wie wir die Ungereimtheit der Vorstellung, daß es keine Gegenfüßler geben könne. 2. Die andere, wirklich die zweckmäßigste Bildung und Verbindungen der Grundbegriffe zu finden, die nie auf Widerspruch stößt und für alle Wissenschaften die zweckmäßigste ist. Die Logik und Metaphysik, die sich bisher unbewußt vererbte und a pr[iori] in uns hinein gezaubert wurde, durch eine bewußt rationelle Idee zu ersetzen. Wenn man ganz unbefangen geworden ist, alle Grundbegriffe und fundamentale Vorstellungen Zahl, Raum, Zeit, Masse, Kraft, Ursache und Wirkung, Materie und Seele, die uns so angewöhnt sind, von ganz neuem Gesichtspunkt aus zu betrachten. Ideal und lösbar, nur langsam angewöhnen möglich. Ich werde sie in diesem Semester nicht lösen, auch in meinem Leben nicht.

Für dieses Semester reicht die notwendige Zeit, was bisher Philosophen wirkten durchzugehen und zu zeigen, daß es wirklich voller Widersprüche und zwar voll ganz unnötiger, in der Sache nicht sondern in der Verkehrtheit der Methode liegender Widersprüche ist; daß eine gründlichere Form Not tut. Auch das nicht zu Beweisende, alles durchzugehen. Ich kann nur einzelne Muster herausgreifen: Ich habe lange geschwankt, was als Muster. Kant allzu fester Grundpfeiler; wenigstens in den Augen der meisten nicht die schwerste Aufgabe, zuerst diese Grundpfeiler zu untergraben. Einen Modernen, ich finde keinen, der allgemein anerkannt wäre. Alle haben Gegner, von denen sie herabgesetzt werden. Die am wenigsten Bedeutenden gerade am wenigsten; bei einem Lebenden wäre es schon gar eine heikle Sache. Schopenhauer steht nicht so fest wie Kant, doch ziemlich allgemein anerkannt, heute. Als ich begann, meinte ich schon *ουϱηας* [Maultiere] aber doch Scharfsinn vieles; ich meine aber mehr Journ., mehr geistreiche Grundlage der vierfachen Wurzel, bald hätte ich gesagt: vierte Wurzel (Zeichen, wie mechanisch das Denken und Sprechen). Grund daß sie *ουϱηας* [Maultiere] verstehen; sagen sie nicht weiter, sonst werden die Freunde Schopenhauers aus *ουϱγ κυνες αϱγοι* [Maultieren [zu] faulen, Hunden]. Ich sage das des Localtones wegen, Witz hat immer Zweck. Princip der Homogeneität und Specifikation. Entia non est praet[er] necess[itatem] mult[iplicanda] entium variet[ates] non esse temere minu[endas]. [Man soll die Zahl der seienden Wesenheiten nicht ohne Not vergrößern, man soll die Mannigfaltigkeit der seienden Wesenheiten nicht voreilig vermindern. Wilhelm von Ockham]. Nicht mehr Begriffe als nötig, aber alles wirklich Verschiedene unterscheiden. Auf das Gesetz = Satz vom zureichenden Grund angewendet. Man muß angeben, was alle Fälle gemein haben, wo er angewendet wird und muß unterscheiden, in welchen verschiedenen Formen er auftritt, was Wichtigkeit.

Schopenhauer sagt: [Das] Warum [ist die] Mutter der Wissenschaft. Schon Plato Lucr[etius]: Felix qui pot[est] rer[um] cog[itare] cau[sas]. [Glücklich, wer die Ursache der Dinge denken kann.] Kant: Hauptgewicht auf die Frage warum. Pinelli: Cur spir[et] ve[?] pelagoc [griech. $\pi\varepsilon\lambda\alpha\gamma o\varsigma$] ta[ntum] amaror[em], cur mare turg[escat], cur terra secussa dehisc[at], cur cap[ut] obsc[urum] Phoebus ferrug[ine] cond[iat], quid toties dir[us?] cog[?] flagr[are?] cometae, qu[id] par[iter] nubes ven[iant], cur fulm[inet] coelo, quo mic[et] igne iris. Superas quis conciat artes tam vario motu. [Boltzmann verwendet hier ein ihm offensichtlich sehr geläufiges Zitat; daher die radikalen Abkürzungen. Merkwürdig, daß er das griechische Wort für Meer mit sechs lateinischen und einem griechischen Buchstaben schreibt. Übersetzung (vorbehaltlich der Richtigkeit der vorgenommenen Ergänzungen): Warum das Meer solchen Salzgeschmack aushaucht, warum das Meer anschwillt, warum die Erde sich auseinandergerissen auftut, warum Phoebus (die Sonne) das Haupt mit roter Farbe bedeckt, sodaß es dunkel wird, warum sooft unheilvolle Kometen erscheinen, warum sich Wolken zusammenballen, warum es am Himmel blitzt, mit welchem Feuer der Regenbogen funkelt. Wer diese überirdischen Künste mit so verschiedener Bewegung erregt.]

Die beschreibenden Naturwissenschaften wurden gering geschätzt, jetzt wollen diese erklären, Physik nur beschreibend, sei dem wie immer, Wichtigkeit wird man zugeben, aber nun Hom. was haben alle Fälle gemeinsam? Worin besteht eigentlich der Satz? Da beruft sich Schopenhauer auf Wolff: Nihil est sine ratione sufficiente cur potius sit quam non sit [nichts ist ohne Grund, warum es eher ist, als daß es nicht ist.] Anfangs existiert die Existenz und nicht existente Dinge, alle müssen gesucht sein, Existenz und nicht existente Dinge, alle müssen gesucht sein, reicht die gute Begründung, wird gewollt. Die nicht existenten Wesen sind auch und möchten gern existieren. Das ist rein antropomorph. Übers Ziel hinaus schießen von Denkgewohnheiten, deren Entstehung durchsichtig ist; nicht weil es nützlich und [för]derlich ist, sondern nach alten, zur Gewohnheit gewordenen Schablonen sind diese Worte zusammengesetzt. Schopenhauer geht zur Spec[ulation] über; man warf früher alles durcheinander. Die Philosophen haben Sprachmängel, Mangel an Gedanken zu verbergen.

([Einschub:] Nach Lambert: Gott Ursache der Wahrheit. Wahrheit, Erkenntnisgrund Gottes.)

16.11.04 Geschichte: Platon. Alles muß Ursache haben; wie könnte es sonst sein? Stoiker: Alles Ursache; es wäre gar nicht denkbar, daß etwas wäre ganz ohne Ursache. Es klingt fast es wäre gar keine Ursache, daß etwas sein sollte; es wäre keine Ursache, warum eine ursprünglich ebene Saite aus der Ebene heraus treten sollte, ein vertikaler Faden oder die Bahn, wenn immer die Kraft hinein fällt; warum sie nicht im verkehrt quadratischen Verhältnis anziehen sollte. Aristoteles unterscheidet schon in seinem Anfangswerk zwei Gattungen von Ursachen: Die Ursache $\kappa\alpha\tau\varepsilon\xi$ [im eigentlichen Sinn] und den Grund: warum etwas so sei; woher wir es erkennen. Therm[ometer] so hoch, weil die Luft des Zimmers warm. Letzte Ursache, erster Grund in der Metaph[ysik] schon vier

Arten, wie später Schopenhauer: 1. warum etwas ist, 2. warum es so sein muß. 3. Bewegungsgrund, 4. Erkenntnisgrund. Materia, Form[a], Effic[iens], Fin[alis].

Luft warm durch Ofen; warum im gleichseitigen Dreieck 60°; weil gleichen Seiten gleiche Winkel gegenüberliegen; weil ich Freude an der Arbeit selbst habe, weil ich Gewinn zu erzielen hoffe, weil es ein glaubwürdiges Ziel verspricht, Sext[us] Emp[iricus]. Wenn einer behauptet es gibt keine Ursache, hat er dazu eine oder nicht. Im letzteren Fall ist der Satz falsch: Es gibt also Ursachen. Im ersteren muß es eo ipso Ursachen geben. Jeder Beweis soll den Grund angeben, muß also den Satz voraussetzen. Cartes[ius] verwechselt vollständig causa sine ratio. Alles muß Ursache haben, auch Gott; aber dieser braucht keine fremde Ursache, seine Unendlichkeit ist schon Ursache seiner Existenz. Später noch deutlicher im berühmten ontol[ogischen] Beweis. Begriff = vollkommenes Wesen, es wäre unvollkommen, wenn Existenz fehlte. Schluß aus dem Begriff auf das Sein unserer Vorstellungen; Worte sollen Gott erschaffen. Es kann doch sein, daß ein absolut vollkommenes Wesen nicht existiert, daß dieser Begriff ein Widerspruch ist. Schopenhauer nennt es lustige Schnurre. Recht ist der Gegenstand [der] Erfahrung, so existiert er. Hast du ihn ausgeheckt, helfen die Präd. nichts. Die Vollkommenheit kann nie, weil von uns ersonnen, Daseinsgrund sein. Spinoza kämpft gegen Cart[esius]. Dualismus Gott und Welt; Leib und Seele. Er verwechselt die Art des Satzes. Im Begriff ist alles impliziert, von uns hineingelegt; kann analytisch entwickelt werden. So in Gott alles impliziert; die analytische Entwicklung Welt. Begriff = Erkenntnisgrund, Gott Daseinsgrund. Ist Gott in der Welt. Ist Gott = Welt. Die Immens[heit] Gottes umfaßt: Dasein, heilig, scheu erschauern, beweist nichts, ein Meer von Schein. Circ[uli] vitias. Münchhausen am eigenen Zopf.

Leibniz versteht die Wichtigkeit erkannt zu haben, verwechselt immer die Gattungen.

Wolff unterscheidet klarer als Aristot[eles] zwischen Ursache und Grund; fiendi und essendi. Nach Reimarus äußere und innere Ursache. Doch Verwechslung: Ursache daß der Stein warm wird: Feuer, Sonnenstrahlen; daß er warm wird kann Natur des Steins [sein]. Nach Schopenhauer auch Ursache des Wirkens bloß bleibend. Humes größter Verdienst: Frage welche Ursache das Princip der Ursache und Wirkung, welchen Grund der Satz hat.

Schopenhauers großer Verdienst insofern es zu so vielen unnützen Theorien führt und man endlich erkennt, daß man nicht so fragen soll, sonst hätte man später so gefragt; bloß nacheinander was Schopenhauer verdammt. Ich bin in gewisser Beziehung derselben Ansicht, freilich nicht jedes nacheinander Ursache und Wirkung, da immer nacheinander = zureichender Grund.

Kant und seine Nachfolger unterscheiden scharf zwischen Grund, warum das Ding ist und worin wir seine Existenz erkennen: Logischer Grund und reale Ursache.

Schelling: Schwere = Grund, Licht = Ursache der Dinge.

21.11. Man nimmt Ursachen in verschiedenen Bedeutungen:

Gott = Ursache, Wille = Ursache von Bewegungen, Kraft = Ursache, Magnet = Ursache, Annäherung des Magneten = Ursache, Expansion = Ursache des Druckes, Brechungsgesetz = Ursache des Regenbogens, Ding = Ursache von Ding, Gesetz = Ursache von Gesetz.

Schopenhauer will da Ordnung machen; alle Bedeutungen klassifizieren: vier Formen aus vier Wurzeln; er teilt nicht nach praktischen, sondern nach metaphysischen Gesichtspunkten ein. Nicht ganz richtig; man kann auch so zu Grundeinteilungen gelangen. In der Mehrzahl der Fälle aber nicht. Dazu gelangte er durch folgende Betrachtungen: Psych[isches] Leb[en] hätte zunächst unsere eigene geistige Tätigkeit, Empfindung, Vorstellungen, Denken, Wollen; dabei treten zwei Seiten zu Tage: Subjekt, Objekt. Schopenhauer erklärt gar nichts, er beschreibt. Daß wir schon wissen, was die Worte bedeuten, bewirkt, daß wir ihn verstehen. Ganz anders, wenn wir Naturwissenschaften erklären; dann freilich synthet[isch]. Wir wissen nicht, woher das Nächste immer ist. Die Rechtfertigung daß Subjekt und Objekt eigentlich nicht verschieden, kommen diese Unterschiede uns nur zum Bewußtsein, weil wir andere Subjekte beobachten, an ihnen Subjekt und Objekt unterscheiden. Schopenhauer nimmt das als Tatsache an; es ist das eine sicher von der unseren verschiedene, auch zu etwas, aber zu weniger dienliche Auffassung. Subjekt nur eines. Objekt vier Klassen, alle sind gesetzmäßig. In der Form nach a priori bestimmbaren Verbindungen, diese Verbindung ist das Kausalgesetz nach Homo[genitäts]prinzip. Vier Gattungen von Objekten, Spec[ifikation] wenn Subjekt aufhört, hört alles auf; freilich unser Denken; aber auch ohne Objekt hört alles auf. Erste Gattung von Objekten: sinnliche Wahrnehmung, anschaulich sinnfällige Bilder; die empirische Realität weist ihre transcententale Identität nicht auf. Sie steht im Gegensatz zu den bloß gedachten Objekten Raum und Zeit. Ihre Formen; wenn Raum nicht wäre: Nichts nebeneinander; wenn Zeit nicht: keine Veränderung; die eigene Wahrnehmung [ist] nur ein Moment.

Wir würden sagen Raum und Zeit = vierdimension. Mannigfaltigkeit; warum ist vierte Dimension nicht den drei anderen Dimensionen gleichwertig; Bewegung von Punkt in einer Fläche können wir graphisch in drei Dimensionen darstellen.
Zeit = Möglichkeit entgegengesetzter Bestimmungen im selben Ding.
Raum = Möglichkeit des gleichzeitigen Bestehens vieler Dinge.
Zeit allein keine Dauer. Raum allein kein Wechsel. Nebeneinander spielt in der Zeit, nacheinander im Raum keine Rolle.
Betrachten wir was Nebeneinander so den Raum; was Nacheinander die Zeit. Alles nach dem Gefühl bloß tautolog[ische] Umschreibung dessen, was man aus Erfahrung weiß.

Verstand faßt sie zur empirischen Realität zusammen. Materie ist die reine Kausalität, die wahrnehmbar wird. Zeit Form des inneren Raumes, des äußeren Sinns. Absoluter Idealismus nur Subjekt, doch als Objekt abs[oluter] Mater[ialismus] nur Objekt, doch als Subjekt kannte Leibniz praesta[bilierte] Harmonie; ist völlig sinnlos, weil die Körperwelt nie zur Wahrnehmung kommen konnte, daher vollkommen überflüssig wäre; er hatte das Gefühl, daß Subjekt allein nicht ausreicht. Zwischen beiden liegt die Schopenhauersche Ansicht. Beide existent, sind gleichberechtigt, sind identisch. Uns ist das mehr wurscht, über so was erhitzen wir uns nicht, transcendentaler Idealismus Erscheinungen = Lehre, daß dies bloß Vorstellungen, nicht Dinge an sich sind. *Wie von bloßen Gedanken Vorstellungen verschieden.*

Schopenhauer hat das innere Gefühl, als ob er alles erklärte. Er meint, wenn er sagt Subjekt, Objekt, weiß man durch einen Zauber alle möglichen Eigenschaften. Zunächst, weil man empfindet, was Subjekt, Objekt, Wille, Vorstellen ist. Er geht von der Mannigfaltigkeit aller möglichen Gefühle aus; wir nur von Vorstellung des materiellen Punktes und Lage und suchen daraus alles zu erklären, daher aus diesen wenige Schemata zu bilden, welche uns befähigen richtig einzugreifen; das war in [der] Technik so nützlich auch im Gehirn. Schöpfung. Freilich können wir [uns] nicht alle Atome wirklich einzeln vorstellen die notwendig wären, um alle Menschen mit allen Gehirnen in der Wechselwirkung mit allen Dingen darzustellen. Wir haben da ein eigentümliches Abkürzungsverfahren: Schluß von 4, 5 auf n. Aber auch das hat sich überall bewährt. Nach mir ist die Materie nichts materielles. Ich nenne diese Methode sich ein Bild der Natur zu verschaffen nicht meine, sondern lieber Materialismus. Man dürfe an nichts Grobes, Ordinäres, gar Böses denken, für Begeisterung, Moral, Religion, irrel[evant] wie die Drehung der Erde. Nur quant[itativer] Unterschied, nur bessere Geordnetheit; Reise, die man wirklich macht, bloß im Gedanken, es ist kein qual[itativer] Unterschied zwischen Qualität und Quant[ität], die bloß inneren Vorstellungen drängen sich auch auf; Witz gut, wo er eine wichtige Wahrheit recht drastisch ausdrückt: Rhinozeros.

23.11. Causa fiendi. Eine Erscheinung ist Grund einer anderen. *Wenn ein neuer Zustand eines oder mehrerer realer Objekte eintritt, so muß immer ein anderer vorhergegangen sein, auf welchen der herrschende regelmäßig, daher allemal, sofern der letzte da ist folgt.* Wo die Succession so rasch ist, daß wir sie nicht wahrnehmen – Entzündung von Schießpulver – schließen wir doch, wenn wir causalnexus bemerken, auf Succession.

Beispiel: Entzündung. 1. Verwandtschaft zu O [Sauerstoff], 2. Anwesenheit von O. 3. Hohe Temperatur. Es ist willkürlich, welcher Zustand zuletzt dazutritt; das heißt Ursache. Brennglas: Wolke, die von der Sonne wegzieht. Daher Veränderung, Ursache, Wirkung, Folge. Kette der Ursache und Wirkung anfangs und endlos (oder kreisförmig geschlossen). Nicht ganz logisch; Verwandtschaft zu O kann nicht hinzutreten; Brennspiegel ist nicht Ursache. Der kosmologische Beweis sagt: der Satz führt notwendig auf einen Gedanken, von dem er selbst aufgehoben wird. Ursache von sich selbst = ohne Ursache causa prima = Absolutum. Erste Ursache und erste Veränderung unberechenbar. Gesetz gibt Anlaß zu hyp[othetischen] Urteilen, wenn die nötige Hitze eintritt, brennt das Mat[erial] = Subst[antielles] Substrat kann nicht Ursache sein, sich nicht ändern, Erhalt der Materie a priori. Trägheit a priori. Weil Geschwindigkeitsänderung Ursache haben muß, eigenes Pech. Ding kann nicht Ursache [eines] Dinges sein;

bloß Veränderung. Auch Gesetz ist nicht Ursache; das sind ewig und immer bloß Erscheinungen die es weckt. Es ist Unsinn, nach der Ursache der Materie zu fragen, die ja unendlich und gleichbleibend ist, ebenso nach der Ursache eines Naturgesetzes zu fragen. Gesetz = qualitas occulta.

Satz a priori, daher notwendige Wechselwirkung; Unsinn, da die Wirkung wieder Ursache der Ursache sein muß. Jede Erscheinung also der anderen voraus gehen müßte. Es kann Kraft nicht Ursache sein besteht auch immer qualitas occulta.

Von den Schwierigkeiten hat Schopenhauer keine Ahnung. Es kann niemals zweimal dieselbe Zustandsänderung eintreten. Ein Brennglas, wie muß es beschaffen sein damit Entzündung eintritt. Eine Wolke, wie dicht, um Entzündung zu hindern. Bei welcher Verdichtung tritt dies ein? Es ist leicht zu sagen eine Wolke; für uns ist jede Wolke eine Wolke. In Wirklichkeit etwas ganz unbestimmtes; ganze Formulierung vollkommen falsch. ([durchgestrichen:] daher ganz unbestimmt; mit ihr allein würde man fortwährend unrichtig eingreifen, wenn man nicht vor der Philosophie schon wüßte, wie man eingreifen soll. An einer Stelle des Weltalls, mit anderer Ätherdichte könnte die Entzündung später oder früher erfolgen. Sollte das gesetztenfalls sein, so müßte man auch alle Umstände aufzählen, die keinen Einfluß haben. Wie wäre das möglich; es kommt auf bloße Ähnlichkeit an. Was heißt Ähnlichkeit? Wir haben das verloren, die Ähnlichkeit mit gesunden Augen frei zu beurteilen und ahnen eine tiefere absolute Gesetzmäßigkeit. Daher: je mehr unsere Bilder sich vervollkommnen desto genauer werden wir voraussagen können.)

([Einschub:] Erhalt der Materie und Trägheit können wir nicht empirisch erfahren haben, weil direkte Versuche unmöglich und wir so nur approxim[ativ] = prekäre nicht a priori Gewißheit erhalten haben konnten.)

28.11. Anordnung: Erste Klasse von Objekten, emp[irisch] reale doch trans[zendentale] ideale. Unterschied von Sinneseindruck und bloßen Gedanken, Vorstellungen; Rhin. Absolute Ideal[e] Mat[erie] Leibniz Präst[abilitation] Raum, Zeit fact[um] inf[erum] Kulm[inations]punkt. Existenzrecht fraglich. Causa fiend[i]. Satz lautet so: Wenn ihr ein neuer Zustand an einem oder mehreren Objekten etc. Hume, Explosion von Schießpulver, Kette von Ursache und Wirkung im Unendlichen, geschlossener kosmo[logischer] Beweis. Aus dem Satz kann nicht dessen Leugnung folgen. Gott hat etwas in sich, was nicht er sondern seine eigene Ursache ist (sagt Wolff). Materie = Substanz. Das Substrat Naturgesetz, Kraft, die Regeln der Wirksamkeit a priori können nicht Ursache sein. Beide können nicht Ursache sein. Der Begriff der Materie muß a priori sein, muß Erhalt der quant[itativen] Trägheit aber Gravitationsgesetz nicht a priori.

30.11.04 A priori, daher hypothetische Urteile. Es kann nicht ein Ding Ursache eines Dinges sein, dieses ist ja als Substrat unveränderlich; sonst müßte seine Änderung wieder ein Substrat haben; es wäre Erscheinung auch ein Gesetz, eine

Kraft; diese ebenso unveränderlich; sonst wäre kein Satz. qual[itas] occulta. Wir könnten aus den Sinneseindrücken keine Welt konstruieren. Nur eine Änderung kann eine andere veranlassen; nur eine Veränderung, = Erscheinung, ist Ursache einer anderen. Nun Schopenhauers Beispiel für das Kausalgesetz: Ursache der Entzündung [ist das] Hinzukommen von O; Verwandschaft mit O; hohe Temperatur; welcher Lauf als eigentlich letzte Ursache gleichgültig; Brennglas, Wegziehen einer Wolke, „Verwandschaft mit dem O". Schopenhauer kannte das sogar; die dagegen fehlen ja. Das ist etwas anderes. Überhaupt so schwer für das, was allgemeines Gesetz sein soll, auch nur *ein* Beispiel zu finden, wo es rein anwendbar ist. In der Tat ist Schopenhauers Formulierung des Satzes vollkommen falsch. Er ist unbestimmt, undeutlich = wer zunächst nichts wüßte, würde ganz irre geführt, würde nicht zu richtigem Handeln angeleitet, sondern zu verkehrtem. Glücklicherweise wissen wir so, wie es damit zu halten ist. Es kann nie eine ähnliche Zahl von Umständen angegeben werden, unter denen die Erscheinung immer erfolgt. Brennglas: wie beschaffen; Wolke: wie dicht. Alle Umstände genau wie hier, finden sich nie an einer zweiten Stelle zusammen; nur ähnlich. Es ist eine Gesetzmäßigkeit: Unter ähnlichen Umständen geschieht Ähnliches. Teil hat keinen Einfluß; Teil des Hauptsächlichen. Es könnte wo anders der Äther dichter sein. Wir haben das verloren, die Ähnlichkeit mit gesunden Augen frei zu beurteilen und ahnen eine tiefere absolute Gesetzmäßigkeit. Je mehr unsere Bilder sich vervollkommnen, desto genauer können wir voraussagen. Ursache = Wirken in der unorganischen Welt. Besonders Reiz nicht = Wirken in der Pflanzenwelt, auch den veget[ativen] Erscheinungen in der Tierwelt; auch unorganische Auslösung, Motiv. Nur Tierwelt setzt Erkenntnis = verschieden von sich vorstellen voraus; Unterschied nur nach der Empfindlichkeit, nur quant[itativer] Unterschied immer notwendig.

5.12. Wir lernen drei Formen der Kausalität kennen: Prinzipielle Ursache bei der geringsten Empfänglichkeit. Reiz bei größeren Pflanzen, selbst Tieren, auch unorganisch. Motiv bei der größten Empfänglichkeit: Intellekt, Fähigkeit zu Verstand. Alle drei frei a priori. Besondere Empfindungen daß 1. in Raum und Zeit kausal dadurch Verstand möglich. Der Verstand schafft die Welt in uns. Spaz[iert] nicht durch die Sinne [in uns] hinein. Wenn man die Farbeindrücke der Retina läßt, aber den Verstand nimmt, bleibt nichts übrig. Allgemein: Sinn: Tast, Geschmack, stofflich; Gehör, Gesicht, indirekt; Geruch dazwischen. Die räumliche Welt wird vom Verstand aus getastet und sehend zusammengesetzt; beide ergänzen sich. Lichtstrahlen gleich langen Fernstangen bilden Begriff der Räumlichkeit durch Tasten; Muskel, Gefühl dabei. Ich erhalte Mannigfaltigkeit der Gegenstände durch Geschmack, Geruch, Gehör, aber auch Festigkeit, Sprödigkeit. Aber die Anschauung gibt der Verstand. Erste Oper[ation] nicht im Auge, getastet hilft. Zweite Op[eration] der zweifach gesuchte Gegenstand einfach. Dritte Op[eration]: Man denke die dritte Dimension dazu; persp[ektivische] Zeichnung: wie Schrift, die jeder lesen, wenige sprechen können.

7.12. Schopenhauer setzt den Raum gegeben voraus, analysiert ihn nicht wie Helmholtz und Hilbert. Vierte Op[eration]: Erkennen der Entfernung der Objekte. 1. Akkom[modation]. 2. können wegen der Seh-Achse. 3. scheinbar groß. 4. Trieb. 5. dazwischenliegender Gegenstand; Sinne täuschen; durch Sehen mehr als Tasten, aber auch da blind Geborene. Insofern nehme an, daß nur soviele Elemente notwendig daß jede zu unterscheidende Wahrnehmung einen verschiedenen Eindruck macht. Gehör fürs Verstehen notwendig; zunächst Verstand. Musik = intui[tive] Auffassung von Zahlverhältnissen; Verstand; Erkenntnis bloß int[uitiv] nicht diskursiv. Wir versetzen nach dem positiven Punkt der Lichtstrahlen den Gegenstand bloß intuit[iv], sonst müßten wir mit drei Jahren Geometrie kennen.

12.12. Trotzdem ist die Verstandestätigkeit oft mit viel Nachdenken verbunden. Pfiffigkeit, Klugheit, Verschmitztheit, Scharsinn; Penetr[ieren] zwar mehr int[uitiv], doch viel denken. Einfältigkeit, Albernheit, Unlust, Dummheit, Stumpfsinn, Pinselhaftigkeit, Blödsinn, Torheit oft = keine Überzeugung vom Kausalgesetz. Jede Entdeckung durch Verstand; nur Philosophie durch Vernunft = Denken mit vollkommenem Bewußtsein, rein abstrakt, discursiv. Die Schwierigkeit, daß die Wirkung sofort da sein muß wenn Ursache und doch nicht alles gleichzeitig ist, löst Schopenhauer durch die unendliche Teilbarkeit der Zeit. Die Wirkung ist nicht gleichzeitig aber im nächsten unendlich nahen Moment da, im zweitnächsten wieder ihre Wirkung ... Insofern für uns ist unendliche Teilbarkeit nur als Limite definierbar. Der Leib des Subjekts ist vor allen anderen Objekten ausgezeichnet und heißt in der ersten Schrift Schopenhauers das unmittelbare Objekt. Insofern er die Sinnesempfindungen vermittelt, gehört er zum Subjekt. Er kann aber auch Objekt sein, wenn man die eigene Hand anblickt. Schopenhauer sagt: der Verstand ist das Gehirn. In diesen drei, vier Gehirnen wird die Welt konstruiert. Nach dem Leib messen wir die äußeren Dinge: den Raum nach dem Gefühl der Handbewegungen. Paragraph 23. Kant sagt: Kausalgesetz muß a priori sein, denn ohne dieses könnten wir die Reihenfolge der Teile, Succession, nicht wissen; ist diese Reihenfolge nicht gegeben, so könnten wir das Kausalgesetz nicht erkennen; daher muß es schon früher in uns vorhanden sein. Schopenhauer leugnet diese Reihenfolge nicht, Succession aus der bloßen Ähnlichkeit erkennbar, setzt keinen kausalen Zusammenhang voraus. Kant sagt: die Dinge nebeneinander stehen nicht in kausalem Zusammenhang, aber in Wechselwirkung; für Dinge die gar nicht wechselwirken ist kein Kriterium, daß sie gleichzeitig sind. Kant sagt: jede zeitliche Folge ist ein ursächliches Erfolgen. Hume: daß Ursache erfolgt, ist bloß eine zeitliche Folge. Schopenhauer sagt: auch wenn ich in ein Haus gehe, machen die Dinge nacheinander Eindruck auf mich. Es gibt also ein Nacheinander ohne kausalen Zusammenhang. Unheimlich, wenn zwei so erlauchte Geister, denen die Menschheit viel Erkenntnis verdankt, so um des Kaisers Bart streiten; wie Schwirren von Fledermausflügeln, wie Eulengekreisch, tiefste Scholastik. Die Geschehnisse sind regelmäßig; die Menschheit entstand zwischen ihnen; acc[ommodierte] sich annähernd regelmäßig. Die Idee des Kausalgesetzes ist freilich ererbt aber nicht unfehlbar. Förster sagt: es ist imponierend, daß in Sirius-Fernen noch das Kausalgesetz gilt. Der Wunder- und

Hexenglaube bezweifelt das Kausalgesetz; es könnten einzelne Ausnahmen sein; deshalb könnten wir noch immer erkennen. Fehlschluß zunächst, daß es Vorbedingung des Denkens ist, auf die Ausnahmslosigkeit [?]. Nicht die großen Ozeandampfer sind die größten Errungenschaften der Naturwissenschaften, sondern daß sie uns lehrt wie man denken soll.

14.12.04 Bisher causa fiendi, die in der ersten Klasse von Objekten für das Subjekt der empirischen Realität. Zur Erscheinung kommt nur zweite Klasse von Objekten für das Subjekt. Der Mensch hat eine Art von Vorstellungen, die kein Tier hat. Die vollkommen abstrakten Vorstellungen, Begriffe, das Vermögen, diese zu bilden: Vernunft verschieden vom Fantasma, der anschaulichen Neubildung eines bestimmten Objekts aus wahrgenommenen. Hier wird viel zusammengefaßt und von verschiedenem abstrahiert. So entstehen allgemeine Gattungs-Vorstellungen, Begriffe, *τα καϑολου* [das Allgemeine] universalia. Nominalisten und Realisten stritten ob sie existieren. Allgemeine Inhaltslehre unanschaulich; ähnlich etwa Ding ein Wesen wird; damit nichts mehr zu machen; Essenzen, algebraische Zeichen, Abwerfen unnützen Gepäcks. Die Kausalgesetze wirken mit gleicher Notwendigkeit, aber der Mechanismus ist viel komplizierter. Darin besteht der Nutzen. Da das Überflüssige abgeworfen, operiert man leichter. Mensch zeigt Besonnenheit, Tier nicht denken *καϑεξ* [im eigentlichen Sinn], Reflexion, urteilen, Urteilskraft, sie sind oft an Worte gebunden, können bloß Gedanken nicht anschauliche Vorstellungen werden. Darauf beruht staatliche Organisation. Besonders Wissenschaften, warum nicht Naturwissenschaft. So geht es immer, wenn man streng nach Kategorien scheiden will; alle Unterschiede fließend; chemische Verbindungen. Reflekt[ierende] Urteilskraft sucht zum anschaulichen Fall den Begriff [zu] subsumier[en]. Zum Begriff das Beispiel: Vergleich, der zeigt, daß er den Fehler der Philosophen sehr gut erkannt hat aber nicht imstande war, sich zunächst frei zu machen. Papiere, die nur wieder auf anderes fund[iert] sind; auf realen Besitz oder Gold. Fant[asma] kann Erproben eines Begriffes sein; Hund; Farbe; überhaupt Dreieck. Aristoteles sagt: man kann nur in Fantasmen denken. Man denkt in Fant[asmen] oder Worten, ohne das eine oder andere nicht.

[Die] Vernunft [hat] bei den meisten Menschen rudimentäre Kräfte. Farbenlehre. Wer es bezweifelt, [braucht] einen neuen Beweis; auch im Reich der Begriffe waltet der Satz, aber in ganz anderer Form: Er heißt hier thesis causae cognoscendi: kein Urteil ohne zureichenden Grund, wenn dies da ist wahr *gehört umgekehrt*. Wahrheit = Beziehung eines Urteils auf etwas zunächst Verschiedenes, Daseinsgrund genannt; das aber selbst wieder eine bedeutende Varietät der Arten zuläßt. Den möchte ich sehen, der, wenn er nicht schon weiß, was Dasein ein Urteil ist, wer es nach dieser Definition erraten könnte. Hinterher freilich fand man mit einiger Mühe was gemeint ist. Man muß einen Grund zur Behauptung haben; wie diese Beziehung ist, wird nicht gesagt.

Varietät der Arten:

1. Logischer formaler Grund. Logik = Kanon der logischen Wahrheiten. Barbara [Ein syllogistischer Schlußmodus bei dem aus zwei allgemein bejahenden

Prämissen ein allgemein bejahender Satz folgt]. Alle Menschen sind sterblich. C. ist ein Mensch. Er hieß schon in meiner Gymnasiumzeit C.; aber aus den allgemeinen Identitätssätzen. Das Dreieck ist ein von drei Linien eingeschlossener „Raum". Kein Körper ist ohne Ausdehnung. Die Behauptung, daß C. sterblich ist, kann nicht wahr sein, wenn sie gar keinen Grund hat. Jeder Apfel muß entweder rot oder nicht rot sein.

2. Materielle oder empirische Wahrheit: Wenn eine Erfahrung mit dem Objekt erster Gattung gemacht [wird], der Grund ist. Diese Birne ist süß.
3. Transzendentale Wahrheit, die in der Begründung ist, was alle Erfahrung erst möglich macht aus den Raum-, Zeit-, Zahl-Vorstellungen. $2 \times 2 = 4$; die Summe zweier Seiten größer als die dritte.
4. Metalogische Wahrheiten [gibt es] nur vier. Die vier Grundsätze der Identität, des Widerspruchs, des ausgeschlossenen Dritten, und des zureichenden Grundes.

([Einschub:] Die Juden führen die monarchische Auffassung der Weltordnung: Einen suveränen Gott, einen, der sich selbst und alles gemacht hat, alles beherrscht.)

9.1.05 Nun Exkurs für falschen Gebrauch des Wortes Vernunft: Nach Hegel, Schelling, Herbart heißt das, was Schopenhauer Vernunft nennt, noch Verstand; dieser ist [die] Fähigkeit, das übersinnlich Transzendente zu erkennen. Das Dasein Gottes und die Moralregeln. Schopenhauer betont, daß schon Kant die Beweise des Daseins Gottes widerlegte; freilich ebensowenig, daß kein Gott sei. Schopenhauer spricht doch sehr zweifelnd über das Dasein Gottes. Er behauptet: keine Religion kenne dasselbe außer der jüdischen und ihren beiden Sekten, christliche und mohammedanische. Heidnische Götter nicht Weltschöpfer, nicht allmächtig, noch weniger Taga Buddha. Schopenhauer leugnet auch den kat(egorischen) Imp(erativ). Es bleibt also für Religion, geistig erhaben, Buch der Moral, nichts übrig. Der krasseste Materialismus kann nicht schlechter sein. Buddha erklärt es für Ketzerei, zu glauben, ein Wesen habe die Welt erschaffen. Die Missionare fanden kein Wort für *Gott* und *Erschaffen*. Im chinesischen Atheist = Nichtjude. Causa fi(endi) = causale Verbindung der Objekte des Verstandes, materielle Wahrheit. Causa cogn[oscendi] das Objekt der Vernunft, formale Wahrheit, Log[ik]. Causa ess[endi] der Formen der verständlichen Anschauung der Dinge, transz[endenten] Wahrheit und der Formen der Vernunft, metalog[ische] Wahrheiten. Causa agendi Wille.

Dritte Klasse der Objekte; fürs Subjekt a pr[iori] Formen des äußeren und inneren Sinns. Raum, Zeit a pr[iori] Form der vernünftigen Gedanken, Kausalgesetz für Substr[ate] an sich. Ganz besondere Relation des zeitlichen Verlaufs ohne Objekte. Kausalgesetz: Jedes Spätere durch das Frühere bedingt; auch bei den Zahlen. Zählwahrheiten. $2 \times 3 = 6$. Kein Forscher [hat die] causa essendi; auch sehr indirekte Beweise. Formen des äußeren Sinns, Raumsinn; wieder Eigenart des Kausalgesetzes; die übrigen Bestandteile durch einige willkürliche, welche nicht in einer Geraden geordnet. Schopenhauer kennt indirekte Beweise nicht.

Raumsinn, Gesicht, Getast; Mensch ohne Tastsinn gibt es nicht; indirekt[er] Zeitsinn, Konsumption der Muskelenergie, Ablauf der Ideen im Gehirn der Sinneseindrücke, Müdigkeit im Gesicht, später, kürzer, Zeit vergeht schnell, langsam, Hunger.

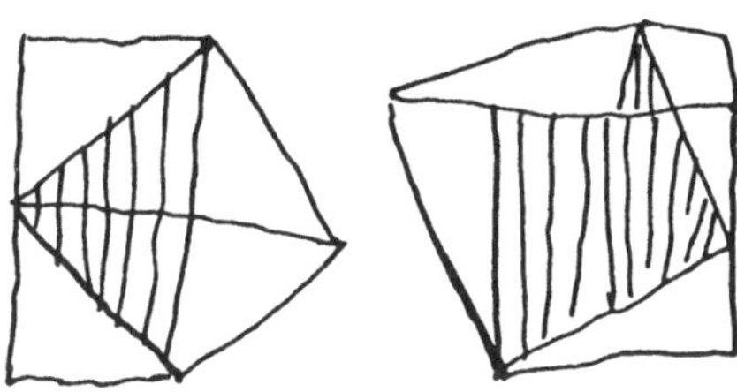

11.1.05 Causa ess[endi] bei dreierlei Objekten. Zeit, Raum bloß Form des Kausalgesetzes. Verstand, Vernunft Form der transz[endenten] und metalog[ischen] Wahrheit; (metamaterielle) Zeit und Raum ähnlich doch verschieden. Raumsinn, Tastraum, Gesichtsraum, Gehörraum. Gibt es auch Zeitsinn? Direkte Wahrnehmung des Ablaufes der Sinneswahrnehmung, der Vorstellungen, Gedanken; Die Zeit kann lang und kurz werden; vergeht gerade bei viel Vorstellungen schnell. Der Consumtion bei größerer Übung vergeht mir die Zeit am Eise schnell [Boltzmann ging gerne Eislaufen] = ich halte eine Stunde für kurz, für weniger, weil ich weniger müde bin. Dies gilt nicht bei Arbeiten, die mich nicht ermüden. Sich anzeigender Hunger bloß Beweis, daß es keinen eigentlichen Zeitsinn gibt. Alle Gefühle, deren Veränderung auf die verflossene Zeit schließen lassen; wie auch kein Raumsinn; alle die auf vorhandene Entfernung schließen lassen, die dann mit Maßstab kontrolliert werden können. Ausstreck[en] des Armes.

16.1.05 Vierte Wurzel causa agendi. Vierte Klasse [der] Objekte für das Subjekt. Das Subjekt selbst nur in der Zeit, auch da beschränkt. Wie kann es zugleich Objekt sein; notwendig einer Zweiheit erwiesen, das Erkannte kann nicht Objekt sein. Man kann nicht erkennen, daß man erkennt. Upanischad: id videndum non est, omnia videt; [et id] aud[iendum] n[on] e[st], o[mnia] a[udit]; sci[endum] n[on] e[st], o[mnia] sc[it et] intellig[endum] n[on] e[st], o[mnia] int[elligit]. Praeter id eus omnia videns, o. ant. o[mnia et] sci[ens], o[mnia] intell[igens] aliud eus non est.

[Hier wurde zitiert. Da Boltzmann dieses Zitat offenbar sehr geläufig war, ist es im Stenogramm nur mit den jeweiligen Anfangsbuchstaben oder ersten Silben der Worte wiedergegeben. Übersetzung: Es ist nicht zu sehen: es sieht alles; und es ist nicht zu hören: es hört alles; es ist nicht zu wissen: es weiß alles und es ist nicht zu erkennen: es erkennt alles. Außer diesem Sehenden, und Wissenden, und Hörenden und Erkennenden gibt es kein anderes Wesen.

Siehe Schopenhauer: Über die vierfache Wurzel des Satzes vom zureichenden Grunde, Paragr. 41 und Parerga und Paralipomena II, Einiges über Sanskritliteratur, Paragraph 184. In: Arthur Schopenhauer (1977). Zürcher Ausgabe, Werke in zehn Bänden. Diogenes Verlag, Zürich.]

Man sagt: ich weiß, daß ich erkenne. [Das sind] nicht zwei verschiedene Dinge. Ich kann es nicht wissen, ohne zu erkennen und nicht erkennen ohne daß ich es weiß. Nur ich bin Subjekt. Ich. Das einzige Wort sagt ebensoviel. Man sagt: wie kann ich die verschiedene Art des Erkannten unterscheiden; das Intuitive, das Diskursive. Ich erkenne nicht die Art des Erkennens, sondern die erkannten Objekte. Eine ganz andere Seite des Subjekts muß das Objekt sein, der Wille. Weltknoten unerklärbar. Das Objekt hat zwei Seiten; es erkennt [das] Subjekt. Ich will = es ist Objekt für sich selbst. Ich erkenne: analytisch; ich will: synthetisch. Motivation schon weiter: Causa fiendi, doch durch den äußeren Sinn; Erkennen nur durch den inneren. Ich lebe zwischen Kulissen; geistreich; von innen gesehen, von außen gesehen. Wenn der Stein intelligent wäre, würde er sagen: Ich will fallen. Verstand erkennt causa fiendi. Vernunft [causa] cogn[oscendi]; Sinnlichkeit erkennt die causa essendi. Selbstbewußtsein agendi; fi(endi) sagt ag(endi) = Erste Gattung [der] Objekte: Vierte Gattung. Der Wille reguliert den ganzen Ablauf der Vorstellungen wie zum Nutzen des Subjekts; er holt die nützlichen aus dem Gedächtnis hervor; nicht wie Vorratskammern, sie ändern sich unwillkürlich; bloß die Übung, die Vorstellungen in gewisser Reihenfolge hervorzubringen. Daher merken wir uns Ereignisse aus der Jugend, bei den wenigen Vorstellungen reprod[uzieren] wir immer die gleichen. Genie wenig Gedächtnis aber Leichtigkeit, Vorstellungen zu wecken. Durch Romanlesen verliert man das Gedächtnis = die Übung immer selbständige Vorstellungen zu reproduzieren.

([Einschub:] Gedächtnis wie gefaltetes Tuch, das leicht die alten Falten wieder annimmt. Nicht Ding an sich Ursache einer Erscheinung. Nicht Kausalgesetz selbst oder ein spezielles Naturgesetz Ursache einer Erscheinung. Nicht Erscheinung Ursache eines Dinges.)

18.1. Schluß 1. Wieder Prinzip der Speci[fication] bisher; jetzt wieder homog[ene] Art notwendiger Zusammenhang zweier gleichartiger Dinge; für die verschiedenen Objekte natürliche Anordnung: ag[endi], ess[endi], Zeit, dann Raum, cogn[oscendi], fi[endi]. Grund folgt vorher: Nicht Ofen Ursache der Wärme, sondern Heizung des Ofens. Der Grund muß immer in einem anderen Objekt, nicht in sich selbst liegen. Kosm[ologischer] Beweis Gottes keine Wirkung und Gegenwirkung, nie Wechselverhältnis. In verschiedenen Wissenschaften herrschen verschiedene Wurzeln vor. [Causa] cognosc[endi], keine Zeitverhältnisse, [causa] ess[endi] macht in der Zeit wohl im Raum das Nebeneinander. Der Satz gibt immer Veranlassung zu hypothetischem Urteil. Wenn dies Umstände sind, muß das Sein Begriff der Motiv[ation] sein. Vier Fälle notwendig. 1. logisch cogn[oscendi], 2. phys[isch] fi[endi]. 3. math[ematisch] ess[endi]. 4. moral[isch] agendi. Letzteres ebenso notwendig, oft schwer vorauszusagen; daher Schein der Freiheit; series in inf[initum]. In der Zeit nach zwei, im Raum nach allen Richtungen; cogn[oscendi] endet immer bei fiendi. Alle organischen Wesen sterblich; alle Menschen organische Wesen; alle Europäer Menschen. Cajus ist ein Mensch. Wie das Auge alles sieht, sich selbst nur im Spiegel, erklärt der Satz.

Alles kann nicht erklärt werden; alle Wissenschaften Nachweis was Folgesatz entspricht; warum Mutter der Wissenschaften? Verschiedene Formen herrschen vor. In Physik fi[endi]; in beschreibenden Naturwissenschaften cogn[oscendi]; in Mathem[atik] ess[endi]; in Philosophie alles. Etik, Soz[iologie] agendi, auch Geschichte, Politik.

23.1.05 Welt als Wille und Vorstellung I.Teil und II.Teil in vier Büchern [Schopenhauer]. 1. Buch: Welt als Vorstellung unterworfen dem Satz [vom Grunde] Objekt der Erfahrung und Wissenschaft. 2. Buch: Wille in seiner Objektität. 3. Buch: Vorstellung unabhängig vom Satz [vom Grunde]; Objekt der Kunst. 4. Buch: Bejahung und Verneinung des Willens zum Leben; Etik. Die gewichtigste Frage ist: Die Welt ist meine Vorstellung; Wahrnehmbarkeit und Dasein sind Wechselbegriffe; Dieser Gedanke liegt nahe, aber ich glaube ihn nicht. Besser: ich halte es für unzweckmäßig, das Dasein so zu definieren, weil *für mich* existiert nur, was ich wahrnehme. Schopenhauer behauptet: jeder will den Satz leugnen aber kann ihn doch nicht bezweifeln, weil er einseitig ist. Wiederum Raum und Zeit, Subjekt, Korrelat, reine *Sinnheit* der Materie, *Verstand.* Zwischen Subjekt und Objekt nicht Verhältnis von Ursache und Wirkung, Materialismus; Objekt = Ursache, Ideal [ismus]; Subjekt = Ursache beider, falsch. Schopenhauer hat recht, aber nur Grunddefinition des Begriffs der Ursache und Wirkung. Die Vorstellung kann nicht Wirkung des Subjekts sein, diese ist gar nichts ohne Objekte. [Nach] Schopenhauer kann [eine Ursache] nur zwischen gleichartigen Dingen bestehen. Schopenhauer ist gleichzeitig trans[zendentaler] Idealist und empirischer Realist. Selbst [der] Leib [ist] nur unsere Vorstellung; Wille muß sie ergänzen. Kants Ding an sich Unding. Schopenhauer wendet sich besonders gegen den Materialismus. Er behauptet: er kommt am weitesten, am Gipfel will er das Erkennen selbst und gar noch den Willen erklären, von dem er hätte ausgehen müssen. Münchhausen.

1. Welt als Vorstellung hat zwei Hälften, die ganz untrennbar sind: Subjekt ohne Raum und Zeit; Objekt in Raum und Zeit.
2. Die Welt ist Vorstellung, aber nicht Schein; sie gibt sich als was sie ist.
3. Im folgenden will ich mich kurz fassen. Schon behandelt: Raum und Zeit, Formen, Materie = bloß Schopenhauer, nur daß Verstand erkennt.
4. Reine Sinnl[ichkeit]. Subjekt Korrelat von Raum und Zeit. Schopenhauer, Verstand von empirischer Realität.
5. Zweierlei Vorstellungen, Begriff Vernunft intuit[iv], diskurs[iv] wissen, fühlen. Wissen heißt solche Urteile in seinem Gewissen haben, die durch Anwendung des Satzes [vom zureichenden Grunde] cogn[itiv] aus etwas verschiedenem hervorgegangen sind; Tiere nicht Gegensatz; fühlen nur negativ, erkennen ohne Vernunft. Urteil logisch, mathematisches Gefühl; man fühlt, daß gewisse Schlüsse unrichtig sind. Fühlen sehr verschieden, Fehler schafft Schmerz; Wohlklang, Mißklang, Unrichtigkeit von Schlüssen; manche Geister wollen alles anschaulich, andere abstrakt. Schon bei geometrischen = anschauliche Erkenntnis.

25.1.05

6. Verstand, Realismus, Schein, Vernunft, Wahrheit, Irrtum.
7. Die einzelnen Subjekte sind nur verschiedene Manifestationen des einen ewigen Willens; dies Ding an sich.
8. Der ganze Begriff Welt ist durchaus Erkenntnisgrund, muß aber das Ende in einer anschaulichen Vorstellung haben.
9. Concreta abstrakta: Erdgeschoß. Erster Stock der Erkenntnis; alle abstrakt, erst[eres] aus Anschauung abstrahiert, letzteres aus Begriffen. Begriff sehen oder (Abstraktion) nehmen.
10. Der Begriff begreift anderes unter sich, der Mensch begreift nach Mach Anweisungen zu begreifen, einzugreifen.

30.1.05 Verstand, Vernunft, disk[ursiv], int[uitive] Anschauung, begriffliches Denken; einer für diesen, der andere jenen Sinn; begrifflich nicht unbedingt besser. Allg[emein] anal[ytische] Geometrie, Inf[initesimal]-Rechnung ersetzt nicht Zahl-Raum-Cont-in[uum] Anschauung, Überlegung nützen oft nichts; Rasieren kann stören; besonders die manuelle Geschicklichkeit auch im Vortrag; Schauspieler nicht Wandler; gut und böse nur aus Anschauung auf Inkongr[uenz] der Anschauung und des Begriffes; das lächerlich.

1. Aufstellen eines Begriffes Subsumption eines scheinbar passenden Widerspruchs; Arzt liegt wie ein Held; utile dulci. noch vier Beispiele.
2. Aufsteigen zunächst speziell; ich gehe gern allein spazieren; ich sei, gewährt mir die Bitte ...; bloß Wortspiel.
   Starker Absatz.
   Thron ausschlagen; Wasser abschlagen.
3. Zuerst Objekt, dann erst Widerspruch; jetzt Begriff bemerkt; aber Narrheit in Handlungen; Witz in Worten; Pedanterie; Kant. Ursache der Freude am Witz der erregt, ist mühelos, unfehlbar. Vernunft mühsam; man freut sich, die hohen Geister ad absurdum zu führen. Jeder Irrtum müßte erfreuen.

Thiere können nicht lachen, Hunde Schweif wedeln. Wir beleidigen uns, wenn andere lachen weil sie Inkongruenz sehen, wo wir nicht wollen. Scherz absichtlich lächerlich. Ironie hinter Ernst versteckt. Humor: Ernst hinter Scherz versteckt: Doppelter Kontrapunkt des Scherzes. Humor Subjekt; Polonius nimmt Abschied: Nichts würde ich lieber geben, mit Ausnahme des Lebens. Laune: Gemütsverfassung, die zu diesem oder jenem neigt. Komisch. Bloß anschaulich, was nur gezwungen, nicht zu dem Begriff, eigentlich nicht zueinander paßt. Garrik: Wir müssen Schopenhauer nicht als Gelehrten, nicht als Forscher, sondern als Künstler auffassen; Selbst warum [ein] intuit[ives] Verständnis nicht [ein] disc[ursives]. Vielleicht wird schließlich alles durch Vorstellungen begriffen aber nicht wissentlich. Außergewöhnliches erregungsfähig, alles Außergewöhnliche fesselt; nach Darwin müßten wir die Aufmerksamkeit auf Außergewöhnliches richten. Wenn wichtig, sind die verschiedenen Gefühle verbunden; Erregung, Mitleid, Bewunderung. Wann erregungsfähig nicht faßlich, doch Vergnügen bietet die Befriedigung der Übung der Kraft ohne Anstrengung. Biate der

4. (Abtrittsreden). Daß ich das vortrage ist das komischste. Komische Maske, Wortspiel. Der Witz wirkt auch ergreifend, weil er Aufmerksamkeit mehr fesselt. Orsini: Das Gesicht bricht noch so [nicht deutlich lesbar], weil ich nichts verlasse, weshalb ich weinen sollte. Wissenschaft = Erkenntnis eines ganz objektiven Gebietes in abstracto; kann nicht alles umfassen.

Wissenschaftslehre. Doch Stärke der menschlichen Erkenntnis geht von Begriffen aus; von den einfachsten. Umfangreichster Inhalt. Lehre sieht daraus alles. Kantor braucht zwei Äpfel. Mindestens zwei notwendig als ob zwei gut würden. Hegelei. Wird nur geschätzt, wenn abstrakt wie Kant. Chemie keine Wissenschaft. Schopenhauer: Geschichte keine Wissenschaft, dagegen Mathematik; wird so hoch eingeschätzt. Welt nur scheinbar a pr[iori], heute bloß Beschreibung, bloß Abkürzung des Inventars, Tabellen der Fachräume. Natürlich Philosophie das Höchste. Wenn man die allgemeinen Begriffe nach dem Kausalgesetz nicht ordnet, ist die Wissenschaft dem Inhalt nach erschöpft. Die Anwendung auf die Details vermehrt nur den Umfang. Die allgemeinen a pr[iori] evidenten Begriffe leuchten wie Sonnen. Ihre Beziehungen sind auch evident; die Beweise nur zum Überzeugen, nicht zur Begründung der Wissenschaft gut; diese besser aus Anschauung, die a pr[iori] evident ist. Je mehr Evidenz desto steter die Wissenschaft. Trägheit, Erhalt der Materie a pr[iori] evident. Gravi(tation) nicht qual(itas) occulta, bloß empirisch gegeben ohne Anschauung des Grundes. Noch mehr bei Chemie; beschreibende Naturwissenschaft. Geschichte, Filologie. Höchste Wissenschaft: Philosophie. Geht gar nicht von Bekanntem aus, alles ist ihr Problem = vollständige Widerlegung oder Abspiegelung der Welt in abstrakten Begriffen durch Vereinigung des wesentlich Identischen in einen Begriff und Aussonderung des Verschiedenen in einen anderen = Erkennung des einen im Fehlen des Vielen in einem. Wolf meint, die Anschauung verwirrt die Abstraktion. Spinoza: Die Abstraktion verwirrt die Anschauung. Prakt(ische) Vernunft, Einfluß auf Handlungen. Tier dem Augenblick unterworfen; wie Blinde gegenüber Sehenden; wie Schiffsbewegung gegenüber dem Steuermann. Zwei Leben, eines allen Strömen ausgesetzt, eines in abstr[acto]. Schauspieler, der in den Pausen selbst im Zuschauerraum sitzt. Die Epik[uräer] und Stoi[ker] behaupten, Glück ist dann zwar erst im weisen Genuß; nicht übertriebenen; letztes in Enthaltsamkeit. Beherrschung seiner selbst: nicht lustig, nicht traurig. Antith[esen] widersprechen sich, wenn Selbstmord zum Glück führt. Spinoza: Aus dem Nützlichen mit Gewissen die Tugend. Einige Philosophen Übereinstimmung mit sich selbst, andere mit der Natur. Kant: [kategorischer] Imper[ativ].

6.2.05 II. Buch [Schopenhauer] Welt als Wille in dessen Objektivation. Begriff ganz inhaltslos, ohne anschauliche Vorstellungen; nur deren Zusammenfassungen, was bewirkt, daß diese nicht ganz inhaltslos. Leere Bilder, die am völlig teilnamslosen Subjekt, traumartig vorüberziehen, da sie für dieses Bedeutung haben. Das muß ganz von Vorstellungen tot[o] gen[ere] verschieden sein. Alle Philosophen fragen dennoch, nennen es Wesen; Ding an sich. Es kann nicht der Grund sein, nur Erscheinungsgrund einer Erscheinung. Prüfen wir die verschiedenen Wissenschaften. Fragen wir bei ihnen an. 1. Math[ematik] gibt nur

Verhältnisse der Zahlen. Geometrie mißt eine Größe durch gleiche Art, dringt nicht in deren Wesen. Morfologie (beschreibende Naturwissenschaft) ordnet die Objekte systematisch nach Verwandtschaft. Aetiologie (Physik, Chemie) ordnet auch wieder nach Gesetzen in Raum und Zeit; wie sie sich in Raum und Zeit folgen gibt nicht das Wesen an. Unbekannte Gesellschaft; jeder stellt den anderen als seinen Verwandten vor, ihn kenne aber keiner. Ich muß aussagen von etwas mir bekanntem. Ich will in ein Gebäude, gehe nur [he]rum und zeichne die Fassade. Wenn wir Engelsköpfe mit Flügel ohne Leib wären, könnten wir nicht in das Gebäude hinein; durch den Leib wurzelt das Subjekt selbst in der Welt, ist Teil der Welt, der Objekte selbst. Das innere Wesen der anderen Erscheinungen erkennen wir nicht, aber die Handlungen des Leibes. Wäre es nicht unser Leib, so würden wir seine Handlungen auf Gott zurückführen. Er ist uns doppelt gegeben: als Objekt und ist gleichzeitig mit dem Subjekt identisch, uns direkt bewußt als Wille. Leib = obj[ektiv]ierter Wille. Früher war er Objekt, jetzt Objectität des Willens. Wille = Erkennen a pr[iori] des Subjekts. Leib = Erkennen a post[eriori] des Willens. (Willensentschließungen für die Zukunft sind bloß Überlegungen, was man wollen wird, was wir wollen können. Sind die Handlungen selbst mit diesen identisch; die Handlungen können nicht später eintreten.) Jede Wirkung auf den Leib, ist Wirkung auf den Willen; wenn ihm entgegen: Schmerz; wenn ihm entsprochen: Wollust (Annehmlichkeit, Freude). Nur wenig Eindrücke regen den Willen gar nicht an; sind neutral. Sehen, hören, tasten von ganz gleicher Güte. Nervenschwäche, wenn gleichgültig scheinen; schwächen schon den Willen. Affic[ieren]. Beweis daß Leib und Wille identisch sind, daß jede starke Willenserregung den Leib aff[iciert], sogar zerstören. Wir können keine Handlung des Leibes ohne Willen vorstellen. Daß das Motiv das innere Wesen der Kausalität ist, kann nicht bewiesen werden = nicht aus anderen Erkenntnissen abgeleitet werden, weil es Grund aller Erkenntnisse ist = Wunder = unmittelbarste Erkenntnis; nicht log[ische], nicht emp[irische], nicht metaf[ysische], nicht metalog[ische], sondern filos[ofische] Wahrheit = ganz Eins. Leib und Wille sind eins = Leib: Obj[ec]tität meines Willens. Über unseren Leib haben wir den Aufschluß, den wir über andere Objekte nicht haben. Wir könnten die Hyp[othese] aufstellen, daß er von allen anderen Objekten verschieden ist, da die anderen nicht Erscheinungen eines anderen Willens (nicht auch Erscheinungen des einen göttlichen Willens) sind. Dies ist die Frage nach der Real[ität] der Außenwelt; theor[etischer] Egois[mus] = Solips[ismus]; kann nicht widerlegt werden, schwer geheilt werden, gehört ins Tollhaus.

8.2. Jeder Mensch ist ein Leib und erkennt durch diesen das andere. Leib = Schlüssel zur Erkenntnis des anderen. Ob sich der Stein nicht nach bewußtem Motiv bewegt, muß er doch das gleiche Wesen haben. Kepler behauptet: Planeten müssen Erkenntnis haben; dies ist nicht wahr. Aber Augustin[us] Seite 151 [Augustinus, civ. dei 11,28]: Si [enim] pecora essemus carnalem vitam [...] amaremus, [...] si arbores essemus nihil [quidem sentiente] motu amare possemus; verum tamen id quasi appetere videremur, quo feracius essemus uberiusque fructuosae. Si essemus lapides aut fluctus aut ventus aut flammae, [...] non [tamen] nobis deesset quasi quidam [nostrorum] locorum [atque ordinis] appetitus. [Boltzmanns Zitat ist sehr lückenhaft. Übersetzung: Wenn wir Herdentiere wären, würden wir das fleischliche Leben lieben. Wenn wir Bäume wären, würden wir nichts mit [fühlender] Bewegung lieben; wir würden dies aber gleichsam anzustreben scheinen, damit wir umso ertragreicher und reichhaltiger fruchtbringend wären. Wenn wir Steine, Meereswogen, Wind oder flammendes Feuer wären, würde uns nicht gleichsam ein bestimmtes Streben nach den uns zukommenden Orten fehlen.]

Empir[ischer] Charakter = Erscheinung des intell. in der Zeit; alle einzelnen Willenshandlungen in ihrer zeitlichen Erscheinung sind durch den empirischen Charakter dem Satz gemäß bestimmt. Der Wille, insofern er nicht Erscheinung ist. Aber nicht daher sind wir uns bewußt, daß unser Wille vollkommen frei ist und sehen doch alle Handlungen durch den Satz notwendig bestimmt. Wille an sich grundlos, daher frei; seine Erscheinung ist Zeit und Raum, dem Satz [vom Grunde] unterworfen. Schon Kant behauptet: Zeit und Raum und Kausalität kommen nicht dem Ding an sich, nur der Erscheinung zu. Dadurch erklärt sich das Gefühl der Willensfreiheit und das Bewußtsein, daß jede einzelne Handlung dem Kausalgesetz unterworfen ist. Ätiologisch sind die Körperveränderungen, physiologisch das Auftreten der Willensakte in der Zeit aus dem Charakter psychol[ogisch] notwendig bestimmt. Dem inneren Wesen nach ist der Wille frei. Wir können nicht anders handeln, nicht anders sein als wir sind. Das erklärt auch, daß der Leib dem Willen ganz adäq[uat] gebildet. Teleologische Erklärbarkeit des Leibes. Ist noch viel vollkommener als ein von Menschenhand für gewisse Zwecke gemachtes Werkzeug, dies gültig für die Gattung nach dem indiv[iduellen] Willen. Jedem Menschen ist dessen ind[ividueller] Leib gebildet. Wille = Schlüssel zur Erkenntnis des Wesens der ganzen Natur; 1. der anderen Menschen, 2. der Tiere – diese haben auch Erkenntnis, aber nicht begrifflich, 3. der Pflanzen – [diese] haben keine Erkenntnis aber streben nach Licht, Wasser, Luft; auch Krist[alle] schießen an, wachsen; Magnetkraft wirkt durch Hindernisse, gibt starke el[ektrische] Anziehung und Flucht; Grav[itation]. Wenn wir uns das Wesen vorstellen wollen, müssen wir wesensgleich denken. Wir fühlen das Drängen der gehobenen, schweren Last; Chemikalien; El[ektrizität]. Körper, welche lieben, hassen.

Der Wille müßte den Namen von seiner vornehmsten Erscheinung beim Menschen borgen. Aufgabe der Wissenschaft ist Erkenntnis des Identischen im Verschiedenen und des Verschiedenen im scheinbar Gleichartigen (nach Plato). Wir erkennen das gleiche Wesen, das beim Menschen Wille heißt, in den anderen Fällen. Wir erweitern aber dabei den Begriff des Willens nicht immer von vernünftigem Motiv geleitet wie beim Menschen (Frage). Dies anzunehmen wäre falsch, aber auch falsch zu glauben, das Wort sei gleichgültig. Wenn wir auf etwas ganz Unbekanntes schließen würden, wäre das Wort gleichgültig. Den Willen aber kennen wir an uns ganz genau; durch das gleiche Wort drücken wir die Wesensgleichheit aus (insofern auch wenn wir für den menschlichen Willen ein anderes Wort, aber das gleiche wie für die anderen Willen anwendeten). Kraft ist ganz unbekannt, wenn wir sie auf Willen zurückführen; auf Bekanntes, uns Bewußtes; dies ist großer Fortschritt; Wille auf Kraft keiner. Paragraph 23 Wille ganz verschieden von jener Objektivation; schon daß jedes Objekt ein Subjekt braucht; noch weniger die spitzen Bildungen des Satzes gültig für ihn. Wille ist eine Einheit, nur durch Zeit und Raum wird er zur Vielheit princ[ipium] individuationis. Von den Menschen, die vernünftig motiviert und von den Tieren, die verstand-motivierten Willen haben, zu den anderen Fällen, ist der erste Übergang der Kunsttrieb. Instinkt ohne Erkenntnis: Baut der Vogel das Nest, spinnt die Spinne, der männliche Hirschkäfer baut die Puppenhülle doppelt so groß.

In Verdauung, Gesichtstätigkeit wirkt der Wille unbewußt; Atmung Übergang. Diogenes und Neger sollen sich durch Anhalten des Atems getötet haben. Zusammenziehen der Pupille, Erbrechen. Mimose, fleischfressende Pflanze; auch Saft steigt nicht bloß durch Osmose. Jeder Mensch hat anderen Charakter, die Handlungen scheinen zufällig. Die Magneten haben gleichen Charakter, ihre Handlungen viel regelmäßiger. Auf Zeit und Raum kommt man vom Subjekt und Objekt ausgehend. Im Objekt ist durch Zeit, Raum und Kausalität nur die Form bedingt; was nicht bedingt ist = Ding an sich. Die Form können wir erschöpfend erkennen: Mathematik, Geometrie, Logik sind apr[iori] evidente Formen, Wissenschaften. Das andere enthält nicht Erklärbares, nicht Erkennbares qualit[ates] occultae. Ding an sich Mechanik, Physik, Chemie. Je mehr qualit[ates] occult[ae] desto bestimmter ist die Wissenschaft, desto mehr Reales enthält sie. Die formale Wissenschaft hat keinen realen Inhalt. Man strebte das Organische aus Physik und Chemie, diese aus Mechanik und Phoron[omie], diese aus Geometrie, diese aus Zahlen zu erklären. Demokrit, Cartesius, Lesage; dieser ist stupider roher Mat[erialist]. Aller Inhalt würde verschwinden, es wäre kein Ding an sich da; das wäre Aetiol[ogie], diese kann einige Erscheinungen auf andere zurückführen; hat ihre Aufgabe getan, wenn sie alle auf die einfachste zurückführt, diese kann sie nicht erklären: Urkräfte, Urmaterien bleiben übrig, deren Grund nicht angegeben werden kann. Man kann behaupten warum gerade jetzt dies und jenes geschieht, nicht warum überhaupt etwas geschieht. Die Undurchdringlichkeit ist dem Sonnenstäubchen, was der Wille dem Menschen. Man meinte, die einfachsten Erscheinungen verstehen wir am besten, oder eben am wenigsten. Wir können Magneten, Elektrizität, Grav[itation] aus Undurchdringlichkeit, Stoß erklären, aber letztere sind qual[itates] occult[ae]; das ganze Gebäude schwebt in der Luft. Schopenhauer meint zu erklären, wenn er das Wort Wille gebraucht, weil wir uns des Willens bewußt sind. Er glaubt vom Vertrautem, vom Leib auszugehen, den wir von zwei Seiten kennen. Er trieb Philosophie, nicht Aetiologie. Die vierte Wurzel des zureichenden Grundes: Schlüssel der übrigen. Spinoza sagt, der Stein würde, wenn er aufsteigt, behaupten er täte es freiwillig. Schopenhauer sagt der Stein hätte recht. Der Mensch sagt er handelt freiwillig, obwohl ebenso durch Ursache voraussagbar.

13.2.05 Weltwille an sich einheitlich; unteilbar nur durch Raum und Zeit wird er zur Vielheit princ[ipium] indiv[iduationis]. Der Wille ist nicht wie ein Individuum, sondern jede Individuation ist ihm fremd. Nicht ein Teil des Willens ist im Stein, ein größerer im Menschen. Der ganze im Stein, der ganze im Menschen. In einer Eiche soviel Willen als in 1000 [Eichen]. Wenn ein einziges Wesen vernichtet würde, würde mit dem der ganze Wille, die ganze Welt, die ganze Gottheit vernichtet. Angelus Silesius, Seite 153: Ich weiß, daß ohne mich Gott nicht ein Nu kann leben. Werd' ich zu nichts; er muß vor Not den Geist aufgeben.

Das Ding an sich ist nicht so groß, daß es den ganzen Raum ein nimmt; im kleinsten Teil ist es ganz. Ich brauche nicht den ganzen Raum zu durchfliegen; wenn ich den kleinsten Teil der Welt ganz erforscht habe, kenne ich den Willen ganz. Platons Ideen sind die verschiedenen Stufen der Individuation = Musterbilder; die Individuen sind die Einzeldarstellungen dieser Muster.

Erste, niedrigste Stufe: Kraft der unbelebten Natur; sie ist grundlos, wie der Charakter des Menschen und nicht dem Satz [vom Grunde] unterworfen. Unsinn zu fragen was ist Ursache der Schwere, oder zu behaupten: Schwere ist Ursache des Falls. Nur die Ursache, daß jetzt der Stein fällt, ist die Anwesenheit der Erde, wie bei menschlichen Handlungen der Charakter. Die Kräfte sind qualit[ates] occ[ultae]; die Physik = Ätiol[ogie] hat nur anzugeben, welche Erscheinungen die Ursache dieser Erscheinungen sind. Die Kräfte werden immer gleich scheinen, mehr an Gesetze gebunden als [an] Handlungen; daß die menschlichen Charaktere viel verschiedener, offenbar bei den Kristallen immer gleich, ein kleinster Teil umfaßt das Ganze. Pflanzen bestehen aus verschiedenen Teilen, bloß Anblick die Idee. Tier aus verschiedenen Abarten; zu verschiedenen Zeiten – Metamorf[ose]. Raum und Zeit notwendig, weil Verstand. Mensch der Vorstellung fähig, weil Vernunft; muß mit Vernunft erforscht werden. Die Menschen sind am meisten individualisiert, jeder wieder anders; auch Geschlechtstrieb, nicht auf Gattung, auf Indiv[iduum] gerichtet. Es erscheint unheimlich, daß diese Substanz immer dieselbe chemische Verbindung hat, nur Täuschung. Wie Wilder, der durch ein Facett[en]glas eine einzige Blume sieht und bei jedem Bild die Blättchenzahl zählt. Zeit = Möglichkeit wechselnder Erscheinungen an derselben Materie. Raum = Möglichkeit des Beharrens derselben Materie im Wechsel der Erscheinungen. Materie = Vereini[gung] von Raum, Zeit und Kausalität = durch und durch Kausalität; Verstand ihr Korrelat nur durch diese Individuation. In Raum und Zeit können sich verschiedene Erscheinungen an derselben Materie verdrängen.

Maschine, welche erst mechanisch geht, da wirkt Magnet auf das Eisen. Ganz anders: Bringe das $ZnSO_4$ mit Cu in Berührung, dann schmelze, verbrenne; Kristall aus dem Salz: Vegetation. Malebranche: Theorie der Gelegenheit. Ursache ist wie eine Pflanze, die auf dem Wust von Steinen sucht, verwurzelt, wenn auch schief und verkümmert, doch zum Licht empor wächst. Die Ursachen sind bloß Gelegenheitsursachen, ebenso bei Handlungen. Der Charakter bestimmt ob gut oder böse, ob der Mensch mit Nüssen oder Kernen, ehrlich oder falsch spielt, ob er kleine Ränke anspinnt, oder diplomatische Intrigen, die die Welt erschüttern; ob derselbe Fliegen quält, oder die Umgebung unglücklich macht. Paragraph 27. Physik muß die Ursachen verbinden, die Erscheinungen ausspüren. Ätiol[ogie] dürfe nicht kühn behaupten alles ist Wille, sowenig als alles ist Gottes

Wille. Naturgesetze = allgemein ausgesprochene Tatsache, die unendlich oft wiederkehrt. Physik = Inventar von Tatsachen. Filosofi betrachtet allein das Allgemeine, ist nicht Ätiol[ogie]. Die Physik sollte nicht alle Kräfte bis auf Undurchdringlichkeit leugnen und alles anorg[anische] außer einer erklären. Ebensowenig Naturlehre. Alles organische aus dem Anorgan[ischen]. Lamarque behauptet alles Leben ist Wirkung der Wärme und Elektrizität; dies wäre dann das Ding an sich; dann wäre alles dieselbe Idee, nichts eine neue Idee. Die Wolkengebilde nicht tierische oder menschlichen Formen nachgebildet; der Leib wäre ein rein zufälliges Zusammentreffen verschiedener unorganischer Bestandteile; es wäre formae accidentales [zufällige Form] nicht substantiales [wesentliche Form] = Grad der Individuation. Schon Newton behauptet, die Hoffnung auf einen Newton des Grashalms wäre vergebens. Es muß überall die gleiche Form auftreten, weil Manifestation des selben Willens; Polarität mit einer und entgegengesetzten Richtung. Schon in Raum und Zeit, Magnetismus, Menschen, El[ektrizität], Chemie.

15.2. Die verschiedenen Erscheinungen kämpfen um Materie, Zeit und Raum, um sich zu verdrängen; wo sie am heftigsten kämpfen höhere Formen, wo chemische Kräfte streiten: Pflanzen. 1. Der Magnet kämpft mit der Schwere. 2. Die Schwere mit der Trägheit; selbst auf einem Klumpen mit Undurchdringlichkeit; die Lebenskraft mit den chemischen Kräften; Gesundheit mit Krankheit; daher Schlaf und Tod notwendig, weil sich Erschöpfung selbst bei siegreichem Kampf einstellt. Nur der Teil der Idee stellt die Objektivation des Willens dar, der nach abziehen dessen, was auf Kampf mit den anderen Objektivationen verloren geht, übrig bleibt: Kampf der Tiere mit den Pflanzen; der Tiere untereinander, serpens nisi serpentem comederit non fit draco [die Schlange kann nur dadurch zum Drachen werden, daß sie eine Schlange verschlingt]. Junger Armpolyp entreißt der Mutter die Nahrung, bevor er von ihr getrennt ist; Kopf der Bulldoggameise beißt den Hinterteil, dieser sticht den Kopf. Menschen kämpfen gegen die Tiere; am meisten untereinander; homo homini lupus [der Mensch dem Menschen ein Wolf]. Zentrif[ugal]- und Zentripet[al]kräfte kämpfen unaufhörlich. Attrakt[iv]- und Repuls[iv]kraft: ohne sie keine Materie, keine einmalige Bewegung; Anstoß für die Planetenbahnen, unaufhörlicher Kampf. Ohne Kampf kein Vorgang in der Materie, aber auch kein Leben. Blinder Drang in der Natur, unfehlbar, auch noch in Pflanzen und Veget[ation]. Teile des Tierleibs doch schon ein Schritt vorwärts; bloßer Reiz genügt nicht, um fürs Tier die Nahrung zu finden; sie muß aufgesucht und ausgewählt werden. Die Natur steckt sich ein Licht auf, bewußter Wille. Organ = ein Ganglion oder Gehirn, Vorstellung im Menschen; zwei Lichter Vernunft (warum ohne besonderes Organ), Besonnenheit, Überblick, Blick in die Vergangenheit und Zukunft, Überlegung, Sorge, Irrtum, causa finalis non movet secundum suum esse reale sed sec[undum] e[sse] cognitum. [Die Endursache wirkt nicht nach ihrem wirklichen, sondern nach ihrem erkannten Wesen.] Geizhals gibt Almosen wegen des Himmels [in der Hoffnung dereinstiger hundertfacher Wiedererstattung]. Kunsttriebe und magnetisches Hellsehen sind entgegengesetzte Pole, scheinbar vernünftige Handlungen ohne Vernunft und vernünftige Erkenntnis, ohne Möglichkeit des Handelns.

1. Der Wille, der Naturwille ohne bestimmtes Objekt, er ist ganz ohne Motiv, vollkommen grundlos, wie die Schwere grundlos ist. 2. Einzelne Menschen können sich ganz vom Zwang des Willens befreien, stellen bloß die Form dar, wie der Spiegel die Form darstellt. Gegenstand = Kunst. 3. Endlich kann der Wille ganz resign[ieren], sich selbst entsagen: Heilige.

3. und 4. Buch: Paragraph 28. Der Wille bleibt derselbe, nur die Art der Objektivation wechselt; wie dieselbe Flamme allen Bildern der Zauberlaterne Licht gibt. Menschen zwar vollkommenste Form der Objektivation aber auch die anderen notwendig. Der Mensch setzt sie voraus, wie Spitze der Pyramide. Die Basis Mensch braucht Tiere, diese Pflanzen, diese unorganische Nahrung, diese Erde, Mond und Sonne. Tiere = absteigende Quint; Pflanzen Terz; Minerale tiefere Oktav. Ideen = einzelne Willensakte, vollkommenere und unvollkommene Individuen, die unzählbare Manifestation einer Idee. In der unorganischen Natur ist empirischer und intelligibler Charakter identisch, keine Zweckmäßigkeit. In der organischen [Natur] alles zweckmäßig, weil Ausdruck deren Willens: Teleologi. Auch das Vergangene nimmt Rücksicht auf das was werden soll. Kant sagt: die Idee des Zweckmäßigen wird von uns hineingebracht, es überrascht uns die Einheit in der Vielheit. Der Vogel baut Nester zweckmäßig; Hirschkäferlarve [nach Schopenhauer: Männliche Larve beißt das Loch im Holz doppelt so groß wie die weibliche, schon für künftige Hörner] zweckmäßig ist nur die Gattung. Die Individuen bekämpfen sich, sie entziehen sich Raum, Zeit und Materie = Vereinigung der beiden.

Paragraph 29. Jeder ist die ganze Welt, durch und durch Wille und zugleich durch und durch Vorstellung. Thales [für den] Makr[okosmos] lehrte dasselbe wie Sokr[ates] [für den] Mikr[okosmos]. Jede Willenserscheinung hat ein Motiv, ein Objekt, das es anstrebt, der Weltwille nicht. Ich weiß immer, was ich augenblicklich will, nicht warum ich überhaupt will. Jeder erfüllte Wille ist verschwundene Täuschung, die Erfüllung allen Willens wäre unendliche Langeweile.

Anordnung am 15.2.

Doppelt folgt aus unserer Theorie: 1. Alles Ausfluß desselben Willens, alles in Harmonie. Vollendung und Symmetrie in der unbelebten Natur; Zweckmäßigkeit. Boden und Nahrung für Pflanzen und Tiere. Zweckmäßiger Bau der Pflanzen; Anpassung der Teile aneinander, an Boden, Luft, Licht, Klima, Standort; noch mehr der Tiere. Teleologie nach Kant: Scheinbar die Einheit in der Vielheit; überrascht uns, scheint uns zweckmäßig; Makro- und Mikr[okosmos] führen zum gleichen Ziel. Die höchste Individuation, der Mensch, setzt die anderen voraus wie Spitze der Pyramide die Basis. Mensch die Tiere, diese Pflanzen, diese Boden, Sonne, Erde. Tiere absteigende Quint; Pflanzen Terz; Mineral erreicht tiefere Quint.

Die einzelnen Willensäußerungen bilden eine harmonische Einheit, sind sich notwendig, aber bekämpfen sich doch immer. Zentripet[al]- und [Zentri]fug[al]kraft, Schwere und Undurchdringlichkeit, Schwere und Magnet; Wärme,

El[ektrizität], Chemi[-] Kraft. Dort setzt Pflanzenbildung ein, wo der Kampf der anderen Objektivationen am heftigsten. serpens nisi s[erpentem] comederit. Kampf der Pflanzen um Raum, Licht; der Tiere mit ihnen, untereinander, dem Menschen. Armpolyp. Buldoggameise. In unorganischer Natur blinder Drang. Zündet sich im Verstand ein Licht an. Ganglion. Organ zunächst in Vernunft ein zweites Licht, in gewisser Beziehung schlechter, kann irren. secundum cognitum. Geizhals, der wegen des Himmels Almosen gibt. Zwei polar entg[egen]gesetzt gleiche Wirk[ungen] der Vernunft. Kunsttrieb handelt vernünftig ohne Vernunft. Erkenntnis, Hellsehen. Höchste Stufe vernünftig (nicht bloß Verstehen); Erkennen ohne Möglichkeit des Handelns. Jeder individuelle Wille hat ein Objekt, ein Motiv; der Weltwille selbst nicht, letzerer ist grundlos; kein Grund warum ich das Leben will.

20.2.05 Dürfte ich in der Naturphilosophie von Kunst reden? Ich behaupte: Die Natur umfaßt alles, ich dürfe über alles reden, auch [über] die Kunst. Wir können die Natur nur durch Kunst erkennen; ist der getreueste Spiegel, beide gar nicht trennbar. Die Vollendung der Natur; die Natur wie sie sein sollte, sein könnte, gebietet nur die Kunst. Nach Schopenhauer ist der Wille der Schöpfer der Welt, aber auch des Weltunglücks. Nur durch Befreiung vom Willen Glück. Die Form des Vorstellens muß bleiben, aber die Individ[uation] des Willens wegfallen, alles Indivi[duelle]; nur die allgemeinen Formen bleiben. Platons Ideen. Die einzelnen Dinge haben keine echte Existenz, sind wandelbar; nur die Ideen. Die einzelnen Wolkenformen, nur daß sie Wasserdünste sind. Die einzelnen Steine im Bach; dessen einzelne Wirbel sind nicht wesentlich. Die Weltbegebenheiten Buchstaben, aus denen wir den Charakter der Menschheit ablesen. Gozzis Dramen [Graf Gozzi, 1720–1806]. Genie = vollkommene Objektität des Geistes. Intu[itives] Erkennen der Idee ohne Haften am Einzelnen. Fantasie heller Spiegel der Welt; was der Wille sich zu formen bemüht, aber wegen des Streits der verschiedenen Individuationen nicht zustande bringt. Genialer Blick Gegensatz vom spähendem Wahnsinn, erkennt das sinnlich Gegebene, es fehlt Erinnerung. Haluz[ination] erkennt das sinnlich Gegebene nicht. Wahnsinn = stellenweise Unterbrechung des Gedächtnisses. Befreiung von der Sklaverei des Willens. Rede des Ipion. Steter Gestaltungswille; künstlich wirksam im allgemeinen; erstens erhaben, zweitens schön; erhaben, was kein Objekt des Willens enthält oder diesem zuwider ist; unendlich fremd; ruhiges Meer, starre Gebirge, Gewitter, brausendes Meer, unendlicher Raum, Sternenhimmel, große Kirche. Alles so großes existiert doch nur, weil ich es denke. Upanischad: omnia ego sum. Gegensatz: Das reizende in der Kunst: Eßwaren, Obst, noch höher nackte Weiber; noch schlechter ekelhaft, was dem Willen entgegen ist. Kunst dürfe häßliches, nie ekelhaftes darstellen. Schön überall, wo Idee hervortritt; besonders schön, wenn sie besonders hervortritt; ganz des Zufälligen entkleidet, oder wenn besonders hohe Individuation dargestellt wird, besonders [der] Mensch. Einzelne Künste; unbelebte starre Natur; Baßtöne der Natur; Kampf der Schwere mit Undurchdringlichkeit; nicht begrifflich, sondern anschaulich, sonst wäre die Elastizität gleich. Die Baukunst: Säulen, Balken, Bogen, Gewölbe, Thürme, Brücken als ob Kartenhäuser; Eiffelturm das Höchste. Wert geht verloren, wenn Holz, wenn verschiedenes Material, wenn alles Bimsstein.

22.2. Nützliche Baukunst, Skulptur, Kapitele; Friese sind nicht Architektur sondern Bildhauerei. Beziehung zum Licht. Licht höchstes Behagen. Longisland. Licht zum besseren Sehen notwendig, aber künstlerische Abstufung von Licht und Schatten in den Winkeln des Baues besondere Kunst. Rücksicht auf praktische Zwecke hemmt daher Baukunst. Im Orient ist so hohe Blüte der Arch[itektur]; muß das praktisch Notwendige schön machen; aber das praktische Bedürfnis hindert auch, weil es Bilder liefert. Dies fehlt der Wasserkunst, Gartenkunst, die die Ideen der Pflanzen darstellen soll. Gase, Fächeln oder Geruchskunst. Alle diese Künste stellen das Objekt wirklich dar, die anderen bilden es nur ab. Landschaftsmalerei doch nicht bloß Pflanzenwelt, auch Erdformation, Gebäude, Gewässer, Schneelandschaft, Tierskulptur. Mahavaknja: Tat twam asi [Dieses Leben bist du. Hindu]. Diese lebendigen Bücher uns viel näher; höchste Stufe der Willensindividuation. Tiermalerei in Bewegung, Anmut, Schönheit in Bewegung. Verhältnis des handelnden Subjekts zur Handlung. Leib muß schön sein, nicht ruhend zur Anmut. Tier schon weniger Ahnung; Genitalien versteckt. Mensch höchste Schönheit; Skulptur; Menschenmalerei nicht eine einzige Idee. Apoll, Bacchus, Antinous, Herkules, Minerva, Venus, Silen, Medusa. Laokoon [Laokoon schreit nicht]; nach ästhetischem: weil nicht schön; nach Hirt: Stickfluß; nach Schopenhauer: weil er nur vergeblich sich anstrengen würde zu schreien [siehe Schopenhauer: Die Welt als Wille und Vorstellung I, Paragr. 46]. Grazie in Bewegung, Beziehung des Handelns subjektiv zur Handlung. Menschenmalerei ist Genremalerei oder Histor[ienmalerei]; beide gleich wichtig. Der Charakter kann überall hervortreten: Bei würfelspielenden und zankenden Bauern, wie bei streitenden Gelehrten oder kämpfenden Feldherren. Die historischen Gemälde haben nominale und reale Bedeutung. Moses [ein] im Wasser gefundenes Findelkind und historischer Moses. Es dürfe nichts hinter der Szene geschehen, wie beim Theater. Unsere Religion stammt nicht von Indern, noch Griechen, sondern von Juden. Der meiste Stoff jüdisch. Christi Geburt als Quietiv höchster Kunst.

Paragraph 49. Bisher Nachahmung einer Seite des Gegenstandes; nennen [es] Kunst, die mit Analogie arbeitet, dürfe nicht begrifflich, muß intui[tiv] sein. Nicht unitas post rem [Einheit nach der Sache] sondern ante rem [Einheit vor der Sache]. Begriffe, wie tote Schachtel, die die Gegenstände nebeneinander enthält; int[uitive] Erkenntnis; wie Blumentopf mit Samen. Analogie auch in Malerei: Das Schöne dürfe nicht dadurch entstehen, daß der Maler von einer schönen Figur den Mund, von der anderen die Nase nimmt. Ein Schönheitsideal ist a pr[iori] immer schön; danach schafft er die Menschheit; Xenofon, Sokr[ates] behauptet, der Maler stückle einzelnes Schönes zusammen. In Erzählung, Poesie, Musik nur Analogie bis auf Schauspielkunst.

27.2.05 Grundgedanke in einfacher Form, wie schöne Figur in einfachem Gewande. Unsinn, phrasenhaft vorgetragen, wie häßliche Gestalt in Putz. Noch derselbe Laokoon, dann Genie = Objektität, erschauen der Ideen des Schönen; nicht begrifflich ableiten. unitas ante rem. Allegorie bedeutet und stellt dar etwas anderes als sie meint, wirkt begrifflich; sie wirkt durch Zeichen; die Sprache der Poesie muß durch Zeichen wirken; Blumen geschmückt für den Frühling; Alter [für] den Winter. Nomin[ale] und reale Bedeutung, wie Nutzen und Schönh[eit], nur die reale ist Kunst. Schöner Knabe, Liebe, Wollust in gelbem Gewand [da ihre Freuden bald welken und gelb wie Stroh werden]. Allegorische Figur des Ruhms wird wie das Wort Ruhm angewendet; Jüngling. Der Schnitter. Wie: le temps decouvre la vrit [Die Zeit deckt die Wahrheit auf]. Reines Symbol: Rose, Lilie, indische Skulptur, allegorisch, griechisch, realistisch. Allegorie paßt in Poesie. Tropus, Tropus; Parabel. Platos Höhle; Don Quixote; Gullivers Reisen; Kleist: Studierlampe, die den Erdkreis erleuchtet. Lavater lass' auch der Mücke den Flügel versengt, den Schädel und all ihr Gehirnchen zersprengt; Licht bleibt doch Licht, und wenn auch die grimmigste Wespe mich sticht, ich laß es doch nicht. Menenius [Agrippa]. Poesie hat durch Worte die Einbildungskraft ins Spiel zu setzen. Fantasie ist ihr Stoff, wie Harmonie des Bildhauers; sie hat die Idee des ganzen menschlichen Lebens durch Begriffe darzustellen; alles nicht bloß das Idol, auch das Alltägliche, das Schlechte, die Verirrungen. Die Sferen [Sphären] der Begriffe müssen sich so schneiden, daß sie wieder anschaulich werden. Homers Epitheta, blaue Augen, kräftig, auch Klang veranschaulicht. *ωςϱειπων* [beliebig, was du willst; schlechthin; nachdem er also so gesprochen hat] quamvis. Geheimnis des Ritmus [Rhytmus] tiefer. Bloß Zeit steht dem Dichter zur Verfügung, er muß sie geschickt markieren [da]durch anschaulich wirken; auf den Zeitsinn wirkt der Stoff anschaulich. Vorteil der Poesie viel mehr der zeitliche Verlauf darstellbar. Hauptsächlich der Mensch; die Idee des Menschen offenbart sich in Handlungen. Mineral, Pflanzen im Raum. Geschichte: Poesie = Porträtmalerei: Historienmalerei. Besser Autobiographie als Geschichte. Dorf stellt die Menschheitsidee so genau wie Weltreich dar. Der Autobiograph verirrt sich wenn er lügt mehr als der Erzähler. Lirik [Lyrik] Darsteller = im Dargestellten. Romanze Idill [Idyll] noch subj. Roman; Epos weniger subj[ektiv]. Der Dichter verschwindet ganz beim Drama. Schöne Lieder kann man ohne Genie machen; Volkslieder auch noch Volksepen, kein Volksdrama. Lied stellt das eigentliche Wollen, Erfüllung, Lust, öfter wieder Schmerz, Sehen, Suchen dar, aber muß doch durch (Blick auf das Sehnen) Kontrast mit dem Objektiven wieder befreien. Goethe Lied an den Mond; Betrunkener Dachdecker, der im Hinunterfallen sieht, daß es halb zwölf Uhr ist. Poesie vermittelt anschauliche Erkenntnis, daß die Identität des Subjekts des Erkennens und Wollens das Wunder *κατεξοχην* [beliebig, schlechthin, was du willst; im eigentlichen Sinn] ist. Kopf und Herz im Kind identisch; im Jüngling gemischt. Die Berge sind für mich Gefühl, sagt Byron; er ist lyrisch. Mann dramatisch; Greis episch. Typus des Dramas das Charakterstück. Anfangs Charakter ist Ruhe; das in Wechselwirkung wie die Wasserkunst; das Wasser in allen Phasen; so muß das Drama den menschlichen Charakter in allen Äußerungen zeigen.

1.3. Paßt auf Schopenhauers Mühle, daß das Trauerspiel der Gipfel des Dramas ist. Die Erscheinungen des Willens zerfleischen sich, führen endlich zur Entsagung. Vollkommene Erkenntnis des Wissens, des Willens wirkt als Quietiv zur freiwilligen Aufgabe des Lebens. Palmira sagt zu Voltaire's Mohammed: „Die Welt ist für Tyrannen: Lebe Du!" Die Kritiker warfen Shakespeare den Mangel poetischer Gerecht[igkeit] vor. Was haben Desd[emona], Ofelia verschuldet? Calderon sagt: die Schuld des Menschen ist, daß er geboren ward. Erbsünde. Drei Arten den Konflikt herbeizuführen: 1. Teuflische Bosheit: Franz Moor, Richard der Dritte, Jago. 2. Blindes Schicksal, außergewöhnliche Zufälle: Oedipus, Braut von Messina. 3. Aus dem Charakter und dem ganzen natürlichen Verlauf gegebener Umstände von selbst: Klavigo, Wallenstein, Faust. Bei den Zufällen spielt Witz eine Rolle. Was sich erreignet muß wahrscheinlich und doch ungewöhnlich sein. Es muß eine große Wahrscheinlichkeit bestehen, daß Begebenheiten, die doch sehr auffällige Eigenschaften haben, sich ereignen; das prägt die Wahrheit ein, die der Dichter lehren will.

Musik liefert keine Nachbilder eines empirisch realen Objekts, auch keine Schilderung in Worten oder sonstigen Zeichen. Haben doch die feststehenden Gesetze, die sich mathematisch begründen lassen, besonders Kons[onanzen] und Diss[onanzen]. Daher nennt sie Leibniz: exerc[itium] math[ematicae] animi nescientis se numerare [eine Übung der Mathematik, bei der der Geist nicht weiß, daß er zählt]. Sie muß doch etwas nachbilden, besonders vollkommen, weil unmittelbar verständlich, weil nach so festen Gesetzen. Schopenhauer kam, nachdem er Musik recht tief auf sich wirken ließ und dann wieder tief nachdachte, auf eine geniale Idee. Genial, man könnte auch sagen witzig, originell. Zusammenstellung von Gedanken, zwar nicht richtige, aber einen gewissen Schein von Richtigkeit weckend; jedenfalls die höhere Stellung der Musik vortrefflich charakterisierend: Musik bildet das unmittelbar innerste Wesen des weltschaffenden Willens in Tönen nach, etwas gar nicht Vorstellbares. Vorstellbar nicht das innerste Wesen, nur die Erscheinung, daher gar nicht beweisbar. Kann nur gefühlt werden; höchster gestalterischer Beweis; das muß niemand glauben. Musik unabhängig von der Erscheinung des Willens, unabhängig von der Existenz der Welt; nicht die anderen Künste. Fein gesagt. Viel Musik würde auch aufhören, wenn keine schwingende Luft, kein Äther wäre, aber das sind bloß die Mittel. Die Malerei braucht außer Pinsel, Farbe, Leinwand auch zu malende Objekte. Musik, braucht kein Objekt, da die Ideen kein sicheres Abbild desselben Willens sind, müssen Übereinstimmungen bestehen, aber nicht wie Gegenstände und Abbilder, sondern wie zwei gleichberechtigte Gegenstände. Musik Bruder der Welt. Die anderen Künste Kinder der Welt. Grundbaß: Schwere, Planet; auf ihn baut sich alles auf. Die Kristalle, Pflanzen, Tiere entstehen daraus, wie die oberen Töne aus dem Grundton. Die Tiefen haben Grenzen der Wahrnehmbarkeit = keine Materie ohne Form und Qualität wahrnehmbar, wie Töne, einen gewissen Grad von Höhe, so Materie einen gewissen Grad von Willensäußerung. Ripienstimmen [Stimmen der begleitenden Instrumente]. Kristalle, Pflanzen, Tiere, die einen mehr dem Boden, die anderen mehr der (ersten Violine verwandt). Mensch ohne tiefere Objektationen undenkbar, wie Melodie ohne Rip[ienstimme] und

Baß; alle scheinen sich zu widerstreiten; bilden eine Einheit; vollkommene Manifestation des Willens nur im Ineinandergreifen aller; vollkommen reines Tonsystem unmöglich, wie Wille ohne Unglück. Melodie = Hauptstimme. Dieses Bild der Menschheit höchst regelmäßig, wie durch Vernunft geregelt; weicht in mannigfaltiger Weise ab und kehrt immer zurück; wie der Wille an ihr immer Neues anstrebt, erreicht und Neues will. Musik nur in Zeit ohne Raum und Kausalität; auch Wille unräumlich. Musiker sagt die tiefste Weisheit in einer Sprache, die er selbst nicht versteht; wie Somnambule. Mensch vom Kompon[isten] ganz verschieden. Rasche, wenig abirrende Melodien sind fröhlich; langsame, stark abirrende traurig. Tanzmusik stellt leicht erreichbares Glück dar; Maestoso schwere, aber doch erreichbar; Adagio Unglück; Moll rätselhaft. Warum Abirren eines halben Tones Gefühl der Trauer, Angst math[ematisch] erklärbar: Tanzmusik in Moll: kleinliche Plackerei; Übergang in andere Tonart: Auftreten des Willens in anderer Form. Plötzliches Abbrechen: Tod. Musik drückt nicht speziell Gefühl aus, nicht einen Gedanken, einen Schmerz, sondern die Freude, den Schmerz; daher verschiedene Pantomime derselben Musik, verschiedene Lieder derselben Melodie; Handlung Nebensache. Rossini: Gewitter nach dem man tanzen könnte. Im Tell die Freiheit Nebensache. Was Zahlen und Geometrie in der Wissenschaft, ist Musik in der Kunst. Musik setzt im Schauspiel ein, wo die Gefühle aufs höchste ansteigen, wo das Wesen der Empfindung hervortritt. Welt = verkörperter Wille, man könnte sagen verkörperte Musik. Begriff unitas post rem [Einheit nach der Sache] Welt in re; Musik: ante rem. Moralphilosophie des Sokrat[es] ohne Naturerklärung = Melodie ohne Harmonie; wie Rousseau wollte. Metaphysik und Physik ohne Etik = Harmonie ohne Melodie. Welt = Sichtbarmachung des Willens; Musik = cam[era] obsc[ura], wo man den Willen erblickt; Schauspiel im Schauspiel, wie im Hamlet. Universalia = Begriffe sind nach Thomas von Aquin schon vor der Weltschöpfung im Geiste Gottes vorhanden gewessen. ante rem.

13.3. Musik ist nicht wie heilige Zeit, Erlösung vom Leben, aber Trost im Leben. Quietiv. Beziehung zu den Zahlen. In der objektiven Welt drückt sich auch alles durch Zahlen aus; die des Pytag[oras]. Die Philosophen der Chinesen im Yking glauben, die Grundlage der Welt ist die Zahl. Schopenhauer stellt die Musik viel höher. Musica est exercitium metaphysicae mentis nescientis se filosofare. [Musik ist eine Übung, bei der der Geist nicht weiß, daß er philosophiert]. Schopenhauer denkt nur an unsere polifone Musik, nicht der Griechen und Römer des Mittelalters, der Türken und Chinesen. Musik nach Darwins Lehre nüchtern, weil Wille nicht nüchtern. Das Essen schmeckt doch gut, auch wenn man den Verdauungsmechanismus kennt. Die Dichtkunst begeistert, die Liebe ist süß, auch die Musik gleich ergreifend; die Pflicht ist gleich bindend. Seneca: Velle non discitur [Wollen läßt sich nicht lernen]. Ethik, Stoiker *διδακτην ειναι την αρητην* [daß die Tugend lehrbar ist]. 1. Sie soll bloß erforschen, auf welcher Grundlage die Moral beruht; sie kann so wenig heilig machen, wie die Ästh[etik] große Künstler. Die intell[ektuellen] Charakter (nach Kant) Dämon, der uns wählte den nicht wir gewählt haben (nach Plato); kann nicht geändert werden wollen, sollen

= hölz. Eisen. 2. Analyse was das Leben ist. Wille frei allmächtig; Wille zum Leben; Pleon[asmus] = Wille: Er muß immer Zeit zu erscheinen, zu leben haben. Wille: die Erscheinung. Gewebe der Maya. [auch Maja; Illusion, die dem in Nichtwissen Befangenen die Erkenntnis seiner Identität verhüllt. Sanskrit]. Weder Wille noch Subjekt können verschwinden; nur Erscheinungen wechseln im Indiv[iduum]. Ernährung, Sekret im geschlossenen, Zeug[ung], Tod. Leichen einbalsamieren: wie Exkrem[ente] aufbewahren. Furcht vor dem Tode, wie unangenehmes Gefühl bei einer natürlichen Körperfunktion. Bei Altersschwäche schmerzlos. Niemand hat in Vergangenheit gelebt; wird in Zukunft leben; jeder *nur jetzt.* Die Zeit ist unendlich; es müßte längst geschehen sein. Warum haben gerade wir unbedeutende Leute dieses Vorrecht, jetzt zu leben. Alle großen Geister schon tot. Maja. Berechnungswunder des Wagenrades immer unten; *Fels im Strom.* Wer das Leben bejaht, hat keinen Tod zu fürchten; wer es verneint, wem es Last ist, keine Erlösung zu erhoffen: *Selbstmord.* Unzweckmäßig dieser Pessim[ismus]; verdammen alle den Selbstmord. Oupnek'hat: Im Tode wird das Auge eins mit der Sonne, Ohr mit der Luft, Nase mit der Erde, Zunge mit dem Wasser, Rede mit dem Feuer. Der Sterbende übergibt jeden Sinn einzeln der Sonne. 3. Spezif[ikation] der Willensfreiheit. Freiheit = Verneinung des Gesetzes. Wille = Ding an sich, ihm nicht unterworfen; aber jede Erscheinung Handlung. Wir kennen die Motive nicht völlig; wissen nicht den Charakter. Das Überlegen ist bloß das Spiel der Motive im Intell[ekt]. Spin[oza], Desk[artes] verwechseln es mit Wille. Für was sich der Wille entscheidet, darauf ist der Intell[ekt] so neugierig, wie für was sich ein Fremder entscheiden wird. So wenig frei wie fallende Stange. Wenn der Wille einmal das unter gleichen Verhältnissen anders wollen könnte. Der Wille könnte anders handeln, dann müßte jedes Glied der Kette anders, die ganze Welt anders sein. Delib[erations]fähigkeit vermehrt das menschliche Unglück gegenüber dem Tiere. Reue bloß Überlegung, künftig anders zu handeln. Reue = geänderte Einsicht; nicht Möglichkeit bei gleicher Einsicht schon früher anders gehandelt zu haben. Befriedigung des Grundes. Gewisssensbisse bloß Erkennen der eigenen unveränderlichen Gründe oder Schlußbeschaffenheit bloß durch Durchschauen des princ[ipium] indivi[duationis]. Tritt Willensfreiheit zur Erscheinung, die nicht etwa Gewissen will, sondern die Verneinung des Willens. Schließlich daß *es vergeblich ist, sich zu bessern*; wie Fatalismus vergeblich handelnd einzugreifen.

15.3.05 Der naive Standpunkt ist völlig rückhaltslose Bejahung des Willens; dadurch kommt jede spez[ielle] Indiv[iduation] des Willens in Konflikt mit jeder anderen. Bell[um] o[mnium] contra o[mnes]. Spaltung = Veruneinigung der Gottheit in den Veden der Nirw[ana]; im Sans[krit] Erschaffung, Entstehung der Welt; auf diesem naiven Standpunkt steht die unbelebte Natur; Schwere mit Elast[izität], Architekt[ur] mit Wasserkraft; Magnet, Elektr[izität] mit Schwere; Pflanzen entziehen dem Boden Wasser, Luft, Nahrung; kämpfen untereinander; Tiere mit Pflanzen; untereinander auch noch völlig naiv; auch Mensch ursprünglich; gebraucht Vernunft zunächst für die eigenen Bedürfnisse. Nicht Wille kämpft mit sich selbst; nur jedes Ind[ividuum] mit jedem anderen. Die Bejahung meines Willens führt zur Verneinung des anderen = Unrecht. Egoismus: Bejahung des eigenen Willens ohne Rücksicht auf andere mit uneingeschränkter Verneinung des anderen = Kannibal[ismus]; Auf Leib: Selbstmord, Körperverletzung, Schmerzbereitung, Einschränkung der Freiheit; Verletzung des Eigentums, Diebstahl; Eigentum, was dem Leib dient. Nicht wer zuerst sich hineinbegibt, wer Wild erlegt, ist Besitzer; nicht nach Kant erst Besitzergreifung, sondern wer Arbeit darauf verwendet, Feld anbaut, Haus baut, Jagdgründe verbessert, gepflanzt hat, bekommt Recht darauf, das nicht von anderen verneint werden dürfe. Oder wer es durch Übereinkommen künftig als Lohn nützlicher Handlungen, fleißiger Dienste erhält. Dadurch entsteht Recht durch einen Vertrag. Die Vernunft: nicht bloß in eigener Weise handeln, auch sich anderen anbequemen. Gesetz = Regelung der verschiedenen Willen. Der Staat hindert bloß, daß Böses geschieht; er kann nicht jeden gut machen; bloß die Äußerung des Schlechten hindern; Strafe bloß um abzuschrecken, nicht Rache. Letzteres würde über die Schnur hauen. Den Willen in entgegengesetzter Weise verneinen, nicht dort aufhören, wo der fremde Wille zu berücksichtigen ist. Es ist falsch, wenn Kant sagt: Mensch dürfe nur Zweck sein. Der bestrafte Verbrecher, der gehenkte Mörder ist Mittel, andere abzuschrecken. Der Staat selbst ist Mittel, böses zu verhindern; kann nicht vollkommenes Glück erreichen. Wenn er seine Mittel vollkommen erreicht hätte: Schlaraffenland; es bleibt Langeweile. Kampf mit anderen Staaten größtes Übel; Krieg: Bejahung des Willens ganzer Völker mit Verneinung des Willens anderer. Endlich: Überbevölkerung. Abhandlung des ganzen Zivil- und Strafrechts; die 5 Hauptsätze.

§63: Die ewige Gerechtigkeit straft, damit nicht gefehlt wird; die Macht rächt. Die Schuld des Daseins; Calderon: Größte Schuld des Menschen, daß er geboren ward. Diese Schuld rächt sich selbst; rächt die höhere Gerechtigkeit. Mangel, Elend, Jammer, Krankheit, Tod. Der Mensch umfaßt Wollust; weiß, daß er damit Qual umfaßt; er sucht Glück durch Böses, durch Hinderung fremden Willens, und schafft sich dadurch selbst böses. Er schafft bloß Glück für den Augenblick. Alles Elend ist eigentlich sein Elend, wenn er das alles überblickt, wie jede Zukunft sein Elend ist. Der Tod löst die Indiv[iduation] wieder auf, sie fließt ins All zurück. Dies heißt Durchschauen des princ[ipium] indiv[iduationis]. Edelmut christlicher Religionen auch in anderen indischen, jüdischen: die Rache ist mein. Der Freiheitsheld mordet den Tyrannen, der andere getötet; der Tyrannentod bleibt doch. Jeder muß sterben; freilich noch schmerzlicher, ewiger Zirkel. Wenn der Einzelne nicht bloß straft sondern rächt, will er sich zum Arm der Gerechtigkeit machen.

20.3. §65: Gut ist relative Angemessenheit des Objektes zu den Bestrebungen des Willens; guter Geschmack, gute Waffen, gutes Buch, gute Werkzeuge. 1. Unmittelbare Befriedigung des Willens angenehm. 2. Für Zukunft förderlich, nützlich. Gegenteil: schlecht. Es gibt kein absolutes Gut. Höchstes Gut: summum bonum = völlige Befriedigung des Willens. Wonach kein Wunsch besteht = contrad[ictio] in adj[ectio]. Der Wille würde aufhören; vernichtet, was er gerade nicht will. Der Mensch ist böse, das Tier schlecht (?). Man sagt auch ein schlechter = böser Mensch.

§ 66: Moral durch Eigenliebe ist Widerspruch, nur durch Durchschauung des pr[incipium] ind[ividuationis]; und doch, wenn ich jemanden durch Grund bewegen will, moralisch zu sein, kann ich ihm nur sagen, er soll aus Eigenliebe moralisch sein. Erste Stufe: Bejahung des eigenen, Verneinung des fremden Willens: böse. Zweite: Gerechte Bejahung des eigenen, wo vertragsmäßig geboten. Dritte: Durchschauen des pr[incipium] ind[ividuationis]; wissen, daß man im All lebt, gänzliche Verneinung des eigenen Willens; absolutes Mitleid; ich bin das All; Askese, Mönche, Buddhisten; allem Eigentum entsagen; allem Genuß. Diogenes. Pascal kochte sich, machte sein Bett, räumte sein Zimmer auf und arbeitete inzwischen über Zahlentheorie. Das hätte er eigentlich lassen sollen *κοδϱος* [„Kodros" Eigenname], Winkelried. Hor[az], Cocles, Giord[ano] Bruno, Huß. Die 300 Spart[aner] *εϱως* [„Liebe", Leidenschaft] und Selbstsucht in einem *αγαπη* [Liebesmahl; „Liebe", Zuneigung, unsinnlich] gemischt. pieta; reines Erbarmen. Wenn wir über andere weinen, empfinden wir, daß wir das All sind. Der ganzen Menschheit Jammer faßt mich an. Wer das pr[incipium] ind[ividuationis] ganz durchschaut, den erfaßt Ekel und Schauder vor der Einzelexistenz; der Schleier der Maja täuscht ihn nicht. Er will nicht nur nicht genießen, nicht einmal wahrnehmen dürfen, sich doch nicht töten. Betrachten der Nasenspitze. Diese heilige Zeit erreichen theoretisch ganz Unwissende; die erschauen die philosophischen Wahrheiten ganz intuit[iv], während Weisheit nicht heilig macht. Schopenhauer selbst war so gescheit, vielleicht der einzige, der von der Richtigkeit seiner Philosophie vollkommen überzeugt war; aber nicht heilig. Philosophie = das ganze Wesen der Welt abstrakt, allgemein und deutlich in Begriffen ([durchgestrichen:] wiederzuspiegeln) zu wiederholen und so als reflektiertes Bild in bleibenden, stets bereitliegenden Begriffen niederzulegen. *Vergleich mit den wichtigsten Ethikern.* Christliche haben entsagt zum Zweck: Leben nur Prüfungszeit. Die heilige Madame de Guion: Ich will gar nichts; weiß kaum, ob ich lebe oder nicht. Verneinung, Geißler, Trappisten; Schopenhauer hielt den Katholiken vor, freiwillige Armut, Enttäuschtheit wird als heilig betrachtet; Verlorenheit bloß Geduld, Abtötung des Fleisches. Noch der indische Saniaßi zwingt sich, nicht zweimal unter demselben Baum [zu ruhen], damit keine Anhänglichkeit. Der Tod ist kein Schmerz, Weiterleben schon; vollständig verneint. Wenn schon das vorübergehende Quietiv der Kunst solche Erregung gewährt, welche erst die vollständige Heiligkeit. Wille strebt immer wieder hervorzubrechen; Versuchung des heiligen Antonius. Verklärung vor dem Tod. Heilige Zufriedenheit gleicht oft der [Zufriedenheit] der in der französischen Revolution zum Tod Verurteilten. Ist diese Auflösung in nichts ein unglücklicher Begriff des Nichts; relativ. Weil wir sind, halten wir das Nichts für Nichts. Maja. Platon: eingehende Untersuchung über das Nichts; es kommt nichts heraus: nihil privat[ivum] [das Nichts durch Beraubung, Wegnahme]. In der Schachtel ist nichts; es ist Luft, vielleicht Baumwolle darin, aber das ist Nichts. Nihil negativ[um] [negatives, absolutes Nichts]. Nicht Luft, nicht Licht, Äther; keine empirische Realität, aber etwas Gedachtes, leerer Raum; doch etwas. Nihil absol[utum]; auch das nicht philosophischer Begriff eines Nichts, was wirklich gar nichts ist. In dieses Nichts gehen wir über. Das ist der eigentliche Weltwille: metaforisch negativ. Wir empfinden nicht die mindeste Betrübnis, daß wir nicht sind. Dieses Nichts scheint uns gar nicht wie Nichts; es ist Täuschung der Maja, daß es schrecklich wäre.

Sommer 1905

Wir betrachten einen einzelnen Philosophen als Leitfaden, unsere Ansicht zu prüfen. Wenig Zeit dafür; das Wenige nutzen. Weltanschauung, Theorie der Weltanschauungen, Weltanschauungen lehren. Schreitet das Wissen fort, Kenntnis einzelner Erscheinungen, wohl Dinge (?). Philosophie = Bildung einer Weltanschauung; Erschütterungen schon der Anschauung von der materiellen Welt. Die Frage, dem ganzen angelehnt, wäre immer wieder, die exakte Wissenschaft führt selbst dazu: Prüfung der Elemente; des Woher. Erkenntnistheorie. Nicht historisch, sondern klassifikatorisch. Worte teilweise historisch. 1. Naiv; wir glauben die Dinge direkt wahrzunehmen, zu wissen; es scheint uns jetzt absurd, nicht so sehr; wir wissen noch nicht, was das Erkennen ist. Wir könnten uns Gott so denken. Diese naive Ansicht wurde nicht durch philosophische Betrachtungen umgeworfen, sondern aus sich selbst.
1. Sinnestäuschung: Traum, Halluz[ination], Spiegel, Fata[morgana], Erddrehung, Schmerz, Lust. 2. Geist, Seele, Kräfte, Dualismus zwischen Materie und Kraft, Körperwelt und Geist. 3. Prüfung des Mittels. 1. Vollkommen naive Weltanschauung. 2. Naiver Kritiz[ismus]. Wir vermögen, daß etwas ist und wie es ist zu erkennen, aber nur zu erschließen; wir müssen das Widersprüchliche kritisch prüfen. 3. Kants Krit[ik]: Wir vermögen gar nicht zu erkennen, wie die Dinge sind, aber daß es Dinge an sich gibt. 4. Monopsych[ismus]. Die Dinge an sich sind Einbildungen; es gibt nur psych[ische] Fän[omene]. Die Welt ist ein Konglom[erat] von Empfindungen, Erinnerungen, Schmerz, Lust, Willensempfindungen. 4. Identitätslehre nur von einer anderen Seite gesehen. 5. Solipsismus. 6. Solofignie. Nur Erfolg ist Kriterium der Wahrheit; Schubladenexper[iment].

1. Was heißt eigentlich wissen, erkennen? Kann man so direkt erkennen? Ist das bloß Mechanismus? 2. Ich meinte als Bub, man kann direkt sehen. Jetzt weiß ich, es ist Mechanismus. Zirkel: wie erkennt man, daß man erkennt und wie man erkennt. 3. Bloß a posteriori durch Schubladenexperiment. 4. Die Empfindungen und überhaupt psych[ischen] Tatsachen sind uns auch unmittelbar gegeben und absolut gewiß; auch sie treten mit der Zeit ein und wir können nur durch das Schubladenexperiment schließen, ob wir sie richtig (zweckmäßig) bezeichnen; doch direkter: sie müssen zunächst stimmen. 5. Man könnte meinen, am einfachsten sie als seiend zu bezeichnen. Wir können nicht die Dinge in seiende und nicht seiende unterscheiden. Die psych[ische] Tatsache stimmt zunächst überein, aber am besten, wenn wir nicht bloß sie sondern hauptsächlich die Dinge in die Sprache einführen (hörbare Sprache, vielspältige und Gedankensprache). 6. Wir nähern uns der ganz naiven Anschauungsweise weiter bedeutend: sie ist doch gut. 7. Es ist unwahr zu sagen, wir können bloß die Qualitäten der Dinge, nicht die Dinge an sich erkennen oder wir können bloß die psych[ischen] Tatsachen,

nicht ihre äußeren Ursachen erkennen. Diese wirklich direkt erkennen gibt es gar nicht. Bezeichnen können wir das eine wie das andere.

24.5.05 Brentanos Philosophie: Ich nenne sie naiven Kritizismus, weil die Schlüsse auf die Dinge kritisiert werden aber mit dem Resultat, daß diese existieren.

1. Gegeben sind die psych[ischen] Fän[omene], Empfindungen, Erinnerungen, Gefühle (Schmerz, Lust, Gleichgültigkeit, musikalische Gefühle, fast Empfindungen). In jedem Augenblick das augenblicklich Vorhandene schon Mehrheit und die Proterästh[etik], das andere Erinnerung. Diese wird erprobt durch das Schubladenexperiment. Man braucht das doch, wenn man das zugibt, komme ich mit viel weniger aus.
2. Es ist gegeben, daß es eine Zahl von Objekten gibt. Rotempfindungen nebeneinander und nacheinander, aber es gibt auch einfache Dinge, die teilbar sind. Ohne eine Zahl von Dingen kein Kolektiv. Begriff zu sein. Beweis: daß man zwei Rot nicht vergleichen könnte.
3. Es muß Kont[inua] geben, je zwei Teile unmittelbar aneinander grenzen. a) Es könnte nicht das Fänomen der Ausdehnung entstehen. Alles würde in einen Punkt zusammenschrumpfen. b) Es könnte in der Zeitsekunde keinen Widerstand finden, nur auf unmittelbar angrenzendes. Raum und Zeit sind die prim[ären] Kont[inua], bei den übrigen Teleiose; erstens Gattung bei Raum und Zeit, zweitens bei Qualitäten in Raum und Zeit.
4. Verschwimmen, wenn räumlich und zeitlich gleich orientiert.
5. Räumliche Bestimmung; zeitliche Bestimmung; qualitative Bestimmung.
6. Qualitätsbestimmung durch Erfüllung des Gesichtsraumes, Gehörraumes.

31.5. Kausalgesetz. Die Regelmäßigkeit könnte reiner Zufall sein; es könnte eine notwendige Verknüpfung bestehen, wie Schlußsatz aus Prämissen; wie nicht hinwegzuschaffendes. Wohl erfüllen Verachtung mit Gutem und Bösem; wo wir uns beobachten nehmen wir direkt solchen Zwang wahr; naiv; auch sonst wohlgefällt oder mißfällt; Lust und Schmerz mit gewissen Empfindungen. Das können wir bis zu einem gewissen Grad beherrschen; man schiebt es ins Gewissen hinein. Ist auch in der unbelebten Natur solcher Zwang notwendig? Kausal.

5.6. Die Begriffe werden nicht weiter erklärt. Rückwärts und vorwärts [sind in] der Zeit verschieden; in einer Weise nur vorwärts. Die Indiv[?] können nicht zerstört werden. Dritte Dimension wesentlich; stete Vervollkommnung der Welt.

[Wintersemester] 1905/6

23.10. Es ist unbekannt, was Naturphilosophie ist. Hegel sagt a priori Naturwissenschaft. Wir knüpfen an Natur- und Geisteswissenschaften an; letztere vom Geiste selbst. Psych[ologie] und von allem was durch Wirken des Geistes zustande kam. Math[ematik] immer zur Naturwissenschaft. Wenn Philosophie Lehre vom einfachsten Grundbegriff, so könnte Naturphilosophie von den Grundbegriffen der Naturwissenschaften handeln: von Zahl, Zeit, Raum, Materie, Kraft, Stoff, Energie. So trug ich einmal vor, sehr beschreibend. Die belebten Wesen gehören zur Natur; auch Psych[ologie] notwendig; auch zur Analyse von Zahl, Zeit, Raum. Innere und äußere Erfahrung; gar nicht streng; Subjekt und Objekt, ist der Leib Subjekt.

25.10. 1. Begriff der Existenz. Existiert Materie oder Energie; psychischer oder physischer Vorgang. 2. Metaphysisch, empirisch, psych[isch]. 3. Verdinglichung. 4. Drei Sätze: a) Alles Innere und Äußere. b) Unmittelbare Erfahrung, nicht erfunden. c) Alles Objekt und Subjekt. 5. Verhältnis zu anderen Wissenschaften. Einleitung zur Physik und Physiol[ogie] und umgekehrt. Grundlage der Geisteswissenschaften. Kant. 6. Reines und empirisches Erkennen. Nichts Teil von Erfahrung, nicht alles durch Erfahrung; a priori [zwei Worte nicht lesbar] ohne Grundlage, rein a priori, alles hat Ursache. Zwei Kennzeichen, gewissermaßen Beweise: Mathem[atische] Urteile alle a priori, auch von gemeinem Verstand, Kausalität, Hume, Notwendigkeit, kein Begriff a priori; Raum, Substanz, Zeit unmittelbar, geschlossen, Zeit wahrnehmbar; Zahl aus Kontin[uum] oder umgekehrt; Zahl aus Erfahrung, zusammenfassend wahrnehmen. Drei müssen etwas besonderes sein, direktes Zusammenfassen was a priori. Beweis: $a + (b + 1) = a + b) + 1$; $a \cdot b = b \cdot a$. Gerade Naturwissenschaft erlaubt metaphysische Urteile; wenn ich anders denke, nicht a priori. Einige Leute bilden es sich ohne Grund ein; auch ein a priori Begriff alles auf Zahl reduziert.

20.11. Synthetisches Urteil; Körper sind ausgedehnt a priori in mathematischer Sicht, aber wie in Naturwissenschaften auch; alles hat Ursache; Hume; Konstanz der Materie; Wirkung = Gegenwirkung; in Metaphysik fraglich. Dogmat[ismus], Skept[izismus], Kritik verwegen doch billig; weniger verwegen als schließen. Prop[osition], Organon, Kanon, nicht moral[isch], sinnl[ich], Verstand, Materie, Form, reine Form. Beitrag zu einer Analyse der Grundbegriffe und Grundgesetze des menschlichen Denkens vom naturwissenschaftlichen Standpunkt. Diese Analyse wurde bisher und wird noch heute als die Aufgabe oder eine der Aufgaben der Philosophie betrachtet. Die Philosophie ist älter als die Naturwissenschaft; die letztere hat sich aus der ersten heraus entwickelt. Descartes, Leibniz, Galilei, Kepler. Princ[ipia] phil[osophiae]; die Methode anfangs dieselbe; allmähliche Trennung; naturwissenschaftliche Methode, später zu Charakter auch allmählich Erfolge in Spezialforschung. Methode dieser angepaßt, auf Grundbegriffe nicht anwendbar. Man überließ sie der Philosophie; nicht Aufgabe der Naturwissenschaft. Zu Zeiten Kants geläufiger Gedanke. Dieser Zustand nicht haltbar; man prüfte wieder die Grundbegriffe, unausrottbar; wieder nach der alten Methode. Verhältnismäßig wenig Fortschritte, die sich in Spezialfragen auszeichnen. Verständlich [ist] das nicht. Das Übel wurde auch in die Naturwissenschaft hineingetragen. Es weckt den Anschein, daß die Probleme viel schwerer seien. Ich habe das Gefühl, [das ist] nicht wirklich schwer; künstliche Erschwerung eines Problems. In Spezialfragen weiß man, was man will; hat sich bestimmte

Methoden zur Verständigung gebildet. Ich glaube, einmal wird diese allgemein als die leichteste erscheinen, aber die Methode ist noch nicht da. Ich kann nicht hoffen mit einem Schlag; nur ganz bescheiden beitragen; hoffe ihn liefern zu können. Wir glauben der Gedanke ist frei; wir sind Sklaven der Denkgewohnheiten, die als unzweckmäßig erkannt nur langsam schwinden. Die anderen sind Sklaven, auch ich selbst kann nur streben.

22.1. Wir haben im allgemeinen Materie, Raum, Zeit behandelt. Immer inhaltsleer, wäre noch leere Zahl, noch mehr logischer Begriff, von innen wieder aufsteigen, spezielle Behandlung, Sache der Naturwissenschaft; Grundlage der Philosophie, Logik fast ganz Philosophie; Philosophie ältere Sicht; wir finden Denkgesetze vor, wir müssen das speziell aus Gefundenem ableiten.

24.1. A priori und a post[eriori] Methode; Beweis dabei verwendend [das] cogito [ergo sum]. Schmitz, Dumont, Petronijević. Etwas muß zugrunde liegen; Ding an sich a pri[ori]. Nichts zunächst Erfahrung, doch seine Existenz. Was existiert? die Materie; die Kraft; die Energie; Frage: ist Materie möglich; ist Kraft möglich; nur sub[jektiv]. Ist diese Bezeichnung passend gewählt, ist Erfahrung möglich? was ist Erfahrung? Nur Bezeichnungen, keineswegs frei gewählt, aber modifizierbar; man muß etwas zugeben: Denkregeln selbst aus ihnen a post[eriori], Methode, Logik mit Mathematik gemein: Das von Dingen, Gedanken, Wahrnehmungen, pos[itives] Kontin[uum] gültig mit dem Zahlbegriff verbunden.
Identität: a ist a; werden solche mit der Beziehung konsequent bleiben; a ist zu jeder Zeit a; es gibt unveränderte Objekte. $a = a$, wenn wir zu beliebigen Zeiten messen. Widerspruch: a ist nicht gleich a; Begriff der Negation; Kausal[ität]; eigentlich nicht auch, wenn wir nicht erwarten, daß es dasselbe sei. Zahl ein anderes; wieder konstant mit der Bezeichnung. Begriff = Vorschrift, wie mit Zeichen zu manipul[ieren]. [Prinzipium] exclu[si] tert[ii]. Entweder rot oder nicht rot, rötlich; gleichzeitig weder das noch das; aber bloß Benennung; ist endliche Zahl. Metalloide und Metalle; gerade und ungerade Zahlen; Sein oder Nichtsein. Nur psych[ische] Akte existieren. Solipsismus. *ψευδομενος* [Lüge, betrügerische Einbildung, Trugwort]. Logik des Aristoteles zusammen mit Zahlbegriff. Anders, alle, einige. Mein Beweis, daß es eine Wahrheit geben muß, ist ein ganz anderer (nicht weil wahr sein müßte, daß alles zweifelhaft ist).

31.1. Connotationen. Erkenntnis durch Kausalgesetz nicht in derselben Weise aus Erfahrung. Quelle der Erfahrung. Wir entstehen unter seinem Einfluß. Man sucht aus der Wahrscheinlichkeit a priori Wahrscheinlichkeit. Nur Sinn, wenn gleichmöglicher Fall. Notwend[ig] subj[ektiv] aus unseren Bezeichnungen oder nach erkanntem Kausalgesetz. Gleichzeitig oder nacheinander Zustand nicht Ursache.

[Nach einigen leeren Seiten; ohne Datum]

Nicht verstehen heißt nicht suchen, daß man dadurch zu zweckmäßigen Handlungen veranlaßt wird, nicht oder durch analoge Schlüsse dazu veranlaßt wird. Aus diesem Kontinuum kann nicht Kontinu[ität] werden; wenn das Bewußtsein Sammelbegriff ist, ist Vergleich unmöglich. Was ist Wissen? Unsere Vernunft gibt nur Entscheidung zu angeborenen Trieben, ihr Geist nicht bloß weil wir denken, daß Ehre schön ist. Warum leben gerade wir jetzt, nicht Schiller? Ist es a priori evident, daß die Ordnung des Zählens gleichgültig; ist das notwendig, die Schwere aber nicht. Der Zeitbegriff muß vorhanden sein, bevor wir an Ererbung desselben denken können. Wenn die Idee einer Belohnung im Himmel vorteilhaft wäre, wäre sie dadurch richtig?

Literatur

Hilbert: Grundlage der Geometrie. Festschrift des Gauß-Weber Denkmals. Teubner, 1899.
Poincaré: La science et l'hypothese. Flammarion.
Hölder: Anschauung in der Geometrie. Antrittsvorlesung. Teubner, 1900.
Kromann: Unsere Naturerkenntnisse. Deutsch von Fischer Benzon. Foundation of geom. mon., IX 1899.
L'espace et le geometr. revue de metaphys. 1895.

Neue Freie Presse.

[Naturphilosophische Vorlesungen Hofrat Boltzmanns.] Hofrat Professor Boltzmann begann heute seine Vorlesungen über Prinzipien der Naturphilosophie. Vor dem Hörsaale hatte sich lange vor Beginn der Vorlesungen eine zahlreiche Zuhörerschaft — darunter auch viele Damen — eingefunden, und bei Oeffnung der Saaltüren entstand ein lebensgefährliches Gedränge. Es waren außer vielen Mitgliedern der Philosophischen Gesellschaft zahlreiche Professoren, darunter auch Dr. Laurenz Müllner, erschienen. Letzterer hatte auf dem Katheder Platz genommen. Der Vortragende, der mit rauschendem Applaus begrüßt wurde, gedachte eingangs seiner Vorlesung Ernst Machs. Dieser habe bewiesen, daß keine Theorie durchaus richtig und selten eine vollkommen falsche ist und daß man durch ständige Kritik jede wissenschaftliche Ansicht von ihren Schlacken befreien müsse. In diesem Sinne gedenke er auch diese Vorlesung zu halten. Doch wenn das Sprichwort sagt, daß Gott mit einem Amte auch den notwendigen Verstand gibt, so sei das beim Ministerium nicht der Fall. Er habe in seinem Leben nur eine philosophische Abhandlung verfaßt und müsse sich damit beruhigen, daß es akademische Lehrer gibt, die in ihrem Fache noch um ein Werk weniger wie er über Philosophie publiziert haben. Er habe die Philosophen, hinter deren Wortschwall er Gedanken meist vergeblich suchte, seit langem verachtet. Und wie man den Demokraten, um ihn zu bekehren, zum Hofrate ernennt, so habe man ihm einen philosophischen Lehrauftrag erteilt. Denn nun könne er nicht mehr, wie früher, auf alle Philosophen schimpfen. Man habe die Philosophie die Königin aller Wissenschaften genannt, und einmal hörte er sie auch eine gottgeweihte Jungfrau nennen, die aber, eben weil sie gottgeweiht ist, ewig unfruchtbar bleiben müsse. Hofrat Boltzmann ging nun auf die Zwecke und Aufgaben der Philosophie ein und erklärte, daß man es ihm als Physiker nicht verdenken dürfe, wenn er Dinge, die sich exakt physikalisch behandeln lassen, der Philosophie entzogen wissen wolle. Er werde seinen Hörern das Beste geben, was er besitze: sich selbst, und er bitte sie darum um Aufmerksamkeit und Vertrauen.

Abb. 14, 15. L. Boltzmanns naturphilosophische Vorlesungen erregten beträchtliches öffentliches Aufsehen.
Abb. 14. Zeitungsausschnitt aus der Neuen Freien Presse (27. Oktober 1903)
Figs. 14, 15. L. Boltzmann's lectures on natural philosophy provoked considerable public interest.
Fig. 14. Cutting from the Neue Freie Presse (27 October 1903)

Arbeiter-Zeitung.

* **Machs Nachfolger.** Seit fünf Jahren liest Mach nicht mehr, von dem man das Wiederaufblühen des philosophischen Studiums in Oesterreich erhofft hatte. Daß er einer der ersten Wahrheitsforscher und darum, mag er sich selbst gegen den Namen noch so sehr sträuben, einer der ersten Philosophen ist, hätte auf die Unterrichtsverwaltung wenig Eindruck gemacht, als er krankheitshalber seine Lehrkanzel im Stiche lassen mußte. Aber daß man selbst in Oesterreich, sogar in Wien, dem Zentralsitz aller durch hohe Behörden geförderten und huldvollst erlaubten Weisheit, eine Ahnung bekam, was dieser Mann zu bedeuten hatte, schuf den hochmögenden Herren Verlegenheit über Verlegenheit. Denn Mach mußte man wohl oder übel einen Nachfolger, und einen angesehenen, geben. Die Fakultät erstattete ihren Vorschlag: er wurde nicht genehmigt, weil der betreffende Gelehrte, Alois Riehl in Halle, vor vielen Jahren als Grazer Professor eine antiklerikale Broschüre verbrochen hatte. Der durfte also einleuchtenderweise nicht Philosophie in Wien lehren, einer Stadt, die sich nach dem Ausspruch eines Unterrichtsministers vor allem dadurch auszeichnet, daß sie der „Sitz des apostolischen Nuntius" ist. Nun bestand die Gefahr, daß das Ministerium eines seiner Protektionskinder — in Oesterreich gibt es für jeden Posten mindestens fünf unfähige Leute, die darauf Anspruch erheben können, Gott sei Dank! — ernennen würde; die Fakultät half sich, indem sie mehr vorsichtig als mutig erklärte, jetzt sei überhaupt niemand würdig, Machs Nachfolger zu werden. Den Gehalt für eine Lehrkanzel zu ersparen, um eine Bildungsmöglichkeit zu verhindern, ist der österreichischen Unterrichtsverwaltung immer sympathisch; aber diesmal ging's doch nicht, wenigstens nicht länger als fünf Jahre. Freilich, die Lehrkanzel bleibt unbesetzt, aber der Nachfolger ist gefunden und vorgestern hat er bereits seine Antrittsvorlesung gehalten: vor einem jubelnden Auditorium sprach Boltzmann über Naturphilosophie. Man hatte entdeckt, daß dieser Große der theoretischen Physik eigentlich ein engerer Kollege von Mach sei, der ja auch einmal ein Physiker war, bevor er Philosophie lehrte; und

Abb. 15. Zeitungsausschnitt aus der Arbeiter Zeitung (29. Oktober 1903)
Fig. 15. Cutting from the Arbeiter Zeitung (29 October 1903)

Arbeiter-Zeitung.

man hatte das Vertrauen, daß Boltzmann schließlich doch wenigstens wußte, was ein Atom ist. Atom? Natürlich auch Atomistik, und wie nahe ist's von da zur Philosophie! Wenigstens Naturphilosophie wird der Mensch doch verstehen, dachten sich die Herren, die vermutlich unter einem „Naturphilosophen" eine Art Naturburschen in philosophicis vorstellen. Boltzmann selbst war gestern unerschöpflich in Bosheiten und Witzen über den Einfall, ihn Philosophie lehren zu lassen: er meinte geradezu, das hieße den Bock zum Gärtner machen. Aber im Ernst gesprochen, wir alle wissen, daß Boltzmann uns etwas zu sagen hat, unter welchem Titel immer er seine Vorlesung hält, und wenn er sich die Rubrik „Naturphilosophie" gefallen ließ, wird er auch den entsprechenden Ausschnitt aus seiner Gedankenwelt geben können. So weit wäre alles in Ordnung. Aber hat man schon gehört, daß etwa die preußische Regierung in Berlin eine philosophische Lehrkanzel aufläßt, weil *Planck* und *van t'Hoff* theoretische Physik und theoretische Chemie an der Universität lehren, beides Männer, die sehr wohl ihr philosophisches Interesse bekundet haben, oder wird die sächsische Regierung einmal *Wundt* keinen Nachfolger geben, weil die Leipziger Universität den Vorzug hat, Wilhelm *Ostwald* als Lehrer der Chemie zu besitzen? Und Ostwald hat sogar eine „Naturphilosophie" geschrieben und gibt eine philosophische Zeitschrift heraus. Doch van t'Hoff, Ostwald — an diese Namen darf man gar nicht rühren, denn sie erinnern an den Skandal, daß sich für eine chemische Lehrkanzel in Wien zwei Jahre lang kein Gelehrter fand. Der Skandal ist in österreichischen Unterrichtsdingen, und gar in Universitätssachen, überhaupt an der Tagesordnung. Heute wollen wir nicht ausführlich darüber reden, aber es soll noch davon gesprochen werden. Nur eine Frage: Philosophieren heißt mit Gedanken experimentieren, wie einmal Mach ausgeführt hat; glaubt das Ministerium, weil es Boltzmann jetzt mit *Gedanken* experimentieren läßt, ihm dafür *das physikalische Institut* absparen zu können, auf das er schon seit Jahren vergeblich harrt?

DIE TECHNISCH-NATURWISSENSCHAFTLICHE ZEIT

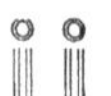

BEILAGE ZU № 432 DER WIENER TAGESZEITUNG „DIE ZEIT“

WIEN, 11. DEZEMBER 1903

INHALT: Prof. Dr. Ludwig Boltzmann: Ein Antrittsvortrag zur Naturphilosophie — Dr. Viktor Grafe Wiesner und seine Schule — Die Lokomotiven der Bergbahnen — Notizen.

Ein Antrittsvortrag zur Naturphilosophie.

Von Hofrat **Prof. Dr. Ludwig Boltzmann.** *)

Meine Damen und Herren!

Sie haben sich ungewöhnlich zahlreich zu den bescheidenen Eingangsworten eingefunden, die ich heute an Sie zu richten habe. Ich kann mir dies

Fig. 1. Die Lokomotiven der Bergbahnen: Ursprüngliche Lokomotive der Rigi-Bahn (1871). (Text hierzu auf Seite 3.)

nur daraus erklären, daß meine gegenwärtigen Vorlesungen in der Tat in gewisser Beziehung ein Kuriosum im akademischen Leben sind, nicht durch Inhalt, nicht durch Form, aber durch begleitende Nebenumstände.

Ich habe nämlich bisher nur eine einzige Abhandlung philosophischen Inhalts geschrieben und wurde hierzu durch einen Zufall veranlaßt. Ich debattierte einmal im Sitzungssaal der Akademie aufs lebhafteste über den unter den Physikern gerade wieder akut gewordenen Streit über den Wert der atomistischen Theorien mit einer Gruppe von Akademikern, unter denen sich Hofrat Prof. Mach befand.

Ich bemerke bei dieser Gelegenheit, daß ich in der Tätigkeit, die mit meiner heutigen Vorlesung beginnt, in gewisser Hinsicht Nachfolger Hofrat Machs bin, und mir eigentlich die Pflicht obgelegen hätte, die Vorlesung mit seiner Ehrung zu beginnen. Ich glaube aber, ihn besonders zu loben, hieße Ihnen gegenüber Eulen nach Athen tragen, und nicht bloß Ihnen gegenüber, sondern jedem Oesterreicher, ja allen Gebildeten der Welt gegenüber.

Mach hat selbst in so geistreicher Weise ausgeführt, daß keine Theorie absolut wahr, aber auch kaum eine absolut falsch ist, daß vielmehr jede Theorie allmählich vervollkommt werden muß, wie die Organismen nach der Lehre Darwins. Dadurch, daß sie heftig bekämpft wird, fällt das Unzweckmäßige allmählich von ihr ab, während das Zweckmäßige bleibt, und so glaube ich, Prof. Mach am besten zu ehren, wenn ich in dieser Weise zur Weiterentwicklung seiner Ideen, soweit es in meinen Kräften steht, das Meinige beitrage.

In jener Gruppe von Akademikern sagte bei der Debatte über die Atomistik Mach plötzlich lakonisch: „Ich glaube nicht, daß die Atome existieren.“ Dieser Ausspruch ging mir im Kopf herum.

Es war mir klar, daß wir Gruppen von Wahrnehmungen zu Vorstellungen von Gegenständen vereinen, wie zu der eines Tisches, eines Hundes, eines Menschen 2c. Wir haben auch Erinnerungsbilder an diese Vorstellungsgruppen. Wenn wir uns neue Vorstellungsgruppen bilden, die diesen Erinnerungsbildern ganz analog sind, so hat die Frage einen Sinn, ob den entsprechenden Gegenständen eine Existenz zukommt oder nicht. Wir haben da gewissermaßen einen genauen Maßstab für den Existenzbegriff. Wir wissen genau, was die Frage bedeutet, ob der Vogel Greif, das Einhorn, ein Bruder von mir existiert. Wenn wir dagegen ganz neue Vorstellungen bilden, wie die des Raumes, der Zeit, der Atome, der Seele, ja selbst Gottes, weiß man da, fragte ich mich, überhaupt, was man darunter versteht, wenn man nach der Existenz dieser Dinge fragt? Ist es da nicht das einzig richtige, sich klar zu werden, was man mit der Frage nach der Existenz dieser Dinge überhaupt für einen Begriff verbindet?

Diskussionen dieser Art bildeten den Gegenstand meiner einzigen Abhandlung aus dem Gebiete der Philosophie. Sie sehen, diese war wohl nicht philosophisch; abstrus genug mindestens, um diesen Namen zu verdienen. Außer ihr habe ich nichts auf diesem Gebiete publiziert.

Nun, das möchte noch hingehen; wenn man recht boshaft sein wollte, könnte man sagen, daß hie und da schon jemand an einer Universität gelehrt hat, der noch um eine, der Publikation würdige Arbeit weniger über sein Fach geschrieben hat.

Jedenfalls aber muß es mich mit der größten Bescheidenheit erfüllen. Man sagt, wem Gott ein Amt gibt, dem gibt er auch den Verstand.

Fig. 2. Die Lokomotiven der Bergbahnen: Jüngste Lokomotiv-Type der Rigi-Bahn (1899). (Text hierzu auf Seite 3.)

Anders das Ministerium; dieses kann zwar den Lehrauftrag, den Gehalt, aber niemals den Verstand geben; für letzteren fällt die Verantwortung allein auf mich.

Nicht bloß bei Verfassung meiner einzigen Abhandlung, auch sonst noch grübelte ich oft über das enorme Wissensgebiet der Philosophie. Un-

Fig. 3. Die Lokomotiven der Bergbahnen: Elektrische Lokomotive der Jungfraubahn (Maschinenfabrik Oerlikon). (Text hierzu auf Seite 3.)

*) Da sich von meiner ersten Vorlesung über Naturphilosophie (gehalten am 26. Oktober) teilweise infolge mißlungener Zeitungsreferate offenbar ganz falsche Ansichten verbreitet haben, so folge ich gern der Aufforderung der Redaktion der „Zeit“, sie zu veröffentlichen. Da die Vorlesung vollkommen frei gehalten wurde, kann ich nicht den Wortlaut, wohl aber unbedingt den Sinn verbürgen.

Abb. 16. Veröffentlichung des Antrittsvortrags in der Technisch-Naturwissenschaftlichen Zeit vom 11. Dezember 1903

Fig. 16. Publication of the inaugural lecture in the Technisch-Naturwissenschaftliche Zeit of 11 December 1903

endlich scheint es mir und meine Kraft schwach. Ein Menschenleben wäre nur wenig, um einige Erfolge auf demselben zu erringen; die unermüdete Tätigkeit eines Lehrers von der Jugend bis zum Alter unzureichend, sie der Nachwelt zu übermitteln, und mir soll dies Nebenbeschäftigung neben einem anderen allein die ganze Kraft erfordernden Lehrgegenstand sein?

Schiller sagt: „Es wächst der Mensch mit seinen Zwecken." Lieber guter Schiller! ach, ich finde, es wächst der Mensch n i c h t mit seinen höheren Zwecken.

Als ich Bedenken trug, diese schwere Last auf mich zu nehmen, sagte man mir, ein anderer würde es auch nicht besser machen. Wie arm erscheint mir dieser Trost in dem Augenblick, wo ich die Last heben soll.

Und doch, was mich niederdrückt, soll es mich nicht wieder aufrichten? Wenn ich, der ich mich so wenig mit Philosophie beschäftigt habe, als der würdigste befunden wurde, sie vorzutragen, ist das nicht doppelt ehrenvoll für mich?

Wenn es für den Professor der Medizin oder der Technik wünschenswert ist, daß er, um nicht zu verknöchern, neben seiner Lehrtätigkeit auch fortwährend Praxis betreibe, ja, wenn man Moltke zum Mitglied der historischen Klasse der Berliner Akademie wählte, nicht weil er Geschichte schrieb, sondern weil er Geschichte machte, vielleicht wählte man auch mich, nicht weil ich über Logik schrieb, sondern weil ich einer Wissenschaft angehöre, bei der man zur täglichen Praxis in der schärfsten Logik die beste Gelegenheit hat.

Bin ich nur mit Zögern dem Rufe gefolgt, mich in die Philosophie heineinzumischen, so mischten sich desto öfter Philosophen in die Naturwissenschaft hinein. Bereits vor langer Zeit kamen sie mir ins Gehege. Ich verstand nicht einmal, was sie meinten, und wollte mich daher über die Grundlehren aller Philosophie besser informieren.

Um gleich aus den tiefsten Tiefen zu schöpfen, griff ich nach Hegel; aber welch unklaren, gedankenlosen Wortschwall sollte ich da finden! Mein Unstern führte mich von Hegel zu Schopenhauer. In der Vorrede des ersten Werkes des letzteren, das mir in die Hände fiel, fand ich folgenden Passus, den ich hier wörtlich verlesen will: „Die deutsche Philosophie steht da mit Verachtung beladen, vom Ausland verspottet, von der redlichen Wissenschaft ausgestoßen gleich einer . . . . ." Den folgenden Passus unterdrücke ich im Hinblick auf die anwesenden Damen. „. . . . Die Köpfe der jetzigen gelehrten Generation sind desorganisiert durch Hegelschen Unsinn. Zum Denken unfähig, roh und betäubt, werden sie die Beute des platten Materialismus, der aus dem Basiliskenei hervorgekrochen ist." Damit war ich nun freilich einverstanden, nur fand ich, daß Schopenhauer seine eigenen Keulenschläge ganz wohl auch selbst verdient hätte.

Allein auch Herbarts Rechnungen über Erscheinungen der Psychologie schienen mir eine Persiflage auf die analogen Rechnungen in den exakten Wissenschaften. Ja, selbst bei Kant konnte ich verschiedenes so wenig begreifen, daß ich bei dessen sonstigem Scharfsinn fast vermutete, daß er den Leser zum Besten haben wolle oder gar heuchle. So entwickelte sich damals in mir ein Widerwille, ja Haß gegen die Philosophie. Im Hinblick auf diese alten philosophischen Systeme möchte ich fast sagen, daß man in mir den Bock zum Gärtner gemacht hat. Oder hat man mir gerade diesen Lehrauftrag erteilt, wie man einen alten Demokraten zum Hofrat ernennt, damit er vollends aus einem Saulus zum Paulus werde? Ich fürchte, zwischen Bock und Hofrat werde ich in diesen Vorlesungen hin- und herschwanken, und wenn ich auch nie in den Stil, wovon ich eben eine Probe vorlas, zu verfallen hoffe, so werde ich vielleicht doch hie und da etwas derb nach der Machschen Methode an der Vervollkommnung philosophischer Systeme arbeiten.

Mein Widerwille gegen die Philosophie wurde übrigens damals fast von allen Naturforschern geteilt. Man verfolgte jede metaphysische Richtung und suchte sie mit Stumpf und Stiel auszurotten; doch diese Gesinnung dauerte nicht an. Die Metaphysik scheint einen unwiderstehlichen Zauber auf den Menschengeist auszuüben, der durch alle mißlungenen Versuche, ihren Schleier zu heben, nicht an Macht einbüßt. Der Trieb zu philosophieren, scheint uns unausrottbar angeboren zu sein. Nicht bloß Robert Mayer, der ja durch und durch Philosoph war, auch Maxwell, Helmholtz, Kirchhoff, Ostwald und viele andere opferten ihr willig und erkannten ihre Fragen als die höchsten an, so daß sie heute wieder als Königin der Wissenschaften dasteht.

Schon ein Mann, welcher an der Wiege der induktiven Wissenschaft stand, Roger Bacon von Verulam, nennt sie eine gottgeweihte Jungfrau; freilich fügt er dann gleich wieder malitiös bei, daß sie gerade dieser hohen Eigenschaft wegen ewig unfruchtbar bleiben müsse. Unfruchtbar sind allerdings viele Untersuchungen auf metaphysischem Gebiete geblieben, aber wir wollen doch die Probe machen, ob jede Spekulation auch völlig unfruchtbar sein müsse. Schon am Eingang zu unserer Tätigkeit finden wir eine große Schwierigkeit, die, den Begriff der Philosophie festzustellen. (Hier geht der Vortragende die wichtigsten bisher gebräuchlichen Definitionen der Philosophie durch, von denen ihm jede unhaltbar scheint. Hierauf fährt er fort:) Bei so schwierigen Dingen kommt es zunächst auf die richtige Fragestellung an. Wir wollen daher vorerst die Frage selbst genauer analysieren. Man kann sie in den folgenden verschiedenen Formen stellen: 1. Wie wurde die Philosophie von den verschiedenen Philosophen definiert? 2. Welche Definition würde dem allgemeinen Sprachgebrauch am besten entsprechen? 3. Welche scheint mir am zweckmäßigsten? 4. Wie will ich ohne Rücksicht darauf, wie es andere taten, ob es dem Sprachgebrauche entspricht, ob es zweckmäßig ist, einem unwiderstehlichen Zwange gemäß den Begriff der Philosophie fassen? Wie drängt mich mein inneres Gefühl, jede Faser meines Denkens, die Frage zu lösen? Wir können jede dieser Fragen wieder in mehrere spalten und analysieren. Absolute Gründlichkeit würde auch dann noch nicht erreicht. Aber wir setzen die Analyse nicht weiter fort, weil wir uns jetzt passabel zu verstehen glauben.

Ich will nun die Frage im letzteren Sinne beantworten: Welche Definition der Philosophie drängt sich mir mit innerem unwiderstehlichen Zwange auf? Da empfand ich stets wie einen drückenden Alp das Gefühl, daß es ein unauflösbares Rätsel sei, wie ich überhaupt existieren könne, daß eine Welt existieren könne, und warum sie gerade so und nicht irgendwie anders sei. Die Wissenschaft, der es gelänge, dieses Rätsel zu lösen, schien mir die größte, die wahre Königin der Wissenschaften, und diese nannte ich Philosophie.

Ich gewann immer mehr an Naturkenntnis, ich nahm die Darwinsche Lehre in mich auf und ersah daraus, daß es eigentlich verfehlt ist, so zu fragen, daß es auf diese Frage keine Antwort gibt; aber die Frage kehrte immer mit gleicher zwingender Gewalt wieder. Wenn sie unberechtigt ist, warum läßt sie sich dann nicht abweisen? Daran knüpfen sich noch unzählige andere: Wenn es hinter den Wahrnehmungen noch etwas gibt, wie können wir auch nur zur Vermutung davon gelangen?*) Wenn es nichts gibt, würde dann eine Marslandschaft oder die eines Sirius-Trabanten wirklich nicht existieren, wenn kein belebtes Wesen je imstande ist, sie wahrzunehmen? Wenn alle diese Fragen sinnlos sind, warum können wir sie nicht abweisen, oder was müssen wir tun, damit sie endlich zum Schweigen gebracht werden? Licht in diesen Fragen wenigstens zu suchen, soll die Aufgabe meiner gegenwärtigen Vorlesungen sein.

*) Auf die Notwendigkeit, daß neben den Wahrnehmungen auch der Trieb, Objekte zu denken, gegeben sein muß, wies, wenn ich ihn recht verstand, der früher gelästerte Schopenhauer hin.

Ich habe bisher keine Ahnung, wo es zu finden ist, ich lebe daher in einer wahren Faust-Stimmung. Dieser sagt ja auch: „Ich soll lehren mit saurem Schweiß, was ich selbst nicht weiß." Ich will es auch nicht lehren, sondern bloß alles zusammensuchen, was dazu beitragen kann, langsam und langsam Licht in dieses Dunkel zu bringen und Sie dazu anregen, in gemeinsamer Arbeit mit mir das Beste zu tun, um die Erreichung dieses Zieles zu fördern.

Meine Methode vorzutragen, mag manchem absonderlich erscheinen, vielleicht ist sie doch echt akademisch. Der akademische Vortrag im höchsten Sinne des Wortes hat ja weniger den Zweck, fertige Lösungen von Problemen zu lehren, als vielmehr Probleme zu stellen und die Anregung zu ihrer Lösung zu geben. Wir werden daher die verschiedenen Grundbegriffe aller Wissenschaften durchgehen und alle mit Rücksicht auf dieses vorgesteckte Ziel betrachten, **sub specie philosophandi.**

Ich eile nun zum Schlusse. Ich gab meiner ersten Vorlesung in Wien einen Schluß, der mir besonders gefiel, nicht seines Inhalts, nicht seiner Form wegen, sondern weil er gerade das ausdrückte, was mir am Herzen lag; nicht weil er geistreich gemacht war, sondern weil er nicht gemacht war. Ich empfinde heute genau wieder dasselbe und kann es daher nicht anders als wieder mit denselben Worten ausdrücken: Ich sagte damals: „Meine Damen und Herren: Vieles ist es, was ich Ihnen in diesen Vorlesungen darbieten soll, komplizierte Lehrsätze, verwickelte Schlußfolgerungen, schwer zu erfassende Beweise. Verzeihen Sie, wenn ich von alledem Ihnen heute noch nichts bot. Ich wollte Ihnen heute nur ein Weniges geben, freilich alles, was ich habe, meine ganze Denk- und Sinnesweise, mein innerstes Gemüt, mit einem Worte, mich selbst.

Ich werde auch im Verlaufe der Vorlesungen viel von Ihnen fordern müssen: angestrengten Fleiß, gespannte Aufmerksamkeit, unermüdliche Arbeit. Aber heute will ich Sie um etwas ganz anderes bitten: um Ihr Vertrauen, Ihre Zuneigung, Ihre Liebe, mit einem Worte, um das Beste, was Sie haben, Sie selbst. Diese Worte von damals sollen auch heute den Schluß meiner Rede an Sie bilden.

Wiesner und seine Schule.

Von Dr. Viktor Grafe.

Vor einigen Monaten hat die Wiener Universität ein Doppelfest gefeiert, das Fest des dreißigjährigen Bestandes ihres pflanzenphysiologischen Instituts und zugleich das Jubiläum des Hofrates Prof. Dr. Julius Wiesner, des Schöpfers und derzeitigen Leiters dieses Instituts, welcher an diesem Tage das dreißigste Jahr seiner akademischen Lehrtätigkeit an unserer Universität vollendet hatte. Was in diesen dreißig Jahren von dem Institut und seinem Begründer an wissenschaftlicher Arbeit geleistet worden ist, zeigt die aus Anlaß der Feier erschienene Festschrift*) schon äußerlich. Es ist ein starker Band, und die Autoren haben es verstanden, das kolossale Tatsachenmaterial in jener kristallklaren, durchsichtigen Weise zu verarbeiten, die Wiesner als Lehrer mit so berühmt gemacht hat und die sich auf seine Schüler vererbt zu haben scheint. In der übersichtlichen systematischen Art seiner Darstellung ist das Buch auch für jeden gebildeten Laien, der sich über die vergangenen, für die Entwicklung der Botanik und der Naturwissenschaften überhaupt

*) „Wiesner und seine Schule." Ein Beitrag zur Geschichte der Botanik. Festschrift anläßlich des dreißigjährigen Bestandes des pflanzenphysiologischen Instituts der Wiener Universität von Dr. Karl und Ludwig Linsbauer und Leopold R. v. Portheim, mit einem Vorwort von Prof. Dr. Hans Molisch. (Alfred Hölder, Wien, 1903.)

Der „Antrittsvortrag" (Erste und zweite Vorlesung) [1]

Meine Damen und Herren!

Sie haben sich ungewöhnlich zahlreich zu den bescheidenen Eingangsworten eingefunden, die ich heute an Sie zu richten habe. Ich kann mir dies nur daraus erklären, daß meine gegenwärtigen Vorlesungen in der Tat in gewisser Beziehung ein Kuriosum im akademischen Leben sind, nicht durch Inhalt, nicht durch Form, aber durch begleitende Nebenumstände.

Ich habe nämlich bisher nur eine einzige Abhandlung philosophischen Inhalts geschrieben, und wurde hierzu durch einen Zufall veranlaßt. Ich debattierte einmal im Sitzungssaal der Akademie aufs lebhafteste über den unter den Physikern gerade wieder akugewordenen Streit über den Wert der atomistischen Theorien mit einer Gruppe von Akademikern, unter denen sich Hofrat Professor Mach befand.

Ich bemerke bei dieser Gelegenheit, daß ich in der Tätigkeit, die mit meiner heutigen Vorlesung beginnt, in gewisser Hinsicht Nachfolger Hofrat Machs bin, und mir eigentlicht die Pflicht oblegen hätte, die Vorlesung mit seiner Ehrung zu beginnen. Ich glaube aber, ihn besonders zu loben, hieße Ihnen gegenüber Eulen nach Athen tragen, und nicht bloß Ihnen gegenüber, sondern jedem Österreicher, ja allen Gebildeten der Welt gegenüber.

Mach hat selbst in so geistreicher Weise ausgeführt, daß keine Theorie absolut wahr, aber auch kaum eine absolut falsch ist, daß vielmehr jede Theorie allmählich vervollkommnet werden muß, wie die Organismen nach der Lehre Darwins. Dadurch, daß sie heftig bekämpft wird, fällt das Unzweckmäßige allmählich von ihr ab, während das Zweckmäßige bleibt, und so glaube ich, Prof. Mach am besten zu ehren, wenn ich in dieser Weise zur Weiterentwicklung seiner Ideen, soweit es in meinen Kräften steht, das Meinige beitrage.

In jener Gruppe von Akademikern sagte bei der Debatte über die Atomistik Mach plötzlich lakonisch: „Ich glaube nicht, daß die Atome existieren". Dieser Ausspruch ging mir im Kopf herum.

Es war mir klar, daß wir Gruppen von Wahrnehmungen zu Vorstellungen von Gegenständen vereinen, wie zu der eines Tisches, eines Hundes, eines Menschen usw. Wir haben auch Erinnerungsbilder an diese Vorstellungsgruppen. Wenn wir uns neue Vorstellungsgruppen bilden, die diesen Erinnerungsbildern ganz analog sind, so hat die Frage einen Sinn, ob den entsprechenden Gegenständen eine Existenz zukommt oder nicht. Wir haben da gewissermaßen einen genauen Maßstab für den Existenzbegriff. Wir wissen genau, was die Frage bedeutet, ob der Vogel Greif, das Einhorn, ein Bruder von mir existiert. Wenn wir dagegen ganz neue Vorstellungen bilden, wie die des Raumes, der Zeit, der Atome, der Seele, ja selbst Gottes, weiß man da, fragte ich mich, überhaupt, was man darunter versteht, wenn man nach der Existenz dieser Dinge fragt? Ist es da nicht das einzig

---

[1] Erstveröffentlichung als „Ein Antrittsvortrag zur Naturphilosophie" in „Die Technisch-Naturwissenschaftliche Zeit", Beilage zu No. 432 der Wiener Tageszeitung „Die Zeit", 11. Dezember 1903, Seite 1–2.

richtige, sich klar zu werden, was man mit der Frage nach der Existenz dieser Dinge überhaupt für einen Begriff verbindet?

Diskussionen dieser Art bildeten den Gegenstand meiner einzigen Abhandlung aus dem Gebiete der Philosophie. Sie sehen, diese war wohl echt philosophisch; abstrus genug mindestens, um diesen Namen zu verdienen. Außer ihr habe ich nichts auf diesem Gebiete publiziert. Nun, das möchte noch hingehen; wenn man recht boshaft sein wollte, könnte man sagen, daß hier und da schon jemand an einer Universität gelehrt hat, der noch um eine, der Publikation würdige Arbeit weniger über sein Fach geschrieben hat.

Jedenfalls aber muß es mich mit der größten Bescheidenheit erfüllen. Man sagt, wem Gott ein Amt gibt, dem gibt er auch den Verstand. Anders das Ministerium; dieses kann zwar den Lehrauftrag, den Gehalt, aber niemals den Verstand geben; für letzteren fällt die Verantwortung allein auf mich.

Nicht bloß bei Verfassung meiner einzigen Abhandlung, auch sonst grübelte ich oft über das enorme Wissensgebiet der Philosophie. Unendlich scheint es mir und meine Kraft schwach. Ein Menschenleben wäre nur wenig, um einige Erfolge auf demselben zu erringen; die unermüdete Tätigkeit eines Lehrers von der Jugend bis zum Alter unzureichend, sie der Nachwelt zu übermitteln, und mir soll dies Nebenbeschäftigung neben einem anderen, allein die ganze Kraft erfordernden Lehrgegenstand sein?

Schiller sagt: „Es wächst der Mensch mit seinen Zwecken". Lieber guter Schiller! Ach, ich finde, es wächst der Mensch nicht mit seinen höheren Zwecken.

Als ich Bedenken trug, diese schwere Last auf mich zu nehmen, sagte man mir, ein anderer würde es auch nicht besser machen. Wie arm erscheint mir dieser Trost in dem Augenblick, wo ich die Last heben soll.

Und doch, was mich niederdrückt, soll es mich nicht wieder aufrichten? Wenn ich, der ich mich so wenig mit Philosophie beschätigt habe, als der würdigste befunden wurde, sie vorzutragen, ist das nicht doppelt ehrenvoll für mich?

Wenn es für den Professor der Medizin oder der Technik wünschenswert ist, daß er, um nicht zu verknöchern, neben seiner Lehrtätigkeit auch fortwährend Praxis betreibe, ja wenn man Moltke zum Mitglied der historischen Klasse der Berliner Akademie wählte, nicht weil er Geschichte schrieb, sondern weil er Geschichte machte, vielleicht wählte man auch mich, nicht weil ich über Logik schrieb, sondern weil ich einer Wissenschaft angehöre, bei der man zur täglichen Praxis in der schärfsten Logik die beste Gelegenheit hat.

Bin ich nur mit Zögern dem Rufe gefolgt, mich in die Philosophie hineinzumischen, so mischten sich desto öfter Philosophen in die Naturwissenschaft hinein. Bereits vor langer Zeit kamen sie mir ins Gehege. Ich verstand nicht einmal, was sie meinten, und wollte mich daher über die Grundlehren aller Philosophie besser informieren.

Um gleich aus den tiefsten Tiefen zu schöpfen, griff ich nach Hegel; aber welch unklaren, gedankenlosen Wortschwall sollte ich da finden! Mein Unstern führte mich von Hegel zu Schopenhauer. In der Vorrede des ersten Werkes des letzteren, das mir in die Hände fiel, fand ich folgenden Passus, den ich hier wörtlich verlesen will: „Die deutsche Philosophie steht da mit Verachtung beladen, vom Ausland verspottet, von der redlichen Wissenschaft ausgestoßen gleich einer ...". Den folgenden Passus unterdrücke ich im Hinblick auf die anwesenden Damen. „... Die Köpfe der jetzigen gelehrten Generation sind desorganisiert durch Hegelschen Unsinn. Zum Denken unfähig, roh und betäubt, werden sie die Beute des platten Materialismus, der aus des Basilisken Ei hervorgekrochen ist". Damit war ich nun freilich einverstanden, nur fand ich, daß Schopenhauer seine eigenen Keulenschläge ganz wohl auch selbst verdient hätte.

Allein auch Herbarts Rechnungen über Erscheinungen der Psychologie schienen mir eine Persiflage auf die analogen Rechnungen in exakten Wissenschaften. Ja, selbst bei Kant konnte ich verschiedenes so wenig begreifen, daß ich bei dessen sonstigem Scharfsinn fast vermutete, daß er den Leser zum besten haben wolle oder gar heuchle. So entwickelte sich damals in mir ein Widerwille, ja Haß gegen die Philosophie. Im Hinblick auf diese alten philosophischen Systeme möchte ich fast sagen, daß man in mir den Bock zum Gärtner gemacht hat. Oder hat man mir gerade diesen Lehrauftrag erteilt, wie man einen alten Demokraten zum Hofrat ernennt, damit er vollends aus einem Saulus zum Paulus werde? Ich fürchte, zwischen Bock und Hofrat werde ich in diesen Vorlesungen hin- und herschwanken, und wenn ich auch nie in den Stil, wovon ich eben eine Probe vorlas, zu verfallen hoffe, so werde ich vielleicht doch hier und da etwas derb nach der Machschen Methode an der Vervollkommnung philosophischer Systeme arbeiten.

Mein Widerwille gegen die Philosophie wurde übrigens damals fast von allen Naturforschern geteilt. Man verfolgte jede metaphysische Richtung und suchte sie mit Stumpf und Stiel auszurotten; doch diese Gesinnung dauerte nicht an. Die Metaphysik scheint einen unwiderstehlichen Zauber auf den Menschengeist auszuüben, der durch alle mißlungenen Versuche, ihren Schleier zu heben, nicht an Macht einbüßt. Der Trieb, zu philosophieren, scheint uns unausrottbar angeboren zu sein. Nicht bloß Robert Mayer, der ja durch und durch Philosoph war, auch Maxwell, Helmholtz, Kirchhoff, Ostwald und viele andere opferten ihr willig und erkannten ihre Fragen als die höchsten an, so daß sie heute wieder als die Königin der Wissenschaften dasteht.

Schon ein Mann, welcher an der Wiege der induktiven Wissenschaft stand, Roger Bacon von Verulam, nennt sie eine gottgeweihte Jungfrau; freilich fügt er dann gleich wieder malitiös bei, daß sie gerade dieser hohen Eigenschaft wegen ewig unfruchtbar bleiben müsse. Unfruchtbar sind allerdings viele Untersuchungen auf metaphysischem Gebiete geblieben, aber wir wollen doch die Probe machen, ob jede Spekulation auch wirklich unfruchtbar sein müsse. Schon am Eingang zu unserer Tätigkeit finden wir eine große Schwierigkeit, die, den Begriff der Philosophie festzustellen. (Hier geht der Vortragende die wichtigsten bisher gebräuchlichen Definitionen der Philosophie durch, von denen ihm jede unhaltbar scheint. Hierauf fährt er fort:)[2] Bei so schwierigen Dingen kommt es zunächst auf die richtige Fragestellung an. Wir wollen daher vorerst die Frage selbst genauer analysieren. Man kann sie in den folgenden verschiedenen Formen

---

[2] Kürzung durch die Schriftleitung der „Zeit" (siehe 2. Vorlesung, S. 80, 81).

stellen: 1. Wie wurde die Philosophie von den verschiedenen Philosophen definiert? 2. Welche Definition würde dem allgemeinen Sprachgebrauch am besten entsprechen? 3. Welche scheint mir am zweckmäßigsten? 4. Wie will ich ohne Rücksicht darauf, wie es andere taten, ob es dem Sprachgebrauche entspricht, ob es zweckmäßig ist, einem unwiderstehlichen Zwange gemäß den Begriff der Philosophie fassen? Wie drängt mich mein inneres Gefühl, jede Faser meines Denkens, die Frage zu lösen? Wir können jede dieser Fragen wieder in mehrere spalten und analysieren. Absolute Gründlichkeit würde auch dann noch nicht erreicht. Aber wir setzen die Analyse nicht weiter fort, weil wir uns jetzt passabel zu verstehen glauben.

Ich will nun die Frage im letzteren Sinne beantworten: Welche Definition der Philosophie drängt sich mir mit innerem unwiderstehlichem Zwange auf? Da empfand ich stets wie einen drückenden Alp das Gefühl, daß es ein unauflösbares Rätsel sei, wie ich überhaupt existieren könne, daß eine Welt existieren könne, und warum sie gerade so und nicht irgendwie anders sei. Die Wissenschaft, der es gelänge, dieses Rätsel zu lösen, schien mir die größte, die wahre Königin der Wissenschaften, und diese nannte ich Philosophie.

Ich gewann immer mehr an Naturkenntnis, ich nahm die Darwinsche Lehre in mich auf und ersah daraus, daß es eigentlich verfehlt ist, so zu fragen, daß es auf diese Frage keine Antwort gibt; aber die Frage kehrte immer mit gleicher zwingender Gewalt wieder. Wenn sie unberechtigt ist, warum läßt sie sich dann nicht abweisen? Daran knüpfen sich unzählige andere: Wenn es hinter den Wahrnehmungen noch etwas gibt, wie können wir auch nur zur Vermutung davon gelangen?[3] Wenn es nichts dahinter gibt, würde dann eine Marslandschaft oder die eines Sirius-Trabanten wirklich nicht existieren, wenn kein belebtes Wesen je imstande ist, sie wahrzunehmen? Wenn alle diese Fragen sinnlos sind, warum können wir sie nicht abweisen, oder was müssen wir tun, damit sie endlich zum Schweigen gebracht werden? Licht in diesen Fragen wenigstens zu suchen, soll die Aufgabe meiner gegenwärtigen Vorlesungen sein.

Ich habe bisher keine Ahnung, wo es zu finden ist, ich lebe daher in einer wahren Faust-Stimmung. Dieser sagt ja auch: „Ich soll lehren mit sauerm Schweiß, was ich selbst nicht weiß". Ich will es auch nicht lehren, sondern bloß alles zusammensuchen, was dazu beitragen kann, langsam und langsam Licht in dieses Dunkel zu bringen und Sie dazu anregen, in gemeinsamer Arbeit mit mir das beste zu tun, um die Erreichung dieses Zieles zu fördern.

Meine Methode vorzutragen, mag manchem absonderlich erscheinen, vielleicht ist sie doch echt akademisch. Der akademische Vortrag im höchsten Sinne des Wortes hat ja weniger den Zweck, fertige Lösungen von Problemen zu lehren, als vielmehr Probleme zu stellen und die Anregung zu ihrer Lösung zu geben. Wir werden daher die verschiedenen Grundbegriffe aller Wissenschaften durchgehen und alle mit Rücksicht auf diese vorgesteckte Ziel betrachten subspecie philosophandi.

---

[3] Auf die Notwendigkeit, daß neben den Wahrnehmungen auch der Trieb, Objekte zu denken, gegeben sein muß, wies, wenn ich ihn recht verstand, der früher gelästerte Schopenhauer hin.

Schon der Titel, den ich meinen gegenwärtigen Vorlesungen gab, ist ein Stein des Anstoßes. Dieser ist nämlich die wörtliche Übersetzung des Titels des ersten und größten Werkes, das über theoretische Physik geschrieben wurde, den principia philosophiae naturalis von Newton. Würde ich ihn im selbsen Sinne wie Newton verstehen, so müßte ich einen Grundriß der theoretischen Physik vortragen. Ich habe diesen Titel nur gewählt, um Ihnen zu zeigen, wie wenig der Philosoph an Worten kleben darf. Die Worte sind genau dieselben, aber wir verstehen darunter heute etwas total anderes, als Newton zu seiner Zeit und die konservativen Engländer teilweise noch heute.

Ich eile nun zum Schlusse. Ich gab meiner ersten Vorlesung in Wien einen Schluß, der mir besonders gefiel, nicht seines Inhalts, nicht seiner Form wegen, sondern weil er gerade das ausdrückte, was mir am Herzen lag; nicht weil er geistreich gemacht war, sondern weil er nicht gemacht war. Ich empfinde heute genau wieder dasselbe und kann es daher nicht anders als wieder mit denselben Worten ausdrücken: Ich sagte damals: „Meine Damen und Herren: Vieles ist es, was ich Ihnen in diesen Vorlesungen darbieten soll, komplizierte Lehrsätze, verwickelte Schlußfolgerungen, schwer zu erfassende Beweise. Verzeihen Sie, wenn ich von alledem Ihnen heute noch nichts bot. Ich wollte Ihnen heute nur weniges geben, freilich alles, was ich habe, meine ganze Denk- und Sinnesweise, mein innerstes Gemüt, mit einem Worte, mich selbst.

Ich werde auch im Verlaufe der Vorlesungen viel von Ihnen fordern müssen: angestrengten Fleiß, gespannte Aufmerksamkeit, unermüdliche Arbeit. Aber heute will ich Sie um etwas ganz anderes bitten: um Ihr Vertrauen, Ihre Zuneigung, Ihre Liebe, mit einem Worte, um das beste, was Sie haben, Sie selbst." Diese Worte von damals sollen auch heute den Schluß meiner Rede an Sie bilden.

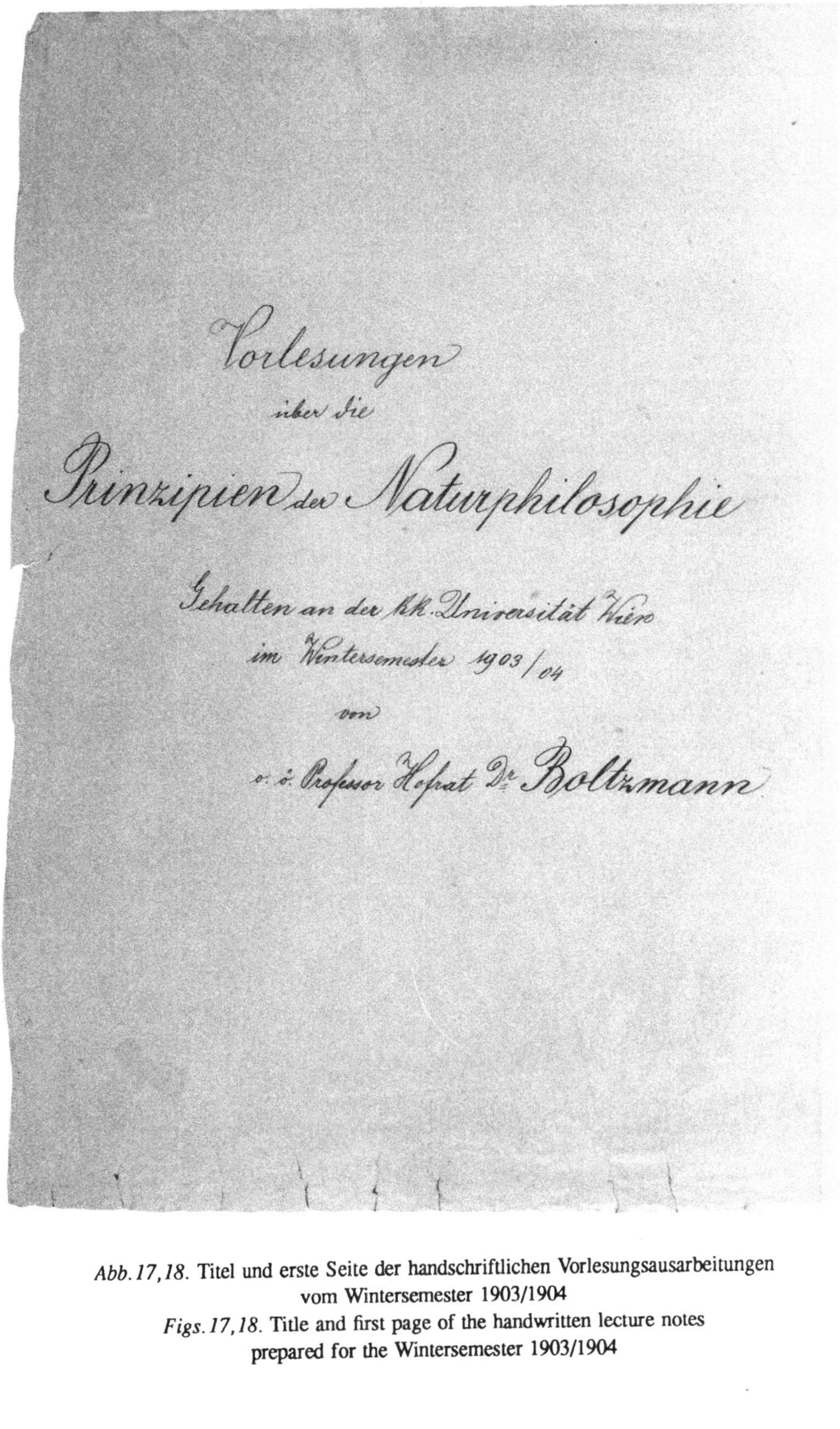

Vorlesungen

über die

Prinzipien der Naturphilosophie

Gehalten an der k.k. Universität Wien

im Wintersemester 1903/04

von

o. ö. Professor Hofrat Dr. Boltzmann

Abb. 17, 18. Titel und erste Seite der handschriftlichen Vorlesungsausarbeitungen vom Wintersemester 1903/1904

Figs. 17, 18. Title and first page of the handwritten lecture notes prepared for the Wintersemester 1903/1904

3. Vorlesung. 3. Nov. 1903

Ich gehe daran, die einfachsten und klarsten Begriffe unseres Denkens Revue passieren zu lassen und einzeln zu analysieren. Es ist das ein sehr trockener Gegenstand, welcher diffizile Geistesanstrengung erfordert; denn je einfacher ein Gegenstand ist, desto schwieriger ist es sonderbarerweise, in das Wesen desselben einzudringen. Ich will vorläufig nur eine orientierende Betrachtung anstellen; vollkommen erschöpfen können wir sie jetzt noch keineswegs. Es handelt sich um den Begriff der Zahl, den Begriff des Raumes, den Begriff der Zeit, den Begriff der Ursache und Wirkung, der Materie, der Kraft und des Atoms. Diese Begriffe enthalten mehr, als die größten Geister der Welt in vier Jahrtausenden aufzulösen wußten.

Mitschrift eines Mitarbeiters beginnend mit der dritten Vorlesung vom Wintersemester 1903/04

3. Vorlesung

3. November 1903 Ich gehe daran, die einfachsten und klarsten Begriffe unseres Denkens Revue passieren zu lassen und einzeln zu analysieren. Es ist das ein sehr trockener Gegenstand, welcher diffizile Geistesanstrengung erfordert; denn je einfacher ein Gegenstand ist, desto schwieriger ist es sonderbarerweise, in das Wesen desselben einzudringen.

Ich will vorläufig nur eine orientierende Betrachtung anstellen, vollkommen erschöpfen können wir sie jetzt noch keineswegs. Es handelt sich um den Begriff der *Zahl*, den Begriff des *Raumes*, den Begriff der *Zeit*, den Begriff der *Ursache* und *Wirkung*, der *Materie*, der *Kraft* und des *Atoms*.

Diese Begriffe enthalten mehr, als die größten Geister der Welt in vier Jahrtausenden aufzulösen wußten.

Wir beginnen beim Allereinfachsten, beim Satze, daß $2 \times 2 = 4$. Dies ist nicht figürlich zu nehmen, doch wollen wir die Sache noch allgemeiner fassen.

Wir fragen: Was ist die Zahl, wie ist der Zahlbegriff zu definieren?

Euklid definiert die Zahl als eine Vielfalt von Dingen.

Kronecker definiert die Zahl folgendermaßen: „In den Zahlen besitzen wir einen Vorrat gewisser nach einer festen Reihenfolge geordneter Bezeichnungen, welche wir einer Schar verschiedener und zugleich für uns unterscheidbarer Objekte beilegen". An Stelle der „Vielheit" des Euklid'schen Begriffes tritt hier die „Schar von Objekten".

Schmitz, Dumont gehen zuerst von der Größe aus, um zur Zahl zu gelangen. „Wird bei der Größe von der quantitativen Bestimmung der Dieselbigkeit der gleichen Teile abstrahiert, so ist jeder Teil, ganz abstrakt als Einzelheit gesetzt, die Einheit der Arithmetiker, und eine Vielheit dieser Einheit bildet das, was wir eine Zahl nennen".

In seiner „Wärmelehre" sagt Mach: „Was sind Zahlen? Die Zahlen sind Namen. Die Zahlen würden nicht entstehen, wenn wir die Fähigkeit hätten, die Glieder einer beliebigen Menge gleichartiger Dinge mit voller Deutlichkeit *unterschieden* vorzustellen. Wir zählen, wo wir die Unterscheidung gleicher Dinge festhalten wollen, d. h. wir geben jedem einzelnen einen Namen, ein Zeichen".

In der „Enzyklopädie der mathematischen Wissenschaften" (Bd. 1, 1. Heft) heißt es: Dinge zählen heißt sie als gleichartig ansehen, zusammen auffassen und ihnen einzelne andere Dinge zuordnen, die man auch als gleichartig ansieht. Jedes von den Dingen, Helmholtz sagt in seiner „Theoretischen Physik": Wenn wir die Anzahl eines Haufens von Gegenständen zu bestimmen haben, so dienen uns hiezu gewisse hörbare, sichtbare oder fühlbare Zeichen, welche weiter keine wesentliche Eigenschaft haben, als daß sie immer in bestimmter Anordnung wiederkehren sollen und daß jedes von ihnen ... [es fehlen einige Zeilen]. Das sind die berühmtesten von den unzähligen Definitionen des Zahlbegriffs. Mehr für sich hat eine Defintion, welche mein verstorbener Bruder einmal gegeben hat: Etwas: Das ist schon eine Zahl von etwas; wir nennen es die Zahl „eins". Eine Zahl von etwas ist noch einmal etwas. Etwas, etwas: Das ist jetzt eine zweite Zahl, die wir die Zahl „zwei" nennen. So entwickeln sich aus unserer Definition die Zahlen heraus; dieselbe hat den Vorteil für sich, daß sie den Begriff der Vielheit nicht enthält.

Ich will mich aber auch nicht auf den Standpunkt dieser Definition stellen, ich will vielmehr sagen, daß diese einfachsten Begriffe nicht definierbar sind; es sind rein empirisch gegebene Begriffe, reine Erfahrungsbegriffe. Wir erklären das Zählen; was es aber ist, läßt sich nicht weiter analysieren. Es ist uns erfahrungsgemäß gegeben und läßt sich immer nur durch sich selbst definieren. Damit soll freilich nicht gesagt werden, daß die Definition von jedem einzelnen Individuum durch eigene Erfahrung erworben wird: ein Teil des Zahlbegriffs kann angegeben sein.

Es ist ganz gewiß, daß wir aprioristische Vorstellungen haben. Nach der Darwin'schen Theorie, auf deren Boden ich stehe, ist dies auch vollkommen klar. Gewisse Begriffe sind schon von unseren Ahnen erworben worden, ihre Kenntnis hat sich allmählich vererbt und ist auf uns gekommen. Bei den Tieren ist dies viel ausgeprägter als bei uns; als Beispiel diene die Kunst des Nestbaus bei den Vögeln, die Kunst des Seidenspinnens bei der Seidenraupe. Warum sollte dem Menschen nicht auch die Kunst des Denkens angeboren sein?

Wenn wir nur Empfindungen hätten und wir hätten keine Anlage, uns hierzu Objekte zu denken, könnten wir nie zu irgendwelchen Kenntnissen der Tatsachen gelangen. Gewisse Dinge müssen wir schon a priori besitzen, um uns die Welt zu konstruieren.

Aber nur eine Schlußfolgerung möchte ich durchaus nicht wagen: Die Philosophen haben nämlich die Sache so aufgefaßt, daß die aprioristischen Anschauungen absolut sicher wären. Ein solches Urteil muß aber ebenso an der Erfahrung geprüft werden wie ein anderes. Nicht alle Urteile, die uns durch Vererbung überkommen sind, müssen richtig sein. Wenn wir sagen, verschiedene Begriffe, verschiedene Urteile sind aprioristisch, so kann ich damit einverstanden sein, daß sie schon durch Vererbung, wenigstens in ihren Anlagen, vorhanden sind; a priori gewiß sind sie deshalb doch noch nicht.

Ich kann mir wohl denken, durch welche Überlegungen man zu diesem, wie ich glaube, vollkommen verfehlten Schlusse gekommen ist, nämlich dadurch, daß die vererbten Urteile in den meisten Fällen richtig sind. Nur Urteile, die sich schon vielfach bewährt haben und immer gemacht worden sind, haben sich vererbt, geradeso, wie nach der Darwin'schen Theorie sich nur solche Individuen fortpflanzen, die besonders tauglich sind. Nur das hat sich vererbt, was geeignet war, die Erfahrung richtig zu bewältigen. Sie gewinnen dadurch den Schein der Notwendigkeit.

Ein zweiter Grund ist gleichsam theologisch: Man sagt, die Urteile seien uns von der Gottheit geschenkt worden, wir hätten sie von ihr selbst erhalten, daher müßten sie richtig sein. Das ist ein vollständiger Fehlschluß. Von der Gottheit haben wir ja auch das Auge bekommen, aber nicht persönlich, sondern auf natürlichem Wege: Durch die Zuchtwahl. Und obzwar das Auge ein ziemlich vollkommenes Organ ist, hat es doch Schwächen und sogar Fehler, die ein Optiker, der heute ein Auge zu konstruieren hätte, nicht begehen dürfte. Wenn wir auch alle unsere Sinneswerkzeuge aus zweiter Hand von Gott haben, so haben sie sich doch auf natürlichem Wege allmählich ausgebildet.

So ist es mit den Begriffen, die uns aprioristisch scheinen.

Überhaupt scheinen mir die Philosophen mit solchen Begriffen wie empirisch, aprioristisch, subjektiv, objektiv, synthetisch, analytisch, transzendental, immanent usw. viel zu freigebig zu sein. Sie sehen die Sache so an, als ob uns direkt von Gott eingepflanzt worden wäre, was immanent, transzendental, aprioristisch, aposterioristisch etc. wäre. Wenn wir uns auf den Standpunkt stellen, daß wir noch nicht einmal wissen, was die Zahl ist, wie sollen wir dann wissen, was synthetisch und analytisch, was immanent und nicht immanent, was transzendental usw. ist.

Wir müssen uns zuerst fragen, ob es überhaupt zweckmäßig ist, diese Wörter zu gebrauchen. In welchen Fällen ist es zweckmäßig, diese Begriffe anzunehmen?

Alle unsere Begriffe stammen aus derselben Quelle, sind auf die gleiche Weise erworben. Das eine ist mehr aprioristisch, das andere mehr aposterioristisch, das eine mehr synthetisch, das andere mehr analytisch; wir können aber nicht sagen, daß etwas absolut synthetisch sei, weil wir ja auch keine scharfe Grenze zwischen den Begriffen, „synthetisch" und „analytisch" ziehen können. Von diesem Standpunkte will ich die Sache hier zunächst behandeln.

Ich will da noch etwas berühren, nämlich, warum die Axiome der Mathematik, z. B. daß $2 \cdot 2 = 4$, uns als notwendig erscheinen, wogegen uns andere Erfahrungssätze, z. B. daß der Storch einen langen Schnabel hat, als nicht notwendig, als zufällig erscheinen. Wir sind manchmal geneigt, die ersteren Urteile als aprioristisch zu bezeichnen, weil sie uns als notwendig und unabänderlich erscheinen. Es scheint ein wesentlicher Unterschied zu sein, daß uns die mathematischen Erscheinungen als notwendig und unabänderlich gelten, daß wir sie beweisen können und daß wir dies von anderen nicht behaupten können. Auch der Begriff der Notwendigkeit und Zufälligkeit erscheint mir nicht recht angebracht.

Alles, was ist, ist notwendig; es gibt nichts, was ebensogut anders sein könnte. Der Unterschied zwischen der Erfahrung, daß $2 \cdot 2 = 4$ und der, daß der Storch einen langen Schnabel hat, ist nicht qualitativ, sondern nur quantitativ. Das Vorhandensein des ersten Satzes überblicken wir leicht und darum erscheint uns das Gegenteil unmöglich. Wenn wir die komplizierten Dinge, denen wir nicht auf den Grund blicken können, betrachten, erscheint uns vieles zufällig. Wenn wir den ganzen Zusammenhang der Natur klar durchblicken könnten, würde uns alles unter den betreffenden Umständen notwendig erscheinen. Es ist so ziemlich klar, daß das Wort, zufällig nur eine relative Beziehung gegen mich hat: zufällig ist das, was ich nicht durchblicke, was meinem Geist darum nicht als notwendig erscheint.

Große Schwierigkeiten hat uns schon der allereinfachste Begriff gemacht, der Begriff der positiven ganzen Zahl. Wir sind nicht weiter als zur Definition derselben gekommen. Mit den ganzen positiven Zahlen ist aber das Gebiet der Arithmetik bei weitem nicht erschöpft.

Wir betrachten zunächst noch die negativen ganzen Zahlen und die gebrochenen Zahlen, vorläufig nur solche, deren Nenner endlich ist. Alle bisher genannten Zahlen sind „rationale Zahlen". Wir haben da eine unendliche Erweiterung des Zahlbegriffs, und man hat gestrebt, unter diese Definition alles zu subsumieren. Wir kommen schon jetzt in große Willkürlichkeiten und Abstraktionen hinein. Wir sind aber noch nicht fertig.

Mit den irrationalen Zahlen gelangen wir zu neuen Rätseln, die viel abstrakter sind als die rationalen Zahlen. Dann kommen noch die imaginären Zahlen.

Alle Zahlen mit Ausnahme der positiven ganzen Zahlen drücken die Unmöglichkeit aus, ein Problem aufzulösen. In der Gleichung $5 - 7 = -2$ sagt die Zahl -2, daß es nicht möglich ist, 7 von 5 zu subtrahieren. Ebenso kann ich die Einheit nicht durch 3 teilen, wenn es eine wirkliche Einheit ist; das Zeichen $1/3$ ist ein Zeichen der Unmöglichkeit, den Einser durch 3 zu teilen. Noch mehr ist die irrationale Zahl der Ausdruck für eine neue Unmöglichkeit: Es ist nicht möglich, eine Zahl zu finden, welche, mit sich selbst multipliziert, die Zahl 2 gibt; die Unmöglichkeit drückt sich durch das Zeichen der irrationalen Zahl Wurzel aus 2 aus.

Alle bisher erwähnten Zahlen (Unmöglichkeiten) haben in der Natur gewisse Analogien: Es gibt negative Thermometergrade; ein Apfel läßt sich in zwei gleich große Teile schneiden usw. Irrational ist die Diagonale eines Quadrates von der Seite 1 und der Umfang eines Kreises vom Radius 1. Mit der imaginären Zahl $\sqrt{-1}$ hat man einen ganz neuen Begriff konstruiert, welcher wieder das Symbol für eine Unmöglichkeit ist. Auch der Wurzel aus -1 kann man eine gewisse Realität unterlegen. Gauß hat eine geometrische Bedeutung dafür gefunden, aber das ist nicht mehr so einfach und natürlich wie die übrigen Dinge, es ist schon viel willkürlicher und schwieriger.

Ich bin also hiermit eingedrungen in die Analysis des Zahlenbegriffs, welcher der einfachste ist von den Begriffen, die wir zu behandeln haben.

4. Vorlesung

9. November 1903 Wir haben uns das vorige Mal beschäftigt mit der Analyse des Zahlbegriffes. Ich will heute noch kurz die Resultate rekapitulieren, zu denen wir da gelangt sind.

Wir haben gesehen, daß es eine große Anzahl von komplizierten Begriffen gibt, welche in sehr mannigfaltiger Weise zusammengesetzt sein können aus einfachen uns bekannten Begriffen und welche in einer uns bekannten Weise aus diesen Begriffen abgeleitet sind. Bei solchen zusammengesetzten Begriffen ist es natürlich notwendig, sie zu definieren, d. h. sie genau zu analysieren, zu zeigen, in welcher Weise sie aus diesen bekannten Begriffen gebildet werden müssen.

Wenn es sich z. B. um den biquadratischen Rest einer Primzahl handelt, muß ich denjenigen, der nicht weiß, was das ist, auseinandersetzen, wie sich aus den Begriffen der Addition, Subtraktion, Multiplikation usw. diese Definition konstruiert; oder wenn man die Gauß'sche Funktion $\Phi(m)$ darstellen soll, muß man sie zuerst definieren, man muß zeigen, wie sie aus den einfachen Bestandteilen zu bilden ist.

Es kommen uns zu Hunderten und Tausenden neue Begriffe, die wir definieren müssen, und wir werden es uns zur Gewohnheit machen, daß wir, so bald ein neuer Begriff auftaucht, nach seiner Definition fragen.

Es versteht sich von selbst, daß wir den einfachsten Begriff, den der Zahl nicht definieren können, denn wir können ihn nicht in einfachere Begriffe zerlegen. Wenn man einen so einfachen Begriff zu behandeln hat, ist es gar nicht gut, eine Unmasse von komplizierten Begriffen a priori anzunehmen, die viel schwieriger sind, als der Zahlbegriff (z. B. aprioristisch, aposterioristisch, subjektiv, objektiv, rational, empirisch, transzendental, konstitutiv); überdies kann man nicht mit Sicherheit angeben, was aprioristisch, was aposterioristisch ect. sei.

Man macht einen klaren Begriff nicht klarer, wenn man ihn in solche Unterabteilungen einteilt. Die Aufgabe ist da eine ganz andere; sie besteht darin, daß man so sprechen und die Gedanken so formieren muß, wie es am zweckdienlichsten ist, so daß man mit einem Minimum von Worten möglichst sich selbst versteht und sich mit den anderen versteht; oder, um es noch in anderer Weise auszudrücken, daß man die Begriffe, die Worte, die Zeichen in einer solchen Weise verwendet, daß sie dann bei jeder speziellen Anwendung möglichst förderlich sind, zu demjenigen Resultate zu gelangen, zu dem wir gelangen wollen, daß man nämlich gewünschte Effekte mittels passender Handlungen erreicht. Wir wollen in die Natur so eingreifen, daß wir bestimmte Effekte hervorbringen, andere vermeiden. Wie müssen wir die Ausdrücke zusammenstellen, daß durch die Worte andere, durch die Begriffe wir selbst richtig geleitet werden?

Man könnte sagen, es ist nicht wesentlich, es ist im Grunde dasselbe, ob ich den Begriff der Zahl in der alten Weise definiere oder ihn einfach umschreibe. Aber ich glaube, daß das doch keineswegs dasselbe ist. Wenn ich eine solche Definition anwende: „Die Zahl ist die Anzahl einer gewissen Menge, eines Haufens von Dingen, die auch keine Dinge sein können", so bringe ich einen Wortschwall hervor, den ich zu nichts brauchen kann und der eine Versündigung gegen die Ökonomie des Denkens ist, auf welche letztere Mach so großen Wert legt.

Es ist aber bei solchen Definitionen auch eine Schädlichkeit vorhanden: Später muß man wirklich komplizierte Begriffe definieren, in einfachere Begriffe auflösen, und man muß sich hüten, einen Zirkel zu begehen, dadurch daß man den Begriff, den man darstellen soll, wieder durch Begriffe ersetzt, die man darstellen soll.

Wenn man in irgendeinem Falle prüfen will, welche Definition man auf einen Begriff anwenden kann, sieht man dann oft, daß sich dies bei solchen Definitionen nicht entscheiden läßt. Gerade von solchen Zirkeldefinitionen soll man sich ganz freihalten. Wie sieht es aber aus, wenn gerade an der Schwelle der Wissenschaft die allerärgsten Zirkeldefinitionen stehen! An der Definition des Zahlbegriffs würden sie keinen Schaden stiften, weil die Zahl ohnehin nicht definierbar ist; aber sie verleiten später zu Zirkeln, welche schaden. Es handelt sich also stets darum, die Worte richtig zu fügen, um diesen Zweck vollkommen zu erreichen.

Die ganzen positiven Zahlen, um die es sich ja vorderhand handelt, das sind gewisse Begriffe und Worte, welche wir in einer bestimmten Weise zu gebrauchen von Jugend auf gelehrt werden und von denen jeder weiß, wie er sie richtig anzuwenden und zu lehren hat. Wer das weiß, dem kann man es leicht erklären mit einigen Worten, mit denen man ihn an eine Manipulation erinnert, die er oft ausgeführt hat; wer das nicht weiß, dem könnte man es nicht erklären, man müßte ihn erst zählen lehren. Es kann sein, daß wir die Fähigkeit, die Worte richtig zu stellen, teilweise angeboren mitbringen, wie die Seidenraupe die Fähigkeit, Gespinnste zu machen und die Vögel die des Nestbaues.

Ganz angeboren ist sie uns nicht, erst beim Unterrichte wird sie in uns vervollkommnet. Was angeboren ist und was erlernt werden muß, wäre schwierig zu entscheiden (vielleicht mit Experimenten, dadurch, daß man jemanden ganz ohne Unterricht aufwachsen ließe, der dann aber auch nicht sprechen könnte; wir sehen also, daß das seine Schwierigkeiten hätte); das ist aber von ganz untergeordneter Bedeutung.

Jedoch darf man ja nicht meinen, daß das, was angeboren (a prioristisch) ist, schon deshalb richtig sein sollte. Es könnte etwas sein, was nicht richtig ist. Sowohl das Angeborene als auch das Erlernte muß an der Erfahrung wiederholt geprüft werden; nur wenn es sich immer bewährt, wenn es immer zu richtigem Handeln führt, wenn wir selten nicht wissen, was wir tun sollen, wenn wir einmal den verkehrten Effekt erzielen, ist es richtig.

Das ist also das, was ich im Grunde genommen auch als Mathematiker über die Zahl sagen wollte. Wenn ich die Anfangsgründe der Arithmetik vorzutragen hätte, könnte ich geradeso über den Zahlbegriff reden. Jetzt kommt erst der Philosoph daran: Wir müssen diese Dinge sozusagen sub specie philosophandi betrachten.

Wir müssen uns fragen, in welcher Beziehung steht das alles zu den ersten und allgemeinsten Welträtseln, zum dunkelsten Urgrund aller Dinge. Nun, weil diese Aufgabe doch eine der höchsten ist und Bacon gerade deshalb die Philosophie eine gottgeweihte Jungfrau nennt, wollen wir sagen, daß wir jetzt an die gottgeweihte Jungfrau herantreten wollen.

Da entsteht jetzt die subjektive Frage: Bin ich selbst durch diese Definition der Zahl (oder eigentlich durch diese Nichtdefinition) befriedigt? Und ich muß da offen gestehen, daß ich eigentlich nicht befriedigt bin, daß ich noch den Drang nach einer Definition in mir fühle. Woher kommt das? Wie ist das zu erklären? Existiert vielleicht doch eine Definition, kann man das Rätsel wirklich lösen und die Zahl definieren? Es ist freilich möglich. Ich habe nach bestem Wissen und Gewissen gesprochen, aber ich kann mich geirrt haben. Oder ist dieser Drang nach einer Definition eine Selbsttäuschung? Beispiele dafür gibt es ja, daß wir so etwas mit unwiderstehlichem Zwange für wahr halten, für aprioristisch evident halten und es ist doch nicht wahr, oder wir sehen später, wenn wir mehr gereift sind, ein, daß dieser Drang ganz gegenstandslos ist.

Ich kann mich erinnern: als ich ein Knabe war, wurde mir die Lehre von den Gegenfüßlern, von der Gleichheit des Raumes auseinandergesetzt, ich konnte auch nichts dagegen einwenden und doch hatte ich stets das Gefühl, daß ich, selbst wenn ich in einem Raum schweben würde, sofort wüßte, was oben und was unten ist. Wenn man mit ungebildeten Menschen spricht, macht man die Erfahrung, daß auch sie sich des gleichen Gefühls nicht entschlagen können. Es kommt das offenbar daher, daß man durch die Schwere immer nach abwärts gezogen wird und immer ganz klar weiß, was oben und was unten ist; es wird dies dann so zur Gewohnheit, daß man sich dessen nicht mehr entschlagen kann. Ebenso glaubte ich, daß wenn ich in einem Raume beliebig gedreht würde, ich die Nordrichtung erkennen würde.

Ein anderes Beispiel: Ich konnte mir klar vorstellen, daß man existieren und absolut gar nicht hören könne, daß das Gehörorgan gar nicht gereizt werde, daß man aber gar nichts sieht, konnte ich mir nicht vorstellen, immer und überall, selbst im finsteren Raume, hatte ich die subjektive Wahrnehmung der blauen und grünen Farbe, die man in der Jugend mehr zu sehen scheint – oder im Alter mehr zu ignorieren. Ich konnte mir da nicht vorstellen, daß ein Wesen existieren kann, das gar nicht sieht, ebenso wie ich nicht begriff, daß es augenlose Tiere geben kann. Als mir auseinandergesetzt wurde, daß die Lichtstrahlen sich im Medium des Auges brechen und man einen Gegenstand nur sieht, wenn sie auf der Netzhaut des Auges ein Bild erzeugen, konnte ich mich nicht enthalten zu denken, daß das Sehen etwas anderes sei und daß ich einen Gegenstand außer mir direkt wahrnehmen könnte.

Das ist eine ganze Reihe von Gefühlen, die ich nicht los werden konnte, und obzwar sie mir erklärt worden waren, wirkten sie mit zwingender Notwendigkeit auf mich ein. Erst ganz allmählich ist dieses Gefühl gewichen, das ich jetzt gar nicht mehr wachrufen kann. Ich fühle kein Unbehagen mehr darüber, daß im Raume oben und unten vollkommen gleich sei, und ebenso ist es bei den anderen Dingen. Vielleicht ist die Sache da auch so. Vielleicht bin ich in Bezug auf den Zahlbegriff noch Kind. Vielleicht ist es noch möglich, den zwingenden Drang wirklich zu fassen, zu definieren, daß er bei noch höherer Bildung verschwindet, in nichts zerrinnt. Das sind die Fragen, die sich daran knüpfen und die ich nicht beantworten will.

Überhaupt fasse ich die Vorlesung nicht so auf, daß ich alles beantworten will, ich werde vielmehr Fragen stellen, deren Beantwortung vielleicht ich oder ein anderer von Ihnen findet, vielleicht keiner; in einem solchen Falle trachtet man immer Schritte zu finden, durch welche wir der Auflösung allmählich näher kommen.

Wir kommen jetzt zu den Rechnungsoperationen mit ganzen positiven Zahlen, also zu den vier Spezies. Natürlich werden wir auch hier nicht definieren können. Es sind die einfachsten Operationen, die wir mit den einfachen Begriffen vornehmen können. Wir können sie wieder nur beschreiben; demjenigen der sie schon weiß, können wir in Erinnerung bringen, wie er das gemacht hat.

Zunächst kommt da der Additionsbegriff. Helmholtz definiert diesen Begriff in folgender Weise: Er sagt: Zu einer Zahl a eine zweite Zahl b hinzuaddieren,

d. h. bei der Zahl a im Zählen fortfahren und dieses Zählen so lange fortsetzen, als die Zahl b Einer enthält. Wir bekommen da einen neuen Begriff, den wir erst definieren müssen. Das fasse ich nur als eine Beschreibung auf. Helmholtz glaubt jetzt, daß er mittels dieser Definition, welche er da gemacht hat, und mittels des von ihm aufgestellten Begriffes, daß die Zahl die Anzahl der Dinge eines Haufens sei, alle Sätze ableiten kann. Er beginnt also mit den einfachsten Regeln, welche für die Addition gelten und sucht sie aus den Denkgesetzen, a priori, abzuleiten.

Der erste Satz, den er ableitet, führt den Beweis, daß wenn man zur Summe zweier Zahlen eine dritte addiert, man dasselbe bekommt, als wenn man zur ersten Zahl die Summe der beiden anderen Zahlen addiert: $(a + b) + c = a + (b + c)$. Das ist das erste wichtige Theorem über die Addition, welches Helmholtz beweist. Wir würden das vielleicht gar nicht beweisen. Wir würden sagen, daß die ganzen Zahlen aus Elementen bestehen und ich stelle die a-Elemente, die b-Elemente und die c-Elemente dar: $((\cdots) = a, (\cdots) = b, (\cdots) = c)$, so sehe ich, daß es bei der Addition der Zahlen gleichgültig ist, ob ich so oder so addiere, da ich in beiden Fällen alle Elemente erhalte. Die Darstellung I.) ist kein Beweis sondern nur der Ausdruck für die Tatsache, daß das so ist. Helmholtz aber beweist zunächst, daß wenn man um eine Einheit weiter geht, der Satz richtig ist; daß wenn man zu $(a+b)$ noch 1 addiert, das dasselbe ist, als wenn man zu a die Zahl $(b+1)$ addiert; $(a + b) + 1 = a + (b + 1)$. Er sagt, das folgt aus seiner Definition der Addition: Wir müssen um einen Schritt weiterzählen; die Zahl, die ich bekomme, wenn ich von $(a + b)$ weiterzähle ist $a + b + 1$. Das ist der erste Hilfssatz, welcher nur eine anschauliche Darstellung ist. Nun nimmt er an, daß der obige Satz, welcher zu beweisen ist, schon für eine gewisse Zahl c gelte, daß er schon bewiesen sei: $(a+b)+c = a+(b+c)$. Wenn er für eine gewisse Zahl bewiesen ist, muß er auch für die um 1 größere Zahl gelten $(a+b)+c+1 = (a+b+c)+1$. Wenn er für c gilt, muß er auch für $c + 1$ gelten; das ist nach dem Hilfssatze richtig, wenn ich darin statt $b(b + c)$ setze. Für $c = 1$ habe ich ihn schon bewiesen; ich habe bewiesen, daß wenn er für c gilt, er auch für $c + 1$ gelte; dann muß er aber auch richtig sein für $c = 2$, $c = 3$, $c = 4$ und so fort. Nach der Helmholtz'schen Definition gilt der Satz für beliebige Zahlen. Wir wollen die komplizierte Schlußweise die Schlußweise II.) nennen. Es frägt sich doch, ob wir uns nicht einer gewissen Illusion hingeben. Schon daß wir die Klammern, die algebraischen Ausdrücke benutzen müssen ist verdächtig; das sind schon komplizierte Begriffe, ohne welche ich den Satz nicht beweisen kann. Im Ganzen habe ich doch bloß die Anschauung benutzt. Ohne die Wandtafel hätte ich so herumreden müssen, daß ich selbst wahrscheinlich irre geworden wäre. Es ist eigentlich mehr ein graphisches Darstellen des Satzes als ein Beweisen. Ich will da noch bemerken, daß hier wieder der Schluß von n auf $(n+1)$ gemacht wird, und zur Zeit, als mein Bruder die Definition des Zahlbegriffes aufstellte, hatte er noch keine Ahnung vom Helmhotz'schen Beweise und auch er hatte schon den Gedanken des Schlusses von n auf $n + 1$. Wenn dies schon hier vorteilhaft ist, dann ist es auch bei der Definition der Zahl vorteilhaft. Wenn man sagt, eine Zahl ist eine Einheit und jede andere Zahl erhält man durch Hinzugeben von immer einer Einheit, hat man das Zählen in die Definition hineingeworfen. Wenn man sagt, das wäre ein Zirkel, dann hätte der Helmholtz'sche Satz auch keinen Sinn. Ich bitte mich nicht mißzuverstehen: Die Schlüsse von n auf $n + 1$ sind für den Mathematiker höchst wichtig, wenn auch nicht bei komplizierteren Dingen. Wenn man weiß, daß ein Satz für einige Werte gilt - er gelte sicher für $c = 1$, $c = 2$, $c = 3$, werde aber mit wachsendem c immer schwieriger zu beweisen – so kann ich nicht schließen, daß er für alle Werte gelte. Es ist ein Vorteil, wenn ich beweisen kann, daß wenn er für c gilt er auch für $c = 1$ gilt, denn dann gilt er für alle Zahlen. Das ist ein völlig einwurfsfreier und oft gebrauchter Schluß. Wenn das Theorem etwas Schwieriges ist, ist es etwas anderes; hier aber sieht man den ganzen Satz viel leichter, wogegen dieser Beweis etwas Unklares ist. Es ist etwas ganz anderes, wenn man den Satz gar nicht übersieht; aber wenn ich beweisen kann, daß er für die verschiedenen c und für $c + 1$ gilt, dann bin ich überzeugt. Diesen Beweis brauche ich wirklich, um überzeugt zu sein. Dieser Beweis ist von großer Wichtigkeit und von großem Nutzen. Hätte ich ihn nicht, so wäre ich noch nicht überzeugt. Wenn mir der Satz aber viel klarer ist als alles andere, dann ist der Satz nicht anwendbar. Zwischen I.) und II.) ist kein so wesentlicher Unterschied, als Helmholtz und viele andere Gelehrte meinen. Ich glaube vielmehr, das Ganze ist eine möglichst übersichtliche graphische Darstellung. Was man schon von vornherein einigermaßen einsieht, wird graphisch dargestellt. Nachdem Helmholtz diesen Satz bewiesen hat, geht er zu den übrigen Sätzen der Arithmetik über. Er beweist mittels eines ähnlichen komplizierten Beweises, daß es gleichgültig ist, in welcher Reihenfolge man zwei Zahlen addiert: $a + b = b + a$. Wenn man $a + b$ hat, beginnt man bei a und zählt bis b, und umgekehrt. Helmholtz liefert da einen großartigen Beweis, daß es gleichgültig ist, ob ich von vorn oder von rückwärts zähle. Ich kann da nicht glauben, daß der Satz etwas beweise, denn etwas Klareres als das ist kann er nicht beweisen. Man hat auf diese Definition einen großen Wert gelegt und sie das commutative Gesetz der Addition genannt.

Der nächste Schritt führt uns zur Multiplikation. Es gilt auch zu beweisen, daß auch das Produkt commutativ ist. $ab = ba$. Wir benutzen die in der Elementarmathematik übliche Darstellung:

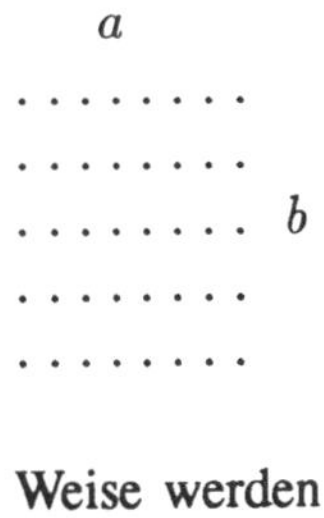

```
       a
. . . . . . . .
. . . . . . . .
. . . . . . . .  b
. . . . . . . .
. . . . . . . .
```

Jede Zeile enthält a, jede Colonne b Elemente. In beiden Fällen nimmt man alle Punkte, die im Rechtecke gruppiert sind. Das ist wieder ein solcher Beweis ad oculos. Helmholtz beweist das natürlich viel komplizierter durch einen Schluß von n auf $n + 1$. Wenn es für eine Zahl ab gilt, gilt es auch für eine Zahl $a(b + 1)$. Auf diese Weise werden alle diese Theoreme bewiesen. Ich möchte da in der Skepsis noch weiter gehen als ich bisher gegangen bin, ich möchte überhaupt der Ansicht hinneigen, daß solche mathematische Beweise keineswegs eine solche aprioristische Gewißheit haben als man ihnen gewöhnlich zuschreibt, daß auch die Beweiskraft der mathematischen Beweise nicht in ihrer logischen Kraft sondern darin liegt, daß sie mit der Erfahrung gestimmt haben. Ich habe eben gesagt, daß wir diese Schlüsse von

n auf $n + 1$ unzählige Male in der Algebra und in der gesamten Mathematik benützen. Wir werden dadurch so an den ganzen Mechanismus gewöhnt, daß sie uns unverhältnismäßig leicht und einfach erscheinen. Endlich wissen wir, daß wir auf diese Art immer auf richtige Resultate kommen, und so erscheinen sie uns als etwas a priori Evidentes; es sind aber doch Denkformen, welche sich durch die äußeren Einflüsse in unserem Gehirne, in unserer Psyche herausentwickelt haben, und diese Denkformen haben uns immer zu richtigen Resultaten geführt; dadurch sind sie zu feststehenden Denkformen geworden. Es kann aber auch sein, daß sie sich vererbt haben. Die allereinfachsten haben sich jedenfalls in uns vererbt, denn wenn wir keine Anlage zu allen Begriffbildungen hätten, könnten wir keine Wahrnehmungen machen. Kant hat ganz recht, daß diese Anlagen zu Wahrnehmungen notwendig sind. Daß sie sich vererbt haben, unterliegt auch keinem Zweifel. Deshalb sind sie doch nicht a priori gewiß, doch nicht absolut empfehlbar. Es spricht diese Ansicht auch Hertz in seiner „Mechanik“ aus, indem er sagt, es sei das erste und wichtigste, daß eine Theorie mit den Denkgesetzen übereinstimmt, das zweite, daß sie mit der Erfahrung übereinstimmt. Wenn man das als einen praktischen Wink nimmt, habe ich nichts dagegen. Wenn also eine Theorie diesen vielfach erprobten Denkgesetzen zuwiderläuft, muß sie sicher falsch sein, wir brauchen sie nicht erst durch sichere Experimente zu prüfen. Hertz meint es aber anders, daß nämlich die Theorien zuerst den Denkgesetzen entsprechen müssen und dann erst geprüft werden sollen, ob sie richtig sind. Ich glaube aber nicht, daß die Denkgesetze über die Erfahrung zu stellen sind. Es ist möglich, daß eine Theorie in einer Beziehung den Denkgesetzen nicht entspricht, wohl aber der Natur; das Denkgesetz muß dann geändert werden. Die Theorie muß uns immer zu richtigem Eingreifen in die Natur befähigen, damit wir die richtigen Effekte erzielen können. Wir wissen aber, daß unsere Denkgesetze die richtigen Effekte hervorbringen und daß unsere Vorstellungen mit den Denkgesetzen übereinstimmen.

Wir haben noch ein weites Feld vor uns in Bezug auf die Zahl. Wir haben noch nicht die gebrochenen, negativen und irrationalen Zahlen besprochen. Dann müssen wir erst zu den noch schwierigen Begriffen, zum Raum und zur Zeit übergehen.

5. Vorlesung

10. November 1908 Ich bin das vorige Mal zu sprechen gekommen auf ein Lieblingsthema von mir, nämlich daß es nichts Absolutes gibt, namentlich keine absolute Wahrheit. Ich will da nicht in den Fehler verfallen, den ich selbst gerügt habe, daß man gleich als a prioristisch bekannt hinnimmt, was das sei „absolut“, denn der Begriff des Absoluten ist keineswegs evident. Ich will mich daher etwas einfacher ausdrücken: Ich meine, daß alle die Schlüsse, die wir scheinbar rein aus unserem Denken ziehen, scheinbar unabhängig von jeder Erfahrung, ihre Evidenz und den Beweis ihrer Wahrheit doch nur empfangen durch die Bestätigung mit der Erfahrung, dadurch daß sie uns immer richtig in die Außenwelt einzugreifen leiten und immer in einer Weise, daß wir die beabsichtigten Erfolge zu erreichen vermögen. Wieder scheint dies ziemlich evident zu sein von Schlüssen, die z. B. in der Theorie der komplizierteren Wissenschaften, z. B. in der Physik vorkommen, die mir ja am nächsten liegt. Von dieser Natur sind z. B. die Schlüsse, durch die man zum 2. Hauptsatze der Wärmelehre gelangt. Ich will nur beiläufig sagen, wie man da schließt. Die Erfahrung lehrt, daß es Körper gibt, welche die Wärme sehr gut leiten und Körper, welche sie viel schlechter leiten. Man schließt, daß auch solche Körper fingiert werden können, die die Wärme unendlich schlecht leiten, und daß man, wenn man auf solche Körper Schlußfolgerungen aufbaut, zu richtigen Resultaten kommen wird. Ebenso kann bei der Ausdehnung der Körper der Gegendruck größer oder kleiner werden; wir nehmen an, daß der Gegendruck unendlich wenig verschieden ist vom Drucke des sich ausdehnenden Körpers. A priori könnte man da nicht wissen, ob man durch derartige Schlüsse zu etwas Richtigem gelangt. Die Erfahrung lehrt, daß man da immer richtige Resultate erhält. Es scheint manchen Physikern a priori evident, daß man den Grenzübergang machen darf, daß man ganz enorm schlechte Leiter fingieren darf. Besonders in früherer Zeit hat man die Sache so dargestellt, als ob die Gesetze der theoretischen Physik erst durch diese Schlüsse bewahrheitet würden. Heute sagt man im Gegenteil, daß nur diejenigen Schlüsse richtig sind, die zu richtigen Resultaten führen. Wenn man in der theoretischen Physik die Bewegungsgleichung für einen Körper entwickeln will, glaubt man, daß es erlaubt ist, den Körper in unendlich viele unendlich kleine Parallelepipede zu zerlegen und auf jedes einzelne alle Sätze anzuwenden. Da sind wieder zwei Dinge, die durchaus erst der Bestätigung durch die Erfahrung bedürfen. Aber früher glaubte man, daß dies aus der Kontinuität der Körper folge, daß man sie in unendlich kleine Parallelepipede zerlegen darf und es folge aus der Gültigkeit der Sätze für größere und kleinere Körper, daß sie auch für die unendlich kleinen Parallelepipede gelten. Einschaltung: Besonders in kleineren Lehrbüchern findet man diese Ansicht, als ob die Bestätigung durch die Erfahrung nicht mehr notwendig sei, als ob die Gesetze, die auf diese Weise gefunden worden sind, a priori evident wären. In diesem Falle gehört wohl kein besonders philosophisch gebildetes Denken dazu, um zu erkennen, daß dies nicht richtig ist. Aber ist es nicht etwas anderes mit den Schlüssen in der Geometrie? Da sind wir von der Erfahrung weiter entfernt, und noch mehr in der reinen Arithmetik, in der reinen Zahlenlehre, wo nicht einmal mehr geometrische Darstellungen möglich sind. Das „noch mehr" ist schon etwas Schlimmes, denn es entsteht der Verdacht, daß beide nicht richtig sind. Ein prägnantes Beispiel bietet der Satz vom ausgeschlossenen Dritten oder der Satz des Widerspruches, welcher sagt, daß die Behauptung richtig sein muß, wenn das kontradiktorische Gegenteil falsch ist und umgekehrt. Da glaubt man doch, das ist ein Satz, der rein nur aus unserer Definition folgt. Man könnte meinen, daß es Schlüsse gibt, die nur aus den Definitionen gefolgert werden können, die mit der Erfahrung nichts zu tun haben und darum keiner Bestätigung durch dieselbe bedürfen. Ich glaube aber, wenn der Schluß irgend etwas Neues enthält, muß eine Manipulation an demselben vorgenommen worden sein, welche erst wieder an der Erfahrung auf ihre Richtigkeit geprüft werden muß. Also betrachten wir den Schluß vom ausgeschlossenen Dritten: Da ist es schon dem Scharfsinn und

Witz der alten Griechen gelungen, eine Ausnahme dafür zu finden. Es war dies jedenfalls ein Sophist, welcher sagte:
[eine Zeile fehlt]
Wenn wir diesen Schluß (oder eigentlich diesen Fehlschluß) modernisieren, so heißt das etwa so: Ich schreibe auf einen Zettel Papier: 1.) Alle Blätter sind blau. 2.) Der Himmel ist immer grün. 3.) Alle Sätze, die auf dem Zettel stehen, sind falsch. Es entsteht die Frage, ob der dritte Satz falsch oder wahr ist. Wenn er falsch ist, dann folgt daraus mit zwingender Notwendigkeit, daß er wahr ist, denn alle drei Sätze sind dann falsch. Umgekehrt: Daraus, daß er wahr ist, folgt mit unwiderleglicher Sicherheit, daß er falsch ist. Es ist faktisch ein Satz, aus dessen Falschheit folgt, daß er wahr ist, und aus dessen Wahrheit folgt, daß er falsch ist. Die praepositio exclusi tertii ist in diesem Falle nicht gültig. Man hat da die verschiedensten Auswege gesucht, manche Philosophen haben sich bis zum Wahnsinn hinuntergetaucht, aber es scheint mir doch zu beweisen, wie vorsichtig man mit solchen unwiderleglichen Wahrheiten sein muß, da es überall Hintertürchen gibt. Es ist bisher kein Mensch so witzig gewesen, einen zweiten Satz zu finden, welcher von diesem Satze des Widerspruchs eine Ausnahme machen würde.

Ich habe da jetzt die verschiedenen Rechnungsoperationen besprochen, welche mit den ganzen positiven Zahlen vorgenommen werden können. In der vorigen Vorlesung – ich bin damit nicht zu Ende gekommen – waren alle diese Bemerkungen wieder arithmetischer, also mehr mathematischer Natur. Wir müssen die Sache jetzt wieder vom rein philosophischen Standpunkte betrachten. Es kommt jetzt wieder die gottgeweihte Jungfrau. Es frägt sich: In welchem Zusammenhange stehen diese Sätze mit den Fundamentalprinzipien unseres Denkens, mit den „Welträtseln", wie ich sie nennen möchte. Da handelt es sich also darum, ob diese einfachen Regeln, die ich da angegeben habe für die Addition, Subtraktion, Multiplikation und Division, denn wirklich die Quelle seien aller dieser komplizierten und weitschweifigen Sätze, welche in der Zahlentheorie [einige Worte fehlen]; können sich wirklich alle diese Sätze daraus ergeben? Wenn wir uns die Zahlen ansehen, bemerken wir schon bei der oberflächlichsten Betrachtung, daß sie ganz kuriose Eigenschaften haben. Einige davon sind Primzahlen; andere wieder haben eine ganze Menge Faktoren. Wir bekommen ziemlich dicht aneinander einige Primzahlen; dann haben auf einer langen Strecke die Zahlen Faktoren; einige davon haben viel, andere wenig Faktoren. Ist das nur reiner Zufall oder wird das durch ein besonderes Gesetz bedingt? Wenn wir da näher zusehen, finden wir da sonderbare Theoreme und Lehrsätze. Da ist z. B. der Satz, daß, wenn wir die Zahlen immer weiter bis ins Unendliche verfolgen, die Primzahlen, obzwar sie immer seltener werden, niemals ganz aufhören. Von vornherein könnte man das nicht einsehen, aber man kann einen einfachen Beweis führen, daß die Primzahlen niemals aufhören, daß es also keine größte Primzahl gibt. Zu diesem Ende nehmen wir an, es gäbe eine größte Primzahl n. Das Produkt $1 \cdot 2 \cdot 3 \cdot 4 \cdots (n-1)n$ muß auch eine Zahl sein; und wenn ich dazu 1 addiere, so behaupte ich, daß die neu entstandene Zahl $(1 \cdot 2 \cdot 3 \cdot 4 \cdots (n-1)n+1)$ eine Primzahl ist; denn wenn sie es nicht wäre, so müßte sie sich in mehrere Primzahlen, welche kleiner oder gleich n sind, zerlegen lassen. Nun ist aber das Produkt durch alle Zahlen von 1 bis n teilbar, der Einser aber durch keine von ihnen. Die Zahl, die entstanden ist, kann durch keine der Zahlen von 2 bis n teilbar sein, da sie jedesmal wieder den Rest 1 gibt. Da es nach unserer Voraussetzung keine andere Primzahl gibt, kann sie nur durch die Einheit und durch sich selbst teilbar sein. Das ist wieder eine Primzahl, welche größer als n ist, da n noch mit ganzen positiven Zahlen multipliziert und dazu 1 addiert ist. Ich habe zwar diesen Schluß exclusi tertii verdächtigt, aber wir wollen ihn hier anwenden. Es kann keine Zahl die größte Primzahl sein.

Noch viel merkwürdigere und sonderbare Sätze findet man, wenn man noch tiefer in die Arithmetik eindringt. Ich kann natürlich kompliziertere Fälle gar nicht hervorheben, ich will ein einfaches Beispiel geben. Nehmen wir irgendeine Primzahl her. Außer der Zahl 2 kann keine Primzahl gerade sein; wenn wir sie durch 4 dividieren, so muß sie den Rest 1 oder den Rest 3 ergeben. Gibt sie den Rest 1, so hat sie die Form $4n+1$, wobei n eine ganze Zahl ist. Gibt sie den Rest 3, so hat sie die Form $4n+3$. Jede Primzahl können wir in dieser Form darstellen. Nun gilt der Satz: Hat eine Primzahl die Form $4n+1$, so läßt sie sich immer als Summe zweier Quadrate (a^2+b^2) darstellen; hat die Primzahl die Form $4n+3$, so ist dies niemals der Fall. Solche zahlentheoretische Sätze frappieren einen geradezu. Ich muß gestehen – ist es ein Fehler oder eine Tugend von mir? –, daß ich immer die Passion gefühlt habe, solchen Sätzen mißtrauisch auf den Zahn zu fühlen; es ist mir aber nicht gelungen, eine Ausnahme zu finden. Nehmen wir die Primzahl 3: sie hat die Form $4n+\underline{3} = 4.0+3$, ist also nicht als Summe zweier Quadrate darstellbar. Hingegen ist $5 = 4.1+\underline{1} = 2^2+1^2$. $7 = 4.1+\underline{3}$. $11 = 4.2+\underline{3}$. $13 = 4.3+\underline{1} = 2^2+3^2$. $17 = 4.4+\underline{1} = 4^2+1^2$. $19 = 4.n+\underline{3}$. $23 = 4.n+\underline{3}$. $29 = 4.7+1 == 5^2+2^2$. Es gilt dies ganz allgemein. Man hat für diesen Satz, daß jede Zahl von der Form $4n+1$ als Summe zweier Quadrate darstellbar ist, allerdings später einen Beweis geliefert. Aber die Beweise machen enorme Umschweife; man geht da auf Dinge ein, die scheinbar mit der Sache gar nicht zusammenhängen, und nur auf Grund dieser Umschweife können diese Beweise geliefert werden. Ein solcher Beweis ist in der Tat eine Begründung des Satzes. Ich möchte ihn einen Beweisgrund nennen, aber er liefert mir keineswegs einen klaren Einblick in die Sache; warum das so ist, erfahre ich aus dem Satze durchaus nicht. Es will mir da obendrein vorkommen, als ob ich noch eine fünfte Wurzel aus dem Satze vom zureichenden Grunde gefunden hätte. Schopenhauer hat vier Wurzeln gefunden. 1.) den Grund des Werdens (causer fiendi); wie z. B. Vater und Mutter Ursachen des Kindes; 2.) den Grund der Erkenntnis (causa cognoscendi; durch ihn erkennen wir die Wahrheit einer Sache; z. B. wenn es im Zimmer ungewöhnlich warm ist, schließen wir, daß der Ofen geheizt ist. 3.) den Daseinsgrund (causa essendi); das ist der mathematische Grund, warum etwas so ist, z. B. daß alle Punkte dieselbe Entfernung vom Mittelpunkt haben, ist die Ursache, daß der Kreis überall gleich gekrümmt ist. 4.) die Ursache des Wollens, den Willensgrund (causa volendi), der Hunger z. B. ist die Ursache, daß ich etwas esse. Wir würden da noch eine 5. Wurzel bekommen, nämlich den Beweisgrund; das ist nicht der Erkenntnisgrund für mich, dies ist vielmehr der

Umstand, daß ich es einmal versucht habe. Ich will da nicht darauf eingehen, daß eigentlich eine 5. Wurzel für den Mathematiker viel sympatischer ist als eine 4. Wurzel, denn sie ist irreduktibel, während eine 4. Wurzel noch reduktibel ist.– Doch ich fange an mich im Mysthischen zu verlieren. Kehren wir zu unserem Gegenstand zurück. – Wir haben da so ganz merkwürdige Gesetze der Zahlen gefunden, und wir begreifen gar nicht, wie aus so einfachen Prinzipien, aus diesen vier Spezies sich so komplizierte Lehrsätze herausstellen können, wie es so enorm schwierig sein kann, solche Sätze zu beweisen, daß die scharfsinnigsten Mathematiker sich plagen müssen, um den Beweis zu finden. Um da noch ein Beispiel anzuführen, will ich die Klassenzahlen der Formen mit negativen Determinanten anführen. Es hat Lejeune-Dirichelet die Auffindung dieser Zahlen als die größte Leistung der Menschheit im 19. Jahrhundert erklärt, natürlich nicht mit Rücksicht auf die Folgen, aber mit Rücksicht auf den aufgewandten Scharfsinn. Wie ist das möglich, daß aus so einfachen Prinzipien sich so komplizierte Dinge entwickeln? Es entsteht wieder die Frage: sind wir da doch in einem Irrtum; fehlt uns da doch eine Erkenntnis; gibt es innere Gründe, die aufgedeckt werden müssen, gibt es neue Erkenntnisse, die uns einen Einblick darin gewähren können, wie wir beim Begriff der Zahl gefragt: gibt es nicht doch einen Begriff der Zahl, der uns ganz fremd ist, gibt es nicht innere Zusammenhänge, welche uns alles klar machen oder ist dies nicht der Fall? Ist das letztere der Fall, ist es gar nicht möglich, zu solchen Dingen zu gelangen, dann müßten wir uns bescheiden und uns ganz abgewöhnen, solche Fragen zu stellen; wir müßten zu unserem Prinzipe des „nil admirari" (sich über nichts wundern) zurückkehren. Daß dieser Satz, den ich Ihnen vorgeführt habe, richtig ist, ist eine Tatsache, und darüber gibt es nichts sich zu wundern. Man sagt schon im gewöhnlichen Leben, daß der Philosoph ein Mann ist, der seine Leidenschaften beherrschen und alles mit Gleichmut ertragen kann. Wir müßten auch die Leidenschaft, nach dem Grunde aller zahlentheoretischen Probleme zu fragen, ablegen und allen diesen Lehrsätzen gegenüber gleichgültig bleiben. Es wäre, wenn es uns wirklich gelingen würde, das ganz abzulegen, ein großer Vorzug. Mich noch und die anderen verfolgen die qualvollen Gedanken, wie das zusammenhängt, wie die Zahl zu definieren ist, wie die arithmetischen Sätze zu begründen sind, wie Gespenster. Wäre es möglich, sie gänzlich zu beschwören, daß sie nicht mehr auftauchen? Nietzsche hat einmal von einer Götzendämmerung gesprochen (gelesen habe ich es allerdings nicht), wir könnten das gewissermaßen als Gespensterdämmerung bezeichnen. Eine Aussicht, daß das geschehen könnte, ist allerdings vorhanden. Einige davon sind schon mehr verschwunden. Ich rede da nicht von diesem Gefühl, daß es überall ein Oben und Unten geben muß oder daß ein Wesen existieren kann ohne zu sehen, welches für alle tiefer denkenden Menschen schon verschwunden ist. Aber es gibt andere Dinge, z. B. daß der Raum einesteils ins Unendliche gehen muß und anderenteils doch eine Grenze haben muß; daß die Zeit nicht aufhören kann und doch eine Grenze haben muß; daß die Materie bis ins Unendliche teilbar sein und doch aus endlichen Stücken bestehen muß. Noch zu Zeiten Kants und auf Kant selbst wirkten, wie seine „Antinomien" zeigen, diese Gespenster mit ganzer Gewalt. Ich muß gestehen, daß diese Gespenster auf mich nicht so eingewirkt haben. Ich kann mir ganz gut einen Raum denken, der nirgends eine Begrenzung hat und doch endlich ist; das ist allerdings ein nicht-euklidischer Raum, ebenso daß die Zeit einen in sich geschlossenen Ring bildet, daß der letzte Zustand der Welt mit dem ersten zusammenhängt. Wir werden später zur Analyse dieser Begriffe kommen, wo ich diese Gedanken verständlich zu machen versuchen werde; ob es mir gelingen wird, weiß ich nicht. Also einige von diesen Gespenstern sind schon verschwunden. Es kann sein, daß wir durch fortwährendes Nachdenken und durch allmähliche Angewöhnung doch in dieser Beziehung vollständig klar werden. Wir müssen dann die Sache so auffassen, daß dieser Trieb, nach der Lösung der Rätsel zu fragen, uns nach der Darwin'schen Theorie angeboren ist und sich in uns immer zwingender entwickelt hat. Wir waren gewohnt, immer nach Definition und Beweis zu fragen, und auch wenn wir wissen, daß es keine Antwort gibt, werden wir diesen Zwang nicht los. Gerade so hat die Admiralsraupe die Gewohnheit sich zum Schutze in Brennesselblätter einzuspinnen, und wenn man sie in eine verschlossene Schachtel versperrt, tut sie es auch, und man kann ihr nicht klar machen, daß dies vollkommen überflüssig und nutzlos ist. Ein Hund ist gewohnt, einen besonders großen Bissen heimlich in einen Winkel zu tragen und dort zu verzehren, oder vor dem Schlafengehen sich ein Loch zu graben; auch auf glattem Boden kratzt er erst längere Zeit, bevor er einschläft; es ist ihm das angeboren. So könnte uns gewissermaßen das Wühlen in den Erkenntnisgrund angeboren sein. Wir wühlen immer, bis wir die Wahrheit finden, eben in den Fällen, wo wir durch unsere Anstrengung wirklich etwas zutage fördern; aber auch wo nichts zu finden ist, haben wir das Streben fortzuwühlen, und eine ähnliche Unbefriedigung muß der Hund fühlen, wenn er im glatten Boden kein Loch wühlen kann. Ich will die Frage wieder unentschieden lassen, wie es mein Prinzip ist. Ich glaube es fast, daß eben keine Fragen verborgen sind, und der vollständigste Verstand wird der sein, der das weiß und sich gar nicht mehr darüber wundert. In der Tat ist es gewissermaßen eine Krankheit des Intellekts. Wenn wir uns nicht zu helfen wissen, wenn wir auf Widersprüche stoßen, so ist das eine Krankheit des Intellekts. Schon bei den Kantischen „Antinomien" trat dies hervor. Wenn der menschliche Verstand so eingerichtet wäre, daß er durch richtige Schlüsse zum Resultat kommt, daß der Raum endlich ist, und dann durch richtige Schlüsse, daß er unendlich ist, so wäre das ein Wahnsinn, eine Krankheit des Intellekts. Es kann sich nur dadurch ausgleichen, daß man die Gewohnheit, nach einer Ursache zu fragen, wo keine ist, aufgibt, da man dadurch zu Fehlschlüssen gelangt. Ich will da noch etwas, was da einschlägt und worüber auch Mach spricht, hervorheben: Ähnlich ist es vielen Forschern mit der Atomistik gegangen. Man hat die Atome fingiert, um die Welt daraus zu erklären. Die Welt ist zunächst der Inbegriff unserer Vorstellungen und Empfindungen, um diese zu erklären hat man die Atome angenommen. Man hat das Spiel der Atome sich immer weiter ausgebaut und auf einmal ist man zum Resultat gekommen, die Atome, diese einzelnen materiellen Punkte, können nicht empfinden. Man hat geglaubt, die Atomistik ist richtig, aber es liegt ein Rätsel vor, ob die Atome empfinden können. Man hat eine Hypothese gewählt, von der man hinterher erklärt hat, daß sie dazu nicht geeignet ist. Das ist eine Krankheit, die man ablegen muß, denn das Schlimmste ist ein Widerspruch mit sich selbst. Wir müssen etwas Unrichtiges gedacht haben, das Denkgesetz muß falsch sein oder unrichtig angewendet. So hätte meiner Ansicht auch Kant schließen sollen; wenn er aus gewissen Denkgesetzen schließt, der Raum ist unendlich und aus denselben Denkgesetzen, der Raum ist endlich, dann müssen die Denkgesetze falsch sein. Das ist die Frage, die wir da haben.

Wir wollen jetzt von den ganzen positiven Zahlen etwas weiter fortgehen. Wir müssen da zu den verschiedenen anderen Zahlen übergehen. Ich will da heute noch eine Bemerkung machen, nämlich: dieselben Rechnungsoperationen, die wir auf die Zahl angewendet haben, können wir auch auf andere Dinge anwenden: wir können Strecken, die in einer Geraden sind, addieren; wir können, wie Helmholtz sagt, sogar verschiedene Farben durch Übereinanderlagerung addieren, zu einer Mischfarbe vereinigen; es zeigen sich da ganz analoge Additionsgesetze wie bei den Zahlen, obgleich von einem eigentlichen Hinzuaddieren nicht die Rede sein kann. Wir werden später sehen, daß wir auch Vektoren addieren können.

Für heute will ich die Vorlesung hiermit beschließen und nächstens zu den gebrochenen Zahlen übergehen.

6. Vorlesung

16. November 1903 Ich will es bezüglich der ganzen positiven Zahlen mit dem, was ich bisher darüber gesagt habe, genug sein lassen. Wir haben also da gesehen, daß das gewisse Worte oder Zeichen sind, deren Handhabung uns vielleicht teilweise angeboren, teilweise erlernt ist, und wir wissen, daß wir damit gewisse Zwecke, unsere Naturkenntnis in gewisser Hinsicht zu erweitern, erreichen. Wir wissen auch, wie wir mit ihnen zu operieren haben, alle Operationen mit ihnen sind uns geläufig. Die allereinfachsten Operationen, die wir da vornehmen können, sind die des Addierens, Subtrahierens, Multiplizierens und Dividierens, also die vier Spezies. Die Addition und Multiplikation läßt sich bei ganzen positiven Zahlen jedesmal ausführen, jedesmal bekommt man ein bestimmtes Resultat. Anders ist es bei der Subtraktion und Division: da gibt es viele Fälle, wo sich diese Operationen, wo zwei bestimmte Zahlen gegeben sind, anstandslos ausführen lassen, und andere Fälle, wo sich diese Operationen nicht ausführen lassen. Diese letzteren Fälle werden aber doch in bestimmter Weise bezeichnet. Man wählt da ein gewisses Zeichen für das Resultat, welches man eigentlich erwarten würde und welches gar nicht zum Vorschein kommen kann, da man die Operation gar nicht ausführen kann. Die Subtraktion ist die einfachere Operation, die Division die kompliziertere; trotzdem ist gerade in diesen Fällen, wo sich die Operationen nicht ausführen lassen, der Fall der Division einfacher als der der Subtraktion, weil nämlich die Einheit, die wir unseren Zahlen zugrunde legen, sehr häufig wieder zusammengesetzt sind. Wenn wir z. B. ein Dutzend, ein Schock, eine Mandel als Einheit wählen, so haben wir in der Einheit selbst etwas, was der Division fähig ist. Auch wenn wir einen körperlichen Gegenstand wählen, z. B. einen Apfel oder eine Birne, können wir eine Teilung vornehmen, und so kommt es, daß gerade diejenigen Zahlen, welche man fingiert hat für den Fall, daß sich die Division nicht ausführen läßt, in der Praxis ihre allergeläufigste Bedeutung haben. Wenn man annimmt, daß die Zahl etwas a priori uns Gegebenes ist, und daß daher die Rechnungsoperationen, wie sie in unserem Geiste konstruiert werden, unfehlbar seien, wenn man annimmt, daß wir da gewissermaßen durch den unfehlbaren heiligen Geist der reinen Vernunft erleuchtet werden und uns diese Zahlenoperationen geoffenbart seien, kann man es kaum begreiflich finden, daß solche Fälle, wo die Operationen nicht anwendbar, also ein kompletter Unsinn sind, in der Praxis ihre Bedeutung erhalten, daß man eine Menge Operationen mit ihnen ausführen kann. Wenn wir aber die Zahlen als etwas rein empirisch Gegebenes ansehen, etwas was die Menschheit sich selbst im Laufe der Jahrhunderte konstruiert hat, was noch der Vervollkommnung und Bemängelung fähig ist, werden wir nicht glauben, daß sie absolut unfehlbar sind, wir werden nur glauben, daß sie sich eben in allen uns bekannten Fällen verifiziert haben und daß diese Fälle so allgemein sind, daß sie sich nicht irgendwo nicht verifiziert haben können. Aber wenn wir doch die Möglichkeit zugeben müssen, daß sie sich irgendwo nicht verifiziert haben, so frappiert es uns weniger, wenn das Hinausgehen über dieses Gesetz auf etwas Richtiges führt. Wenn diese ganzen Operationen so der Natur abgelauscht sind, daß sie dann eine Übereinstimmung geben, so kann es uns nicht wundern, daß gewisse Erweiterungen dieser Voraussetzungen dem unsinnig erscheinen, der sie nur als etwas von der Vernunft absolut Gegebenes ansieht, aber nicht dem, der von der Erfahrung ausgeht. Es sind das dann neue Operationen, die nicht mehr den prägnanten Sinn, die eine erweiterte Bedeutung haben; sie haben sie nicht in allen Fällen, aber in vielen. Eine Zahl b, welche nicht durch a teilbar ist, durch a dividieren, ist etwas vollkommen Widersinniges, der Begriff der Division verliert seine Bedeutung. Wenn ich trotzdem das Zeichen a/b einführe, so deutet das auf etwas Widersinniges. Wenn nun die Einheit selbst teilbar ist, so teilen wir die Einheit und wir kommen da zu etwas, was in der Praxis gedeutet werden kann, obwohl wir ein widersinniges Symbol angenommen haben. Wenn ich ein Dutzend als Einheit annehme, kann ich mir die Hälfte ohne weiteres denken; einen Apfel kann ich halbieren oder in drei Teile teilen; das Symbol erhält eine praktische Bedeutung. Freilich nicht immer: der halbe Soldat, den das Fürstentum Liechtenstein einst zur deutschen Bundesarmee beizusteuern hatte, hat keinen Sinn. Bei den gebrochenen Zahlen ist uns diese praktische Bedeutung so geläufig, daß wir uns gar nicht bewußt werden, daß sie das Symbol sind für eine der Idee nach unmögliche Rechnungsoperation. Etwas weniger geläufig sind uns die negativen Zahlen. Eine größere Zahl von einer kleineren abziehen ist auch wieder ein Unsinn. Wir nehmen trotzdem an, das Resultat sei vorhanden, und bezeichnen es mit – (minus). Die Brüche sind dem gemeinen Menschen vollständig evident, die negativen Zahlen weniger; sie verlieren schon bei den trivialsten Dingen ihren Sinn; man kann z. B. nicht von einer negativen Anzahl von Äpfeln sprechen. Es kommt das auch in der Mathematik vor, daß man sagt: es ergibt sich eine negative Zahl; das ist der Beweis, daß das Problem nicht lösbar ist. Aber in manchen Fällen hat das negative Zeichen seine Bedeutung: bei Thermometergraden unter Null, bei Wasserständen unter dem Pegel, bei Schulden u. dgl. Ja, in den höheren

Gebieten der Mathematik, z. B. in der Geometrie, in der mathematischen Physik ist es die Regel, daß die negativen Resultate auch ihre Bedeutung haben, so daß man positive und negative Zahlen als etwas gleichmäßig Bestehendes behandelt. Man spricht von positiven und negativen Koordinaten, von der positiven oder negativen Brennweite einer Linse usw. Je mehr man aber da auf komplizierte Operationen übergeht, desto mehr macht sich das fühlbar, daß sich doch immer mehr ein Mißbehagen einstellt, daß man da mit Dingen operiert, die ihrer Definition nach eigentlich ein Unsinn sind.

Wir gelangen dann zunächst zu den irrationalen Zahlen. Es ist ja bekannt, was man unter einer Quadratwurzel zu verstehen hat: man hat da jene Zahl, welche mit sich selbst multipliziert, diese Zahl gibt. $\sqrt{4} = 2$; $\sqrt{9} = 3$. Aus einigen Zahlen lassen sich die Wurzeln ausziehen, aus den meisten aber nicht. Es gibt z. B. keine Zahl, die mit sich selbst multipliziert 2 gibt. $\sqrt{2}$ ist wieder zunächst eine solche sich widersprechende Größe. Wenn man die Brüche zu Hilfe nimmt, kann man gebrochene Zahlen bilden, welche mit sich selbst multipliziert sehr nahe an 2 kommen; und je größer man die Nenner dieser Brüche wählt, desto mehr kann man sich dem Resultat nähern; aber es läßt sich strenge beweisen, daß es nicht möglich ist, einen Bruch zu bilden, welcher genau 2 gibt, wenn man ihn mit sich selbst multipliziert. Wir haben da eine neue „unmögliche" Zahl gefunden. Natürlich gibt es auch noch unzählige andere: $\sqrt{3}$, $\sqrt{5}$, $\sqrt{7}$ ...; alle diese Zahlen lassen sich nicht bilden. Man kann durch Brüche sich Zahlen bilden, welche ziemlich angenähert diese Eigenschaft haben, aber man kann sie niemals ganz erreichen. Solche Zahlen heißen irrationale Zahlen. Es ist das bekannte delphische Problem, einen Würfel zu verdoppeln. Ließe sich die Kantenlänge $\sqrt[3]{2}$ ausrechnen, so ließe sich mit Zirkel und Lineal dieser Würfel herstellen; es ist dies aber vollständig unmöglich. Eine fünfte Wurzel ist wieder eine neue irrationale Zahl. Man bekommt so eine ganze Gruppe von irrationalen Zahlen, welche man „algebraische Wurzeln" nennt.

Dazu kommen neue: Die Ludolfische Zahl π läßt sich in keiner Weise algebraisch ausdrücken. In der höheren Mathematik gibt es eine Menge: die Zahl e, die Konstante des Integrallogarithmus und viele andere. Alle bilden neue Gruppen für sich. Man sagt da: Bei jedem Problem, das aufstößt muß man neue irrationale Zahlen „adjungieren". Damit ist dann wieder eine ungeheure Gruppe von irrationalen Zahlen bestimmt. Diese irrationalen Zahlen stellen dann wieder solche unmögliche Zahlen dar, sie werden wieder definiert durch die Lösung eines Problems, welches der alten Definition nach nicht lösbar ist. Doch haben sie auch wieder ihre Bedeutung, z. B. $\sqrt{2}$ stellt die Diagonale eines Quadrates dar, dessen Seite gleich 1 ist; c stellt den halben Umfang eines Kreises dar, dessen Durchmesser gleich 1 ist. Man kann da freilich sagen, diese geometrischen Gebilde existieren auch nicht, ein absolutes Quadrat, ein absoluter Kreis existiert auch nicht, ein Beweis für die wirkliche Existenz wäre das noch nicht; aber es ist doch ein Beweis, daß sie wieder zu Rechnungen notwendig und brauchbar sind. Damit ist aber der Cyklus dieser Unmöglichkeiten noch keineswegs abgeschlossen. Es gibt noch unmöglichere Zahlen als die, die ich bisher besprochen habe. Es ist eigentümlich: je weiter wir fortschreiten, desto mehr tritt die Unmöglichkeit hervor und die praktische Bedeutung zurück. Die Brüche sind noch etwas Reelles, je weiter wir uns aber entfernen, desto größer werden die Schwierigkeiten. Wir müssen natürlich zunächst die Rechnungsoperationen mit diesen unmöglichen Zahlen alle neu definieren. Das ist dem Mathematiker bekannt. Definiert ist nur, was es heißt, positive ganze Zahlen zu addieren, subtrahieren, multiplizieren und dividieren. Bei den negativen, gebrochenen und irrationalen Zahlen müssen wir alle diese Rechnungsoperationen neu definieren, und zwar so, daß wir zunächst, wenn wir diese Rechnungsoperationen kombinieren, niemals auf einen Widerspruch kommen, daß wir da immer dieselben Gesetze benutzen können wie bei ganzen positiven Zahlen. Damit ist zunächst der Mathematiker zufrieden; er hat einen Kreis von Begriffen, er weiß, wie er mit ihnen zu manipulieren hat, er setzt sie wie Schachfiguren. Ob sie einen Sinn haben, weiß er zunächst nicht; er weiß, daß er immer innere Übereinstimmungen bekommt; er weiß, daß es dasselbe ist, ob er die Faktoren in der einen oder der anderen Richtung multipliziert. Ebenso daß wenn er Summen addiert nach den Gesetzen der Algebra, daß er da die richtigen Resultate bekommt. Das ist für den Mathematiker notwendig; das Resultat muß ein für allemal gegeben sein. Der Mathematiker freut sich dieser Schönheit und inneren Übereinstimmung, daß alles klappt. Diese Befriedigung wird noch größer, wenn diese Operationen auch immer die richtigen Beziehungen zur Wirklichkeit haben. Sobald man von Teilen eines Apfels, eines Dutzends, von der Diagonale eines Parallelogramms oder Quadrates redet, bekommt man immer die richtigen Resultate nach diesen Rechnungsoperationen. Man hat da auch den Begriff der Potenz erweitert. Die Potenz hat nur einen Sinn, wenn der Exponent positiv und ganz ist; man hat sie aber so definiert, daß man auch mit negativen und gebrochenen Exponenten so rechnen kann wie mit ganzen positiven Exponenten. Wenn man auf diese Weise die Rechnungsoperationen festlegt, so findet man, daß das Produkt zweier positiver Zahlen wieder positiv ist $+a \cdot +a = +a^2$. Dagegen muß man definieren, daß das Produkt zweier negativer Zahlen auch positiv ist. $-a \cdot -a = +a^2$. Würde man das nicht tun, so würde man schon in den einfachsten Fällen, bei den gewöhnlichsten Rechnungsoperationen auf Widersprüche kommen und verkehrte Resultate erhalten; dann darf man keine Übereinstimmung mit der Wirklichkeit erwarten. Die inneren Übereinstimmungen werden nur erreicht, wenn man festsetzt, daß $-a \cdot -a = +a^2$. Es gibt keine einzige positive, negative, ganze, gebrochen, rationale, irrationale Zahl, keine irrationale Zahl einer noch komplizierteren Sorte, welche mit sich selbst multipliziert eine negative Zahl gibt. Es gibt vor allem keine negative Zahl, welche mit sich selbst multipliziert -1 gibt. Die Quadratwurzel aus -1 zu finden, ist vollständig unmöglich. Unter allen Zahlen, die aus den vier Spezies und der Potenz abgeleitet sind, gibt es keine, die mit sich selbst multipliziert -1 geben würde. Man nimmt in der Mathematik doch an, daß diese $\sqrt{-1}$ einen bestimmten Sinn hat, und man bezeichnet sie mit einem besonderen Zeichen (Buchstaben); weil sie rein nur in der Einbildung besteht, nennt man sie die „imaginäre Zahl“ und bezeichnet sie mit $i = \sqrt{-1}$; dabei setzt man fest, daß wenn i mit sich selbst multipliziert wird, man -1 erhält. $i \cdot i = i^2 = -1$. Das ist die Definition dieser Größe, daß sie, mit sich selbst multipliziert, -1 gibt. Da leuchtet es wohl am stärksten hervor, daß das eine reine Willkürlichkeit ist, wir setzen rein in unserer Idee fest, daß es eine solche Zahl i gibt. Etwas Unsinnigeres kann es eigentlich nicht geben; denn wenn es etwas nicht gibt, es doch mit einem Worte bezeichnen und sagen, daß es diese Eigenschaft habe, kann unmöglich zu einem richtigen Resultat führen. Es ist aber zunächst zu bedenken, daß wenn man i eingeführt hat, man alle algebraischen Aufgaben lösen kann. Man braucht nur das i zu multiplizieren mit $\sqrt{2}$, $\sqrt{3}$, $\sqrt{4}$ usw. und erhält: $i \cdot \sqrt{2} = \sqrt{-2}$; $i \cdot \sqrt{3} = \sqrt{-3}$; $\cdot\sqrt{4} = \sqrt{-4}$ usw. Der allgemeinste Ausdruck einer Zahl ist dann der: Es muß eine gewisse Anzahl reeller Einheiten (a) und eine gewisse Anzahl rein imaginärer Einheiten (b) vorhanden sein. $a + bi$, das ist die allgemeinste Form einer Zahl. Man nennt eine solche Zahl a, welche das i nicht enthält, eine reelle Zahl. Eine Zahl bi, welche das Produkt ist einer reellen Zahl b mit der imaginären Einheit i, ist eine rein imaginäre Zahl. Die Summe einer reellen und einer imaginären Zahl heißt komplex. Es würden alle diese Begriffe unser Augenmerk nicht fesseln, wenn da nicht wieder eine ähnliche Beziehung zur Wirklichkeit wäre. Gerade diese Dinge, die scheinbar so widerrechtlich eingeführt werden, haben wieder eine ähnliche Beziehung zur Wirklichkeit. Man rechnet jetzt mit diesen komplexen Zahlen genauso, wie man mit irgendwelchen anderen Zahlen rechnen würde, ohne daß man dabei bedenkt, daß es keinen Sinn hat; das ignoriert man vorläufig und rechnet wie mit algebraischen Zahlen. Man bekommt dann zunächst vollkommene innere Übereinstimmungen und innige Beziehungen zwischen diesen Zahlen und der Verteilung der Punkte in der Ebene. Gauß hat das vollständig entwickelt. Die verschiedenen Punkte in einer Geraden können wir den positiven und negativen ganzen, gebrochenen und irrationalen Zahlen zuordnen. Wir brauchen nur eine bestimmte Strecke als Einheit zu wählen. Wir denken uns eine unendliche Gerade, nehmen auf ihr einen Punkt O an und wählen eine gewisse Strecke als Einheit. Wenn wir diese Strecke von O aus nach rechts auftragen, so stellt uns ihr Endpunkt A die Zahl 1 dar. O stellt uns die Zahl 0 dar. 0 ist ein Symbol, wenn man eine Zahl von sich selbst abzieht, sie ist eigentlich auch eine Unmöglichkeit. Als Einheit können wir eine beliebige Strecke wählen, z. B. 1 cm. Von A tragen wir diese Einheit noch einmal auf, wir erhalten in dem Punkt B die Zahl 2. Durch fortgesetztes Auftragen unserer Einheit auf dem rechts von O gelegenen Teile der Geraden erhalten wir alle ganzen positiven Zahlen. Wenn wir dieselbe Strecke nach links auftragen, so erhalten wir in A′, B′, C′ die Zahlen −1, −2, −3 usw. So habe ich die negativen Zahlen dargestellt.[1] Auch die gebrochenen Zahlen kann ich auftragen, da die Strecke unendlich teilbar ist, Wenn ich 1/2, 1/4,... auftrage, bekomme ich die Zahlen 1/2, 1/4,... da die Punkte sich kontinuierlich folgen, bekomme ich auch die irrationalen Zahlen; ich brauche nur eine Strecke aufzutragen, welche eine imaginäre Zahl vorstellt. Wenn ich ein Quadrat konstruiere, dessen Seite die Länge 1 hat und ich messe genau die Diagonale und trage ihre Länge von 0 aus genau auf, so stellt mir ihr zweiter Endpunkt E die irrationale Zahl $\sqrt{2}$ dar. So kann ich mir alle reellen Zahlen auftragen.

[1] Bei den Abbildungen in diesem Kapitel handelt es sich um die aus der Mitschrift übertragenen originalen Skizzen.

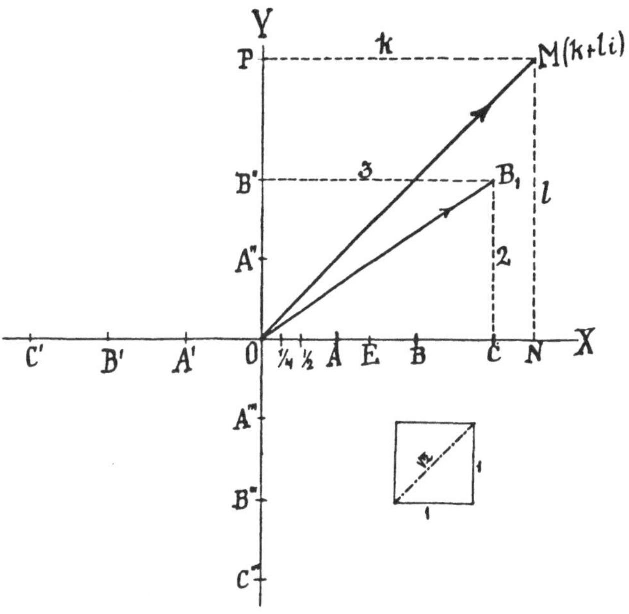

Für die imaginären Zahlen habe ich auf der Geraden OX keinen Platz. Es ist die Idee naheliegend, daß sich die imaginären Zahlen auf einer zweiten Geraden OY auftragen lassen, welche man durch den Nullpunkt O senkrecht zu OX errichtet. Wenn ich jetzt auf OY von O aus nach aufwärts ein Stück auftrage, welches wieder gleich ist der von mir gewählten Längeneinheit, bekomme ich im Punkte A″ die Zahl $\sqrt{-1} = i$. Wenn ich noch um ein gleiches Stück heraufgehe, komme ich nach B″ und erhalte $2i$, dann $3i$, $4i$, ... So habe ich alle rein imaginären Zahlen dargestellt. Es gibt auch negative rein imaginäre Zahlen, sie liegen auf der Verlängerung der Geraden nach unten. In der Entfernung 1 von O wird in A″ die Zahl $-i$ liegen, in der Entfernung 2 die Zahl $-2i$, usw. Nun könnte ich auch komplexere Zahlen darstellen. Da müßte ich auf der ersten Geraden OX, welche ich die Abscissenachse nennen will, so viel Längeneinheiten auftragen als der reelle Teil a angibt, und dann auf der Ordinatenachse OY so viel Einheiten b, als der imaginäre Teil angibt; durch die beiden Punkte, welche ich dadurch auf den beiden Achsen erhalte, ziehe ich die Parallelen zu OY resp. zu OX; wo diese sich schneiden, ist der Punkt, der die Zahl $a + bi$ darstellt. Wenn ich z. B. die komplexe Zahl $3+2i$ suche, trage ich auf der Abscissenachse 3 Einheiten auf (bis C), auf der Ordinatenachse 2 Einheiten (bis B″); von C ziehe ich eine Parallele zur Ordinatenachse, von B″ eine Parallele zur Abcissenachse. Der Punkt B_1, in dem sie sich schneiden, stellt die komplexe Zahl $3 + 2i$ dar. Wir sehen also, daß jeder Punkt in der Ebene eine komplexe Zahl darstellt. Ich kann auch den Punkt B_1, welcher die betreffende komplexe Zahl darstellt, durch eine Gerade mit dem Nullpunkt O verbinden, wobei wir festsetzen, diese Gerade sei von O nach B_1 gerichtet. Eine solche gerichtete Gerade heißt ein Vektor. Der Vektor

OB_1 mit der Richtung von O nach B_1 stellt die komplexe Zahl $3+2i$ vor. Jede komplexe Zahl bestimmt einen Vektor, und jeder Vektor stellt eine komplexe Zahl dar. Habe ich einen Vektor OM gegeben, so ziehe ich durch M die Gerade MN parallel zur Ordinatenachse und die Gerade MP zur Abscissenachse. Ergibt sich durch Abmessen, daß ON = k und OP = l Einheiten lang sind, (wobei k und l auch gebrochene und irrationale Zahlen sein können) so stellt OM die imaginäre Zahl $k + li$ dar. Jeder Punkt der Ebene stellt eine solche komplexe Zahl dar. Wir können alle komplexen Zahlen durch alle möglichen Punkte der Ebene darstellen und so alle algebraischen Operationen ausführen. Das ist eine wünschenswerte Ergänzung. Wir haben gesehen, daß die Punkte einer Geraden uns alle reellen Zahlen darstellen. Wenn wir von O ausgehen und alle Punkte der Geraden im Geiste überblicken, so stellen sie uns alle möglichen reellen Zahlen dar, die Punkte rechts alle positiven, die Punkte links alle negativen (sowohl die ganzen als auch die gebrochenen und irrationalen). Auf dieser Linie bringen wir alle reellen Zahlen unter. Unwillkürlich drängt sich die Frage auf: Sind wir da schon vollständig fertig? Haben wir in der Ebene nicht auch Punkte? Haben diese nicht auch eine Bedeutung? So mag Gauß vielleicht gedacht haben, und so bieten sich die rein imaginären und komplexen Zahlen. Man kommt da viel weiter. Es ist diese Deutung natürlich eine willkürliche. Daß ich die Zahl i, welche doch etwas Sinnloses ist, auf der Ordinatenachse auftrage, ist etwas Willkürliches, ebenso wie es willkürlich ist, daß ich die reellen Zahlen auf der Abscissenachse auftrage. Diese Zuordnung aller Punkte der Abscissenachse ist auch schon willkürlich, so daß wir uns über eine neue Willkürlichkeit nicht wundern. Wenn man überhaupt die Zahlen für Willkürlichkeiten hält, so ist das nur eine Erweiterung des Zahlbegriffs; denn es ist nichts, was a priori sinnloser wäre als die Zahlenreihe. Die Rechtfertigung muß darin liegen, daß wir etwas damit anzufangen wissen. Das ist überhaupt auch die Rechtfertigung dafür, daß wir die Zahl i eingeführt haben. Wenn wir nichts damit anzufangen wüßten, wäre es schade um die Kreide; merkwürdigerweise können wir aber damit rechnen und bekommen Resultate, welche mit der Erfahrung übereinstimmen. So ist es auch mit dieser Zuordnung: durch sie können wir alle Rechnungsoperationen in einfacher Weise interpretieren und bekommen immer die richtigen Resultate. Das näher auseinanderzusetzen, soll morgen meine Aufgabe sein.

7. Vorlesung

17. November 1903 Zur Zeit meiner klassischen Studien habe ich gelernt, daß ein griechischer Philisoph den Zutritt zu seiner Schule nur denjenigen eröffnete, welche sich gründliche Kenntnisse in der Mathematik angeeignet hatten. Wenn man das in die moderne Sprache übertragen wollte, dürfte sich nur derjenige inskribieren, der eine Vorprüfung aus der Mathematik abgelegt hatte. Es war dies nicht etwa der Philosoph Aristoteles, der ja Naturforscher war und dem man so etwas zutrauen durfte; mir kommt vor – ich weiß nicht, ob ich mich nicht irre, ob ich mich da nicht blamiere –, daß es sogar der Idealist Plato gewesen ist.

Damals galt die Mathematik keineswegs als eine bloß praktische Wissenschaft, nicht etwa als eine Fertigkeit für Kaufleute und Versicherungstechniker, sondern sie galt als Wissenschaft für Astronomen, für die Erforschung der Wahrheit, als die eigentliche philosophische Wissenschaft. Wenn ich hier überhaupt das menschliche Denken und die menschliche Schlußweise zu analysieren gedenke, so ist es doch hauptsächlich die Schlußweise, welche bei der Naturforschung angewendet wird.

Ich habe ja das ganze Kolleg als „Naturphilosophie" bezeichnet. Es kann sich nicht um das menschliche Nachdenken handeln, welches nötig ist um Klassiker zu übersetzen oder um historische Tatsachen festzustellen. Hier handelt es sich nur um die Naturforschung und das vorzüglichste Instrument ist da die Mathematik. Ganz ohne Ihre mathematischen Kenntnisse in Anspruch zu nehmen, kann ich in diesem Gegenstande nicht weiterkommen. Ich will mich freilich auf das mindeste beschränken; aber die Gesetze, nach welchen algebraische Binome und Polynome multipliziert werden, muß ich als bekannt voraussetzen; die anderen will ich kurz korrepetieren, aber doch nicht so, daß demjenigen, der keine Kenntnisse besitzt, das vollständig klar wird.

Das Problem, welches ich heute zunächst lösen will, das ist die Darlegung, welche wichtige Bedeutung die imaginären Zahlen haben. Gerade die imaginären Zahlen stellen uns ja das Allerunmöglichste dar. Man kann sich keine rechte Vorstellung machen, was für einen Sinn das haben soll: $\sqrt{-1}$, und trotzdem sind gerade für die imaginären Zahlen so viele Analogien mit den wirklichen Dingen vorhanden, mit denen wir in Kontakt kommen, daß gerade die imaginären Zahlen ungeheuer wichtig für die Naturforschung sind. Wir wollen diese Analogien zunächst mittels geometrischer Begriffe darstellen; diese sind der Wirklichkeit angepaßt, so daß wir da indirekt eine Analogie der komplexen Zahlen mit den wirklichen Dingen haben, die uns beschäftigen.

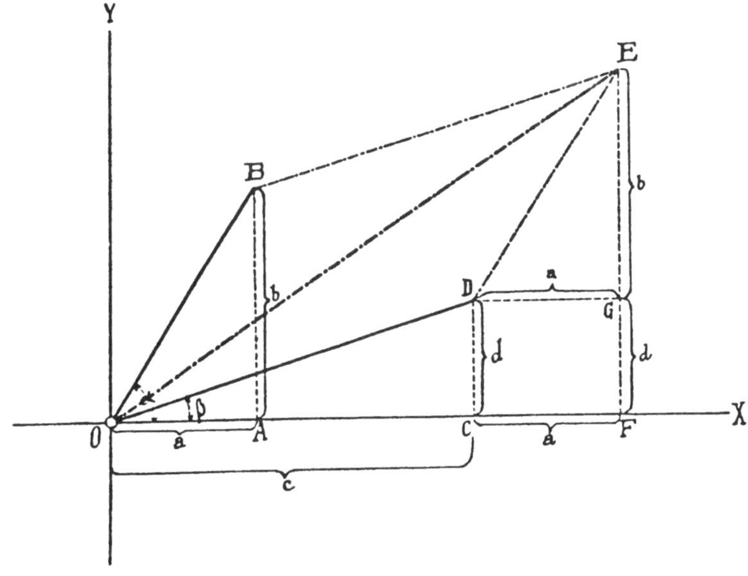

Wir haben da gesehen, wie man eine komplexe Zahl durch einen Punkt in der Ebene darstellen kann. Man zieht da zwei Geraden, welche aufeinander senkrecht stehen und sich in einem Punkte schneiden. Die eine, die Ordinatenachse OY zeichne ich immer vertikal, die andere, die Abscissenachse OX, immer horizontal. Ihr Schnittpunkt O heißt der Koordinatenursprung oder der Nullpunkt. Wenn ich jetzt irgendeine komplexe Zahl $a + bi$ darstellen will, wobei a und b reelle Zahlen (gleichgültig ob positiv oder negativ, ganz oder gebrochen, rational oder irrational) sind, so verfahren wir so: Wir wählen eine bestimmte Strecke als Längeneinheit und tragen von O aus auf der Abscissenachse a Einheiten auf. Wir kommen da nach irgendeinem Punkte A. Von A tragen wir auf einer Parallelen zur Ordinatenachse b Einheiten bis B auf. OA = a; AB = b. Der Punkt B stellt uns dann die komplexe Zahl $a + bi$ dar. Wir können den Punkt B auch durch eine Gerade verbinden, welche von O nach B gezogen wird und der „Vektor der Zahl $a + bi$" heißt. Den Winkel XOB, welchen der Vektor mit der positiven Abscissenachse bildet, nennt man das „Argument" der Zahl. Wir wollen jetzt noch eine zweite komplexe Zahl $c + di$ hernehmen, welche durch den Punkt D dargestellt wird; auch der Vektor OD stellt sie uns dar; das Argument ist der Winkel XOD. Die einfachste Rechnungsoperation ist die Bildung der Summe. Wenn wir diese beiden komplexen Zahlen addieren sollen, so geschieht das geradeso, als ob es reelle, algebraische Zahlen wären. Der reelle Teil der Summe ist $a + c$, beim komplexen Teil kann i als Faktor heraus gehoben werden $(a + bi) + (c + di) = a + c + i(b + d)$. Wie kann man die Summe der beiden Zahlen geometrisch konstruieren? Man verfährt einfach so: Man behandelt OB und OD so als ob es Kräfte wären, deren Resultierende man suchen sollte. Wenn es Kräfte wären, findet man die Resultierende, indem man vom Endpunkte B der Kraft OB eine Parallele zur anderen Kraft OD zieht und von D eine zur ersten Kraft. Beide treffen sich in einem Punkte E, welcher der Endpunkt der Resultierenden OE ist. Ebenso werden Vektoren addiert. Die Kräfte addieren sich ja auch, wenn sie sich zu einer Resultierenden zusammensetzen. Auch Bewegungen addieren sich in dieser Weise (mittels des Bewegungsparallelogramms). Wenn ein Schiff den Weg OD zurücklegt und eine Person auf dem Verdeck relativ nach B wandert und den Weg OB zurücklegt, so kommt sie infolge der Vereinigung der beiden Bewegungen gerade nach E. Auch zwei Zahlen, welche man in der Gauß'schen Regel darstellt, werden in dieser Weise zu einer Summe vereinigt. E ist die Summe der beiden Zahlen. Um dies zu beweisen, muß ich zeigen, daß E wirklich die komplexe Zahl $(a + c) + i(b + d)$ darstellt. Von E aus fälle ich eine Senkrechte EF auf die Abscissenachse. Es muß das Stück OF gleich sein dem reellen Teile $a + c$, und FE = $b + d$. Wenn ich das bewiesen habe, habe ich bewiesen, daß E die Summe der beiden Zahlen darstellt. Dieser Beweis ist leicht zu liefern. Wir ziehen durch D eine Parallele DG zur Abscissenachse. DEG $\approx$ BOA. Weil Parallele zwischen Parallelen gleich sind, ist CD = FG = d, und FE hat die Länge $b+d$; CF = DG = a; OF = $a+c$. E stellt also wirklich die komplexe Zahl $a+c+(b+d)i$ dar. Alle Rechnungsregeln lassen sich dann ganz unverändert anwenden. Die Addition ist kommutativ und distributiv; ich kann die Ordnung verändern. Wenn ich mehrere Zahlen zu addieren hätte, könnte ich dies mehrmals tun, gleichgültig in welcher Reihenfolge. Es entsteht jetzt noch die Frage, ob auch das Produkt zweier Zahlen eine einfache Bedeutung hat, und da werde ich Ihnen sofort mitteilen, daß auch das Produkt in einer ganz so einfachen Weise interpretiert werden kann. Wenn man nämlich zwei Zahlen multiplizieren soll, so braucht man nur die Längen der Vektoren zu multiplizieren (es sind Strecken, die eine gewisse Länge haben); die Argumente hingegen muß man addieren. Das Argument eines Produkts ist die Summe der Argumente der Faktoren. Das ist der Hauptsatz dieser ganzen Rechnungsmethode mit komplexen Zahlen. Wenn ich imstande wäre, bei Ihnen die Bedeutung der komplexen Exponentielle voraussetzen zu können, so könnte ich das mit großer Allgemeinheit beweisen. Es ist das ein sehr sonderbar scheinender Begriff. Wenn m eine positive ganze Zahl ist, so ist die Potenz a^m ein sehr einfacher Begriff; a^{-m} ist schon schwieriger, und noch eigentümlicher ist $a^{1/m}(a^{1/2})$; aber ihre Bedeutung wird in der Algebra nachgewiesen und man sieht das schließlich ein. Aber eine Zahl zu einer imaginären Potenz i erheben (a^i), ist sehr sonderbar; und doch hat man in der Algebra dafür eine Definition aufgestellt, welche auf das innigste mit dem von mir Gesagten zusammenhängt. Es würde zu weit führen, wenn ich das erklären würde, aber ich will doch einen Begriff davon zu machen versuchen, das kann nur in einer speziellen Weise geschehen. Wir nehmen die Zahl $4+3i$ her; diese Zahl will ich einfach mit sich selbst multiplizieren und sehen, was da herauskommt: $(4+3i) \cdot (4+3i)$. Wir führen die Multiplikation aus. $4 \cdot 4 = 16$; $4 \cdot 3i = 12i$; $4i \cdot 3 = 12i$; $12i + 12i = 24i$; $3i \cdot 3i = 9i^2 = 9 \cdot -1 = -9$; $16 - 9 = 7$. Das Produkt $(4+3i) \cdot (4+3i) = 7 + 24i$. Man kann von zwei beliebigen komplexen Zahlen immer in dieser Weise das Produkt bilden. In diesem speziellen Falle will ich nachweisen, daß die Definition der Multiplikation immer das richtige Produkt liefert. Dabei wird Ihnen die aufgestellte Regel noch ein bißchen klarer werden. Ich will mir also die Zahl $4+3i$ in der gewohnten Weise darstellen; ich erhalte sie im Punkte A oder im Vektor OA. Das Argument ist der Winkel α. Der Vektor OA hat die Länge: $\sqrt{4^2+3^2} = \sqrt{16+9} = \sqrt{25} = 5$. Nach meiner Regel bilde ich das Produkt, indem ich die Vektoren (welche hier beide gleich sind) multipliziere, die Argumente aber addiere. Der neue Vektor hat die Länge von $5 \cdot 5 = 25$ Einheiten, das Argument des Produktes ist $\alpha + \alpha = 2\alpha$. Ich errichte im Punkte O eine Gerade, welche mit der Abscissenachse den Winkel 2α einschließt und trage auf ihr 25 Einheiten auf; ich komme da zum Punkte B. Wenn B die komplexe Zahl $7+24i$ darstellt, dann ist er die Darstellung des Produkts $(4+3i)(4+3i)$. Ich fälle von B die Gerade B normal zur Abscissenachse. Wenn B wirklich die Zahl $7+24i$ darstellen würde, müßte die Strecke OC die Länge 7 und OB die Länge 24 haben. OC = 7; OB = 24; das sind die beiden Gleichungen, die ich zu beweisen habe.

Wenn ich das bewiesen habe, habe ich wirklich bewiesen, daß ich in diesem Falle das richtige Produkt bekommen habe, freilich nur in diesem speziellen Falle. Allgemein könnte man es nur mit Hilfe der imaginären Potentiellen erklären. Zum Zwecke unseres Beweises verlängere ich die Gerade OA und fälle von B darauf die Senkrechte BD. Wir erhalten so zwei ähnliche Dreiecke: ODB $\approx$ OAG. In folgedessen müssen die homologen Seiten proportional sein. OA = 5; OB = 25.

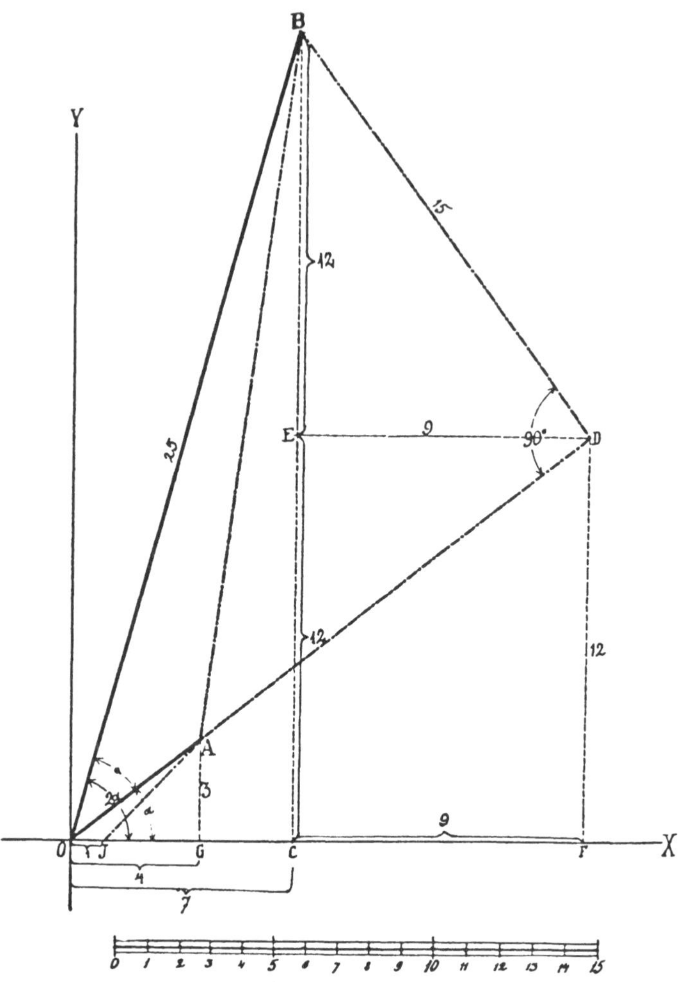

OB ist 5 mal so lang als OA, daher muß auch: BD = 5AG = 5 · 3 = 15 und OD = 5 · OG = 5 · 4 = 20 sein. Ferner ist ODF ≈ OAG. Die Seiten müssen wieder proportional sein. OD = 20, ist also 4 mal so lang als OA = 5. Auch die andere Kathete muß 4 mal so lang sein als die entsprechende im ähnlichen Dreieck. OF = 4 · OG = 16. Auch ist: BDE ≈ OAG, weil auch der Winkel bei B wieder α ist, weil die Schenkel wechselweise aufeinander senkrecht stehen. BD = 15 ist 3 mal so lang als OA = 3; infolgedessen ist: DE = 9 und EB = 12. CF ist als Parallele zwischen Parallelen auch 9 Einheiten lang, wogegen das ganze Stück OF = 16. Daher ist OC = OF – CF = 16 – 9 = 7. OC hat also wirklich die richtige Länge. Wir sehen, daß wegen der Ähnlichkeit der Dreiecke ODF und OAG das Stück DF = 4 AG = 4 · 3 = 12, daher auch EC = 12. Nun ist aber auf EB = 12, daher CB = CE + EB = 24. Das ist der 2. Satz, den ich zu beweisen hatte. Es ist also genau bewiesen, daß der konstruierte Punkt wirklich das Produkt der beiden komplexen Zahlen darstellt.

In dieser Weise kann ich immer die Summe und das Produkt, aber auch die Differenz und den Quotienten zweier beliebiger Zahlen darstellen. Die alte Definition, daß man sagt: Ein Produkt heißt aus einem Faktor eine Zahl so bilden wie der andere Faktor aus der Einheit entstanden ist, läßt sich auch hier anwenden, wenn man richtig vorgeht: Der eine Faktor ist durch den Vektor OA dargestellt. Wie ist der aus der Einheit entstanden? Die Einheit ist OJ. OJ habe ich um den Winkel α gedreht und darauf OJ fünfmal aufgetragen bis A. Das Produkt muß entstehen, dadurch daß ich OA ebenso behandle, wie ich OJ behandelt habe. Ich muß OA noch einmal um α drehen und noch einmal fünfmal verlängern. Ich bekomme dann OB als Darstellung des Produktes. Wenn ich B mit A verbinde, bekomme ich wieder ähnliche Dreiecke: OJA $\approx$ OBA. Ich muß also das kleine Dreieck OJA so lange vergrößern, bis die Einheit so groß wird wie früher OA war, und muß sie so lange drehen, bis die Einheit mit ihr zusammenfällt, bis sie in die Lage des Vektors kommt.

Ich war da nur imstande, einen sehr schwachen Begriff zu geben, in welcher schönen Weise die verschiedenen Punkte der Ebene mit den verschiedenen komplexen Zahlen korrespondieren. Es ist eine vollständige Deckung, geradeso wie die Punkte einer einzigen Geraden sich mit allen reellen Zahlen decken, da man alle positiven und negativen, ganzen und gebrochenen, rationalen und irrationalen Zahlen auf einer nach beiden Seiten unendlichen Geraden darstellen kann. Alle komplexen Zahlen kann man geradeso durch alle Punkte einer Ebene darstellen. Wenn man die geometrische Seite ins Auge faßt, so scheint es nicht, als ob die imaginären Zahlen etwas nicht recht Dazugehöriges wären, es scheint im Gegenteil so, als ob sie etwas Notwendiges wären, um alle Punkte in der Ebene darzustellen. Man kann wieder staunen, wie solche ursprünglich sinnlosen Abstraktionen dazu dienen können, die ganze Natur einheitlich darzustellen, was wir, wenn wir nur die reellen Zahlen hätten, nicht könnten. Es scheint eine Harmonie zwischen diesen Begriffen, die wir scheinbar in gezwungener, widerspruchsvollen Weise hervorgebracht haben, und zwischen der Wirklichkeit zu bestehen. Es ist aber da doch ein Haken dabei: Wenn wir Wesen wären, die nur in einer Ebene existierten, wäre alles in sich vollendet und abgeschlossen, denn wir hätten für alle Punkte, die wir durch Hin- und Hergehen bestreichen könnten, Zahlensymbole; die Zahlen wären das vollkommene Abbild des Raumes oder vielmehr der Ebene, in der wir uns befänden. Da wir bloß in einer Geraden, also in einem eindimensionalen Raum existieren könnten, kann man sich absolut nicht vorstellen, denn jedes Wesen wäre immer zwischen zwei anderen eingeklemmt, ein Mensch könnte nur mit den unmittelbar rechts und links befindlichen Nachbarn verkehren und könnte nie zu anderen gelangen. In der Ebene hingegen könnten wir unsere Freunde besuchen und unseren Feinden ausweichen. Freilich, Bergfexen würde es keine geben, aber diese sind ja nicht so wesentlich für die Menschheit. Aber es gäbe auch andere Mißlichkeiten: Man könnte keine Knoten schürzen, und die verschiedenen Neuronen des Gehirns könnten nicht existieren ohne sich zu kreuzen, was ja die Denktätigkeit stören würde. Das ist natürlich eine müßige Spekulation, nachzudenken darüber, was möglich und was unmöglich ist. Alles was ist, ist eigentlich notwendig, unmöglich ist nur eine solche Phantasie von uns. Also wir befinden uns in einem Raume mit drei Dimensionen, und das deckt sich mit den Zahlen nicht. Man hat sich lange geplagt, auch den Raum durch Zahlen darzustellen, und es hat Hamilton zu diesem Zwecke die Quaternionen geschaffen. Zu den rein imaginären Zahlen schuf er eine rein disparate Zahl, welche er mit j bezeichnete. Die allgemeinste Zahl heißt nicht mehr $a+bi$, sondern $a+bi+cj$. Der Zahl j muß ich eigentümliche Eigenschaften beilegen, z. B.: $ij = -1$; solche Bedingungen müssen eine Menge festgesetzt werden. Durch einen Ausdruck dieser Form kann man einen Punkt im Raume charakterisieren; a,b und c sind rechtwinkelige Koordinaten, aber leider stimmt die Sache nicht so gut wie in der Ebene, wo die komplexen Zahlen geschaffen scheinen, die Punkte der Ebene darzustellen; Im Raume stimmt das nicht. Erstens ist schon algebraisch kein Bedürfnis zu einer solchen Zahl j, sie ist ein fünftes Rad am Wagen. Dann muß Hamilton eine Menge Regeln aufstellen. Mit der Addition geht es noch in derselben Weise, aber schon die Multiplikation ist sehr unangenehm: das Produkt ist nicht mehr kommutativ; wenn man die Faktoren in einer anderen Weise multipliziert, kommt ein neues Resultat heraus; man muß sich da eine neue Algebra bilden. Es hat sich da später gezeigt, daß ein deutscher Mathematiker Graßmann eine im Wesen noch viel allgemeinere Lehre aufgestellt hat; was Hamilton „Vektoren" nennt sind bei Graßmann „Strecken". Aber diese Theorie ist etwas höchst Gezwungenes. Daß man auf diese Weise den dreidimensionalen Raum herausbekommt, wenn man die ganze Algebra auf den Kopf stellt, wird niemand wunder nehmen; das Neue ist nur, daß man bei dieser Darstellung in der Ebene alle Zahlen beibehält. Das ist wieder ein sonderbarer Fingerzeig, man weiß jetzt nicht, soll man in Staunen zerfließen, daß die geschaffenen Symbole sich so wunderbar eignen, die Punkte in der Ebene darzustellen, oder soll man staunen, daß sie der Wirklichkeit nicht entsprechen, denn den dreidimensionalen Raum bringen wir gar nicht heraus. Man muß das alles als Tatsache nehmen, irgend etwas hineingeheimnissen hätte keinen Sinn. Es existiert kein geheimnisvoller Grund, daß wir die Punkte der Ebene so schön darstellen können und daß wir den dreidimensionalen Raum gar nicht herausbekommen. Ich will da wieder mein Prinzip anwenden, welches lautet: „Nil admirari". Es bleibt nichts übrig, als sich das Verwundern abzugewöhnen. Sich weder über das eine noch über das andere zu wundern, wäre ein großer Forschritt des menschlichen Geistes. Wenn wir schon als kleine Kinder gelernt hätten, daß das gang und gäbe ist, würden wir uns darüber gar nicht wundern. Man hat aber nicht ermangelt, noch allgemeinere Begriffe aufzustellen; neben diesem j hat Gauß den Begriff einer gebrochenen imaginären Zahl eingeführt, die „Idealzahl", und den Begriff des „Idealkörpers". Über diese Begriffe will ich hier nicht reden, aber ein Begriff oder vielmehr eine Gruppe von Begriffen soll uns hier beschäftigen, welche in der Mengenlehre eine große Wichtigkeit haben. Gerade die Frage: existiert ein Kontinuum? ist eine fundamentale Frage, und gerade die Begriffe der Mengenlehre werden für uns von Wichtigkeit sein. In der nächsten Vorlesung will ich einen kurzen Abriß darüber geben.

8. Vorlesung

23. November 1903 Ich habe das vorige Mal gesprochen über die Bedeutung der komplexen Zahlen in der Geometrie. Nun, die Geometrie ist doch noch eine ziemlich abstrakte Wissenschaft, und man kann da eine gewisse größere Verwandtschaft zwischen der komplexen Arithmetik und der Geometrie eher noch vermuten, aber es haben diese komplexen Größen auch in der Physik eine direkte anschauliche Bedeutung. Ich will da nur ein Beispiel zitieren, denn in physikalische Theorien kann ich mich nicht einlassen. Es hat schon Fresnel, als er die Formel für die Intensität und die Phase eines gebrochenen und reflektierten Lichtstrahls aufstellte, Ausdrücke gefunden, welche mit der Erfahrung in Übereinstimmung standen, so lange keine totale Reflexion stattfand. Er hatte eine reelle Amplitude für beide Strahlen gefunden, und alles lief glatt ab; wenn aber totale Reflexion stattfand, ergab sich die Amplitude komplex. Er hat das gedeutet und hat gesagt, daß das auf eine Phasenverschiebung hindeute; und tatsächlich tritt beim reflektierten Strahl eine eigentümliche Phasenverschiebung ein. Er hat das aus mathematischen Analogien geschlossen. Man hat das anfangs für einen Nonsens gehalten, daß eine komplexe Amplitude z. B. eines schwingenden Pendels eine Bedeutung haben könne. Die Beobachtung hat aber gezeigt, daß er vollkommen Recht hatte: die Phase wird verschoben, genauso wie er es behauptete. Diese Bedeutung die Fresnel aus mathematischem Instinkt gefolgert, hat sich als vollkommen gerechtfertigt gezeigt. Heute rechnet man in der theoretischen Physik, und gerade in der Schwingungslehre immer mit komplexen Zahlen; das geniert einen gar nicht, und die Resultate stimmen vollkommen mit der Erfahrung überein. Eine wirklich komplexe Amplitude hat ein Strahl nicht, es hat noch niemand einen Strahl mit komplexer Amplitude gesehen; das muß noch hinterher richtig gedeutet werden, ebenso wie in der Geometrie die komplexen Zahlen nicht in der gewöhnlichen Zahlenreihe zu finden sind; man kann sie auf einer zweiten Geraden auftragen, welche zur ersten senkrecht durch den Nullpunkt gezogen wird.

Ich will auch noch an die geometrischen Begriffe einige Bemerkungen knüpfen: Nämlich wir haben gesehen, daß, sobald man in der Ebene bleibt, für alle Punkte der Ebene die komplexen Zahlen so ein außerordentlich schönes und gutes Abbild darstellen. Im Raume ist das aber nicht der Fall. Man kann das als eine Art Zufälligkeit deuten, man kann sagen, das sei eine Tatsache, mit der wir uns abfinden müssen; wir können auch die Hypothese haben, daß ein innerer Grund vorhanden sein müsse; man kann die Sache aber noch allgemeiner fassen: Solange man auf einer Geraden bleibt, hat man es damit zu tun, was man eine Mannigfaltigkeit von einer Dimension nennt. Jeder Punkt einer Geraden kann durch eine einzige Zahl bestimmt werden, und wenn dies der Fall ist, spricht man von einer Mannigfaltigkeit von einer Dimension. Alle Punkte der Ebene bilden eine Mannigfaltigkeit von zwei Dimensionen; man braucht zwei Zahlen, um einen Punkt in der Ebene zu bestimmen; der Raum hingegen stellt eine Mannigfaltigkeit von drei Dimensionen dar: Die komplexen Zahlen bilden auch eine Mannigfaltigkeit von zwei Dimensionen, und insofern stimmen sie mit der Mannigfaltigkeit aller Punkte in der Ebene überein. Was man da eigentlich als charakteristisch für den Raum angibt, das ist namentlich der Ausdruck für die Entfernung zweier Punkte, der Ausdruck für eine (schiefe) Gerade im Raume, der Ausdruck für den Winkel zweier Geraden. Man könnte sich auch noch andere Mannigfaltigkeiten denken: z. B. bilden alle Farben nach der Jung-Hemlholtz'schen Erklärung eine Mischung von drei Farben, als welche man gewöhnlich rot, grün und violett annimmt. Jede individuelle Farbe wird durch drei solcher Zahlen gegeben, die Farbe hat also eine Mannigfaltigkeit von drei Dimensionen. Es können nun gewisse innere Gründe vorhanden sein, vermöge welcher die Entfernung zweier Punkte und der Winkel zweier Geraden durch diese Formeln, wie wir sie in der Ebene und im Raum haben, gegeben sind. Sie könnten auch noch durch kompliziertere Ausdrücke gegeben sein, aber man würde da auf große Schwierigkeiten stoßen. Wenn eine Mannigfaltigkeit von zwei Dimensionen eine gewisse Eigenschaft haben soll, muß der Winkel zweier Geraden durch die Ausdrücke gegeben sein, die wir wirklich in der Geometrie haben. Die Entfernung zweier Punkte, der Unterschied zweier Farben müßte durch analoge Formeln gegeben sein, wenn die Farben diese Eigenschaften haben sollen. Es wäre dann das ein innerer Grund, daß die komplexen Zahlen sich so ähnlich verhalten müssen, wie die Mannigfaltigkeit der Punkte in der Ebene; denn wenn bei den komplexen Zahlen dieselben Gesetze gelten sollen, müssen die Dinge durch dieselben Gleichungen gegeben sein. Es lassen sich auch physikalische Analogien aufstellen: Es wurde von Oerstedt und Ampère oder eigentlich von Ampère die Wechselwirkung elektrischer Ströme entdeckt, und es hat Ampère das Gesetz aufgestellt, nach welchem elektrische Ströme aufeinander wirken. Es ist ein sehr kompliziertes Gesetz und es kommen ein paar Cosinusse und ein paar Potenzen vor. Man hat sich sehr gewundert, daß die elektrischen Ströme nach einem so komplizierten Gesetz aufeinander wirken und daß es Ampère so leicht gelungen ist, das Gesetz zu finden. Man hat nachher gefunden, daß magnetisierte Stäbchen, wenn ihr Magnetismus geändert wird, nach denselben Gesetzen aufeinander wirken, ebenso auch die Wirbelfäden in Flüssigkeiten. Das anfangs abstrus scheinende Gesetz zeigte sich als etwas, was sich immer wiederholt. Wenn alles glatt ablaufen soll ohne Widersprüche, muß immer dieses Gesetz vorhanden sein. Das ist etwas Ähnliches wie beim Kräfteparallelogramm: Kräfte könnten sich auch anders zusammensetzen, aber man würde auf bedeutende Komplikationen kommen. Wenn sie nicht eintreten, müssen sie sich nach dem Kräfteparallelogramm zusammensetzen; ebenso müssen die elektrischen Ströme das Ampère'sche Gesetz befolgen, wenn keine Weitschweifigkeiten eintreten sollen. Das Gesetz ist nicht nur empirisch sondern auch logisch notwendig; nicht daß es a priori notwendig ist, aber wenn gewisse Weitschweifigkeiten bei der Berechnung wegfallen sollen, kann kein anderes Gesetz vorhanden sein als dieses. Ebenso ist es bei Mannigfaltigkeiten von zwei oder drei Dimensionen. Wenn alle Rechnungen glatt ablaufen sollen, muß gerade die Entfernung durch diese Formel gegeben sein, der Winkel durch diese Formel, usw. Wir wundern uns schon weniger, daß bei den komplexen Zahlen diese Unannehmlichkeiten und Weitschweifigkeiten vermieden sind. Bei den Punkten in der Ebene muß auch dieselbe Formel gelten. Beim Raum paßt natürlich die Sache nicht, weil der Raum drei Dimensionen hat und die komplexe Zahl nur zwei. Alle Punkte einer unendlichen Geraden stellen uns alle möglichen reellen Zahlen dar; es sind das gewissermaßen unendliche viele Punkte; es gibt auch unendlich viele Zahlen, wenn man alle irrationalen und gebrochenen Zahlen mitrechnet; aber auch nur die ganzen Zahlen, ins Unendliche ausgedehnt, hätten schon eine unendliche Zahl. Wenn ich alle Punkte, die in der Ebene liegen, ins Auge fasse, habe ich gewissermaßen noch mehr als unendlich viele Punkte: unendlich viele nach der einen und unendliche viele nach der anderen Richtung. Eine Mannigfaltigkeit, welche nach zwei Richtungen unendlich ist, wird immer so gezählt, daß man sie zum Quadrat erhebt; geradeso wie man, wenn man nach der einen und nach der anderen Richtung 4 Felder zählt, man im Ganzen $4^2 = 16$ Felder hat. Die Anzahl der Punkte der Ebene sind ∞^2. Die Anzahl der Punkte im Raum ist gewissermaßen ∞^3.

Man sagt auch so: Eine Mannigfaltigkeit von einer Dimension ist einfach unendlich, eine Mannigfaltigkeit von zwei Dimensionen ist von der zweiten Ordnung unendlich, eine Mannigfaltigkeit von drei Dimensionen ist von der dritten Ordnung unendlich; so drückt man sich aus. Es wird aber niemandem entgehen, daß ∞^2 doch ein recht unbestimmter Begriff ist. Man war da bestrebt, diesen Begriff genauer zu fixieren, ihn streng mathematisch darzustellen. Aus diesem Bestreben ging das hervor, was man heutzutage die „Mengenlehre" nennt. In der Physik betrachten wir das Unendliche nur als Grenzübergang – wenigstens ich mache es so; ich gehe immer von einer endlichen Zahl aus und mache dann den Grenzübergang; nur als solchen hat das Unendliche Sinn. Etwas streng Unendliches gibt es nicht, daher auch nicht etwas Unendliches zum Quadrat (∞^2). Es ist alles viel klarer, wenn man das Unendliche nur als Grenzübergang betrachtet. Auch die materiellen Punkte muß man sich aus einer endlichen Zahl von [ein Wort fehlt] zusammengesetzt denken, ebenso die Zeit aus endlichen Momenten. Die gewöhnliche Erfahrung zeigt uns wenigstens den Schein eines Kontinuums: wir sehen keine einzelnen Teile, die Materie scheint kontinuierlich zu sein. Es wäre eine Überlegung, wenn man sagen wollte, sie könne nicht kontinuierlich sein, sie müsse aus diskreten Teilen bestehen; es ist nur eine Klärung der Vorstellung, ich kann aber nicht sagen, daß das bewiesen wäre: Mit dem Mikroskop hat das noch niemand gesehen, mit Ausnahme der Herren Zsigmondi, die die Goldteile gesehen haben. Es ist vollkommen gerechtfertigt, die Forderung zu stellen, daß die Mathematik geeignet sein müsse, das wirklich Unendliche, das wirklich Kontinuierliche zu fassen, und zu diesem Zwecke hat man die Mengenlehre ausgebildet. Die Prinzipe der Mengenlehre wurden von einem österreichischen Denker, nämlich von dem Prager Theologen und Philosophen Bolzano aufgestellt; er hat eine ungemein geistreiche Abhandlung über die Paradoxien des Unendlichen geschrieben, wo auf alle diese Dinge, die in der Mengenlehre eine Rolle spielen, aufmerksam gemacht wird; freilich hat Bolzano auf diese Paradoxien nur aufmerksam gemacht; gezeigt, wie sie zu beantworten sind, hat er nicht. Aber genau betrachtet haben dies auch seine Nachfolger nicht getan; sie haben sich nur daran gewöhnt, sie haben nur gezeigt, wie die Rechnungsoperationen einzurichten sind, daß man nicht darüber stolpert, wie man zu rechnen hat, um über die Paradoxien herumzukommen. Es ist da eine große Freiheit in der Erfindung neuer mathematischer Begriffe eingetreten, und es hat auch Schönflies auf sein Referat über die Mengenlehre das Motto geschrieben: „Die Macht der Mathematik liegt in ihrer Freiheit". Man kann in der Mathematik die unsinnigsten Begriffe, wie z. B. $\sqrt{-1}$ einer ist, aufstellen; nur muß man es so einrichten, daß der Unsinn nicht hervorkommt; die Erfahrung zeigt, daß man da zu richtigen Resultaten kommt. Die Mengenlehre wurde ausgebildet von Hankel, Steiner, Paul Dubois und in neuerer Zeit von Schönflies; das meiste für die Entwicklung der Mengenlehre hat aber der Mathematiker Cantor getan. Es wird nicht überflüssig sein, wenn ich hier wenigstens die Grundbegriffe der Mengenlehre, und zwar der Cantor'schen Lehre, im Wesen auseinandersetze. Ich will höchstens durch kurze Bemerkungen eine Kritik daran üben, da wir sonst zu weit geführt werden würden; es handelt sich nur darum, diese Begriffe kennenzulernen. Als eine Menge wird da definiert die Zusammenfassung von deutlich geschiedenen, wohl definierten Objekten in ein Ganzes. Diese Definition ist eigentlich wenig verschieden von der Definition der Zahl. Es ist wieder eine Zusammenfassung einer Zahl von Objekten in ein Ganzes; das ist doch bei der Zahl auch vorhanden. Der einzige Unterschied ist der, daß der Einser ausgeschlossen wird; er wird nicht als Menge betrachtet. Der zweite Unterschied ist der, daß in der Mengenlehre gerade auf die unendliche Menge das Hauptgewicht gelegt wird; bei der Zahl ist die unendliche Zahl nicht gerade ausgeschlossen – durch fortwährendes Zählen kommt man ja immer weiter – aber die unendliche Zahl ist nicht ganz klar und man weiß nicht, ob sie inbegriffen ist; bei der Mengenlehre ist sie aber entschieden mitinbegriffen. Es kann zunächst eine endliche Zahl von Objekten eine Menge bilden; es gibt entschieden endliche Mengen. 20 oder 30 Stück sind im Cantor'schen Mengenbegriff enthalten. Es kann aber auch eine unendliche Menge gemeint sein. Cantor sieht da die Sache sehr eigentümlich an: er bringt schon aus zwei Dingen eine unendliche Menge hervor. Wenn man z. B. zwei Äpfel hat, so sagt Cantor: der erste Apfel ist das erste Objekt, der zweite Apfel das zweite; die Zusammenfassung beider Äpfel das dritte Objekt; wenn ich zur Zusammenfassung beider Äpfel den ersten hinzudenke, erhalte ich ein viertes Objekt; wenn ich zur Zusammenfassung der beiden Äpfel den zweiten hinzudenke, ein fünftes, usw. So gelangt Cantor schon von zwei Objekten zu einer unendlichen Anzahl von Objekten. Ich glaube wohl, daß Cantor da mehr die Vorstellungsakte als die Objekte zählt; ich habe beim Zählen eine immer wachsende Zahl von Vorstellungen. Ich könnte schon aus einem einzigen Apfel eine unendliche Menge darstellen: ich könnte mir ihn einmal vorstellen, dann ein zweites Mal usw. Das läßt Cantor aber nicht als eine unendliche Menge gelten, er behauptet, erst aus 2 Äpfeln könne man eine unendliche Menge ableiten. Das sind philosophische Begriffe, über die sich streiten läßt; ich weiß nicht, ich habe es mir nicht überlegt, ob seine Ansicht vollkommen einwurfsfrei ist. Diese Objekte, welche zur Menge zusammengestellt werden, nennt man die „Glieder" der Menge. Man könnte sie eigentlich Objekte nennen, aber das würde sich nicht schön ausnehmen: eine Menge ist die Zusammenfassung von Objekten zu einem Objekt, und um den Hyatus zu vermeiden, sagt man „Glieder“.

Wenn eine Menge N einige Glieder einer Menge M enthält und andere Glieder nicht enthält, wenn also alle Glieder der Menge N auch in der Menge M enthalten sind, aber nicht alle Glieder der Menge M in der Menge N, so nennt man N einen Teil, eine Teilmenge von M. Wenn eine Menge sowohl ein Teil von P als auch von M ist, so heißt sie ein gemeinsamer Teiler von P und M; sie wird bezeichnet: $D\ (PM)$. Man muß da definieren, was eigentlich bei einer Menge die Anzahl ist. Cantor arbeitet sich in folgender Weise heraus; er sagt: derjenige Begriff, welcher entsteht, wenn man bloß auf die Menge und gar nicht auf die Anordnung Rücksicht nimmt, ist der Begriff der „Mächtigkeit der Mengen“. Man kann diese Definition wohl verstehen, aber sie hat einen Fehler; ich weiß nicht, ob sie verstanden würde, wenn sie nicht erläutert würde. Sie wird sofort erläutert und zwar in folgender Weise: Wir denken uns zwei Mengen M und N, und es sei irgendwie möglich, jedes Glied von M einem und nur einem Gliede von N zuzuordnen, und umgekehrt jedes Glied von N einem und nur einem Gliede von M. Wenn diese Möglichkeit besteht, so sagt man, die beiden Mengen haben die gleiche Mächtigkeit, und sie wird immer bezeichnet mit dem deutschen Buchstaben $\mathfrak{m}$. Diese Mächtigkeit nennt Cantor auch die „Kardinalzahl“ der betreffenden Menge. Es ist klar, daß wenn man eine Menge von einer endlichen Zahl von Gliedern hat, sie immer mit der Anzahl der Glieder übereinstimmt. Das ist leicht verständlich: Wenn man 20 Glieder hat, kann man sie immer anders anordnen, indem man immer je ein Glied an eine andere Stelle setzt; die Zahl der Glieder bleibt dabei aber unverändert. Man sagt, bei einer endlosen Anzahl von Gliedern ist die Menge eine endliche. Die Mächtigkeit ist identisch mit dem wohlbekannten Begriffe der Anzahl der Glieder; die Kardinalzahl ist wirklich das, was man sie im Gegensatze zur Ordnungszahl nennt. Bei unendlichen Mengen kommt man schon auf Paradoxien, wie sie schon Bolzano in seiner Schrift angeführt hat. Betrachten wir z. B. die Menge aller ganzen positiven Zahlen $1, 2, 3, 4, \cdots$. Wenn ich jetzt nur die geraden Zahlen heraushebe: $2, 4, 6, 8, \cdots$, so bekomme ich eine zweite Menge, welche offenbar eine Teilmenge der ersten Menge ist. Die erste Menge nenne ich die Menge M, die zweite die Menge N. N ist eine Teilmenge der Menge M. Wenn wir da eine endliche Zahl von Gliedern hätten, so müßte die Anzahl der Glieder der zweiten Menge jedenfalls kleiner sein als die Glieder der ersten; aber bei unendlichen Mengen ist das, was man die Mächtigkeit nennt, was der Kardinalzahl entspricht, für die zweite Zahl nicht kleiner als für die erste; jedes Glied der zweiten Reihe kann ich einem Gliede der ersten Reihe zuordnen: ich brauche nur sämtliche Glieder der ersten Reihe mit 2 zu multiplizieren. Die Zuordnung ist dann folgende:

$$\begin{array}{ccccc} 1, & 2, & 3, & 4, & \ldots \\ | & | & | & | & \\ 2, & 4, & 6, & 8, & \ldots; \end{array}$$

jedes Glied der ersten Reihe ist dann einem und nur einem Gliede der zweiten Reihe zugeordnet. Freilich rücke ich mit der zweiten Reihe weiter ins Unendliche hinaus, aber das macht nichts, das Unendliche ist ja unendlich fern, in meiner Definition steht nichts davon. Nach der Cantor'schen Anschauung ist die Menge der geraden Zahlen gleich mächtig wie die Menge der geraden und ungeraden Zahlen; die Mächtigkeit m ist vollkommen dieselbe. Das ist eine der Bolzano'schen Paradoxien, aber wir umgehen sie, indem wir sagen: beide Mächtigkeiten sind untereinander gleich. Wir nehmen keine Rücksicht, daß wir bei der zweiten Menge viel rascher ins Unendliche gelangen, denn das Unendliche liegt unendlich fern, wir haben da immer und immer noch eine entsprechende Zahl. Das ist der einfachste Fall, wo eine Teilmenge gerade so mächtig ist, wie die Menge, deren Teil sie ist. Da muß man schon einen wichtigen Satz, den man bei endlichen Mengen immer erfüllt sieht, ignorieren: der Teil ist hier nicht kleiner als das Ganze. Das geht noch viel weiter. Wir wollen statt aller ganzen positiven Zahlen alle rationalen, gebrochenen (echt und unecht gebrochenen) und ganzen positiven Zahlen nehmen. Von der 0 (Null) reden wir nicht; wir bekommen dann alle Brüche zwischen 0 und 1 (1/1000000000000, 1/1000000, ..., 1/3, 1/2); dann alle Brüche zwischen 1 und 2, alle Brüche zwischen 2 und 3, usw. Welche enorme Zahl ist da vorhanden gegenüber dem, wenn ich nur die ganzen positiven Zahlen herausnehme, und doch ist die Menge aller positiven reellen gebrochenen Zahlen nach Cantor gerade so mächtig wie die Menge der ganzen Zahlen. Das ist noch merkwürdiger; im Grunde genommen ist es auch nicht merkwürdig; man vermeidet den Ausdruck „groß“, weil das auch zu übel klingt, man sagt, der Teil ist gerade so „mächtig“ wie das Ganze.

Ich kann mich natürlich in die wenigsten Beweise dieser Sätze einlassen, so geistreich sie auch sind, aber diesen Beweis will ich doch als Muster Ihnen vorzuführen suchen. Alle positiven, reellen, rationalen Zahlen sind den positiven ganzen Zahlen zuzuordnen, so daß jeder ganzen Zahl eine rationale Zahl entspricht. Ich schreibe zuerst die Zahl 1 auf; dann die Zahl 2 und alle echten Brüche, welche aus dem Einser und Zweier entstehen: 1, 2, $\frac{1}{2}$, 1 $\frac{1}{2}$, $2\frac{1}{2}$. Mehr gebrochene Zahlen kann ich mit diesen Zahlen – ich meine natürlich nicht die Ziffern – nicht aufschreiben. Ich gehe zu 3 und erhalte: 3, $\frac{1}{3}$, $\frac{2}{3}$, $1\frac{1}{3}$, $1\frac{2}{3}$, $2\frac{1}{3}$, $2\frac{2}{3}$, $3\frac{1}{3}$, $3\frac{1}{2}$, $3\frac{2}{3}$. Wenn ich da richtig kombinatorisch vorgegangen bin, gibt es nicht mehr gebrochene und ganze Zahlen, die sich aus 1, 2 und 3 bilden lassen. Sie werden einsehen, daß man da immer nur eine endliche Zahl bekommt. Man setzt das fort und ordnet dann wieder die erste Zahl dem Einser zu, die nächste dem Zweier, die dritte dem Dreier, usw. Wir erhalten die Zuordnung:

$$\begin{array}{cccccccccc} 1; & 2, & \frac{1}{2}, & 1\frac{1}{2}, & 2\frac{1}{2}; & 3, & \frac{1}{3}, & \frac{2}{3}, & 1\frac{1}{3}, & \dots \\ | & | & | & | & | & | & | & | & | & \\ 1, & 2, & 3, & 4, & 5, & 6, & 7, & 8, & 9, & \dots \end{array}$$

Die Forderung, die ich gestellt habe, ist faktisch erfüllt: ich kann alle diese rationalen Zahlen so anordnen, daß ich immer nur eine einer ganzen Zahl zuordne; die Mächtigkeit dieser rationalen Zahlen ist also nach Cantor nicht größer als die Mächtigkeit der ganzen positiven Zahlen. Das ist schon etwas sehr frappierendes. Es wird da natürlich das Unendliche sehr weit hinausgerückt. Bis 17 bin ich noch gar nicht beim Vierer; das macht aber nichts, wir können hinausrücken ohne fürchten zu müssen, daß wir das Unendliche wirklich erreichen.

Man kann da auch beweisen, daß die Mächtigkeit aller rationalen Zahlen, welche zwischen 0 und 1 liegen, ebensogroß ist wie die Mächtigkeit aller Zahlen, welche zwischen 0 und ∞ liegen. Ich brauche da nur die Formel aufzustellen: $y = 1/x - 1$. Wenn ich in diese Formel $x = 1$ setze, bekomme ich $y = 0$. Wenn ich das x immer kleiner und kleiner werden lasse bis beliebig an 0, so bekomme ich aus dieser Formel alle Zahlen bis ins Unendliche. Jede Zahl, die zwischen 0 und 1 liegt habe ich einer Zahl zwischen 0 und ∞ zugeordnet. x zwischen 0 und 1 gibt immer ein und nur ein y zwischen 0 und ∞. Alle Zahlen zwischen 0 und 1 ordne ich in einer und nur einer Weise Zahlen zwischen 0 und ∞ zu. Ich habe da bewiesen, daß eine Menge, die scheinbar nur unendlich klein ist gegen die andere, daß sie dieselbe Mächtigkeit hat. Wenn man die Mächtigkeit in dieser Weise definiert, so sagt man, daß die Mengen nicht den Zahlcharakter haben. Unter dem Zahlcharakter versteht man, daß der Teil nie gleich groß sein kann wie das Ganze, und das ist hier nicht erfüllt. Wohl aber sagt man, die Mengen haben den Größencharakter. Was man sonst unter einer Größe versteht, z. B. die Länge einer Strecke, gibt es da auch nicht. Den Größencharakter definiert man dahin, daß wenn: $m = n$, und $m = p$ ist, auch immer $n = p$ sein muß, und diese Bedingung ist bei der Mächtigkeit von Mengen immer erfüllt; wenn die Mächtigkeit einer Menge gleich der einer zweiten und der einer dritten Menge ist, müssen die beiden Mächtigkeiten der zweiten und der dritten Menge gleich sein. Es folgt das aus der Definition, weil man einem Gliede ein anderes und dann untereinander zuordnen kann. Wenn $m > n$ und $n > p$, so folgt, daß auch $m > p$ sein muß. Wenn die Mächtigkeit einer ersten Menge größer als die einer zweiten Menge, und diese größer als die einer dritten Menge ist, so muß auch die Mächtigkeit der ersten Menge größer als die der dritten Menge sein. Das ist eine logische Folgerung. Wir sehen: Einige Schlüsse, die wir auf endliche Zahlen anwenden, sind schon möglich, wenn auch nicht alle. Das ist natürlich notwendig; wir müssen gewisse Garantien haben, daß wir nach gewissen Formen schließen können, denn sonst können wir nichts damit anfangen. Um das handelt es sich namentlich: zu beweisen, daß gewisse Gesetze, die bei Operationen mit endlichen Zahlen gelten, auch in der Mengenlehre gelten, vorausgesetzt, daß man die Mächtigkeit einer Menge gleich der Anzahl der Glieder einer Zahl nimmt. Wenn die Mächtigkeit einer Menge ebensogroß ist wie die Mächtigkeit der Menge aller Ganzen positiven Zahlen, so sagt man: die Menge ist abzählbar. Die Menge aller positiven reellen rationalen [Zahlen] ist abzählbar. Das sind also zunächst diese Fundamentalbegriffe, es muß aber noch eine Reihe von interessanten Begriffen eingeführt werden, um zu den Regeln zu gelangen, nach denen mit den Begriffen gerechnet werden kann. Nur die Anzahl ist schon wesentlich allgemeiner.

9. Vorlesung

24. November 1903 Wir haben das vorige Mal gesehen, wenn es möglich ist, jedes Glied einer Menge einem und nur einem Gliede einer anderen Menge zuzuordnen, so sagen wir, diese beiden Mengen haben vollkommen gleiche Mächtigkeit. Der Inbegriff aller positiven ganzen reellen Zahlen bildet eine Menge; jedesmal, wenn eine andere Menge die gleiche Mächtigkeit hat wie diese Menge der ganzen positiven reellen Zahlen, wollen wir sagen, daß diese erstere Menge eine abzählbare Menge ist. Wir können nämlich jedes Glied derselben einer solchen ganzen positiven reellen Zahl zuordnen und können so die Glieder dieser Menge zählen. Freilich werden wir mit dem Zählen nicht fertig, da die Anzahl derselben unendlich ist, aber wir können ja bis zu beliebig großen Zahlen fortschreiten. Wir haben schon das vorige Mal einen merkwürdigen Satz bewiesen, nämlich daß wenn wir zu den ganzen positiven reellen Zahlen auch noch alle rationalen gebrochenen reellen Zahlen hinzufügen, daß dann dies eine noch immer abzählbare Zahl bleibt, d. h. daß man noch immer ein Glied der einen Menge einem und nur einem Gliede der anderen Menge zuordnen kann. Das Unendliche rückt freilich bei der zweiten Menge viel weiter hinaus, aber ein Ende ist ja da nie vorhanden. Die beiden Mengen haben dieselbe Mächtigkeit; darum ist dieser Name statt „Anzahl" eingeführt worden; denn es wäre schwer zu behaupten, daß die Anzahl dieselbe ist, man müßte denn das Wort „Anzahl" in anderem Sinne gebrauchen. Nur wenn die Menge aus einer endlichen Anzahl von Gliedern besteht, spricht man von einer „Anzahl", sonst aber von der „Mächtigkeit".

Dieser Satz geht noch viel weiter. Man könnte glauben, wenn man die irrationalen Zahlen hinzufügt – wir haben bisher von beliebig kleinen Brüchen aber noch nie von irrationalen Zahlen gesprochen – bekomme man eine Menge von größerer Mächtigkeit als die Menge der positiven ganzen Zahlen ist; aber auch das ist nicht wahr, so lange man sich bloß auf algebraisch irrationale Zahlen beschränkt. Unter den algebraisch irrationalen Zahlen versteht man irgendeine Wurzel einer algebraischen Gleichung. Eine algebraische Gleichung hat immer die Form: $x^n + a_1 x^{n-1} + a_2 x^{n-2} + \cdots + a_n = 0$. Das ist die allgemeine Form einer solchen algebraischen Gleichung. Jede beliebige Wurzel dieser Gleichung, jeder Wert von x, welcher diese Gleichung befriedigt, heißt im allgemeinen eine algebraische Zahl; die algebraische Zahl kann eine ganze Zahl sein, im allgemeinen wird sie irrational sein. Wenn sie irrational ist, so nennt man sie eine „algebraische Irrationalität". Die gewöhnlichen Quadratwurzeln sind solche algebraische Irrationalitäten. 2 sind die Wurzeln der Gleichung $x^2 - 2 = 0$. Diese Gleichung ist in der allgemeinen Form enthalten; in unserem Falle ist $a_1 = 0$, $n = 2$, $a_n = -2$. $\sqrt{2}$ ist eine irrationale Zahl, d. h. sie läßt sich nicht in irgendeiner endlichen geschlossenen Bruchform ausdrücken. Wir können also zur Menge aller Zahlen (0, 1/1000000,...) auch alle diese algebraisch irrationalen Zahlen hinzufügen; wir bekommen noch immer eine abzählbare Menge, denn wir können jedes Glied einem Gliede der Reihe der ganzen Zahlen zuordnen. Man kann dafür einen ähnlichen Beweis liefern, wie ich es das vorige Mal gemacht habe, alle algebraischen Gleichungen kann man in einer solchen Weise konstruieren. Man verwendet zu erst nur den Einser; wenn wir den Zweier verwenden, haben wir zwei Glieder; wir nehmen die Gleichungen $x + 1 = 0$, $x + 2 = 0$, $x - 1 = 0$, $x - 2 = 0$. Da hätten wir nur den Zweier; wir müssen auch $\frac{1}{2}$ verwenden: $x + \frac{1}{2} = 0$, $x - \frac{1}{2} = 0$; dann verwenden wir noch $1\frac{1}{2}$ und $2\frac{1}{2}$. Wenn wir jetzt den Dreier verwenden, schreiben wir alle Gleichungen auf, welche drei Glieder haben, und die Koefficienten sind: 1, 2, 3; $\frac{1}{3}, \ldots$. Auf diese Weise können wir alle algebraischen Gleichungen in eine abzählbare Reihe zusammenstellen. Die erste Gleichung korrespondiert dann mit dem Einser, die zweite mit dem Zweier, usw. So können wir alle algebraischen Gleichungen und daher alle ihre Wurzeln den Zahlen zuordnen. Alle algebraischen Irrationalitäten bilden in ihrer Gesamtheit eine abzählbare Menge. Man könnte nun meinen, daß es überhaupt keine anderen als abzählbare Mengen gibt; dann würde unsere Definition ganz umsonst sein. Es hat da Cantor gezeigt, daß es doch Mengen gibt, die nicht abzählbar sind. Wenn man die anderen Irrationalitäten hinzunimmt – wir kennen verhältnismäßig wenige (z. B. die Ludolph'sche Zahl c, die Basis e des natürlichen Logarithmensystems, die Konstante C des Integrallogarithmus), aber es läßt sich eine unendliche Mannigfaltigkeit denken von irrationalen Zahlen, die nicht algebraisch sind – da bekommt man, wie Cantor gezeigt hat, eine nicht abzählbare Menge von Zahlen, man kann nicht jede Zahl einer ganzen Zahl zuordnen. Man bekommt eine Menge von größerer Mächtigkeit als die Mächtigkeit der rationalen oder algebraischen Zahlen ist. Da haben wir also eine neue Menge, welche eine größere Mächtigkeit hat. Wenn man die Menge der Zahlen mit M bezeichnen, so haben wir eine neue Menge, welche wir M_1 nennen wollen und welche eine größere Mächtigkeit hat: Wenn wir die Mächtigkeit der Menge M mit m bezeichnen und die der Menge M_1 mit m_1, so ist $m_1 > m$. Es gibt auch Mengen von noch größerer Mächtigkeit. Ich will aber zunächst folgendes bemerken: Wir wollen uns alle Punkte einer Geraden denken: Wir ziehen uns eine Gerade; irgendeinen Punkt denken wir uns dem 0 entsprechend. Wenn wir uns alle Punkte der Geraden denken, so entspricht ein Punkt u. zw. der, welcher um eine Einheit (1 cm) von 0 entfernt ist, der Zahl 1, einer der Zahl 2, usw. Es werden jetzt allen Brüchen Punkte der Geraden entsprechen, aber auch allen algebraisch irrationalen Zahlen; aber auch den transzendent irrationalen Zahlen, wie man sie nennt, werden Punkte der unendlichen Geraden entsprechen. Man nimmt also an, daß die Mannigfaltigkeit der Punkte einer unendlichen Geraden geradeso groß ist als die Mannigfaltigkeit aller Zahlen, wenn man auch die transzendent irrationalen Zahlen hinzunimmt; sie hat die Mächtigkeit m_1. Wir reden da erst von den reellen, aber noch nicht von den komplexen Zahlen. Diese Menge M_1, nennt man daher das Linearkontinuum, weil sie gegeben ist durch eine gerade Linie, deren Punkte sich fortwährend kontinuierlich folgen. Dagegen ist M die Menge der algebraischen Zahlen; ihr entgegen steht die Menge des Linearkontinuums.

Wir wollen zunächst ein paar Zwischenfragen beantworten. Da hat zunächst der Begriff der Addition einen Sinn. Ich sage, ich addiere zwei Mengen, wenn ich alle Glieder der einen Menge zu allen Gliedern der zweiten Menge hinzufüge. Ich erhalte eine neue Menge, welche ich die Summe der beiden Mengen nenne. Da ist nun die Mächtigkeit der Summe gleich der Summe $m' + m''$ der Mächtigkeiten. Ich kann hier auch das Produkt zweier Mengen definieren. Ich hätte eine Menge M' und eine Menge M''. Das Produkt $M'\ M''$ ist eine neue Menge, welche dadurch entsteht, daß ich jedes Glied der ersten Menge mit jedem Gliede der zweiten Menge zu einem Paare vereinige und jedes dieser Paare als ein Glied der neuen Menge bezeichne. Ich muß da alle möglichen Amben bilden, wovon der eine Teil ein Glied der einen Menge und der andere Teil ein Glied der anderen Menge ist. Bei endlichen Zahlen läßt sich das leicht darstellen. Ist $1, 2, 3$ die eine, a, b die andere Menge, so ist das Produkt gegeben durch die Menge $1a, 2a, 3a, 1b, 2b, 3b$. Das Produkt der beiden Mengen hätte sechs Glieder: Man sieht leicht ein, daß die Möglichkeiten sich miteinander multiplizieren. Wenn die Mächtigkeit der einen Menge m', die der zweiten Menge m'' ist, so ist die Mächtigkeit des Produktes gleich dem Produkte der beiden Mächtigkeiten $(m'm'')$. Man kann dann auch beweisen, daß wenn man die Summe und das Produkt in dieser Weise definiert, diese Operationen kommutativ und distributiv sind, daß man die Faktoren des Produktes vertauschen kann; man bekommt immer dasselbe; das muß hier aber besonders bewiesen werden, da das neue Operationen sind.

Ebenso kann man die Potenzierung definieren. Wenn man z. B. eine gewisse Menge M hat und man soll sie zum Quadrat erheben, so muß man jedes Glied mit sich selbst und mit jedem anderen Gliede der Menge zu einem Paare kombinieren. Die Menge dieser Paare ist das, was man mit M^2 bezeichnet. Wenn man sie zur dritten Potenz erheben sollte, müßte man jedes bei der Quadrierung erhaltenen Glieder mit jedem Gliede der Menge kombinieren. Man hätte Ternen, und ihre Menge wird mit M^3 bezeichnet.

Hiermit können wir dazu übergehen, Mengen von noch höherer Mächtigkeit zu konstruieren. Wir haben hier schon zwei Mengen: die der algebraischen Zahlen (M) und das Linearkontinuum M_1. Wenn wir dieses mit sich selbst multiplizieren, bekommen wir eine Menge M_2, welche von noch höherer Mächtigkeit ist. Es kann das so geschehen, daß wir uns alle Punkte der Ebene denken und jeden Punkt mit noch so einem Punkte kombinieren. Wir ziehen eine Senkrechte zu unserer Geraden, und alle Punkte bilden ein Kontinuum von noch größerer Mannigfaltigkeit. Wir nennen das ein Flächenkontinuum; es wird durch alle Punkte der Fläche gebildet. Ein Beispiel wären alle möglichen komplexen Zahlen. Eine komplexe Zahl hat die Form $x + yi$, wobei x eine beliebige rationale, irrationale oder transzendent irrationale Zahl ist, und ebenso das y. Das wäre also ein solches Flächenkontinuum von der Menge M_2. Wir könnten es auch noch anders konstruieren: Wir könnten uns alle möglichen Funktionen einer reellen Größe x denken. $f(x)$ ist irgendeine Funktion von x. Das x soll alle möglichen reellen Zahlwerte inklusive der transzendent irrationalen Zahl annehmen. x ist also selbst schon eine Menge von der Mächtigkeit des Linearkontinuums. Unter $f(x)$ verstehe ich irgendeine Funktion, wobei ich annehme, daß jedem Werte von x jeder Funktionswert zugeordnet werden kann. Ich fasse alle Funktionen zusammen dadurch, daß ich jedem Werte von x einen Wert $f(x)$ zuordne; dann bekomme ich wieder eine Menge von der Mächtigkeit des Flächenkontinuums.

Wenn ich voraussetze, daß jede Menge eine besondere Bedingung erfüllt, würde ich nicht mehr eine solche Menge von dieser Mächtigkeit erhalten.

Mengen von noch größerer Mächtigkeit würde ich erhalten, wenn ich die Menge M_1 noch einmal mit sich selbst multiplizieren würde; ich würde sie erhalten, wenn ich alle Punkte des Raumes zusammenfasse, wenn ich auf beide Geraden noch eine dritte senkrecht zur Ebene der beiden ersten errichte und wenn ich alle Punkte im Raum durch drei Zahlen (die drei Koordinaten) ausdrücke.

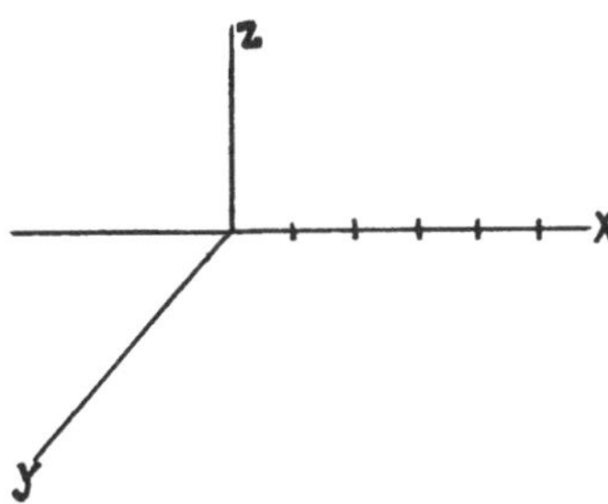

Wenn ich hierher auch die transzendenten und irrationalen Zahlen rechne, so habe ich das Produkt dreier Linearkontinuen, welches eine Mannigfaltigkeit von noch größerer Mächtigkeit darstellt. Ich kann auf diese Weise Mengen von beliebiger Mächtigkeit bilden.

Ich will noch einen Begriff auseinandersetzen, nämlich den Begriff der „Geordnetheit" einer Menge. Man sagt, eine Menge sei geordnet oder man habe eine Menge geordnet, wenn irgendeine Regel aufgestellt ist und wenn man vermöge dieser Regel bei je zwei Gliedern immer entscheiden kann, welches Glied vorhergeht und welches nachfolgt. Das ist die allgemeinste Definition der Ordnung einer Menge. Eine solche Ordnung kann in verschiedener Weise stattfinden. Man kann nach einem einzigen Eingange ordnen, so daß alle Glieder in einer einzigen Reihe nebeneinander stehen; man kann nach zwei Eingängen ordnen, wie man z. B. alle Punkte der Ebene durch die Abscissen – und die Ordinatenachse ordnet; man kann auch nach drei Eingängen ordnen; so werden die Punkte des Raumes durch drei Zahlen, die Koordinaten, gegeben. Unter all diesen Umständen werden wir eine gewisse Ordnung in die Menge hineinbringen. Unter allen diesen Ordnungen ist eine, welche man als wohlangebrachte Ordnung bezeichnet; Mengen, welche dann so geordnet sind, nennt man wohlgeordnete Mengen; es ist dies die Anordnung, welche durch die Anordnung der ganzen Zahlen bestimmt ist. Eine Menge ist wohlgeordnet, wenn sie geordnet ist wie die Reihe der ganzen Zahlen: $1, 2, 3, 4, \cdots w$, wobei w die in der Mengenlehre übliche Bezeichnung der unendlichen ganzen Zahl ist. Diese Menge ist eine wohlgeordnete. Abzählbare Mengen können wir immer in dieser Weise wohl ordnen, denn wir wissen ja, daß wir jedes Glied derselben einer solchen ganzen Zahl zuordnen können. Ich habe einen Begriff zu geben versucht von der Ordnung aller algebraischen Zahlen, ohne sie ganz auszuführen, denn das wäre zu weitschweifig. Wir hätten hier alle ganzen, rationalen, irrationalen aber immer reellen Zahlen angeordnet, d. h.

hier wären auch alle komplexen Zahlen dabei, nur wären die höheren irrationalen Zahlen (π, e, C) nicht dabei, denn diese können wir nicht als Wurzeln einer algebraischen Gleichung darstellen. Hat aber eine Menge eine größere Mannigfaltigkeit, so kann sie nicht wohlgeordnet werden; das ist ja eben die Definition der größeren Mächtigkeit, daß es nicht möglich ist, jedes Glied einer ganzen Zahl zuzuordnen. Die Mathematiker waren nicht in Verlegenheit, als es sich darum handelte, die Wurzel aus -1 auszuziehen; man bezeichnete sie einfach mit i und stellte die Forderung auf, daß $i^2 = -1$ sein müsse. Man hatte dabei scheinbar gar nichts gewonnen, denn gerade der Buchstabe *i* sollte daran erinnern, daß es unmöglich ist; aber man hatte doch ein Instrument, mittels dessen man weiter rechnen konnte, als das bisher möglich gewesen war, und ich habe schon in einer früheren Vorlesung zu zeigen versucht, wie nützlich das ist. Cantor sagt, die Macht der Mathematik liege in ihrer Freiheit, daß, wenn etwas auch unmöglich ist, man es doch mit einem Zeichen versehen und damit rechnen kann. Cantor hat das Zitat nicht auf $\sqrt{-1}$ bezogen, sondern auf das, was ich jetzt sagen werde. Man nimmt eine Zahl, welche noch um 1 größer ist als die unendliche Zahl, w; sie ist $w + 1$. Ist das nicht ein Unsinn? Im Grunde genommen ist ja auch schon die Zahl „unendlich" (w) ein Unsinn, und auf einen Unsinn mehr kommt es nicht an. Wir bilden die Reihe; $w + 1$, $w + 2$, $w + 3, \cdots 2w$; $2w + 1$, $2w + 2 \cdots$ Diese Zahlen nennt man in der Mengenlehre transfinite Zahlen. Weil die Sache etwas ungewöhnlich ist, hat man ihr auch einen ungewöhnlichen Namen gegeben. Mit diesen transfiniten Zahlen kann man auch Mengen von höherer Mächtigkeit wohlgeordnet machen. Sie sehen, daß das eigentlich ein Spiel mit Begriffen ist; aber die Einführung der $\sqrt{-1}$ ist auch schon ein solches Spiel. Man kann gerade mit den transfiniten Zahlen in der Mengenlehre weiter rechnen, und davon hat natürlich Bolzano noch nichts gewußt. Wenn ich Bolzano als den Vater der Mengenlehre bezeichnet habe, so muß ich sagen, daß er davon nicht der Vater war; das ist über den Horizont der damaligen Denkweise hinausgegangen. Mittels dieses Instrumentes hat man die Rechnungsregeln konstruiert; eine Reihe von Mathematikern hat diese Rechnungsregeln entwickelt. Man kann mit diesen Begriffen rechnen, doch muß man acht geben, daß man nicht alle Augenblicke in eine Schlinge kommt; wenn man weiß, welche Operationen man machen darf und welche nicht, darf man fortrechnen; man erhält ein in sich geschlossenes Gebäude, geradeso wie bei der Wurzel aus $\sqrt{-1}$. Jeder der mehr in der Mathematik bewandert ist – sogar schon von den Gymnasiasten bei der Matura wird es verlangt – muß wissen, wie man mit $\sqrt{-1}$ zu rechnen hat. Den Mathematikern zur Zeit des Kardan (Cardano) war das noch nicht geläufig, geradeso wie uns die Mengenlehre noch nicht geläufig ist. Diejenigen, welche die Mengenlehre konstruiert haben und daran fortarbeiten, hoffen, daß mittels dieser Rechnungsregeln ähnliche Erfolge erzielt werden wie mit der $\sqrt{-1}$. Ich will durchaus nicht behaupten, daß das jetzt schon geschehen ist; so wie ich es beurteile, weiß man heutzutage noch nicht viel Nützliches damit anzufangen. Aber ich kann mich da in der Position des Kardan befinden, welcher glaubte, ... [eine Zeile fehlt] ... Tatsache ist, daß schon die ausgezeichnetsten Mathematiker sich damit befaßt haben, daß schon dicke Bücher darüber geschrieben wurden; an

Fleiß und Ausdauer fehlt es da nicht. Meine Aufgabe wäre da, Ihnen diese Theoreme der Mengenlehre abzuleiten, welche aus der Fiktion der transfiniten Zahlen sich ergeben.

Leider bin ich aber da Philosoph, wenigstens in den gegenwärtigen Vorlesungen; es scheint, daß da in der Philosophie das Sprichwort gilt: Multa sed non multum. Die Philosophische Gesellschaft zu Wien hat da ein Buch herausgegeben, welches von allen Mechanikbüchern nur die Einleitungen gibt; das ist gewissermaßen der Typus. Ich mache das geradeso: zuerst habe ich eine Einleitung in die Lehre von den imaginären Zahlen gegeben und jetzt eine Einleitung in die Mengenlehre. Wenn auseinandergesetzt ist, wie das zu machen ist, höre ich auf. Ich will aber doch der Philosophie nicht den Vorwurf der Ungründlichkeit machen; das ist gerade die Gründlichkeit dabei, daß wir die Elemente kritisch zu beleuchten suchen, wenn wir auch nicht in die Details eindringen. Wir leisten jeder Wissenschaft einen Gefallen, wenn wir die einfachsten Elemente kritisch beleuchten.

In der Physik sieht man das Unendliche nicht von diesem Gesichtspunkte an; in der Physik pflegt man heute noch das Unendliche nur als Grenzübergang zu betrachten: man denkt sich, daß man nur mit endlichen Zahlen rechnen will; diese aber können sehr groß gemacht werden, und man kann zur Grenze übergehen, wenn diese Zahlen immer größer und größer werden. Wenn man an diesem Begriffe festhält, braucht man die Mengenlehre nicht, man kann auch so alle Probleme eindeutig lösen. Ein Beispiel:

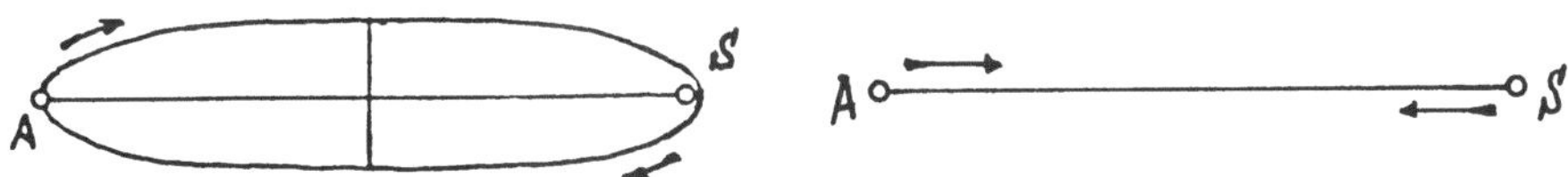

Wir nehmen an, im Punkte S befinde sich die Sonne und es sei A ein Planet, welcher sich um die Sonne bewegt. Wir wissen, daß die Planeten eine elliptische Bahn beschreiben, deren einer Brennpunkt die Sonne ist. Die Ellipse kann ungeheuer exzentrisch sein, wie es einige Kometenbahnen sind; die Bahn ist ganz nahe an der Sonne. Wenn wir nun zur Grenze übergehen; wenn wir die große Achse immer gleich bleiben die kleine aber immer kleiner werden lassen, kommen wir zu einer Geraden, welche vom Punkte A ausgeht und deren anderer Endpunkt die Sonne (S) bildet, welche wir ebenfalls als einen materiellen Punkt betrachten. Wenn wir den Grenzübergang machen, so finden wir, daß wenn der Planet in A ausgelassen würde und direkt auf die Sonne zuflöge, er in der Sonne ankommen und wie ein elastischer Körper reflektiert werden würde. Wenn wir uns aber von vornherein die Sonne und den Planeten in einer Geraden denken und der Planet fliegt gerade auf die Sonne zu, würde die Anziehung im Augenblicke der Ankunft in der Sonne unendlich groß sein. Das gehört zur Mengenlehre; in der Physik nimmt man an, das sei eine Ausnahme.

Wir denken uns eine unendlich kleine Sphäre um die Sonne, wo die Anziehung aufhört. Der Planet kommt mit einer endlichen Geschwindigkeit in S an, geht mit gleicher Geschwindigkeit hinüber und kommt mit gleicher Geschwindigkeit in B an (s. die letzte Figur). Die Bewegung würde eine andere sein: Der Planet geht mit gleich großer Geschwindigkeit hinüber. Dieser Fall wurde auch von einem österreichischen Denker sehr eingehend untersucht; aber wenn der, welchen ich gestern zitiert habe, Theologe war, so ist der, von dem ich heute rede, Artillerieoffizier: Es ist Wega, von dem die bekannten Logarithmentafeln stammen. Er hat das sehr eingehend studiert, und ist da auf eine Paradoxie gekommen. Wenn man absolut materielle Punkte annimmt und dabei bleibt, daß das Newton'sche Gravitationsgesetz bis zum Zusammenfallen der beiden Punkte bleibt, kommt man wirklich auf eine Paradoxie: Man weiß nicht, ob der Planet umkehrt oder auf die andere Seite hinübergeht. Wenn wir den Begriff des streng Unendlichen festhalten, kommen wir immer zu solchen Fällen, wo wir keine Entscheidung treffen können. Wir können einesteils beweisen, daß der Punkt nur bis hierher geht und andernteils, daß er weitergeht. Wenn wir den Begriff des streng Unendlichen ausschließen, so sagt man, er bewegt sich nicht absolut in einer Geraden sondern in einer davon unendlich wenig verschiedenen Ellipse. Dann kommt er nicht absolut nach S und er kehrt wieder zurück. Wenn ich aber annehme, daß dieser materielle Punkt S von einer kleinen Zone umgeben ist, wo das Gravitationsgesetz nicht gilt, bekomme ich ein Hinübergehen auf die andere Seite. Faktisch kommen wir, wenn wir nie etwas Unendliches aufnehmen, wenn wir nur mit endlichen Größen rechnen, welche beliebig groß sein können, nie zu einem Widerspruch: Wenn die kleine Achse noch so klein ist, kehrt er um; wenn die Sphäre noch so klein ist, kehrt er zurück. Wenn aber A mit S zusammen fällt und bis zum Zusammenfallen das Newton'sche Gesetz gilt – in diesem Falle geht der Planet durch – komme ich in die Mengenlehre hinein, in das wirklich Unendliche, in die letzte Zahl w, und ich komme auf Widersprüche. In diesem Falle hilft die Mengenlehre nicht, sie umgeht den Widerspruch, aber sie löst ihn nicht.

Es ist der Kern meiner Definition, daß die Materie aus einer diskreten Anzahl von materiellen Punkten bestehen muß. Wir müssen sie aus einer endlichen Zahl von diskreten Punkten zusammengesetzt denken, wenn wir imstande sein sollen, sichere Schlüsse zu ziehen. Wir können die Anzahl der Punkte kolossal wachsen lassen, und die Schlüsse bleiben doch immer eindeutig. Wenn wir sie aber wirklich kontinuierlich denken, kommen wir in die Mengenlehre hinein; wir kommen alle Augenblicke an Stellen, wo wir nicht eindeutig schließen können, und der Zweck des Denkens ist ja, überall eindeutig schließen zu können; daher müssen wir unsere Sprach-, Schrift- und Denkzeichen so zu bilden suchen, daß wir uns selbst eindeutig ausdrücken und uns selbst eindeutig verstehen. Wenn wir uns alles dies diskret denken, kommen wir immer zu eindeutigen Resultaten. Ich will nichts als absolut sicher hinstellen, aber es scheint, daß kein Fall dagegen spricht. Wenn wir ein absolutes Kontinuum gelten lassen, gilt das nicht mehr. Das ist eigentlich, in unserer philosophischen Sprache ausgedrückt, der Beweis für die atomistische Zusammensetzung der Materie.

10. Vorlesung

30. November 1903 Ich habe in diesen Vorträgen zunächst den Zahlbegriff behandelt. Wir gingen da aus von der ganzen positiven Zahl, und ich stellte sie hin als einen Begriff, der uns einfach erfahrungsmäßig gegeben ist, der keiner weiteren Definition bedarf und auch weiter nicht definiert werden kann. In diesem Begriffe der ganzen positiven Zahl da ist schon der Begriff des Fortschreitens bis ins Unendliche, wenigstens nach einer Richtung, der Richtung der wachsenden positiven Zahl, darin enthalten. Wir werden da schon auf den Unendlichkeitsbegriff geführt. Durch Anwendung derselben Operationen, welche bei ganzen Zahlen vielfach einen Sinn haben, auf solche Fälle, wo sie keinen Sinn haben, gelangten wir auf die rational gebrochenen Zahlen; wir konnten so die rational gebrochenen Zahlen einschalten zwischen die verschiedenen ganzen Zahlen. Durch weitere Anwendung derselben Operation gelangten wir dann zu den algebraischen Irrationalzahlen; diese schalten sich wieder ein zwischen den rational gebrochenen Zahlen. Endlich kamen wir auch zu den transzendent irrationalen Zahlen, welche sich wieder gewissermaßen zwischen die algebraisch irrationalen Zahlen einschalten, so daß wir ein vollständiges Zahlenkontinuum erhalten, welches geeignet ist, uns eine unendliche gerade Linie wenigstens nach einer Seite hin zunächst darzustellen. Durch Einführung der negativen Zahlen bekommen wir dann die Verlängerung der Geraden nach der anderen Seite. Durch Einführung der komplexen Zahlen konnten wir die Zahlen in einer ganzen Ebene ausbreiten. Die Erfüllung des ganzen Raumes mit Zahlen gelingt freilich nur auf einem kühnen Umwege, wenn man noch eine zweite imaginäre Zahl, statt i noch j, einführt, welche in der Algebra nicht existiert, wo man durch keine geeignete Weise dazu geführt wird. Die Widersprüche, welche darin liegen, daß zwischen je zwei Zahlen immer wieder eine Zahl liegt und welche mit der Ausbreitung bis ins Unendliche verknüpft sind, hat schon Bolzano drastisch hervorgehoben. Man kann eigentlich nicht sagen, daß diese Widersprüche vollkommen gelöst worden sind, aber sie wurden, wie wir sagen, durch die Mengenlehre wenigstens mit Erfolg umgangen. Wir lernten da eine Methode zu operieren, ohne daß wir irgendwie genötigt sind, an diesen Widersprüchen Anstoß zu nehmen.

Wir nehmen keinen Anstoß daran, daß es eigentlich ungereimt ist, daß zwischen je zwei Zahlen bis ins Unendliche immer wieder eine Zahl liegt, daß die rationalen Zahlen beliebig nahe aneinander gebracht werden können und dazwischen eine unendliche Mannigfaltigkeit von Zahlen Platz hat, aber daß all diese algebraisch irrationalen Zahlen noch nicht das ganze Zahlgebiet ausfüllen, daß sie im Gegenteil noch eine abzählbare Menge bilden und dann erst, wenn man die transzendent irrationalen Zahlen dazunimmt, eine nicht abzählbare Menge entsteht. Alle diese Begriffe lernten wir umgehen durch die Mengenlehre und die transfinite Zahl; ich konnte das nicht auseinandersetzen, aber ich versuchte in Kürze einen Begriff davon zu geben.

So ist uns denn das ganze Rüstzeug vorbereitet, mit dem wir die drei großen Kontinua in Angriff nehmen können, der Kontinua des Raumes, der Zeit und der Materie. Eine Unsumme von Mühe und Arbeit, von bewunderungswürdigem

Scharfsinn wurde schon aufgewendet, um das Wesen dieser drei Kontinua zu erforschen. Schon vor Kant geschah dies, dann von Kant und endlich wieder nach Kant. Manche schätzenswerten Errungenschaften wurden erzielt, das Wort „Resultat" ist mir in der Kehle stecken geblieben. Resultate kann man es eigentlich nicht nennen; die großen Rätsel, sie sind noch nicht gelöst worden, in das eigentliche Wesen dieser Fragen einzudringen gelang noch nicht. Es erklärt sich daher, daß ich heute, wo ich an diese Aufgabe, an die Behandlung dieser Kontinua, gehen soll, daß ich da wieder dasselbe Zagen empfinde, welches mich schon beschlich, als ich die erste Vorlesung über „Naturphilosophie" eröffnete.

Wenn man an diese Fragen geht, so hat man ungefähr das Gefühl, als ob man das Innere eines großen gothischen Domes betritt: es ist da alles ehrwürdig, alles erhaben, alles großartig, aber auch alles finster und voll von Dunkelheit; die Gegenstände scheinen sich alle bis ins Endlose zu erweitern und zu vergrößern, die Gegenstände, welche man sieht, und noch mehr die, welche man nicht sieht, welche man in den dunkeln Winkeln zu ahnen glaubt. Alle diese Fragen haben daher eine enorme Schwierigkeit; ich fühle mich klein, ich fühle meine Kräfte gering bei der Lösung von Problemen, wo die größten Geister aller Jahrhunderte, – was sage ich! – die größten Geister vieler Jahrtausende ihre Kräfte eingesetzt haben, und dann hat sich doch häufig herausgestellt, daß sie nur in ein Danaidenfaß geschöpft, daß sie nur Sisyphusarbeit geleistet haben. Das Märchen von der Sisyphusarbeit scheint wie gemacht für derartige philosophische Anstrengungen.

Wie ich schon in der ersten Vorlesung gerufen habe, so möchte ich wieder rufen: „Lieber, guter Schiller, du hast nicht recht, es wächst der Mensch nicht mit seinen höheren Zwecken!" Um wieviel lieber würde ich etwa die Fläche dritten und vierten Grades, die Kanten, Spitzen und Singularitäten, welche da sind, z. B. an der Hand der schönen Rotberger'schen Modelle, auseinandersetzen, oder noch lieber ein physikalisches greifbares Thema; aber ich soll da ganz allgemein über Raum und Zeit sprechen, ich soll über das Inhaltslose sprechen und meine Worte sollen doch nicht inhaltslos sein. Und doch hat es wieder einen eigenen Reiz für mich, die Ideen, welche ich über diese Dinge habe, vor so einer großen, mir wohlgesinnten Versammlung hier auseinanderzusetzen, gewissermaßen die innersten Falten meines Herzens Ihnen zu öffnen.

Ich habe ja manches aus der eingehenden Literatur mit Fleiß durchstudiert, ich habe mich bemüht, diese Ideen, die da niedergelegt sind, mir anzueignen; ich habe auch selbst darüber nachgedacht, aber ich habe es noch nicht gewagt, die Resultate mit Ihnen zu besprechen, aus Furcht, daß es eben erfolglos sein könnte. Nun, ich weiß auch nicht gewiß, ob ich hier imstande sein werde, mich ganz verständlich zu machen; es sind das so eigentümlich abstrakte Dinge, wo es nicht ganz leicht ist, daß einer den anderen versteht.

Ich werde da freilich eigentlich nicht suchen, wie man sich so ausdrückt, in das Wesen dieser Dinge einzugehen, meine Aufgabe wird vielmehr sein, eine möglichst zweckmäßige Ausdrucksweise zu finden für die Gedanken, die sich da ergeben. Sie werden da vielleicht einwenden, wenn diese Ausdrucksweise so schwer zu verstehen ist, daß ich zweifle, ob ich sie zum Verständnis bringen kann, so ist das doch der beste Beweis, daß sie nicht zweckmäßig ist. Aber diejenigen, welche diese Ausdrücke geschaffen haben und denen ich folgen will, haben eben gehofft, daß sie in der Zukunft als zweckmäßig gefunden werden, wenn sie auch momentan nicht allen zweckmäßig scheinen.

Ein einleuchtendes Analogon haben wir da im Kopernikanischen Weltsystem. Wir wissen heute, daß das Kopernikanischen Weltsystem eigentlich auch nichts ist als eine zweckmäßige Ausdrucksweise für die Tatsachen; wir könnten noch heute sagen, daß die Erde in der Mitte ruht, daß sie sich nicht dreht, sondern daß die Sonne, der Fixsternhimmerl sich dreht; wenn die relative Lage sich gleich bleibt, hat sich nichts geändert. Nur würde das eine überaus unzweckmäßige Ausdrucksweise sein; die Zentrifugalkräfte müßten wir da durch besondere äußere Kräfte ersetzen; wenn wir überhaupt die Mechanik festhalten wollten, müssen wir annehmen, daß aus ganz unbekannten Ursprüngen die Zentrifugalkräfte außer den anderen noch vorhanden sind; dann würden wir ebenfalls eine konsequente Darstellung erhalten.

Ebenso ist es eigentlich nicht ganz richtig, daß das Foucaultsche Pendel die Drehung der Erde beweist; es beweist nur, daß wenn die einfachen Anschauungen gelten, die Erde sich drehen muß; wenn man aber außerdem noch passende Zentrifugalkräfte annimmt, könnte man die Erde auch als fest betrachten; natürlich müßte man bei den Siriussternen Zentrifugalkräfte von ganz enormer Intensität fingieren, welche die Sterne in ihren Bahnen erhalten. Das wäre aber eine sehr unzweckmäßige und unglaubwürdige Ausdrucksweise, aber sie wäre auch konsequent. Kopernikus hat da nichts anderes getan, als eine zweckmäßige Ausdrucksweise gefunden; aber auch diese Ausdrucksweise hat zu seiner Zeit niemand verstanden außer einigen wenigen erleuchteten Geistern; aber die künftige Generation hat sie doch als zweckmäßig befunden.

Von diesen drei Kontinua (Raum, Zeit und Materie), da ist wieder ein wesentlicher Unterschied zwischen den zwei ersten und dem dritten: Raum und Zeit ideal, transzendental, wenn Sie wollen, intelligibel oder wie man sonst sagt, wogegen die Materie das real Greifbare, das wirklich Vorhandene ist. In der Lehre von Raum und Zeit tritt das Kausalgesetz noch immer in der Form von Erkenntnisgrund und Folge zutage; wogegen im Gebiete der Materie das Kausalgesetz als Ursache und Wirkung zutage tritt.

Wir werden einen Unterschied machen müssen: wir betrachten zuerst die beiden erstgenannten Kontinua und dann das letztere. Von diesen beiden Dingen „Raum" und „Zeit" ist der Raum beiweiten das kompliziertere: es ist das unphilosophisch, sie als Dinge zu bezeichnen; man redet zwar auch von gedachten Dingen, aber man wird doch kaum zugeben, daß der Raum und die Zeit Dinge sind; wenn ich sage „etwas", so ist es auch schon zu viel und „nichts" ist zu wenig. Ich will vielleicht sagen „Begriff"; da kann der Goethe'sche Mephisto mir nicht vorwerfen, daß mir die Begriffe fehlen. Von diesen zwei Begriffen also ist der Raum beiweitem der kompliziertere; die Zeit ist der einfachere Begriff.

Man könnte daher glauben, es sei gut, beim Einfachen anzufangen und zunächst die Zeit zu betrachten und dann erst zum Raum überzugehen; allein gerade weil der Raum der kompliziertere Begriff ist, so zeigt er eine größere

Mannigfaltigkeit; alle Dinge, die da in Betracht kommen, sind beim Raum viel besser ersichtlich als bei der Zeit; wenn wir den Raumbegriff aufgefaßt haben, macht uns die Betrachtung der Zeit keine Schwierigkeit mehr. Ich will daher die Betrachtung des Raumes voranstellen. Freilich können wir von der Zeit eo ipso nicht ganz absehen, besonders bei der Helmholtzschen Raumtheorie; da wird die Zeit geradezu zu Hilfe genommen; aber im Wesentlichen sollen sich die nächstfolgenden Betrachtungen auf den Raum beschränken.

Es sagt Kronecker, daß die Zahl rein aus innerer Anschauung konstruiert wird, daß also beim Zahlbegriff nichts Zufälliges, Willkürliches dabei sei, sondern alles mit Notwendigkeit gegeben sei; anders sei es beim Raumbegriff: der Raumbegriff sei nicht ganz aus innerer Anschauung konstruiert, sondern er enthalte schon empirisch Gegebenes, daher seien auch gewisse Dinge dabei zufällig, nicht mit Notwendigkeit gegeben, sondern einer gewissen Willkürlichkeit unterworfen. Es geht da Kronecker schon weit über Kant hinaus.

Bei Kant sind auch Raum und Zeit eine bloß innere Anschauung, eine Form der Anschauung, welche uns schon vor aller Erfahrung gegeben ist. Wie mir scheint, würde bei Kant's Vorstellungen von Raum und Zeit nichts Willkürliches und Zufälliges dabei sein, ich kann aber doch auch der Kronecker'schen Anschauung nicht ganz beipflichten; ich glaube, ein qualitativer Unterschied läßt sich da nicht nachweisen, Zahl, Raum und Zeit sind von empirischen Tatsachen abgeleitet. Freilich sind sie bei der Zahl von der einfachsten Form, so daß wir die Folgerichtigkeit so unmittelbar übersehen und uns nichts zufällig scheint.

Das Zufällige ist bloß ein Schein, wo wir die treibenden Ursachen nicht sehen; wegen der großen Klarheit, mit der wir das ganze Zahlsystem übersehen, ist uns der innere Grund so klar, daß uns nichts zufällig erscheint.

Beim Raum liegen schon kompliziertere äußere Erfahrungen zugrunde; der Raumbegriff scheint uns gewisse Willkürlichkeiten und Zufälligkeiten zu enthalten, welche aber auch verschwinden würden, wenn wir alles ganz klar übersehen könnten. Noch viel mehr Willkürlichkeiten scheint die Materie und überhaupt die physikalischen Begriffe zu enthalten. Daß sich der Wasserstoff gerade mit dem Sauerstoff und gerade im Verhältnis von 2 : 16 zu Wasser verbindet, könnte man sagen, das sind lauter reine Zufälligkeiten. Aber ich glaube, daß das darin liegt, daß wir beiweitem nicht so klar sehen; wir haben nur einzelne Erfahrungen und übersehen sie nicht ganz klar. Ich glaube, ein rein qualitativer Unterschied kann nicht gemacht werden, was uns am Raum zufällig erscheint, hat auch innere Gründe.

Es entsteht dann zunächst die wichtige Frage, ob der Raum existiert, ob er wirklich ist oder nicht. Natürlich, in dem Sinne kann der Raum nicht existieren, in welchem die Materie existiert, wir können nicht am Raume selbst anstoßen, er kann auf keinen unserer Sinne einen Eindruck machen; anderseits sprechen wir aber doch von einer Existenz. Nur 3 Kurven zweiten Grades, nur 7 Flächen zweiten Grades existieren. Wir bedienen uns da des Wortes „existieren". In seiner Sphäre existiert der Raum als Vorstellung ebenfalls. Wenn man sagt, daß jedes Ding einen Raum brauche, in dem es wie in einer Schachtel darin liegt, so ist diese Vorstellung natürlich eine unzweckmäßige, denn wir müssen wieder eine

Schachtel haben, indem dieser Raum liegt, für diesen wieder eine Schachtel, usw. Als eine solche Schachtel kann man den Raum nicht auffassen. In verschiedenen philosophischen Schriften habe ich nicht weniger als fünf Räume gefunden; den mathematischen, den physikalischen oder empirischen, den intelligiblen, den objektiven und endlich den absoluten Raum. Man würde dann gewissermaßen noch einen sechsten Raum brauchen, in dem diese fünf Räume sich nebeneinander befinden.

Dabei ist noch etwas Fatales eingetreten: nachdem man so verschiedene Räume konstruiert hat, hat man eine logische Schwierigkeit gefunden, daß die Dinge auch in diesen Räumen existieren können; man hat gefunden, daß für die Dinge kein Platz ist. Man hat den Raum dazu konstruiert, daß die Dinge darin sind, und hat dann eine Schwierigkeit gefunden, wie in diesem Raum Dinge sein können. Alle diese Schwierigkeiten müssen wir umgehen, ich habe schon einmal gesagt, daß sie mir darauf hinzudeuten scheinen, daß man das Werkzeug, mit dem man denkt, nicht richtig angewendet hat. Der Philosoph verwickelt sich in seine eigene Logik, wie man sich in ein Kleid verwickelt, und wie man das Kleid, das unbequem sitzt, anders zuschneiden muß, um sich nicht darin zu verwickeln, muß man die Ausdrucksweise so wählen, daß man die Schwierigkeiten umgeht. Ich habe dß freilich das Geständnis abgelegt, daß sie sich doch wieder aufdrängen, daß man nicht sicher ist, ob man alles richtig gemacht hat. Aber ich glaube doch, daß die Menschheit sich an die Ausdrucksweise gewöhnen wird, es scheint mir wenigstens möglich, daß man das Streben, noch etwas dahinter zusehen, was man nicht sehen kann, daß man sich dieses Streben wird abgewöhnen können.

11. Vorlesung

11. Dezember 1903 Wir wollen uns jetzt also zunächst mit dem *Raume* beschäftigen. Es wird da nicht möglich sein, gleich in alle Details dieser betreffenden Forschungen einzugehen, ich will da zunächst eine Übersicht geben über die neuere Theorie dieses Raumproblems; erst später hoffe ich dann etwas mehr in die Details eingehen zu können.

Die Lehre vom Raume heißt die *Geometrie*. Die Geometrie, die eigentliche wissenschaftliche Geometrie, stammt, wie Ihnen ja bekannt ist, von Euklid. Es gab zwar schon sicher, wie auch historisch beglaubigt ist, vor Euklid eine Geometrie. Es ist auch bekannt, daß die Geometrie wahrscheinlich durch die Feldmessung ihren Ursprung erhielt; besonders bei den Ägyptern, wo die jährlichen Überschwemmungen des Nil wiederholt Feldmessungen notwendig oder wenigstens wünschenswert machten, wurde die Praxis der Feldmessung zu einer gewissen Vollendung gebracht. Die damalige Geometrie bestand wahrscheinlich mehr aus praktischen Regeln oder Vorschriften wie Linien zu messen, Flächen zu bestimmen sind. Wahrscheinlich waren auch die einfachsten geometrischen Gebilde bekannt und wurden mit gewissen Namen belegt.

Aber erst Euklid brachte diese Feldmeßkunst in eine wissenschaftliche Form und erweiterte sie dahin, daß sie überhaupt auf die Abmessung aller räumlichen

Gebilde und auf die Vorstellung derselben anwendbar war. Das Euklid'sche wissenschaftliche Gebäude ist von einer bewunderungswürdigen Vollkommenheit, es ist geradezu für alle Zeiten ein Musterbild einer klaren, konsequenten, logischen Darstellung. Trotzdem ist es nicht frei von gewissen Unvollkommenheiten. Es liegt das in der Natur der Sache, daß derjenige, welcher zuerst vollkommen reformatorisch eingreift in einen gewissen Wissenszweig, daß der gar nicht imstande ist, sein System bis zur größten Vollkommenheit auszubilden; es sind ja da so viele neue Begriffe und Lehrsätze notwendig, daß dieselben gar nicht verstanden wurden, wenn gleich alle feinsten Details darin ausgearbeitet wären; es handelt sich zunächst um die Hervorhebung des Wesentlichen; zunächst muß dieses Wesentliche in Fleisch und Blut übergehen, dann können erst die einzelnen Verbindungsglieder aufgeteilt werden. Es hat sich das nicht nur in der Geometrie gezeigt, sondern auch in der Mechanik (z. B. in der Lehre vom Gravitationsgesetz) und bei vielen anderen Zweigen.

Wenn etwas unsere Bewunderung gegen diese schöpferischen Geister noch zu erhöhen vermag, so ist es der Umstand, daß gerade sie selbst oft diese Punkte, wo noch Unklarheiten vorhanden sind mehr oder minder geahnt und sogar angedeutet haben. So hat z. B. gerade Newton deutlich ausgesprochen, daß er unter der Gravitation eine direkte Formwirkung verstanden haben will; freilich in seinen Schriften hat er diese Ansicht nicht ausgesprochen, aber in einem hinterlassenen Brief an Bentley, der früher gedruckt wurde. Erst die Nachfolger, welche diese Theorie in ein System brachten, haben diese Unklarheiten recht klar hervortreten lassen, bei ihnen treten sie viel klarer hervor als beim Schöpfer selbst.

Bei Euklid ist uns das allerdings nicht bekannt, daß er schon eine Ahnung von der nicht-euklidschen Geometrie gehabt hätte. Da findet sich in dem Spärlichen, was von ihm vorhanden ist, keine Anzeige, aber man muß bedenken, daß die Briefe, die Euklid an seine Freunde schrieb, nicht gesammelt und noch weniger gedruckt herausgegeben worden sind. Es ist da doch ein bedeutender Unterschied vorhanden: Euklid führt in die Geometrie eine ganze Reihe von Gebilden ein und über diese sagt er dann eine ganze Reihe von Theoremen, von Lehrsätzen aus; diese Gebilde kann man im allgemeinen in zwei Klassen einteilen:

1. In solche Gebilde, welche sich aus anderen schon bekannten Gebilden nach bestimmten Regeln konstruieren lassen, deren Auflösung in die einfacheren Bestandteile ganz klar zutage liegt. Also z. B. das Quadrat in der Ebene wäre ein solches Gebilde. Wenn man einmal den allgemeinen Begriff der Geraden schon hat, wenn man den Begriff des Winkels und die Art und Weise, wie Winkel gemessen werden, hat, so liegt es ganz klar zutage; man kann bestimmte Regeln angeben, wie ein Quadrat zu konstruieren ist. Auch kompliziertere Gebilde, z. B. Ellipsoid, Hyperboloid, Paraboloid, selbst Flächen dritten und vierten Grades lassen sich vollkommen exakt definieren, und es läßt sich angeben, wie sie aus bekannten Elementen zusammengesetzt sind.

Nicht die komplizierten Gebilde sind es, die Schwierigkeiten machen, sondern die einfachsten Gebilde.

2. Es gibt da nämlich gewisse andere Gebilde, die sich nicht aus neuen Elementen zusammensetzen lassen, die man gewissermaßen als die gegebenen Elemente betrachten muß, aus denen die ganze Geometrie zusammengesetzt wird. Der einfachste Begriff ist der des Punktes. Euklid definiert zwar den Punkt als dasjenige Gebilde, welches gar keine Bestandteile und gar keine Ausdehnung besitzt. Allein diese Definition ist eine rein negative, sie gibt uns nicht an, wie ein solches Gebilde konstruiert werden könnte.

Ebenso die gerade Linie. Euklid sagt, sie wird durch zwei Punkte bestimmt, aber dadurch kann sie noch nicht konstruiert werden; wie sie zu konstruieren ist, muß wieder als gegeben angesehen werden. Ebenso z. B. die Ebene. Es werden diese Gebilde auch als Grenzen definiert, z. B. die Fläche wird definiert als Grenze eines Körpers, die Linie als Grenze einer Fläche und der Punkt als Grenze einer Linie. Allein dadurch ist auch nicht die Art und Weise der Konstruktion bestimmt; was man unter der Ebene, der geraden Linie versteht, muß wieder neu definiert werden.

Genau ebenso geht es auch mit den Lehrsätzen. Unter diesen finden sich gewisse Existenzsätze, welche aussagen, daß irgendwelches Gebilde wirklich existiert. Dann finden sich Urteilssätze, welche gewisse Eigenschaften und Beziehungen der Gebilde ausdrücken. Auch unter diesen Sätzen gibt es wieder Axiome oder Postulate, die sich nicht aus anderen ableiten lassen und welche Euklid seiner Theorie voranstellt. Er nimmt sie einfach als bekannt an, er untersucht aber die Quelle, aus der sie stammen, nicht weiter. Aus diesen Axiomen kann er dann mittels der Existenzsätze und der verschiedenen Definitionen der Gebilde die anderen Sätze ableiten. Also je komplizierter ein Satz ist, desto weniger metaphysische Schwierigkeiten macht er gewissermaßen; je größer die rechnerischen Schwierigkeiten, desto geringer sind die metaphysischen Schwierigkeiten, desto bekannter ist das Material, mit dem wir arbeiten, nur die Art und Weise, wie wir sie zusammensetzen, ist das Unbekannte.

Es entsteht jetzt die Frage: Woher stammen diese einfachen ursprünglich gegebenen Gebilde? Woher stammen die Axiome? Bekannt ist da die Ansicht Kants, welcher dieselben als einer inneren Anschauung entstammend bezeichnet. Er motiviert das damit, daß er sagt, diese inneren Anschauungen wären überhaupt die notwendigen Vorbedingungen des geometrischen und überhaupt physischen Erkennens. Wenn wir diese inneren Anschauungen nicht hätten könnten wir überhaupt gar keine Erfahrungen machen, die innere Anschauung ist die Vorbedingung der Erfahrung. Wenn man diese Ansicht aufstellt, so wird eigentlich von vornherein der weiteren Forschung ein Ziel gesetzt, jede weitere Forschung, woher diese Sätze kommen, wird abgeschnitten. Wenn sie aus einer bestimmten inneren Erfahrung stammen, kann ich absolut nicht's erklären; sie sind nach Kant's Sinn a priori als etwas gegeben, worüber sich nicht streiten läßt.

Es wurde diese Ansicht namentlich dadurch erschüttert, daß eines der Axiome, das bekannte Parallelenaxiom, umgangen werden kann. Man kann eine Geometrie konstruieren, welche in sich ganz konsequent und klar ist geradeso wie die euklidische und welche man daher die nicht-euklidische Geometrie nennt. In dieser werden die anderen Axiome festgehalten, nur das Parallelenaxiom wird durch ein anderes ersetzt. Freilich kommt man da auf keinen Satz, welcher den erfahrungsmäßig gegebenen Anschauungen entspricht. Es gibt Menschen, welche sagen, sie entsprechen ihrer inneren Anschauung – die innere Anschauung kann man ja nicht weiter definieren; und es gibt andere, welche sagen, sie widersprechen ihrer inneren Anschauungen.

Man kann nicht sagen, daß der Kant'sche Satz widerlegt ist; wenn jemand daran festhält, daß es ihm gewiß ist, so ist es vergebens, mit ihm darüber zu reden. Aber es muß dagegen doch eingewendet werden, daß diese Sätze doch erst erklärt werden müssen, viele sind nicht so einfach und klar. Wenn man ihren Inhalt vollständig erkannt hat, scheinen sie vielen gewiß, anderen wieder nicht absolut gewiß; jedenfalls ist die Ansicht eine viel fruchtbarere und weitergehende, daß die Sätze nicht einer inneren Anschauung entsprechen würden.

Wenn jemand sagt, man kann etwas absolut nicht erklären, kann man mit ihm nicht weiter reden; man kann ihn höchstens dadurch widerlegen, daß man es wirklich erklärt. So leicht ist dies freilich bei diesen metaphysischen Schwierigkeiten nicht, aber in neuerer Zeit haben gewisse Mathematiker und Physiker das in Angriff genommen, die Herkunft der Axiome zu analysieren, gewissermaßen die Axiome selbst näher zu erklären.

Es gibt da zwei verschiedene Richtungen, nach denen das versucht worden ist: Die eine Richtung geht mehr von den Physikern aus, an deren Spitze Helmholtz steht; es werden da die Axiome als Erfahrungstatsachen hingesetzt, mit einem Worte – um es nackt auszusprechen – als empirische Tatsachen, als Erfahrungssätze; es muß aber noch näher erläutert werden, welcher Art diese sind. Der Raum, wenn man ihn so auffaßt, wird der physische oder physikalische Raum genannt.

Die andere Richtung sucht die geometrischen Tatsachen aus dem reinen Zahlbegriff heraus zu konstruieren. In gewisser Beziehung ist sie gerade der andere Pol: sie nimmt keine anderen Erfahrungstatsachen zu Hilfe als solche, aus denen der Zahlbegriff konstruiert worden ist. Meiner Ansicht nach ist schon dieser Zahlbegriff auf Erfahrungstatsachen begründet, ohne Erfahrung könnten wir auch nicht zum Zahlbegriff kommen; meiner Ansicht nach geht auch diese Theorie von der Erfahrung aus, aber sie sucht die Erfahrung möglichst beiseite zu lassen, möglichst wenig aus ihr zu entnehmen. Sie sucht dann aus dem reinen Zahlbegriff heraus zunächst zum Raumbegriff zu gelangen, und Sie werden da auch verstehen, warum ich vor allem den Zahlbegriff vorausgenommen habe, weil der nämlich für diese Richtung als der allereinfachste und fundamentale gilt; aus ihn kommt man dann von selbst zum Größenbegriff, so daß alles gewissermaßen aus dem Begriffe der ganzen positiven Zahl hervorquillt, denn aus ihm quellen die Begriffe der anderen Zahlen hervor. Wenn man den Raum in dieser Weise zu konstruieren sucht, so nennt man den so gewonnenen Raum den intelligiblen Raum.

Es ist dieses Wort, „intelligibler Raum" schon viel älter, es ist von Philosophen gebraucht worden, welche diese feinen Unterschiede und Definitionen des Zahlbegriffs nicht kannten, welche sich keineswegs in dieser Weise von der

Erfahrung frei zu machen suchten; aber auch diese älteren Philosophen, welche vom intelligiblen Raum sprechen, haben dabei doch immer den Erfahrungsraum zu Hilfe gezogen. Wir werden dann später sehen, daß da ein großer Unterschied besteht zwischen dem intelligiblen Raum im Sinne der neueren Mathematiker und dem älteren intelligiblen Raum, aber gerade wie man in der neueren Zeit den Raum auffaßt, bekommt man außerordentlich merkwürdige und klare Sätze; man ist da von vornherein ganz frei von jeder räumlichen Anschauung, man betrachtet nur Mannigfaltigkeiten.

Es können dies die Mannigfaltigkeiten der räumlichen Dimensionen sein, es kann auch die Mannigfaltigkeit von Farben, Tönen usw. sein; man betrachtet beliebige Mannigfaltigkeiten, und man nimmt dann an, daß gewisse Beziehungen zwischen den Teilen dieser Mannigfaltigkeiten bestehen; man kann dann jede Beziehung einzeln, eine nach der anderen einführen und kann sehen, wie viele solcher Beziehungen notwendig sind, um einen Raum zu bekommen, welcher mit dem euklidschen Raum übereinstimmt, man sieht auch klar das Verständnis des nicht-euklidischen Raumes zum euklidischen Raum; solche Mannigfaltigkeiten, welche die Beziehungen des nicht-euklidischen Raumes haben, spielen da dieselbe Rolle wie der euklidische Raum.

Man kann dann auch mehr als dreidimensionale Räume betrachten, man kann ja analog schließen für Mannigfaltigkeiten, welche durch vier, fünf, ... independente Variable bestimmt sind, das macht dann gar keine Schwierigkeiten mehr. Auch von der Dreidimensionalität des Raumes wird man da ganz frei, welche vielfach unbequem ist. Man hat immer einen wirklich sehr hohen und abstrakten Standpunkt. Ich glaube, gerade diejenigen, welche auf diesem Standpunkte mit einem gewissen Erfolge arbeiten, verdienen am allermeisten den schönen Namen „Philosoph".

Nun, wenn man von verschiedenen Räumen – ich habe schon gestern darüber geredet – wenn man von einem intelligiblen Raume usw. spricht, so ist das eigentlich eine nicht ganz zweckmäßige Ausdrucksweise; man will ja doch immer denselben Raum bekommen, nur die Pforte, durch die man in diesen Raum zu gelangen sucht, ist gewissermaßen eine andere, man will denselben Raum von anderen Prinzipien aus erhalten. Es wäre besser, anstatt „intelligibler Raum" „intelligible Geometrie" zu sagen, und anstatt „physischer Raum" „physische Geometrie", denn unter der Geometrie verstehen wir die Art der Behandlung eines und desselben Raumes; der Raum selbst bleibt jedenfalls der gleiche, nur die Behandlung unterscheidet sich.

Ich will da heute noch eine kurze Übersicht zu geben suchen. Wenn wir also zunächst den Raum als eine Erfahrungstatsache auffassen oder ihn vielmehr aus Erfahrungen abzuleiten suchen, so können wir ihn selbstverständlich nicht aus direkten Wahrnehmungen ableiten: wir können ihn nicht sehen, noch weniger hören oder riechen, auch ihn nicht als solchen tasten; wir können nur die Körper, das Materielle, welches im Raume ist, tasten, nur von diesen können wir Sinneseindrücke empfangen. Wir müssen den Raum allerdings konstruieren aus diesen Sinneseindrücken, aber keineswegs direkt, sondern nur auf Umwegen. Am meisten leistet da natürlich der Gesichtssinn, den man ja speziell als Raumsinn bezeichnet, weil man sich durch ihn im Raume Klarheit verschafft – Raumsinn natürlich nicht in der Weise, als ob man den Raum willkürlich wahrnehmen würde. Auch der Tastsinn kommt in Betracht, besonders bei der dritten Dimension, welche sich dem Gesichtssinn oft entzieht; endlich kommt auch der neue von Mach entdeckte Gleichgewichtssinn vielfach in Frage. Es haben gewisse Physiologen, z. B. Zion, ihn direkt den Raumsinn genannt. Er hat bekanntlich seinen Sitz im Labyrinth des Ohres; es sind die drei aufeinander senkrechten Bogengänge. Wenn durch eine Bewegung des Kopfes die Flüssigkeit darin in Bewegung kommt, werden Nerven gereizt; dadurch daß ihrer drei sind, kann man alle Drehungen im Raume wahrnehmen. Es ist das allerdings das einzige Organ, welches speziell diesen drei Dimensionen zugeordnet ist.

Dann ist noch ein zweites Organ, womit Beschleunigungen wahrgenommen werden. Man nimmt aber durch dieses Organ nicht den Raum sondern nur Bewegungen umd zwar nur beschleunigte Bewegungen wahr; man müßte es einen Bewegungs- oder noch richtiger Beschleunigungssinn nennen, denn auch bei Drehungen werden nur beschleunigte wahrgenommen. Es hat auch Mach gezeigt, daß wenn ein Mensch vollkommen in einem geschlossenen Raume sich befindet und er sieht nicht nach außen, und er dreht sich mit konstanter Geschwindigkeit, so lange er gegen diese drehende Bewegung relativ ruht, erst wenn er den Kopf um 180° zur Drehungsachse dreht, nimmt er sofort die Drehung wieder wahr; die Bogengänge kommen in eine andere Lage, und die Flüssigkeit kommt in Bewegung. Dieser Sinn, wenn er auch von einzelnen, namentlich von Physiologen, als Raumsinn bezeichnet wird, so ist das meiner Ansicht nach nicht gerechtfertigt. Jedenfalls kommt da kein einzelner Sinn zur Geltung sondern die Gesamtheit; die Erfahrungen sind also kompliziert, die durch die Gesamtheit dieser Sinne hervorgerufen werden.

Als Punkt kann man sich natürlich erfahrungsmäßig einen ganz kleinen Gegenstand, dessen Ausdehnungen nach allen Richtungen sehr gering sind, vorstellen; absolute Punkte entziehen sich natürlich jeder Erfahrung; wir können uns aber einen Gegenstand immer kleiner und kleiner denken, und so ist der Begriff eines Punktes uns näher. Wir können ihn natürlich nicht direkt wahrnehmen, wir können aber seine Existenz aus dem Zusammenwirken verschiedener Sinne erschließen. Wir können auch nicht komplizierte Apparate, z. B. die Drehung einer Schraube wahrnehmen, weil wir da ja schon geometrische Begriffe mitbringen müssen. Für die gerade Linie könnten wir uns z. B. einen gespannten Faden zur Versinnlichung denken, aber wir müßten gewisse Eigenschaften davon definieren. Wir können z. B. die Tatsache fixieren, daß wenn eine ganze Reihe von sehr kleinen Gegenständen vorhanden ist, daß es unter gewissen Umständen möglich ist, sie mittels des Auges so zu schauen, daß sich alles gegenseitig deckt. Es sind da nur zwei Positionen des Auges möglich, wo sich alle diese Gegenstände gleichzeitig decken. Man kann als erfahrungsmäßig feststehend annehmen, daß sie nicht zur Deckung kommen, wenn man das Auge irgendwo anders hält. Es kann das Auge bewegt werden, so daß diese Dinge in allen Stellungen des Auges sich immer decken. Dadurch würde durch die Bewegung eine gerade Linie bestimmt. Auf diese Weise könnte man empirisch zum Begriff der geraden Linie kommen, und ähnlich dann zum Begriff der Ebene. Sie sehen, daß da wohl das Auge zu Hilfe gezogen wird. Es ist gewissermaßen der geradlinig sich fortpflanzende Lichtstrahl, der uns den Begriff der Geraden liefert.

Noch klarer können wir diese Definition machen, wenn wir zum Begriff eines festen oder, besser gesagt starren Körpers gekommen sind. Das macht aber wieder gewisse Schwierigkeiten. Man kann nicht unbedingt sagen, daß man direkt durch die Erfahrung konstatieren kann, daß ein Körper seine Gestalt nicht verändert hat; er könnte an einer anderen Stelle eine andere Gestalt haben, ohne daß ich es weiß; wenn ich ihn an eine andere Stelle gebracht habe, kann ich ihn nicht direkt vergleichen mit dem Körper in ursprünglicher Lage; es kann das nur durch indirekte Schlüsse konstatiert werden. Zunächst kann man da durch indirekte Schlüsse die Homogenität und Isotropie des Raumes feststellen, man kann feststellen, daß, wenn man in einer ganz anderen Umgebung sich befindet, in einem anderen Zimmer ist, in eine fremde Stadt reist, über das Meer fährt, daß dann doch eine große Anzahl von Beziehungen in derselben Weise vor sich geht; also z. B. wenn ich irgendeinen Körper angreife, wenn ich etwas esse, alle diese Manipulationen, die ich mit dem Körper mache, kann ich in ganz der gleichen Weise ausführen. Ich nehme an, daß da der Raum überall gleich beschaffen ist, daß diese Bewegungen in derselben Weise überall ausgeführt werden. Das wäre die Homogenität, daß der Raum überall gleich ist.

Ich mache da auch die Erfahrung, daß wenn ich mich nach verschiedenen Richtungen wende, wenn ich mich z. B. von Ihnen abwende, und wenn ich alle Körper mitnehme, ich dieselben Sachen ausführen kann. Daß also der Raum nach verschiedenen Richtungen gleich beschaffen ist, das nennt man die Isotropie des Raumes. Wenn ich das einmal festgestellt habe, so werde ich viele Körper finden, mit denen ganz dieselben Manipulationen an anderer Stelle ganz ebenso vorgenommen werden können. Wenn ich einen festen Körper nehme, kann ich ihn mit den Fingern in derselben Weise drehen; ich bekomme denselben Sinneseindruck. Ich kann zwei Körper zusammenstoßen, der Schall ist derselbe, es wird dann also vorausgesetzt, daß diese Körper sich nicht ändern, daß sie von einer Stelle zur anderen gebracht werden können, ohne sich zu ändern. Ich will nicht behaupten, daß das ein zwingender logischer Schluß ist; es könnte sein, daß viele Eigenschaften sich gleich bleiben, andere sich verändern; aber weil ich weiß, daß alle diese Eigenschaften gleich bleiben, so mache ich eben diese Voraussetzung.

Es ist in der Tat ja nicht absolut richtig. Wenn ich z. B. ein Stück weiches Eisen an eine andere Stelle bringe, so wird es durch den Erdmagnetismus etwas verändert; ich kann das auch bemerken. Wenn ich noch viel genauer beobachten könnte, würde ich bemerken, daß der Körper durch die Gravitationswirkung anders zusammengezogen wird, oder durch Einwirkung des Mondes wird er verlängert. Aber die letztgenannten Änderungen sind so minimal, daß sie gar nicht in Betracht kommen; im allgemeinen verändern sich die Körper gar nicht; ich nenne diese Körper daher „starre" Körper. Wachs könnte ich kneten, etwas anderes daraus machen; es ist nicht starr; noch weniger sind es die Flüssigkeiten; diese verändern sich ganz, wenn ich sie in ein anderes Gefäß umgieße. Ich setze also da voraus, daß solche starren Körper möglich sind, die sich ohne

Veränderung an verschiedene Stellen des Raumes bringen lassen. Mit solchen starren Körpern kann ich die Messungen vornehmen; ich kann einen starren Zirkel verwenden, dessen beide Spitzen einen bestimmten Abstand haben, oder einen starren Maßstab, durch dessen Anlegung ich an einem fremden Körper Messungen vornehmen kann. Es ist dann eine wesentliche Bestätigung meiner Ansicht, daß diese Messungen auch dann wieder gleich ausfallen, wenn ich die starr erfundenen Körper an andere Stellen bringe; und mit einer gewissen Wahrscheinlichkeit kann ich schließen, daß die Voraussetzungen richtig sind; wenn ich nie einen Widerspruch dagegen gefunden habe, nehme ich sie als richtig an.

Wir konstruieren dann die Geometrie in einer ganz anderen Weise; wir konstruieren sie nicht aus absolut sicheren Axiomen sondern aus Erfahrungstatsachen; deshalb nennen wir sie die physische Geometrie. Schon Newton hatte eine ähnliche Ansicht; er sagte, die Geometrie sei derjenige Teil der Mechanik, welcher sich mit der Messung der Körper zu beschäftigen hat; er hat sie als ein Mittel betrachtet, um die Bewegungen und die relative Lage der Körper zu bestimmen; nicht diese abstrakte Geometrie hat er im Auge gehabt, sondern die physikalische. Nun, gerade weil wir auf einer so schwankenden Basis stehen, ist es außerordentlich schwer, sich zu vollkommener Klarheit emporzuringen. – Wir werden diese Ideen in der nächsten Vorlesungen weiter verfolgen.

12. Vorlesung

7. Dezember 1903 Alle wirklich fruchtbringenden Untersuchungen über die Axiome der Lehre vom Raume, alle eigentlich wissenschaftlichen Forschungen über diesen Gegenstand scheinen mir erst von dem Momente an zu beginnen, wo man die Ansicht aufgegeben hat, daß unser Raumbegriff einer inneren Anschauung entspreche und uns daher a prioristisch gegeben sei. Nun, ich spreche da freilich nur meine subjektive Meinung aus. Man kann ja in zweierlei Weise vortragen. Man kann solche Dinge vortragen, welche von allen Autoren in dem betreffenden Gegenstande übereinstimmend gelehrt werden und von denen man annähernd annehmen kann, daß sie über jeden Zweifel erhaben sind; ganz freilich nicht, denn es ist schon vorgekommen, daß Dinge, welche von allen Fachleuten gelehrt wurden, dann später als unrichtig erkannt wurden.

Man kann aber auch solche Dinge vortragen, welche nur einzelnen, also natürlich gerade dem Vortragenden selbst, für richtig erscheinen. Man muß das natürlich ausdrücklich bemerken, daß man da nicht allgemein anerkannte Tatsachen vorbringt. Nun, was ich über die Raumlehre vorbringen werde, da glaube ich freilich, daß fast alle Mathematiker mit mir einer und derselben Ansicht sein werden; wenigstens die neueren Mathematiker, die über wissenschaftliche Gegenstände geschrieben haben – und es sind deren nicht gerade wenig – sind alle dieser Ansicht. Freilich, von den Philosophen im eigentlichen Sinne des Wortes könnte man das weniger behaupten; ich glaube, daß die Mehrzahl der Philosophen eher der gegenteiligen Ansicht zuneigen würde, und da ich hier als Philosoph spreche, muß ich das betonen.

Nun, diese moderne, man könnte sagen: mathematische Richtung unserer Anschauung über die Grundbegriffe der Geometrie wurden durch tatsächlich begründete Untersuchungen, durch positive Resultate der mathematischen Forschung inauguriert, nicht etwa durch bloß theoretisches Philosophieren. Es waren das positive mathematische Untersuchungen; durch die Anregungen von Gauß wurden nämlich zwei Mathematiker zu ziemlich komplizierten Untersuchungen veranlaßt; es ist das ein Ungar namens Bolyai und ein Russe namens Lobatschewskij (auch Lobatschewsky geschrieben). Diese beiden haben gleichzeitig eine Geometrie begründet, welche von der euklidischen Geometrie wesentlich verschieden ist und welche man deshalb die nicht-euklidische Geometrie nennt. Es gibt zweierlei Arten dieser nicht-euklidischen Geometrie: Die eine nennt man die sphärische und die andere hyperbolische Geometrie; im Gegensatze dazu bezeichnet man die euklidische Geometrie als die ebene Geometrie. Die nicht-euklidische Geometrie entsteht dadurch, daß man ein euklidisches Axiom fallen läßt; die übrigen euklidischen Axiome hält man fest. Es ist das das Axiom, daß sich in einer Ebene von einem Punkte, der außerhalb einer Geraden liegt, durch diesen Punkt nur eine einzige beiderseits unendliche Gerade ziehen läßt, welche die Gerade nicht schneidet; oder, wenn man das auf den Raum überträgt: wir haben eine unendliche Ebene im Raume und einen Punkt außerhalb dieser Ebene; dann läßt sich durch diesen Punkt außerhalb der Ebene eine und nur eine Ebene nach Euklid legen, welche jene ursprünglich gegebene Ebene nirgends trifft, nirgends schneidet.

Dieser Satz wurde fallengelassen. Er kann durch zweierlei andere Sätze ersetzt werden: Man kann erstens annehmen, daß sich in der Ebene durch den Punkt, welcher außerhalb der Geraden liegt, gar keine Gerade ziehen läßt, welche die ursprünglich gegebene nicht treffen würde; wenn man das annimmt, erhält man die nicht-euklidische Geometrie, welche man die sphärische nennt. Die andere Annahme ist die, daß man unendlich Geraden, welche miteinander einen ganzen Winkel ausfüllen, ziehen kann, und daß alle diese Geraden die ursprünglich gegebene Gerade weder nach der einen noch nach der anderen Seite hin verlängert, treffen; bei der zweiten Annahme bekommt man die nicht-euklidische Geometrie, welche man als die hyperbolische zu bezeichnen pflegt.

Nun, es gibt viele, welche eine derartige andere Geometrie als die euklidische absolut nicht begreifen können; es sind diejenigen, welche der Ansicht sind, daß die geometrischen Axiome etwas an sich Gewisses, in der inneren Anschauung Gegebenes sind, also diejenigen, welche sagen, daß alle Axiome vollständig durch die Anschauung gesichert sind und daß man von ihnen nicht abweichen kann. Andere, und gerade viele mathematisch durchgebildete Leute, sind keineswegs dieser Ansicht. Alle nicht-euklidischen Geometrien bilden ja ein in sich vollendetes Ganzes, ein konsequentes System, wo nirgends Widersprüche enthalten sind; nur mit der Erfahrung stimmen sie in gewisser Weise nicht; inwieweit sie damit nicht stimmen, darüber wird noch zu reden sein. Man kann doch nicht annehmen, daß für einige Menschen oder für sehr viele Menschen die sämtlichen euklidischen Axiome a priori gewiß sind und daß einige wieder nicht a priori gewiß sind. Es müssen da doch alle Menschen gleich behandelt werden; man kann nur sagen, daß, wenn sie einigen für a priori gewiß erscheinen, daß das eben nur ein Schein ist, eine durch Gewohnheit anerzogene Meinung; denn die übrigen haben ja die Ansicht, daß wenn man das eine Axiom, das Axiom der Parallelen, fallen läßt, daß man da eine vollkommen klare, in sich konsequent abgeschlossene Geometrie erhält.

Inwiefern stimmt nun diese nicht-euklidische Geometrie nicht mit der Erfahrung überein? Es gibt nur eine einzige euklidische Geometrie, nur einen einzigen Raum, welcher die Eigenschaften des euklidischen hat, es gibt aber sehr viele nicht-euklidische Räume; ein solcher hat eine gewisse ihm eigentümliche Konstante von größerem oder kleinerem Wert. Beim sphärischen ist es die große Distanz, in welcher ein von einem Punkte außerhalb der Geraden gezogene Linie diese Linie treffen muß; bildet sie einen noch größeren Winkel, so trifft sie wieder auf der anderen Seite; es gibt eine größte Distanz, in welcher jedenfalls die zweite Linie die erste schneidet. Diese Distanz ist eine gewisse Konstante, welche dieser sphärischen nicht-euklidischen Geometrie zukommt. Würde man dieser Konstanten einen sehr kleinen Wert erteilen, z. B. 1 Meter, so würde man einen Raum bekommen, der offenbar in schreiendem Widerspruch steht mit dem, der uns erfahrungsmäßig gegeben ist; denn jedermann würde ja sagen, daß sich die zwei Linien ziehen lassen, welche in der Distanz von einem Meter sich durchaus noch nicht schneiden.

Wenn man aber diese nicht-euklidische Geometrie verfolgt, so erklärt sich, daß in verhältnismäßig kleinen Räumen, welche gegenüber dieser Distanz klein sind, die Figuren sich doch ganz so verhalten, als ob sie im euklidischen Raume vorhanden wären; nur wenn die Figuren nicht mehr klein sind, verhält es sich anders. Wenn man daher annehmen würde, daß diese Distanz ganz außerordentlich groß ist, so bekäme man doch, soweit die Beobachtung geht, noch vollständige Übereinstimmung mit der Erfahrung, welche wir machen. Es wäre dann ja diese Distanz eine so enorm große, daß alle Figuren, welche man etwa auf der ganzen Erde konstruieren kann, daß sie alle sich ganz so verhalten würden, als ob sie in einem euklidischen Raume gezogen würden.

Eine solche Abweichung der nicht-euklidischen von der euklidischen Geometrie besteht darin, daß bei der nicht-euklidischen die Summe der Winkel eines Dreiecks nicht gerade 180° ist: bei der sphärischen nicht-euklidischen Geometrie ist sie etwas kleiner, bei der hyperbolischen ist sie größer als 180°. Man kann also gewissermaßen den Raum, in dem wir uns befinden, auf die Probe stellen, wenn man ganz genau die drei Winkel eines Dreiecks mißt und experimentell erprobt, ob sie genau 180° bilden. Jedermann kann sich natürlich für sich selbst einen vollkommen euklidischen Raum denken, er kann sich denken, daß die Dinge wirklich in einem euklidischen Raum vorhanden sind. Man hat sogar gesagt, das Prinzip der Ökonomie des Denkens erfordere es, sich den Raum euklidisch zu denken, weil nämlich der euklidische Raum viel einfacher ist; die Gesetze in demselben sind die möglichst einfachen, man kommt mit den möglichst geringen Rechnungsoperationen aus; im nicht-euklidischen Raume werden sie komplizierter. Außerdem hat man noch keine Erfahrung gemacht, welche darauf hinweisen würde, daß die Summe der drei Winkel in einem Dreieck größer oder kleiner als 180° wäre. Um die Erfahrungen unterzubringen, genügt der euklidische Raum.

Man kann die Sache sich auch so denken, daß man sagt, mit Rücksicht auf die Ökonomie des Denkens müsse man den Raum sich euklidisch denken. Wenn man aber auch das zugibt, so ist es doch andererseits wichtig, darauf aufmerksam zu machen, daß es doch auch andere Räume geben kann, d. h. daß die übrigen Axiome uns alle wesentlichen Eigenschaften, welche unser Raum hat, auch gewahrt bleiben in anderen Räumen. Es ist sogar, und zwar schon von Gauß, vorgeschlagen worden, an sehr weit entfernten Objekten, z. B. an den Fixsternen, Messungen zu machen, um sich zu überzeugen, ob wirklich da auch die Summe der Winkel eines Dreiecks, welches bis in Fixsternweite reicht, 180° ist. Leider können wir solche Messungen auch nicht in der Weise, wie es wünschenswert ist, ausführen; wenn wir also ein solches Dreieck konstruieren, können wir als die Basis höchstens den Durchmesser der Erde wählen, weiter können wir uns von unserem Orte nicht entfernen; die zwei anderen Seiten können aber groß werden, wenn sie bis zu den Fixsternen reichen. Aber die Geometrie lehrt, daß, wenn eine solche Seite des Dreiecks klein ist, die Winkelsumme sehr nahe an 180° ist. Dadurch, daß es noch nicht gelungen ist zu zeigen, daß es Dreiecke gibt, deren Winkelsumme kleiner als 180° ist, dadurch ist noch keineswegs bewiesen, daß das überhaupt ganz unmöglich wäre.

Die Welt ist ja enorm groß, und es scheint, daß innerhalb der Größe des Raumes selbst die Fixsterne verschwindend sind; wenn man verschiedene Messungsstationen auf verschiedenen Fixsternen errichten und wenn man dann die Dreiecke messen würde, kann es sein, daß die Winkelsumme 180° wäre. Wenn man aber enorm große Entfernungen wählen könnte und wenn man da Messungen ausführen würde, muß ich offen gestehten – es ist natürlich nur eine subjektive Meinung –, daß man zu so großen Dreiecken kommen würde, wo die Winkelsumme nicht mehr 180° wäre, so daß also der empirische Raum, in dem sich die Gegenstände bewegen und wo wir uns befinden, von dem von uns konstruierten, intelligiblen Raume abweicht, den wir uns euklidisch denken. Jeder von uns denkt sich den Raum euklidisch, er ist durch seine Anschauung gezwungen, den Raum sich euklidisch zu denken, schon, wie ich gesagt habe, aus Gründen der Ökonomie des Denkens; ich will diesen Raum daher den intelligiblen nennen. Aber es frägt sich, ob die wirklichen Beziehungen der Dinge da, wenn man genügend ins Große geht, nicht Abweichungen zeigen würden. Was mich dazu veranlaßt, mit einer gewissen Wahrscheinlichkeit oder wenigstens Möglichkeit ins Auge zu fassen, daß solche Abweichungen vorhanden sind, ist, daß der sphärische nicht-euklidische Raum vollständig in sich geschlossen ist; er ist nicht unendlich, er hat eine gewisse endliche Größe, wenn man weiß, wie groß die Dreiecke gemacht werden müssen, wie groß dann die Abweichung der Winkelsumme von 180° ist, könnte man auch die Größe des ganzen Raumes konstruieren. Man hat da einen Raum, der nirgends endet, es geht alles wieder in sich selbst zurück. Davon ist keine Rede, daß er etwa wie eine Kugel im euklidischen Raume wäre; außerhalb desselben ist nichts, und doch hat er eine endliche Ausdehnung; in dieser Beziehung würden uns enorme logische Vorteile gewährt.

Es könnte aber doch sein, daß dieses kleine Stück des empirischen Raumes, das wir übersehen, daß das vollkommen euklidisch scheint, weil die Krümmung so gering ist, daß sie in dem kleinen Stück nicht zu bemerken ist, aber daß der ganze Raum eine solche Krümmung hätte, ein solches In-sich-zurückgehen; dann wäre er ein sphärisch nicht euklidischer Raum.

Sie werden da einwenden, so etwas kann man sich absolut nicht vorstellen. Diesen Einwand lasse ich eben nicht gelten; denn er ist gerade so – ich habe das Gleichnis schon of verwendet, aber es ist zu schlagend, als daß ich es nicht noch einmal wiederholen sollte – wie die Menschen zur Zeit des Kopernikus sich absolut nicht vorstellen konnten, daß die Erde sich dreht. Wenn man das sich absolut nicht vorstellen kann, muß man eben die Vorstellung zu modifizieren suchen; man muß sich daran zu gewöhnen suchen, wenn durch anderweitige Resultate konstatiert wird, daß es doch wünschenswert ist, sich das vorzustellen. Geradeso war es zur Zeit des Kopernikus; es waren Gründe vorhanden, vermöge deren es besser war anzunehmen, daß die Erde sich dreht, und man müßte eben diese Anschauung fallen lassen.

Nun, Sie werden fragen: Wie kann dann etwas aus der Erfahrung abgezogen werden wie dieser nicht-euklidische Raum, welcher den Erfahrungen widerspricht, daß nämlich außerhalb nichts sein kann und er doch endlich ist? Da behaupte ich aber, daß das durchaus keine wirkliche Erfahrung ist, daß das nur einer Denkgewohnheit entspricht, daß wir uns immer jenseits wieder etwas denken. Das entspricht nur einer rohen Erfahrung. Die Wände schließen das Zimmer ab, und wir sagen, es müsse aber doch eine Möglichkeit sein, daß dahinter etwas ist, geradeso, wie sich die Leute zu Kopernikus' Zeiten sagten, das lehre die Erfahrung, daß die Erde ruht; wir sehen ja unmittelbar, daß sie sich nicht bewegt. So meinen auch wir unmittelbar zu sehen, daß sich, wo der Raum auf hört, jenseits wieder ein Raum befinden müsse. Das war aber durchaus keine Erfahrung, daß die Erde sich nicht dreht, sondern es waren nur falsche Schlüsse, die man auf die Erfahrung baute; man bedachte nicht, daß wenn die Erde sich bewegt und wir uns relativ mit gleicher Geschwindigkeit mitbewegen, daß das für uns keine Bewegung ist; und ebenso bedenkt man nicht, daß wenn der Raum wirklich die Eigenschaften des sphärischen nicht-euklidischen Raumes hätte, dann ganz konsequent daraus folgen würde, daß der Raum eine gewisse endliche Größe hätte und daß doch nirgends ein Ende wäre; es wäre eine konsequente Folge aller Voraussetzungen.

Aber anschaulich vorstellen kann ich es mir auch nicht, aber man kann es rechnerisch verfolgen und beweisen, daß da keine Inkonsequenz ist; und wenn in einer Denkweise nirgends eine Inkonsequenz ist, muß man sich gewöhnen, sie als etwas Mögliches anzunehmen, als vollkommen richtig kann man es nie behaupten. Geradeso hat man schließlich die Bewegung der Erde als etwas Mögliches angenommen. Es ist uns eben die Anschauung ein so außerordentlich guter Wegweiser, wenn wir aus gewissen geometrischen Sätzen andere ableiten wollen, wenn wir aus den feststehenden geometrischen Sätzen neue, verwickelte Sätze ableiten wollen, dann kann es am besten mit Hilfe der Anschauung geschehen;

diese weist uns viel schneller, welchen Weg wir einschlagen sollen als irgendeine mathematische Operation.

Ganz anders ist es aber, wenn wir die Grundlage, auf welcher die ersten Axiome der Geometrie beruhen, erforschen wollen, wenn wir erforschen wollen, auf welcher Erfahrung dann diese Grundlagen beruhen müssen; und da dürfen wir uns auf die Anschauung nicht berufen, denn sie ist eine aus zahllosen Erfahrungen abstrahierte Anschauung, sie ist eine Gewohnheit, die wir aus jenen Erfahrungen heraus abstrahiert haben und die sich in unserem Geiste festgesetzt hat. Wenn wir die Anschauung schon gelten lassen, wissen wir nicht, aus welchen Erfahrungen wir sie gewonnen haben; wir müssen also diese Raumanschauung vollkommen beiseite liege lassen; wir müssen zunächst eine ganz unanschauliche Geometrie treiben, und dann erst müssen wir allmählich auf die verschiedenen Axiome kommen und dann erst die Anschauung konstruieren. Also nur auf die Zahlvorstellung, die noch gar nichts Geometrisches hat, dürfen wir uns stützen, auf die Vorstellung der reinen Zahlen, welche nicht eine geometrische Anordnung im Raume haben; aber alle weiteren geometrischen Begriffe müssen wir beiseite lassen. Sie werden daher auch einsehen, warum ich den Zahlbegriff ganz vorangestellt habe; die geometrischen Begriffe kommen viel später, sie werden erst aus dem Zahlbegriff abgeleitet.

Es gibt da zwei Methoden, nach welcher man die Axiome der Geometrie sich konstruieren kann: die erste Methode ist die analytische, die Methode der analytischen Geometrie; die zweite Methode ist die synthetische. Die analytische Methode wird auch die metrische genannt, weil sie sich ja wesentlich mit dem Messen von Strecken beschäftigt; die synthestische wird auch die projektive genannt, weil sie mit den Wechselbeziehungen der verschiedenen Punkte, Linien, Ebenen zu tun hat und zunächst nicht direkt in die Messung derselben eingeht. Die analytische Geometrie wurde von einem berühmten Philosophen begründet, nämlich von Descartes; sie stammt von Descartes her, es hat Descartes eben gelehrt, aus den bloßen Zahlen geometrische Begriffe abzuleiten; man kann da geometrische Lehrsätze ohne alle Anschauung gewinnen, rein aus dem Zahlbegriff heraus. Es ist also das ganz in unserem Sinne, diese analytische Geometrie, wie sie Cartesius begründet hat; sie gibt ein erstes Mittel, um zur Raumanschauung zu gelangen ohne schon vorher die Raumanschauung vorauszusetzen.

Nun, schwieriger ist das bei der synthetischen Methode; da können wir uns schwerer der Anschauung entschlagen; aber auch hier gibt es gewisse Methoden, ganz systematisch von den einfachsten Erfahrungen ausgehend vorzugehen. Die synthetische (projektive) Geometrie wurde von Steiner begründet; es ist da noch nichts enthalten, was für unsere Zwecke besonders brauchbar wäre; erst viel später haben Hilbert und Hölder, auch Klein, sich bemüht, die Grundprinzipien und Axiome der Geometrie so auf synthetischem Wege zu gewinnen.

Auf analytischem Wege tat dies zuerst Gauß, dann Bolyai und Lobatschewskij; und dann hat Riemann einen Schritt weiter getan, um ganz voraussetzungslos die Geometrie auf analytischem Wege zu gewinnen; ihm hat sich dann Helmholtz angeschlossen.

Wir wollen also hier zunächst diese analytische Methode anschließen. Die verschiedenen Lagen, welche irgendein Körper annehmen kann, diese bilden jedenfalls eine Menge, eine Menge von unendlichen Dingen, also wir haben es da jedenfalls mit Begriffen der Mengenlehre zu tun. Wir wissen, daß es möglich ist, die Glieder der Menge nur durch die positiven und negativen reellen Zahlen zu bestimmen, so daß jedes Glied der Menge nur einer reellen Zahl entspricht; es ist da von jedem Gliede ein Fortschreiten nach zwei Richtungen, nach der Richtung der größeren und jener der kleineren Zahl, möglich; man nennt eine solche Menge eine eindimensionale Menge; man sagt, in der Lehre von der Geometrie herrscht eine eindimensionale Mannigfaltigkeit.

Der Raum kann keine solche eindimensionale Mannigfaltigkeit sein; die Erfahrung lehrt, daß von jeder Stelle des Raumes nach sehr vielen Richtungen ein Fortschreiten möglich ist. Nun, man kann sich da auch Mengen denken, wo jedes Glied nicht bloß durch eine reelle Zahl bestimmt ist, sondern wo zwei reelle Zahlen notwendig sind, um ein Glied zu bestimmen, die ganz unabhängig voneinander verschiedene Werte haben können; eine solche Menge nennt man dann eine zweidimensionale Menge oder Mannigfaltigkeit. Es kann auch sein, daß drei voneinander unabhängige Zahlen notwendig sind, um ein Glied zu bestimmen; man spricht dann von einer dreidimensionalen Mannigfaltigkeit. Natürlich kann man sich auch vier-, fünf-, sechs-, ... -dimensionale Mannigfaltigkeiten denken.

Wenn wir also auf den Standpunkt uns stellen, wo wir noch keine Erfahrungen haben, wo wir sie erst machen müssen, wissen wir noch nicht, wieviel Dimensionen der Raum hat, wir müssen das erst aus gewissen Erfahrungen ableiten. Es handelt sich also um die Erfahrungen, aus denen der Raumbegriff abgeleitet wird. Ich habe da schon einmal erwähnt, daß nach Riemann und Helmholtz bei der analytischen Ableitung des Raumbegriffes die Bewegung starrer Körper im Raume als eine Erfahrungstatsache angenommen wird. Man nimmt also an, daß es gewisse Körper gibt, die festen Körper, welche nahezu starr sind und welche in der verschiedenartigsten Weise bewegt werden können, so daß sich diese verschiedenen Zahlen, durch welche sie ausgedrückt werden können, in der mannigfaltigsten Weise verändern, ohne daß sich die Eigenschaften dieser Körper verändern. Man muß annehmen, daß diese Körper aus Elementen bestehen; die Körper sind ja ausgedehnt, sie müssen aus einer großen Anzahl von Elementen bestehen. Diese Elemente könnten wir etwa „Körperelemente" nennen, auch „materielle Punkte"; aber das Wort „materiell" erregt Anstoß unter den Philosophen, weil man sich unter Materie schon etwas ganz Bestimmtes denkt; man stellt sich dabei eine Menge von Dingen vor, und ich will aber keine Präjudiz schaffen, ich will nicht, daß mit dem Worte „materiell" etwas verbunden würde. Der Ausdruck „Punkt" ist aber doch in der Geometrie ganz geläufig, man könnte sagen: Körperpunkte.

Wenn ein Punkt sich bewegt, werden die verschiedenen Zahlen, welche diesen Punkt darstellen, die verschiedensten Veränderungen erfahren; trotzdem müssen gewisse Verhältnisse der verschiedenen Punkte gegeneinander unverändert bleiben; also wir müssen uns eine solche Mannigfaltigkeit konstruieren, wo bei stetiger Veränderung der verschiedenen Zahlen doch gewisse Zahlenverhältnisse, welche zwischen je zwei Punkten stattfinden, unverändert bleiben. Diese Zahlenverhältnisse nennen wir eben die „Entfernung“ dieser beiden Punkte, aber wir nehmen gar nicht aus der Erfahrung gegeben an, was man eigentlich unter der Entfernung zu verstehen hat; sie sind uns bloß Funktionen der Zahlen, durch welche jeder solche Körperpunkt bestimmt wird. Es müssen also die Zahlen, welche die Körperpunkte charakterisieren, in mannigfaltigster Weise sich verändern können, und trotzdem müssen die Funktionen, welche wir „Entfernungen“ nennen unverändert bleiben.

Eigentlich haben wir da aber auch schon die Zeit hineingenommen; denn wenn wir von Bewegungen und Veränderungen sprechen, haben wir die Zeit hineingenommen; aber wir denken da noch gar nicht an den Verlauf der Zeit, wir denken da bloß an verschiedene Positionen eines und desselben Körpers im Raume. Also es wird der stetige Verlauf der Zeit zu Hilfe genommen. Die Positionen könnten auch gleichzeitig stattfinden, aber doch kommt man ganz ohne den Zeitbegriff nicht aus; man kann sagen, wenn es die Zeit absolut nicht gäbe, fiele auch der Raumbegriff in sich zusammen; wenn der Raum nur in einem einzigen Momente gegeben wäre, so könnten wir die räumlichen Verhältnisse nicht auffassen; um sie aufzufassen, muß der zeitliche Verlauf vorhanden sein. Es ist also das eine ganz selbstverständliche Tatsache, daß man bei der Konstruktion des Raumbegriffs doch auch zeitliche Veränderungen schon mitnehmen muß. Wir nehmen also an, daß solche Veränderungen der verschiedenen Zahlen, welche die Körperpunkte bestimmen, möglich sind und daß dabei die Entfernungen immer konstant bleiben müssen.

Wenn wir nur die Lage eines einzigen Körperpunktes zu bestimmen hätten, so könnte da eine einzige Zahlenreihe ausreichen; es könnte also ein Punkt dieses Kreidestücks durch eine einzige Zahlenreihe bestimmt sein; wenn aber dieser einzige Punkt bestimmt ist, so kann ein zweiter Punkt des Kreidestücks noch sehr viele Lagen im Raume einnehmen; ich brauche eine zweite Zahlenreihe, um die Lage dieses zweiten Punktes zu bestimmen. Wenn dieser Punkt bestimmt ist, dann sind zwei Punkte des Kreidestückes gegeben, aber die Lage des Kreidestückes ist noch nicht gegeben; das nehme ich als erfahrungsmäßig feststehend an; es kann das Kreidestück noch unendlich viele Lagen durchmachen, indem es sich um die Verbindungsgerade der beiden Punkte als Achse dreht. Es ist also da noch eine dritte Zahl notwendig, deren Wert unabhängig ist von den beiden Zahlen und welche mir die Drehung des Kreidestücks bestimmt. Es sind also drei voneinander unabhängige Zahlen, welche ich zur Bestimmung des Raumes brauche, und daraus schließe ich, daß der Raum dreidimensional sein muß, daß man drei voneinander unabhängige Zahlen braucht.

Aus dieser einfachen Erfahrung, welche ich nicht direkt der Anschauung entnommen haben will, welche ich aber voraussetze, ist die eine Frage entschieden, wie viele Dimensionen der Raum hat; er hat gerade drei Dimensionen.

Nun, um einen einzigen Körperpunkt zu bestimmen, brauchte man nicht drei voneinander unabhängige Zahlen, sondern nur eine Zahl; um einen zweiten Körperpunkt zu bestimmen, wäre schon eine zweite Zahl notwendig, und für alle anderen Punkte würde man drei Zahlen brauchen. In der analytischen Geometrie will man aber die Bestimmung jedes Körperpunktes symmetrisch ausführen und man führt da eigentlich zuviel Zahlen ein; man bestimmt die Lage jedes Körperpunktes durch drei Zahlen, also es ist da ein gewisser Überfluß von Bestimmungsstücken gegeben, der immer der analytischen Geometrie anhaftet. Wir werden später sehen, daß dieser Überfluß von Bestimmungsstücken deutlich hervortreten kann. Wenn wir also jetzt zwei Punkte haben, so wird der eine durch drei Zahlen bestimmt, der nächste wieder durch drei Zahlen. Wenn beide Zahlen um dasselbe wachsen, so können wir voraussetzen, daß das nur einer Verschiebung des Körpers entspricht, wir können voraussetzen, daß die Entfernung sich nicht ändert. Es ist nicht eine notwendige Annahme, es ist aber jedenfalls die einfachste Annahme, daß die Entfernung nur von den Differenzen dieser Zahlen abhängt. Wir wollen diese drei Zahlen gleich die drei Koordinaten nennen. Jeder Punkt hat drei Koordinaten; die Entfernung hängt nur von den drei Koordinatendifferenzen ab. Wir wollen diese drei Koordinaten x, y, z nennen; die Entfernung will ich etwa mit r bezeichnen. Diese Entfernung darf jedenfalls ihr Zeichen nicht ändern, wenn eine dieser Größen ihr Zeichen ändert, denn die Entfernung muß ja die gleiche bleiben, ob nun dieser oder der andere Punkt vorausgeht, sie muß daher eine gerade Funktion dieser Größen sein. Die einfachste Funktion ist, daß es eine Funktion der Quadrate ist, und die einfachste Funktion der Quadrate ist wieder die Summe aller drei Quadrate. Man könnte auch jedes der Quadrate mit einem Koeffizienten versehen; aber wenn diese Koeffizienten verschieden wären, so bekäme man verschiedene Höhen in verschiedenen Richtungen des Raumes, und die sind uns erfahrungsmäßig nicht gegeben; die Koeffizienten müssen also gleich sein. Will man, daß die Entfernung von derselben Ordnung ist wie die Koordinaten x, y und z, so muß die Entfernung $r = \sqrt{x^2 + y^2 + z^2}$ sein. Das ist eine solche Funktion der Koordinatendifferenzen. Wenn man das als Entfernung gelten läßt, so zeigt sich das in der einfachsten Weise, daß die Koordinaten selbst in mannigfachster Weise sich ändern können und die Entfernung unverändert bleibt.

Solche feste Körper sind dann in der einfachsten Weise möglich. Das ist dann eben der gewöhnliche euklidische Raum. Wenn wir das z weglassen, so ist das nichts anderes als der Pythagoräische Lehrsatz: $r = \sqrt{x^2 + y^2}$: Die Hypotenuse ist gleich der Wurzel aus der Quadratsumme der beiden Katheten. Wenn man das annimmt, bekommt man in der einfachsten Weise eine Mannigfaltigkeit von drei Dimensionen, in welcher alle diese Erfahrungen, die wir im wirklichen Raume machen, möglich sind. Alles andere ist Definitionssache. Die Winkel, die Entfernungen usw. kann man ohne weiters als Funktionen dieser Koordinaten definieren, und man erhält den euklidischen Raum. Auf diese Weise ergibt sich also ohne alle räumliche Anschauung, bloß durch diese algebraische Betrachtung der ganze euklidische Raum nur als Rechnungssache, ohne daß man einer geometrischen Anschauung bedarf. Es ergibt sich aber auch, daß diese Funktion die allereinfachste ist; es gibt auch kompliziertere, und solche sind eben von Bolyai angenommen. Wenn man aber das übrige (Winkel, Durchschnittspunkt usw.) so annimmt wie im euklidischen Raum, bekommt man auch einen Raum als Inbegriff von Punkten, wo sich auch feste Körper bewegen können genauso wie im euklidischen Raume; erst in sehr großen Entfernungen finden Abweichungen statt, da die Krümmung eine sehr große ist.

Dadurch glaube ich einigermaßen die Idee dargelegt zu haben; ganz klar kann man sie nicht machen; erst durch weitschweifige Rechnungen kann man sich wirklich überzeugen, wie schön das alles stimmt und wie wir, wenn ein anderer Raum vorhanden wäre, uns leicht täuschen und den Raum für einen euklidischen halten könnten; aber vielleicht ist es doch möglich, sich ein bißchen eine Idee zu machen, wie man da in der Geometrie verfährt und wie man solche Dinge ableitet ohne jede Anschauung. Ein wenig mehr ins Detail eingehen will ich das nächste Mal.

13. Vorlesung

11. Jänner 1904 Die Dichter werden nicht müde, die Wunder zu preisen, welche in der Welt vorhanden sind. Nun, eines der größten Wunder aber ist der Raum, in dem diese Welt vorhanden ist. Er hat die merkwürdigsten Eigenschaften, und die mühseligste Analyse ist nicht imstande, alle diese Eigenschaften klar darzulegen. Ich hatte da gerade Gelegenheit, die verschiedenen Figuren zu studieren, welche sich ergeben, wenn konfokale Ellipsoide und einschalige und zweischalige Hyperboloide sich durchschneiden; es sind das so merkwürdige und äußerst interessante Figuren, daß man schon bei diesem kleinen Teile der Geometrie zu den interessantesten Beobachtungen Anlaß hat. Freilich sind das Dinge, die nicht wirklich in diesem Raum existieren; sie werden nur in Gedanken von uns hineingelegt; aber daß wir so merkwürdige Dinge hineinlegen können, ist eben die merkwürdige Eigenschaft des Raumes. Wir werden uns aber hier mit der eigentümlichen Geometrie natürlich nicht zu beschäftigen haben, wir werden alle diese Dinge beiseite lassen.

Unsere Forschungen gehen viel tiefer. Wir müssen fragen, welche von diesen Eigenschaften des Raumes gewissermaßen notwendig sind, welche man sich nicht hinwegdenken kann und welche anderen mehr zufällig sind, wenn man überhaupt dieses Wort gebrauchen darf, also welche anderen nur bedingt sind durch den speziellen Charakter der Erfahrungen, welche wir machen. Also man könnte gewissermaßen sagen: Welche Eigenschaften sind a priori gewiß, welche sind uns nur a posteriori gegeben? Natürlich knüpft sich dann daran wieder die Frage: existiert der Raum in der Wirklichkeit, im Gedanken oder existiert er überhaupt gar nicht? Nun, mancher wäre geneigt, solche Fragen überhaupt als müßig zu bezeichnen, welche man zwar aufwerfen kann, deren Lösung aber einfach unmöglich ist.

Es hat nun gerade die Forschung der neueren Zeit bewiesen, daß das keineswegs ganz richtig ist; gerade auf diesem Gebiete hat man wirklich interessante Resultate zutage gefördert. Es sind diese Forschungen keineswegs so allgemeiner Natur gewesen; man hat spezielle Resultate erzielt, und ich weiß nicht, ob sich nicht derartige rein theoretische Resultate an die Seite stellen lassen den praktischen Resultaten, welche die Wissenschaft erzielt hat.

Wenn man sich z. B. irgendeinen der griechischen Philosophen jetzt aufleben denkt, so würde er gewiß mit der höchsten Bewunderung auf unsere technischen Erfindungen blicken; die Griechen hatten ja so viel Sinn für die Natur, die sie mit der höchsten Bewunderung erfüllte, und sie würden sich wundern über alle diese neuen Naturkräfte und Naturerscheinungen, welche entdeckt worden sind oder welche wir entdeckt haben. Aber sie haben auch einen enormen theoretischen Scharfsinn gehabt, gerade in der Grundlegung der Prinzipien der Wissenschaften haben sie verhältnismäßig Großes geleistet, und ich glaube, daß sie gerade diese Resultate außerordentlich in Erstaunen setzen würden, daß sie ihnen ihre Bewunderung gewiß nicht versagen würden. Wenn man im Sinne der alten Geometer, z. B. Keplers, ein pikantes Büchlein schreiben wollte, so könnte man ein Buch schreiben: „Euklid, welcher wieder ins Leben gerufen wird, und seine Ansichten über die nicht-euklidische Geometrie". Nun sind aber gerade diese Forschungen außerordentlich schwer zu verstehen, weil sie eine so große Abstraktion erfordern, weil sie sich nicht so handgreiflich zeigen lassen, ist es sehr schwer, sie zum Verständnis zu bringen, und ich habe schon einmal angedeutet, daß ich ein bißchen im Zweifel bin, ob es mir überhaupt gelingen wird, daß so klarzulegen. Nun, ich bin über Weihnachten leider nicht ganz wohl gewesen, und in so einem Zustande sieht man die Dinge noch schwärzer an und der krumme Raum kommt einem noch krummer vor. Aber ich muß jetzt doch guten Mutes, soweit ich es eben kann, mich an diese Aufgabe machen.

Man kann da zunächst die geometrischen Sätze im Sinne Kants als Urteile a priori, als a priori gegeben betrachten, man kann annehmen, daß sie Vorbedingung zur Erfahrung überhaupt sind, daß man sie in irgendeiner anderen Weise schon kennt, bevor man Erfahrungen macht. Nun, scheinbar macht man sich da die Sache ungeheuer bequem. Wenn sie a priori gegeben sind, bedarf es keiner Untersuchung der Quellen mehr, es ist dann eben nicht möglich, weiter darüber zu reden; aber praktisch ist das doch keineswegs von einem Vorteile, denn wie können wir, wenn sie uns a priori gegeben sind, wissen, ob sie richtig sind oder nicht; welche sind a priori richtige Urteile, welche anderen bloß Vorurteile, die wir in unserem Geiste finden und die wir austilgen müssen; es gibt doch keinen heiligen Geist, der uns offenbaren würde: Dieser Satz ist wirklich richtig, dieser Satz ist so oder so zu erklären. Ebenso, wenn man das kontrollieren will, muß man es doch wieder mit der Erfahrung vergleichen.

Man kann also nur sagen, daß diese Ansicht, daß die Geometrie a priori gegeben sei und man keine Erfahrungen machen könnte, ohne schon von vornherein geometrische Kenntnisse zu haben, daß diese Ansicht nicht weiter führt; es ist eine Ansicht, womit man nichts machen kann. Wir wollen nur von Erfahrungen ausgehen, wir wollen suchen zu analysieren, was wirkliche Erfahrungen sind, und wir wollen nicht annehmen, daß die geometrischen Lehrsätze auf irgendeiner inneren Erfahrung beruhen, daß es also außer der durch die Sinne verlangten äußeren Erfahrung auch eine innere Erfahrung gebe, durch welche man besondere Kenntnisse erlangt. Es ist das eben so schwer, weil alle Erfahrungen, welche wir machen, von uns allen in diesen Raum projiziert werden, so daß also die Eigenschaften des Raumes dasjenige ist, das uns das Allergeläufigste ist; es ist ungeheuer schwer, von diesen Eigenschaften des Raumes selbst zu abstrahieren.

Also nach meiner Ansicht ist das allerdings nur eine Gewohnheit, welche sich entweder durch Vererbung ausgebildet hat oder durch Gewohnheit von Jugend auf entstanden ist, so wie der Ungebildete die Gewohnheit hat, immer eine Richtung als „oben" zu betrachten oder wie man – ich habe das Beispiel schon gesagt – ganz ohne Farbenwahrnehmung im dunklen Raume noch Nachbilder, die sich in verschiedener Weise verändern oder bewegen, wahrnimmt, die ich mir nicht vorstellen könnte ohne eine Farbenwahrnehmung.

So kann man sich eben gar nichts vorstellen ohne geometrische Begriffe. Wenn man aber wissen will, was den geometrischen Begriffen zugrunde liegt, so müssen wir uns auf einen Standpunkt stellen, wo wir die geometrischen Begriffe noch nicht haben, sondern wo wir bloß die Sinneserfahrungen machen und aus ihnen erst die geometrischen Begriffe ableiten. Es ist das eben so, daß man sich gewöhnt, die Erfahrungen immer so im Gedächtnis aufzubewahren und so im Geiste zu verarbeiten, daß es für die praktische Anwendung am günstigsten ist. So gewöhnt man sich absichtlich an, alle Sinnestäuschungen wegzudenken und möglichst die Dinge, die man sieht, sich ohne Sinnestäuschungen vorzustellen.

So ist es z. B. bekannt, daß eine weiße Fläche uns sehr verschieden gefärbt erscheinen kann. Bei dunkler Beleuchtung kann es sein, daß die Fläche so dunkel ist, daß wenn dieselbe genau mit der Lichtintensität ins Sonnenlicht dringen würde, sie uns da vollkommen schwarz erscheinen würde: trotzdem fassen wir diese Fläche immer als eine weiße auf, wir bemerken nicht, daß das Weiß so viele Farbenunterschiede hat; wir wissen es wohl, aber wir ignorieren es. Oder wenn Reflexe oder Nachbilder auffallen, so kann auch die weiße Fläche rötlich oder gelb, eine grüne Fläche blau oder rot erscheinen usw. Wir aber ignorieren das, uns liegt mehr daran, die Gegenstände zu erkennen; einen grünen Gegenstand wollen wir immer grün sehen; wir wollen die Gegenstände immer erkennen und sie möglichst richtig gebrauchen. Das interessiert uns nicht, was für Reflexe und Nachbilder darauf fallen, die Nachbilder haben für uns keine Wichtigkeit, wir denken sie uns immer hinweg. Es ist ja bekannt, daß in der Malerei erst so spät das Gesetz entdeckt worden ist, daß je nach der Beleuchtung und je nach den Nachbildern Flächen ganz andere Farben haben können als die Naturfarben, d. h. in unserem Sensorium ganz andere Farben erwecken.

Ebenso geht es auch mit der Raumvorstellung. Wir haben sie uns so angewöhnt, daß wir uns möglichst genau orientieren können. Wenn wir tasten und wenn wir fühlen, so haben wir uns gewöhnt, uns diese Vorstellungen gerade in der Weise zu bilden, welche den Erfahrungen am meisten entsprechen, und darum sind wir nur sehr schwer imstande, von dieser Raumvorstellung zu abstrahieren. Wenn die Menschheit seit jeher gewohnt gewesen wäre zu philosophieren, so wäre es gewiß ganz anders geworden, es wäre uns sofort geläufig geworden zu denken, daß parallele Geraden sich nicht schneiden, oder daß sich durch einen Punkt zu einer Geraden nur eine Parallele ziehen läßt. Aber wenn wir solche Schrullen im Kopfe hätten, so würden wir uns schlecht zurechtfinden. Wenn wir uns im Raume zurecht finden wollen, so müssen wir alle Wege beleuchten, und solche Denkgewohnheiten werden zu einer solchen zwingenden Notwendigkeit, daß es enorm schwer ist, sich davon zu entwöhnen.

Die Mannigfaltigkeit aller der Örter, wo sich ein Gegenstand befinden kann, bildet eine Mannigfaltigkeit von drei Dimensionen; wir brauchen drei Zahlen, um einen solchen Ort zu bestimmen. Auch diese Dreidimensionalität des Raumes ist uns so in Fleisch und Blut übergegangen, daß wir uns den Raum nicht anders denken können. Wenn man redet von einem zweidimensionalen Raum oder von einem vierdimensionalen, so drängt sich uns immer der Gedanke auf: Das gibt es nicht; man kann es sich gar nicht vorstellen. Nun, ich habe schon gesagt, daß wenn der Zweck der Menschheit wäre, nur zu philosophieren, so hätten wir uns vielleicht angewöhnt, uns einen zwei- oder vierdimensionalen Raum vorzustellen. Das wäre aber eben äußerst unzweckmäßig. Gerade diese Schwierigkeit muß man möglichst umgehen, man muß nachsinnen, die Sache in irgendeiner Weise darzustellen, in welche diese Schwierigkeit sich nicht zu sehr empfindlich macht.

Es hat auch Helmholtz dies auch erwogen und ein Analogon eingeführt. Auch dieses Vergleichnis hinkt; in gewissen Beziehungen hat es aber doch große Vorteile. Wir wollen uns eine andere Mannigfaltigkeit denken, welche ebenfalls drei Dimensionen hat; es ist dies die Mannigfaltigkeit der Farbenempfindungen. Wir können uns rein auf die Erfahrung berufen. Wir können durch die Erfahrung konstatieren, daß sich alle Farben durch die Mischung dreier Farben herstellen lassen. Nicht alle Sinnesempfindungen bilden gerade eine Mannigfaltigkeit von drei Dimensionen. Eine der einfachsten Sinnesempfindungen, die Wärme- und Kälteempfindung, bildet eine Mannigfaltigkeit von einer Dimension; sie läßt sich in eine einzige gerade Linie anordnen; der Wärmegrad eines Körpers würde sich durch eine einzige Zahl ausdrücken lassen. Solche Sinnesempfindungen würden für unsere Zwecke wenig dienlich sein, aber bei den Farben ist es anders, da brauchen wir drei Zahlen, um eine Farbe zu bestimmen. Es gibt da einen Apparat, um das nachzuweisen; man nennt ihn „Kolorimeter".

Ich kann natürlich den Apparat hier nicht beschreiben, aber ich glaube doch wohl, daß es mir gelingen wird, Ihnen eine kleine Anschauung davon zu geben. Es wird da ein helles weißes Licht, was immer für ein Licht, z. B. eine Bogenlampe, in ein langes Spektrum entwickelt. Wir wissen, daß im Spektrum alle möglichen Farben vorkommen:

Man stellt jetzt in diesem Spektrum einen undurchsichtigen Schirm auf, durch welchen das ganze Spektrum abgeblendet wird, so daß gar kein Licht jenseits des Spektrums gelangen kann. Man macht in diesem Schirm einen kleinen Schlitz gerade dort, wo das Rot darauffällt, so daß durch diesen Schlitz nur reines rotes Licht hindurchgeht. Jetzt macht man einen zweiten Schlitz, der dort ist, wo sich etwa das Grüngelb befindet; da geht grüngelbes, wir wollen kürzer sagen gelbes Licht durch. Ein dritter Schlitz ist bei blauviolett. Wenn man keine große Genauigkeit verlangt, gelingt der Versuch auch mit rotem, gelbem und blauem Licht. Durch den dritten Schlitz geht blaues Licht hindurch, so daß man drei Farben hat: Reines Rot, reines Gelb und reines Blau. Jeder dieser Schlitze läßt sich etwas enger und weiter machen, so daß man beliebig etwas weniger und etwas mehr Licht hindurchlassen kann. Man kann z. B. ziemlich wenig rotes, ziemlich viel blaues und noch etwas mehr gelbes Licht hindurchlassen. Man bekommt jetzt drei gesonderte Strahlen: Einen roten von gewisser Intensität, einen gelben und einen blauen. Es sind dann optische Einrichtungen vorhanden, mittels welcher man alle drei Farben vermischen kann; man kann sie auf eine einzige weiße Fläche fallen lassen; so daß sie auf dieser Fläche eine einzige Mischfarbe bilden. Man hat eine gewisse Menge Rot, eine gewisse Menge Gelb und eine gewisse Menge Blau.

Die Intensität des Lichtes kann man aus der Wärmewirkung in absoluten Energieeinheiten messen, aus der Wärmewirkung, die sie auf ein Thermoelement hervorbringt; man könnte bestimmen, wenn man eine gewisse Energieeinheit wählt, welche Menge rotes Licht, welche Menge gelbes und welche Menge blaues Licht man da verwendet. Man wird dreierlei Zahlen bekommen: eine Zahl, welche die Menge des roten Lichts angibt – wir nennen sie x, eine Zahl, welche die Menge des gelben Lichts angibt (y) und eine Zahl, welche die Menge das blauen Lichts angibt (z). Drei solche Zahlen haben wir. Die Erfahrung lehrt, daß wenn man diese drei Zahlen richtig wählt, man auf diese Art jede beliebige Farbe herstellen kann, z. B. irgendeine andere Spektralfarbe. Man könnte in diesem Schirm noch einen vierten Schlitz machen, wobei man irgendwelche andere Spektralfarbe hindurchlassen könnte, und diese Spektralfarbe könnte man auf ein zweites Papier fallen lassen, welches unmittelbar daneben ist. Dann würde das zweite Papier von einer anderen Spektralfarbe erleuchtet, und wenn man jetzt die drei Schlitze, wo die Mengen x, y und z hindurchgehen, passend weit macht, so kann man jede beliebige Farbe so darstellen, aber auch jede andere Farbe.

Wenn man ein beliebig koloriertes pigmentiertes Papier hat, läßt sich jede natürliche Farbe, ein Blatt oder eine Blume, herstellen. Jede Farbe läßt sich aus diesen drei Farben zusammensetzen, so daß die Gesamtheit aller Farben ebenfalls eine Mannigfaltigkeit von drei Dimensionen darstellt; denn jede dieser Zahlen kann da einen beliebigen Wert haben. Wenn man drei solcher Zahlen hinschreibt, will ich das eine „Zahlenterne" nennen. Jeder solchen Zahlenterne wird dann eine bestimmte Farbenempfindung entsprechen und umgekehrt jeder Farbenempfindung, welche überhaupt möglich ist, wird eine solche Zahlenterne entsprechen. Würden wir nur zwei Farben nebeneinander haben, so wäre das nicht möglich, dann könnte ich nicht alle Farben darstellen; nur mit drei Farben ist es möglich. Also, ich muß mir da eine Mannigfaltigkeit von drei Dimensionen konstruieren. Ich sehe also, daß die Mannigfaltigkeit aller Farbenempfindungen eine Mannigfaltigkeit von drei Dimensionen ist und ich habe da einen großen Vorteil: nämlich beim Raume, da ist mir das dreidimensionale schon a priori gegenwärtig; ich kann mir den Raum nicht anders denken. Hier bin ich von diesem Übelstande vollständig befreit.

Daß die Farbenmannigfaltigkeit gerade eine Dreidimensionale ist, scheint mir durchaus nicht a priori gewiß, man muß sich davon erst überzeugen. Nach der Jung-Helmholtz'schen Theorie erklärt es sich daher, daß im Auge dreierlei Nervenfasern sind: solche, welche hauptsächlich das Rot, solche, welche hauptsächlich das Gelb und solche, welche hauptsächlich das Blau empfinden, und daß jede Farbe sich dadurch erzeugt, daß alle drei Nervenfasern in verschiedener Weise angeregt werden: die eine Gattung in der einen Weise, die anderen in anderer Weise. Dadurch entstehen nach dieser Theorie alle Farbenempfindungen. Das ist also die Erklärung davon, warum die Mannigfaltigkeit aller Farbenempfindungen eine dreidimensionale ist. Um diese Erklärung brauchen wir uns gar nicht zu kümmern; sie kann wahr oder falsch sein; sie hat aber den Vorteil, daß man sich den Grund leichter vorstellen kann, warum gerade drei solcher Zahlen ausreichen, um eine Farbe zu bestimmen. Mittels des Kolorimeters kann das tatsächlich nachgewiesen werden; aber notwendig ist das nicht. Der Vorteil ist eben der, daß da das Dreidimensionale mit dem Begriff der Farbenempfindung gar nicht assoziiert ist; wir könnten uns denken, daß die drei Farben nicht alle vorhanden zu sein brauchen.

In der Tat gibt es „Farbenblinde". Nach der Jung-Helmholtz'schen Theorie sind es solche, bei welchen die rotempfindliche Faser nicht genug empfindlich ist, dann genügen zwei Farben. Es gibt Menschen, bei denen man mittels zweier Farben alle möglichen Farben herstellen kann; es gibt in der Tat solche, für welche die Farbenempfindungen nur eine Mannigfaltigkeit von zwei Dimensionen darstellen. Das ist ein großer Vorteil; es gibt keinen Menschen, der in einem zweidimensionalen Raum leben könnte. Allerdings, Menschen, welche vierdimensionale Farbenempfindungen hätten, gibt es auch nicht, aber es hat gar keine Schwierigkeit, sich das zu denken; es könnte ja Augen geben, wo viererlei Empfindungen vorhanden wären, wo eben die Farbenempfindungen sich darstellen würden. Wir haben also hier einesteils eine Zahlenmannigfaltigkeit von Ternen, wir können uns alle möglichen Zahlenternen vorstellen, und anderseits haben wir eine Mannigfaltigkeit von Empfindungen. Beide haben gar nichts miteinander gemein, die Zahlen nichts mit den Empfindungen.

Gerade so verhält sich nach meiner Ansicht der Raum zu der Körperwelt, welche darin vorhanden ist. Der Raum hat nichts gemein mit der Körperwelt, er ist nur eine rein innerliche Fiktion; aber wir müssen trachten, sie so zu gestalten, daß sie möglichst der wirklichen Körperwelt entsprechen. Bisher hat diese Mannigfaltigkeit von drei Dimensionen noch sehr wenig Räumliches an sich, noch sehr wenig Ähnlichkeit mit dem Raume. Wir wollen den Raum, in welchem wir uns unsere Körper vorstellen, etwa in Ermanglung eines besseren Wortes, den „Körperraum" nennen, den Raum, in welchem wir uns die Farben vorstellen, den „Farbenraum": Beide haben das gemein, daß sie beide dreidimensional sind.

Wir können diesen Körperraum viel analoger mit dem Farbenraum machen, wenn wir den Begriff der Entfernung einführen, denn im Körperraum ist gerade die Entfernung das hauptsächlich Charakteristische. Wir wollen uns daher ein Analogon der Entfernung definieren. Wir denken uns da zweierlei empirisch gegebene Farben, und wir wollen nach irgendeiner Definition der Entfernung, den Abstand der Farben suchen. Wir müssen da eine gewisse Abstandseinheit festzustellen suchen; wir können da auf folgende Idee kommen: Wir können als Abstandseinheit diejenige Verschiedenheit wählen, wobei wir gerade noch imstande sind, die Farben noch als sich unterscheidend wahrzunehmen. Wir haben eine gewisse Farbe; wenn wir nur ganz wenig Rot beimischen, werden wir zunächst noch nichts bemerken; erst wenn wir eine gewisse Menge Rot beigemischt haben, wird es uns erst sichtbar, und diesen Unterschied zwischen dem intensiveren und weniger intensiven Rot, wenn gerade die Wahrnehmbarkeit eintritt, diesen Unterschied nennen wir die Entfernungseinheit. Wenn wir bedeutend mehr verschiedene Farben haben, so müssen wir von der einen zur anderen kontinuierlich übergehen, wir müssen so viel Rot beimengen, bis wir es wahrnehmen; da hätten wir eine gewisse Anzahl Entfernungseinheiten, bis wir zur zweiten Farbe gelangt wären. So wissen wir den Abstand dieser zwei Farben in unserer Entfernungseinheit zu messen. Wir könnten dann auch wieder Gelb beimengen oder Blau, oder sowohl Gelb als auch Blau, und könnten dann wieder die Entfernung dieser Mischfarbe suchen. Im allgemeinen wollen wir dieser Farbe eine kleine Menge Rot beimengen. Wir haben jetzt da ein Farbenpaar: die eine Farbe hat die Menge x von Rot, y von Gelb und z von Blau, die andere die Mengen $x + \xi$ von Rot, $y + \eta$ von Gelb und $z + \zeta$ von Blau. Wir fragen: wie groß müssen die zugemischten Mengen ξ, η und ζ sein, damit zwischen den beiden Farben gerade der Farbenunterschied wahrnehmbar ist. Wenn dann ein größerer Unterschied ist, so müssen wir uns fragen, wie viele solcher wahrnehmbaren Unterschiede dazwischen liegen. Wenn wir also den Abstand dieser beiden Farben mit s bezeichnen, so fragt es sich: wie wird der Abstand ausgedrückt durch die Menge der Grundfarben, die bei einer Farbe sind, und wie durch die Menge der Grundfarben, die bei einer anderen Farbe sind. Wir wollen da zunächst diese Mengen ξ, η, ζ ins Auge fassen. Wir nehmen also zunächst an, wie zuerst die Farbe, wo die Menge x Rot dabei ist, und dann eine Farbe, wo die Menge $x+\xi$ Rot dabei ist. Wir nehmen an, ξ ist eine kleine Menge. Wenn ich jetzt die Farben vergleiche, wo die Menge $x+\xi$ Rot dabei ist und eine Farbe mit der Menge $x-\xi$, so muß der Abstand dieser zwei Farben von der ersten gleich groß sein, denn ich habe hier in der Tat wieder den Unterschied ξ. Wenn das ξ dasselbe ist, wird dieser Abstand so groß sein wie der erste. Wenn also das Zeichen der Größe ξ wechselt, so muß s unverändert bleiben, und dies ist dann der Fall, wenn ξ im Quadrat steht, denn dieses ändert das Zeichen nicht, wenn ξ das Zeichen ändert. Man kann zum Beispiel A ξ^2 setzen, und analog B η^2 und C ζ^2. Wenn aber das ξ doppelt so groß wird, muß auch der Abstand doppelt so groß werden. Beim Abstande $x+2\xi$, da ist der Abstand von der dritten Farbe gerade so groß wie der von x zu $x+\xi$; denn da muß ich ungefähr gleich viel Schritte machen wie bei $x+\xi$. Wenn ich einfach setzen würde $s = \mathrm{A}\xi^2$, so würde s viermal so groß, wenn ξ doppelt so groß ist. Wir müssen daher wieder nachträglich die Wurzel ziehen; ich werde es als Quadratwurzel aufzustellen haben. $s = \sqrt{\mathrm{A}\xi^2 + \mathrm{B}\eta^2 + \mathrm{C}\zeta^2}$ wird das Einfachste sein, was unsere Bedingung befriedigt. Es könnten allerdings auch Glieder mit ξ^4 vorkommen; da müßte man aus der Quadratwurzel noch einmal die Wurzel ziehen. Der Ausdruck könnte noch viel komplizierter werden; a priori könnte ich das nicht wissen; der einfachste ist aber unser Ausdruck; es könnten auch Glieder vorkommen, welche ein Produkt waren: D $\xi\eta$.

Für die Entfernung zweier Farben kann man die mannigfaltigsten Ausdrücke aufschreiben. Wenn ich irgendeinen Ausdruck für die Entfernung zweier Farben aufschreibe, so bekomme ich einen Inbegriff aller Zahlenternen, und zwischen je zweien ist die Entfernung durch einen solchen Ausdruck gegeben. Ich habe einen bestimmten mathematischen Begriff; ich habe lauter Zahlenternen, und durch einen bestimmten Ausdruck ist die Entfernung je zweier solcher Ternen gegeben. Diesen Komplex aller dieser Entfernungen nenne ich dann einen „transzendentalen Raum“, und weil ich mir gerade die Farben darin darstellen will, einen „transzendentalen Farbenraum“. Ich kann mir vorstellen, die Entfernung zweier Farben sei durch irgendeinen solchen Ausdruck gegeben. Je nachdem ich den Ausdruck so oder so wähle, bekomme ich einen transzendentalen Farbenraum.

Wenn ich dann mit dem Kolorimeter experimentiere, so kann ich versuchen, ob die Farben, die wir wirklich empfinden, mehr oder weniger gut in meinen transzendentalen Farbenraum passen. Ich kann ja da mir solche Farben vorstellen; ich kann die Entfernung zwar nicht genau aber, besonders theoretisch, mit gewisser Annäherung messen; ich kann die Zahlen dann wieder so verändern, bis ich einen Unterschied merke. So kann jeder einzelne Schritt markiert werden, und ich kann mir messen, wie viele Schritte ich brauche, um von einer Farbe zur anderen zu kommen. Es handelt sich darum, daß Sie sich das vorstellen können. Ich glaube, daß es möglich ist, sich das vorzustellen, wie es möglich ist, sich das vorzustellen, wie man praktisch die Entfernung zweier Farben, welche aus Grundfarben zusammengesetzt sind, wie man diese Entfernung praktisch mit dem Kolorimeter finden kann, und wie man dann diese Entfernung vergleichen kann mit dem transzendentalen Farbenraum.

Man kann finden, daß gewisse transzendentale Farbenräume gar nicht passen, daß dann die wirklichen Farbendistanzen anderen Gesetzen folgen; man kann finden, daß gewisse transzendentale Räume wenigstens angenähert passen, daß sie innerhalb eines gewissen Gebietes die Farben darstellen.

Endlich wäre es möglich, einen transzendentalen Raum zu finden, der ganz genau paßt, der überall die Farbenempfindungen darstellt; den würde ich dann den wirklichen Farbenraum nennen. Das wäre eine Zusammenstellung von mathematischen Ternen und von gewissen Zusammenstellungen, welche alle die wirkliche Entfernung der Farben ganz naturgetreu darstellen würden. Dieser wirkliche Farbenraum wäre auch nichts Wirkliches; das wären nur Zahlen, die ich mir denke; es wären keine wirklichen Dinge, am wenigsten Farben. Drei solche Zahlen, z. B. 1600, 2714, 4300, das ist gewiß keine Farbe. Wenn ich mir da 1600 Farbeneinheiten des Rots, 2714 des Gelbs und 4300 des Blaus denke, dann bekomme ich eine Farbe. Der transzendentale Raum ist etwas Gedachtes; der Ausdruck „wirklich“ ist nicht besonders gut gewählt, aber man nennt es in der Farbentheorie so, weil die wirklich empfundenen Farben so gut hineinpassen. Nun, Sie werden es auch verstehen, die wirklichen Farben liegen gerade in diesem Raume, sie liegen in dem Raume, wo die Entfernung durch diesen oder jenen mathematischen Ausdruck gegeben ist; die wirkliche Farbenempfindung liegt in diesem Raume. Darunter verstehe ich gar nichts als bloß die Entfernung, die man mit dem Kolorimeter bis ans Ende vollkommen genau durch diesen transzendentalen Raum verfolgen kann.

Es hat natürlich diese Theorie eine wirkliche physiologische Wichtigkeit; Helmholtz hat sie einigermaßen bearbeitet, und auch von anderen ist sie bearbeitet worden. Sie ist in der Physiologie nicht ohne Wichtigkeit. Wir würden sie aber wegen ihrer physiologischen Wichtigkeit nicht betrachten, wir betrachten sie nur wegen der Analogie mit dem Raume, den ich den „Körperraum" genannt habe. Auch bei den Körpern will ich die Sache so auffassen; ich will mir da Ternen denken von drei Zahlen (den Koordinaten des betreffenden Punktes im Raume) und dann will ich die Entfernung durch irgendeinen mathematischen Ausdruck, der aus diesen drei Zahlen gebildet ist, darstellen. So bekomme ich irgendeinen transzendentalen Raum. Die Entfernung kann ich mir durch verschiedene solche Ausdrücke darstellen; der einfachste ist: $s = \sqrt{\xi^2 + \eta^2 + \zeta^2}$. Wenn ich s durch diesen Ausdruck darstelle, bekomme ich den Raum, den wir den „euklidischen dreidimensionalen Körperraum" nennen; d. h. er hat alle Eigenschaften des euklidischen Raumes, und die Entfernungsverhältnisse zwischen den wirklichen Körpern, welche uns durch die Erfahrung gegeben sind, erfüllen in der Tat diesen Raum vollständig, so daß ich also sagen kann: soweit die Genauigkeit unserer Beobachtungen reicht, liegen die Körper in einem euklidischen Raume. Wenn ich sage: Sie liegen darin, so wird Ihnen das klar sein, daß ich nicht meine, daß sie wie in einer Schachtel darin liegen: Der Raum, das ist etwas rein Gedachtes; die Körper sind natürlich auch nicht direkt durch die Erfahrung gegeben, aber durch Anlegung von Maßstab und Zirkel kann die Entfernung durch die Erfahrung immer kontrolliert werden, und ich finde dann, daß sie ganz dieselben Gesetze befolgt wie die Entfernung s. Wir wollen aber noch keineswegs zum wirklichen Körperraum übergehen, wir wollen vielmehr beim Farbenraum bleiben.

Wir haben da ein Paar von Farben; die eine ist durch die Zahlen x, y, z, die andere durch die Zahlen $x+\xi$, $y+\eta$, $z+\zeta$ dargestellt. Wir können jetzt das ganze Farbenpaar zusammen im Farbenraum verschieben. Wenn ich zu beiden Farben gleich viel Rot nehme, ebenso gleich viel Gelb und gleich viel Blau, zur ersten gleich viel wie zur zweiten, so sage ich, daß ich das Farbenpaar parallel zu sich selbst verschiebe; es ist das eben analog der Verschiebung eines festen Körpers parallel zu sich selbst. Ich kann also auch die erste Farbe unverändert lassen, also das x, dagegen verändere ich die Größen ξ so, daß die Entfernung der beiden Farben immer gleich bleibt, daß also s immer gleich bleibt. Dann wird die zweite Farbe sich fort verändern, aber ihre Entfernung von der ersten wird immer gleich bleiben; die zweite wird dann die mannigfachsten Veränderungen durchmachen – ich kann das eine „Farbenbewegung" nennen – und zwar wird sie sich in einer Fläche bewegen, welche einer Kugelfläche entspricht, denn ihre Entfernung von einer bestimmten Farbe bleibt immer unverändert. Ich kann also sagen, die zweite Farbe beschreibt im Farbenraume eine Kugelfläche, ich kann sagen, die Verbindungslinien der beiden Farben dreht sich um die erste herum. Sie sehen also, daß ich vollkommene Analogien mit dem Körperraume mir bilde; ich kann die Farben parallel verschieben, drehen usw. und ich habe hier den großen Vorteil, daß ich von allen geometrischen Voreingenommenheiten vollkommen befreit bin. Ich habe keine Vorstellung. Ich kann es „Farbenkugeln" nennen, brauche aber dabei nicht an Kugeln zu denken. Ich will da nur bemerken, daß die Farbenmannigfaltigkeit nicht in einem euklidischen Raume liegen; die Entfernung der Farben ist nicht durch einen so einfachen Ausdruck gegeben, vielmehr durch einen viel komplizierteren. Es gibt uns also das ein Beispiel der Möglichkeit eines

Raumes, der kein euklidischer ist, wenn man unter „Raum" noch keinen euklidischen Raum versteht. Wir haben gesehen, daß, soweit man bisher Entfernungen gemessen hat, mit dem Maßstabe oder geodätisch, genügten die Entfernungen immer dieser Formel, so daß dem euklidischen Raume vollständig genügt worden ist.

Bei Farben ist das bei sehr kleinen Gebieten auch der Fall; in einem kleinen Gebiete genügt auch die Entfernung der Farben einem euklidischen Raume. Sobald man aber das Gebiet größer macht, genügt es nicht mehr. Wenn unsere ganzen Farbenempfindungen in diesem kleinen Gebiete beschränkt wären, könnten wir glauben, daß die Farben in einem euklidischen Raume liegen, wir könnten uns leicht der Täuschung hingeben. Wenn unsere ganze Beschäftigung unser ganzes Leben lang in nichts anderem bestünde als darin, mit dem Kolorimeter zu arbeiten, würden die Kolorimetergesetze uns so geläufig sein, wie uns jetzt die Raumverhältnisse sind. Wenn erst unsere Farbenempfindungen auf ein kleines Gebiet beschränkt wären und wenn wir gar nichts anderes zu tun hätten als immer Kolorimeterfarben zu vergleichen, dann würde sich der Begriff des individuellen Farbenraumes sehr bald festgelegt haben wie der Begriff des euklidischen Körperraumes; wir würden uns dann eine andere Farbenzusammenstellung als die euklidische nicht denken, und wenn das Farbengebiet dann erweitert würde, würden wir sagen, daß sie nicht in den euklidischen Raum hineinpassen.

Das ist eben eine Idee der nicht-euklidischen Geometrie, daß es mit der Körperwelt ebenso aussieht, daß innerhalb der Fixsternentfernungen der euklidische Raum gilt, aber wenn wir weitergehen würden, daß dann eine Ausnahme vom euklidischen Raume vorhanden ist, daß diese Formel nicht mehr gilt. Ob das praktische Fruchtbarkeit hat oder nicht, das will ich nicht entscheiden; aber einen theoretischen (metaphysischen) Widerspruch hat es nicht; es könnte wirklich so sein, daß alle Entfernungsbeziehungen zwischen den Dimensionen der Fixsternentfernungen euklidisch sind und daß euklidischen Raum gibt; daß wir aber, wenn wir Messungen an weiter entfernten Körpern machen, wir dann Ausnahmen daran entdecken. Schon Gauß hat den Vorschlag gemacht, daß man durch Messungen von Fixsternen konstatiere, ob da wirklich der euklidische Raum existiert; er hat nicht daran gezweifelt, daß diese Möglichkeit vorhanden ist. Dieser Gegenstand ist aber hiermit noch lange nicht erschöpft, ich will noch morgen versuchen, ihn weiter fortzusetzen.

14. Vorlesung

12. Jänner 1904 Wenn wir den Begriff eines Raumes konstruieren wollen, so müssen wir dabei ausgehen von gewissen Sätzen, die wir schon als gegeben annehmen. Nun, wir wollen da als gegeben annehmen die Sätze aus der Zahlenlehre. Die Zahlensätze werden da schon als gegeben vorausgesetzt, welche das Verhältnis der verschiedenen Zahlen zueinander ausdrücken. Wir nehmen nicht an, daß uns diese Zahlengesetze a priori gegeben sind; ich habe damals auseinandergesetzt, daß ich annehme, daß auch die aus der Erfahrung stammen, aber wir setzen diese Zählerfahrungen voran vor die räumlichen Erfahrungen. Es ist das auch der Grund, warum ich die Lehre von den Zahlen schon früher abgehandelt habe. Das Zählen habe ich früher abgehandelt als das Vergleichen von Größen.

Wir nehmen also an, daß uns drei solcher Zahlen gegeben seien. Wir haben sie bezeichnet etwa mit x, y, z. Das x soll einen ganz beliebigen Zahlwert annehmen können, y ganz unabhängig davon wieder einen beliebigen Zahlwert, und ebenso das z. Wenn ich irgend drei solcher Zahlwerte zusammennehme, so nenne ich das eine „Zahlenterne". Alle diese Zahlenternen, welche wir uns so bilden können, bilden das, was wir eine dreifach ausgedehnte Mannigfaltigkeit nennen, oder eine Mannigfaltigkeit von drei Dimensionen. Wir haben da den allereinfachsten Begriff einer solchen Mannigfaltigkeit von drei Dimensionen. Jede einzelne Terne können wir als ein Element dieser Mannigfaltigkeit bezeichnen oder, um einen geometrischen Ausdruck zu gebrauchen, wir können das als einen Punkt der Mannigfaltigkeit bezeichnen. Das Wort „Punkt" soll nicht im mindesten etwas Geometrisches ausdrücken, es soll nur ausdrücken, daß wir eine bestimmte Terne ins Auge fassen. Jede solche Terne nennen wir einen „Punkt" unserer Mannigfaltigkeit.

Wir wollen also noch einen zweiten solchen Punkt der Mannigfaltigkeit herausgehoben denken, etwa den, wo x den Wert $x+\xi$, y den Wert $y+\eta$, z den Wert $z+\zeta$ hat. So haben wir zweierlei Punkte dieser Mannigfaltigkeit hervorgehoben. Wir müssen nun definieren, was wir unter dem Abstande dieser beiden Punkte, also unter der Entfernung der beiden Ternen unserer Mannigfaltigkeit verstehen, wenn wir uns allgemein ausdrücken wollen, können wir sagen: Die Entfernung dieser beiden Ternen. Diese Entfernung wollen wir etwa mit s bezeichnen; sie wird jedenfalls von nichts anderem abhängen können als von allen diesen Zahlen, die da vorkommen; sie wird abhängig sein können vom Werte des x, vom Werte des y und des z und auch abhängig sein können vom Werte des ξ, vom Werte des η und vom Werte des ζ. Wenn der Wert einer solchen solchen Größe abhängig ist vom Werte verschiedener anderen Größen, so sagt man, die erste Größe ist eine Funktion aller dieser anderen Größen: $s = f(x, y, z, \xi, \eta, \zeta)$, wobei wir uns da vorläufig noch die mannigfaltigsten Funktionen als möglich denken können. Wir sehen, durch diese Funktion f ist der metrische Charakter unserer Mannigfaltigkeit von drei Dimensionen bestimmt, wenn wir diese Funktion kennen, läßt sich die ganze Mannigfaltigkeit ausmessen, d. h. wenn uns zwei beliebige Ternen gegeben sind, können wir immer den Abstand dieser Ternen bestimmen, das nennt man das Ausmessen dieser Mannigfaltigkeit. Es sind das lauter Größen, welche vom gewöhnlichen Körperraume hergenommen sind, die aber hier in einem allgemeineren Sinne genommen werden. Eine solche beliebige Mannigfaltigkeit von drei Dimensionen ist, wenn auch die Funktion gegeben ist, welche diese Mannigfaltigkeit metrisch charakterisiert, ein transzendentaler Raum. Wir haben da eine unendliche Mannigfaltigkeit von Ternen und wissen für je zwei Ternen immer die Entfernung. Das nennen wir einen transzendentalen Raum.

Der transzendentale Raum kann noch in der verschiedensten Weise konstruiert werden; es kann ja die Funktion die verschiedensten Werte annehmen. Eine besondere Funktion ist besonders hervorzuheben, nämlich wenn das $s = \sqrt{\xi^2 + \eta^2 + \zeta^2}$. Dann nennt man den transzendentalen Raum einen geometrischen Raum oder einen euklidischen Raum. Es ist das die allereinfachste Funktion, in welcher man die Entfernung zweier Ternen oder Mannigfaltigkeiten definieren kann. Ich habe das vorige Mal definiert, warum es nicht noch einfacher geht; es müssen die Quadrate vorkommen, damit ein positives und negatives ξ die gleiche Entfernung bedingt. Es könnte auch so kommen, daß ξ mit seinem betreffenden Zeichen zu nehmen ist; das wäre aber algebraisch schon ein komplizierterer Ausdruck; der allereinfachste algebraische Ausdruck ist das Quadrat.

Wenn man mathematisch analysiert, ergibt sich noch klarer, daß man einen einfacheren Ausdruck für die Entfernung zweier Ternen nicht finden kann. Der euklidische Raum ist zunächst einer der verschiedenen transzendentalen Räume, welche denkbar sind. Seine Beziehungen zur Körperwelt ignorieren wir vorläufig vollständig. Ich habe da das vorige Mal auch schon ein Beispiel angegeben, wie sich gewisse Sinnesempfindungen in einem solchen transzendentalen Raume unterbringen lassen. Wenn ich sage, die Sinneswahrnehmungen werden untergebracht in einem transzendentalen Raume, so meine ich, daß diese Mannigfaltigkeit von Ternen ein getreues Abbild liefert für die verschiedenen Eigenschaften dieser Sinnesempfindungen. Nämlich dieser Ausdruck für die Entfernung soll uns immer den Kontrast die Verschiedenheit zweier solchen Sinnesempfindungen angeben; sie soll uns die Betrachtung dieser transzendentalen Mannigfaltigkeit die Erinnerung an diese verschiedenen Sinnesempfindungen erleichtern, sie soll uns dazu verhelfen, die Beziehungen zwischen diesen Sinnesempfindungen zu begreifen. Das ist im höchsten Grade natürlich der Fall bei den verschiedenen Erfahrungen, welche wir über die räumliche Entfernung der Dinge machen.

Ich habe da das vorige Mal absichtlich ein anderes Beispiel angegeben; wir sind da nämlich viel unbefangener; denn wenn wir den wirklichen Raum, in dem wir uns selbst bewegen, denken, so sind wir vollständig befangen; wir sind da von diesen Vorstellungen schon präokupiert. Wenn wir dagegen andere Sinnesempfindungen annehmen, so hört diese Befangenheit vollständig auf, und daher habe ich da zunächst als Vergleichung die verschiedenen Farbenempfindungen gewählt. Ich habe da auseinandergesetzt, daß jede mögliche Farbenempfindung immer zusammengemischt werden kann aus drei Urfarben, wobei jede dieser drei Farben in bestimmter Intensität zu nehmen ist. Wir haben also da angenommen, daß die eine Urfarbe, nennen wir sie rot, mit der Intensität x genommen wird, die zweite (gelb) mit der Intensität y und die dritte (blau) mit der Intensität z, und diese drei Farben geben zusammengemischt eine einzige bestimmte Farbe. Also diese Farbe entspricht jetzt einer Terne dieser Mannigfaltigkeit; jeder solchen Terne wird eine solche bestimmte Farbe entsprechen. Jede Farbe stellt uns jetzt einen Punkt unserer Mannigfaltigkeit dar.

Der Punkt ist jetzt gar nicht mehr geometrisch; es ist eine Sinnesempfindung einer gewissen Farbe, welche gar nichts mit der Geometrie zu tun hat; gerade das ist mir auch wichtig hervorzuheben. Das, was ich hier einen Punkt nenne, dieser Name ist in gewisser Beziehung wieder zweckmäßig; weil manche Eigenschaften dem Raumpunkte entsprechen, denn er soll da nichts präjudizieren, es soll auch etwas ganz anderes sein. Es ist das eine reine Erfahrungstatsache, daß wir uns mittels dreier Grundfarben alle möglichen Farben darstellen können. Diese Erfahrungstatsache nennen wir das topogene Moment der Farbenwahrnehmung. Unter „topogenes Moment" verstehen wir immer diejenigen Tatsachen, welche uns befähigen, einen solchen transzendentalen Raum in Vergleich zu bringen mit einer gewissen Gruppe von Empfindungen oder die Empfindungen in den betreffenden transzendentalen Raum unterzubringen; also dies, mit dem Kolorimeter konstatiert, ist die topogene Eigenschaft der Farbenempfindungen, vermöge deren sie in einem dreidimensionalen Raume unterzubringen sind.

Ich weiß da, daß ich eine dreifache Mannigfaltigkeit anwenden muß, um sie unterzubringen. Wenn wir diese Mannigfaltigkeit näher charakterisieren wollen, so müssen wir auch noch den Ausdruck für die Entfernung kennen; also diese Funktion müssen wir kennen. Ich habe schon in der vorigen Vorlesung auseinandergesetzt, daß es wenigstens mit gewisser Annäherung möglich ist, die Entfernung zweier beliebigen Glieder der Farbenreihe empirisch zu definieren; durch Versuche können wir dann etwas definieren, was wir mit der Entfernung dieser beiden Farben in Parallele setzen können, und wir können da empirisch uns überzeugen, welche Funktion die ser Größen x, y, z, ξ, η, ζ wir da nehmen müssen, damit diese Entfernung immer richtig dargestellt wird. Unter x, y, z sind die drei Urfarben zu verstehen, welche wir bei der einen Farbe finden, unter ξ, η, ζ die Urfarben, welche wir bei der anderen Farbe finden. Nun, wir haben da gesehen, wann das Farbengebiet kein sehr ausgedehntes ist, wenn wir uns nicht weit von den bestimmten Farben entfernen, so gilt für diese Entfernung beiläufig dieser Wert; die Mannigfaltigkeit der Farben kann dann beiläufig in einem euklidischen Raume untergebracht werden. Wenn wir uns aber ziemlich weit entfernen, von einem ziemlich gesättigten Rot zu einem ziemlich gesättigten Blau, dann wird dieser Ausdruck entschieden fehlerhaft; die Entfernung zweier solcher Farben muß dann durch einen viel komplizierteren Ausdruck gegeben werden, und man kann wenigstens theoretisch annehmen, daß man einen solchen Ausdruck gefunden hätte, eine solche Funktion, welche ganz genau die Entfernung zweier Farben in beliebiger Weise angibt. Es ist dann dieses Beispiel wieder sehr geeignet, uns zu versinnlichen, was man unter dem transzendentalen und dem wirklichen Raume versteht. Der transzendentale Raum ist derjenige, welcher nur beiläufig angibt, wie die Entfernungen der verschiedenen Farben sich verhalten. Der euklidische Raum wäre da nicht der wirkliche Raum, er wäre ein transzendentaler Raum, welcher unter gewissen beschränkten Bedingungen die Entfernung zweier verschiedener Farben zwar angibt, aber nicht genau richtig. Hingegen diejenige Mannigfaltigkeit von Ternen, wobei s gerade diejenige Funktion hätte, die für die Farbenempfindungen gilt, wäre der wirkliche Raum. Wir haben jetzt genau den Raum gefunden, in welchem wirklich die Farben liegen, und ich glaube, gerade in so abstrakten Beispielen wird am meisten klar, was ich eigentlich zum Ausdruck bringen wollte, daß das nur eine Fiktion von Zahlen und ihren Verhältnissen ist, welche Fiktionen ganz genau passen können auf die Darstellung der Entfernungen, welche wir wirklich in der Erfahrung konstruiert finden. Also dieser wirkliche Raum wäre natürlich auch durchaus nicht etwas Wirkliches, woran wir mit der Nase anstoßen können. Es wäre ebensogut eine Fiktion, welche eigentlich nichts zu tun hat mit den Erfahrungen, welche wir machen, aber diese Fiktion wird in jeder Beziehung die Erfahrung richtiger darstellen. Also wenn wir alle diese Erfahrungen mit dem Kolorimeter prüfen und wenn wir schrittweise übergehen von einer Farbe zur andern, so würde diese Mannigfaltigkeit von drei Dimensionen uns immer richtig angeben, wie viel Schritte wir machen müssen, um von einer Zahl zur anderen zu gelangen. Wir haben da eine Vorstellung, welche von allem Räumlichen entkleidet ist und die räumlichen Verhältnisse doch ganz gut wiedergibt. Wenn wir ein solches Farbenpaar haben, so können wir damit alle möglichen Vorstellungen vornehmen, welche wir in einem geometrischen Raume vornehmen können. Also wir haben eine Farbe, welche in diesem Verhältnisse x, y, z aus den Grundfarben zusammengesetzt ist, und eine andere, welche im Verhältnisse $x+\xi$, $y+\eta$, $z+\zeta$ zusammengesetzt ist. Wir wollen das jetzt ein Farbenpaar nennen; wir könnten auch, wenn wir einen noch schärferen geometrischen Ausdruck wählen wollten, eine Farbenstrecke nennen; wir könnten uns da fingieren, daß es diejenige Strecke ist, welche von diesen beiden Farben begrenzt ist.

Ich werde später noch genauer auseinandersetzen, was man unter solch einer Strecke versteht. Diese beiden Farben könnten wir die Enden dieser Strecke nennen; wir könnten diese Strecke parallel zu sich selbst verschieben, d. h. zu jeder der beiden Farben müßte ich die gleiche Menge Rot hinzufügen. Wenn ich irgendwelche Einheit wähle, so würde ich zu jeder Farbe etwa 100 Roteinheiten hinzuzählen und zur anderen auch 100 Roteinheiten, so daß das Rot etwas intensiver würde. Aber auch Gelbeinheiten könnte ich hinzufügen oder wegnehmen, hier 20 und dort 20; ich könnte z. B. auch 40 Blaueinheiten hier und 40 dort hinzufügen. Dann hätte ich diese Farbenstrecke parallel zu sich selbst verschoben. Wenn ich nicht zu viel hinzugefügt habe, wenn die Menge nicht zu groß ist, so habe ich dabei die Entfernung der beiden Farben nicht verändert, ich würde ebenso viele gerade noch wahrnehmbaren Schritte brauchen, um von einer Farbe zur anderen zu gelangen. Wenn ich aber zuviel hinzugefügt hätte, hätte ich die Entfernung der beiden Farben wesentlich verändert; die Entfernung der beiden Farben wäre eine andere geworden. Insofern ist auch diese Analogie mit dem gewöhnlichen Raum vollständig realisiert.

Ich habe auch das vorige Mal schon bemerkt, was der Drehung einer Strecke im Raume entsprechen würde. Wenn es sich um eine Drehung handelt, so müßte der eine Punkt vollständig festgehalten werden; diese eine Farbe müßte vollständig festgehalten werden; die andere müßte sich aber so verändern, daß ihre Entfernung von der ersten immer gleich bleibt, daß diese Funktion s immer gleich bleibt. Wir könnten uns das etwa so denken: Wir nehmen der Einfachheit halber an, daß die dritte Farbe gar nicht dabei ist; keine der Farben soll Blau enthalten. Wir beschränken uns gewissermaßen auf eine Farbenebene. Wir sagen, die Farben ändern sich in einer Ebene, wenn der Blaugehalt 0 bleibt. Ich nehme z. B. als numerisches Beispiel – ich will damit nur etwas anschaulicher werden, das ist natürlich nur fiktiv gemeint – daß die eine Farbe besteht aus 100 Roteinheiten – es ist willkürlich, welche Einheit ich für das Rot wähle – und aus 100 Gelbeinheiten, das soll die eine Farbe sein. Die andere soll dadurch entstehen, daß ich 10 Roteinheiten hinzufüge. Die zweite Farbe besteht aus 110 r (Roteinheiten) und 100 g (Gelbeinheiten). Dann wäre also eine gewisse Entfernung vorhanden, welche diesen 10 Roteinheiten entspricht. Es wäre also $\xi = 10$ Einheiten, $\eta = 0$; wenn also diese Formel gelten würde, wäre $s^2 = 100$. Ich will jetzt eine dritte Farbe konstruieren, welche von der ersten ebenso weit entfernt ist. Es verlockt da, die Sache geometrisch darzustellen; ich will deshalb die dritte Farbe hier oben aufschreiben; sie soll dadurch entstehen, daß ich zu den Gelbeinheiten 10 hinzufüge. Diese Farbe ist: 100 r + 110 g. Hier ist $\xi = 0$, aber $\eta = 10$; $s^2 = 100$. Diese Farbe wäre ebenso weit entfernt von der anderen. Nun konstruiere ich eine Farbe, welche ebenso weit entfernt ist. Wenn ich 110 r und 110 g wählen würde, so wären die Farben weiter entfernt, das wird sich mit dem Kolorimeter ganz entschieden zeigen. Es wäre dann in der Tat $s = 100 + 100 = 200$. Wenn ich hingegen nur 5 hinzufüge, wenn ich also 105 r + 105 g hätte, so wäre das entschieden weniger weit entfernt. Ich müßte etwa 7 Einheiten hinzuzählen. Ich hätte dann 107 r + 107 g. Jetzt wäre das $\xi = 7$ und $\eta = 7$. $\xi^2 = 49$, $\eta^2 = 49$; $s^2 = \xi^2 + \eta^2 = 98$, es wäre ziemlich nahe bei 100. Diese Mischung würde ziemlich genau dieselbe Entfernung haben. Ich schreibe die bisherigen Farben nun in anschaulicher Weise zusammen auf:

100 r + 110 g,
                    107 r + 107 g
100 r + 100 g,   110 r + 110 g.

Ich könnte so alle Farben ringsherum konstruieren, welche dieselbe Entfernung von dieser Farbe haben; das würde gewissermaßen einen ganzen Farbenkreis in der Ebene geben, und wenn ich noch Blau hinzumischen würde, würde ich eine Farbenkugel bekommen. Nun, wenn ich annehme, daß für die Entfernung zweier Farben diese einfache Formel gilt, dann würde diese Kugel vollständig einer gewöhnlichen Kugel im Raume entsprechen; wenn aber kompliziertere Formeln gelten, dann entspricht sie einer gewöhnlichen Kugel nicht vollständig, sie hat dann etwas kompliziertere Eigenschaften, aber es ist so klar, wie ich mir eine vollkommene Farbenkugel erzeugt denken kann.

Man kann sich da auch ein Analogon zur kürzesten Entfernung zweier gewissen Farben denken. Man kann da annehmen, daß zwei gewisse Farben gegeben seien, eine Farbe, welche zusammengesetzt ist aus 100 r + 100 g, und eine andere, welche z. B. enthalten würde 110 r + 120 g; so kann ich jetzt von Farbe zu Farbe so fortschreiten, daß jeder Fortschritt eben gerade wahrnehmbar ist. Ich mische immer so viel hinzu, daß es gerade wahrnehmbar ist, und ich will da die Sache so machen, daß ich mit möglichst wenigen Schritten von einer Farbe zur anderen komme. Natürlich, wenn ich zuerst lauter Gelb hinzuaddieren würde: 100 r + 101 g, 100 r + 102 g, und dann erst Rot hinzufügen würde, würde ich einen Umweg machen. Man sieht das geometrisch ein; aber man braucht keine geometrische Anschauung, man wird mit dem Kolorimeter dasselbe finden, daß, wenn man so zusammensetzt, man einen Umweg macht. Man müßte gerade so viel Rot und Gelb hinzufügen, daß man gerade eine unterscheidbare Farbe bekommt. Sagen wir 101 r + 102 g wären gerade von der Farbe unterscheidbar; dann

102 r + 104 g, also immer doppelt so viel Gelb, als ich Rot hinzugefügt habe. So würde ich endlich zu dieser Farbe kommen; man bekommt eine ganze Reihe von Farben, welche auf dem kürzesten Wege von der einen zur anderen führen; diese Reihe von Farben nennt man eine kürzeste Linie von dieser Farbenreihe, oder eine gerade Linie. Wenn der Abstand nicht sehr groß ist, dann müssen diese Zuwächse immer proportional sein, der Zuwachs zum Rot wie der Zuwachs zum Gelb. Hier ist der Unterschied des Rots 10 Einheiten, der Unterschied des Gelbs 20; es muß also immer doppelt so viel Gelb wie Rot hinzugefügt werden, wenn der Unterschied nicht zu groß ist.

Wenn aber der Unterschied beider Farben ein sehr großer ist, dann ist das nicht ganz richtig. Es kann dann sein, daß man anfangs etwas mehr Rot als Gelb und dann später im Verhältnis etwas weniger Rot als Gelb hinzumischen muß. Also in diesem Farbenraume ist nicht notwendig die kürzeste Linie diejenige, wobei die Zuwächse proportional sind, aber eine solche kürzeste Linie muß es immer geben, und es hat gerade Helmholtz ziemlich komplizierte Rechnungen aufgestellt, diese kürzeste Linie im Farbenraume zu finden.

Man kann es auch rein als Experiment gegeben annehmen, man kann wieder mit dem Kolorimeter einen solchen Versuch anstellen, daß man Schritt für Schritt vorgeht, bis man von einer Farbe zur anderen kommt. Wir wollen da auf jeden Fall diese kürzeste Farbenreihe von einer zur anderen eine geradlinige Farbenstrecke nennen, und wir können dann unter dieser Farbenstrecke vom Punkte x, y, z bis zum Punkte $x+\xi$, $y+\eta$, $z+\zeta$ alle diese Zwischenfarben mit inbegriffen denken, welche von der einen Farbe auf kürzestem Wege zur anderen führen; das eine können wir Endfarben und alle dazwischen liegenden können wir die ganze Farbenstrecke nennen. Sie sehen, daß wir da wieder den Begriff der gradlinigen Strecke definieren können ohne jede Anschauung; geometrische Anschauungen brauchen wir keine zu haben.

Also wenn ich, wie ich schon das vorige Mal gesagt habe, ein Wesen wäre, welches gar nichts zu tun hätte, als immer mit dem Kolorimeter Versuche zu machen, welches behufs Auffindung seiner Nahrung, behufs Befriedigung seiner Bedürfnisse immer darauf angewiesen wäre, solche Farbenvergleichungen zu machen, würde mir eine solche Gerade ganz anschaulich sein; ich würde mit einem Blick alle diese Farben übersehen, es hätten sich in der Erinnerung diese Farben so scharf eingeprägt, und wenn man einem solchen Wesen zwei Farben zeigt und sagt dann, das wäre die gerade Verbindung dieser beiden Farben, so würde er sofort alle dazwischen liegenden Farben sich vorstellen können; es wird ihm das alles ebenso klar sein, als es uns unklar ist. Sie müssen da mühevolle Kolorimeterversuche ausführen, bis Sie die Zwischenfarben herausfinden, und dieses Wesen würde vielleicht in unserem Raume sich gar nicht zurecht finden; wenn man ihm zwei Punkte zeigen würde, wüßte er gar nicht, welches die kürzeste Verbindungslinie ist. Ich will damit eben versinnlichen, daß – wenigstens meiner Anschauung nach – der Raum allerdings etwas a priori Gegebenes ist, insofern, daß wir eine so große Übung haben in der Vorstellung räumlicher Verhältnisse, aber diese Übung hat sich dadurch aus den Verhältnissen erklärt, daß wir fortwährend auf die räumlichen Beziehungen Rücksicht zu nehmen gezwungen sind, um uns irgendwohin zubewegen, um etwas zu ergreifen; wie wir schon als kleine Kinder gewissermaßen geometrische Experimente machen, und dadurch wird uns alles so klar. Das halte ich für die Quelle dessen, was man die a prioristische Evidenz der geometrischen Lehrsätze nennt.

Nun, wir könnten jetzt natürlich in dieser Farbenkugel, wo diese eine Farbe das Zentrum ist und alle diese Farben herum in gleichem Abstande liegen, vom Zentrum nach jedem Punkte der Peripherie eine kürzeste Linie ziehen; also wenn die Kugel nicht groß ist, wäre es diese gewöhnliche Linie; ist sie sehr groß, so wäre sie nicht gerade die kürzeste, aber sie hätte die Eigenschaft, daß der Rotgehalt immer proportional mit dem Gelbgehalt wachsen würde. Aber ich könnte ganz gut alle diese kürzesten Linien ziehen und könnte dann den Winkel zwischen je zwei kürzesten Linien definieren. Die kürzeste Linie vom Zentrum nach diesem Punkte und nach jenem Punkte, würde ich sagen, schließt einen rechten Winkel ein; hier ist nur Rot, hier nur Gelb. Das würde ich als rechten Winkel definieren. Wenn ich dann noch diese Gerade ziehe, so sage ich, sie macht gleiche Winkel mit der und mit der Linie, und ich sage, der Winkel zwischen dieser und dieser kürzesten Linie ist ein halber Rechter, oder wenn ich mich darauf kapriziere, den rechten Winkel mit 90° zu bezeichnen, wäre das ein Winkel von 45°. Sie sehen, wie ich auf diese Weise ganz konsequent auch die Winkel in der verschiedensten Weise ganz konsequent definieren könnte, und ich könnte mir da so eine vollkommene Geometrie dieses Farbenraumes konstruieren, ich könnte da drei solcher Farbenpunkte herausheben, drei solcher Ternen; ich könnte mir die Entfernung berechnen und könnte nun auch Winkel messen eben nach dieser Farbenkugel; ich könnte da eine vollkommene Geometrie dieses Farbenraumes mir konstruieren durch rein empirische Rechnung, ohne Kolorimeter. Ich könnte durch Übung die Sache ergänzen und vereinfachen. Ich glaube, daß es Ihnen einigermaßen verständlich ist, wie man aus rein empirischen Erfahrungen zu einer gewissen Geometrie gelangen kann, und man kann dann von vornherein nicht wissen, ob gerade diese Geometrie die euklidische ist oder eine andere.

Es könnte die Entfernung durch eine andere Funktion gegeben sein, aber dann müßte die betreffende Mannigfaltigkeit sehr komplizierte Eigenschaften haben; wenn diese nicht zu kompliziert sind, so reduziert sie sich wenigstens für kleine Werte immer auf diese, und da können wir dann allerdings geometrisch beweisen, daß diese Funktion mit genügender Annäherung gilt, daß dann die Gesetze unserer gewöhnlichen Geometrie gelten; z. B. in einem solchen Farbendreieck, so lange es so klein ist, gilt diese Funktion mit genügender Annäherung, und da wäre die Summe der drei Winkel des Dreiecks gleich zwei Rechten; sobald aber diese Funktion nicht mehr anwendbar ist, würde die Summe nicht mehr gleich zwei Rechten sein. Also alle diese Sätze kann man anwenden.

Man könnte sich z. B. auch einen Farbenwürfel denken, wenn man alle Farben ins Auge faßt, wo der Rotgehalt zwischen 100 und 110, der Gelbgehalt zwischen 100 und 110 und der Blaugehalt zwischen 100 und 110 bleibt, und den Inbegriff aller dieser Farben könnte ich einen Würfel nennen; ich könnte sagen, die Farben erfüllen einen Würfel. Ich könnte dann von den Seitenflächen dieses Würfels sprechen; es wären alle Farben, wo immer 100 Roteinheiten enthalten sind. Alle

Farben, welche genau 100 r enthalten aber der Gelbgehalt zwischen 100 und 110 schwankt und der Blaugehalt zwischen 100 und 110. Das würde ich eine Seitenfläche des Würfels nennen; und ebenso, wenn überall 100 g ist, aber Rot zwischen 100 und 110 und Blau zwischen 100 und 110; das würde ich die andere Seitenfläche des Würfels nennen.

Ich muß da auch noch einige Bemerkungen daran knüpfen: Nämlich dieser Farbenraum, den wir uns da konstruiert haben, unterscheidet sich in vielen wesentlichen Dingen von dem Körperraume in dem wir uns befinden. Ein solches Ding ist das, daß diese Zahlen x, y, z nicht imstande sind, alle reellen Zahlenwerte von $-\infty$ bis $+\infty$ zu durchlaufen. Nämlich negative Mengen Rot haben da vollständig keinen Sinn; weniger als gar keine Menge Rot kann ich nicht dazugeben. Es sind nicht alle Ternen möglich, wobei man alle Zahlen von $-\infty$ bis $+\infty$ verwendet; nicht alle Zahlen lassen sich gewissermaßen mit Farben erfüllen. Nach der Seite, wo der Farbengehalt 0 ist, wäre der Raum vollständig begrenzt, darüber hinaus würde es keinen Raum mehr geben, weil es da keine Farbenkombinationen mehr gibt, die der Wirklichkeit entsprechen. Wenn wir aber unter den Zahlen nicht etwas rein Theoretisches verstehen, – und ich verstehe den physiologischen Farbeneindruck - dann unterscheidet sich auch für unendliche Werte dieser Raum sehr erheblich vom Körperraum. Wenn wir den Farbengehalt über eine gewisse Grenze hinaus steigern, macht eine weitere Steigerung auf unseren Sinnesnerven fast keinen Eindruck mehr, der Nerv wird so intensiv erregt, daß er eine noch größere Erregung nicht mehr zu spüren vermag; wenn wir die Erregung unendlich werden lassen, so müssen wir annehmen, daß die Nerven geradezu zerstört würden.

Wenn wir die Farben über eine gewisse Grenze wachsen lassen, dann verhält sich dieser Raum überhaupt ganz wesentlich anders als unser Körperraum. In diesem können wir uns bewegen, so weit wir wollen; wir finden die gleiche Möglichkeit, darin zu existieren. Das ist hier schon ein sehr wesentlicher Unterschied, der eben die Analogie hinkend macht. Ich habe gesagt, daß solche Analogien in mancher Beziehung hinken. Besser wäre es, ein Beispiel zu finden, wo alle Werte von $-\infty$ bis $+\infty$ sich kombinieren ließen. Solche Beispiele wären theoretisch denkbar, aber nicht ausführbar. Dann ein zweiter Unterschied ist der, daß der Raum nicht homogen ist an allen Stellen, daß er sich an solchen Stellen, wo die Farben sehr intensiv sind, ganz wesentlich anders verhält als dort, wo sie ganz schwach sind. Dieser Raum wäre gar nicht homogen. Er ist auch nicht isotrop, d. h. nicht alle Richtungen verhalten sich vollkommen gleich: Die Richtung, wo man immer Rot hinzugibt, ist etwas ausgezeichnet vor der Richtung, die nur Gelb enthält. Das ist beim Körperraum durchaus nicht der Fall; dort sind alle Richtungen gleichwertig. Natürlich gilt das nur, wenn das Farbengebiet ziemlich ausgedehnt ist; in einem kleinen Gebiete sind ebenfalls alle Richtungen gleich, der Farbenraum erfüllt in einem kleinen Gebiete die Bedingungen des euklidischen Raumes; in einem großen Gebiete hört das auf.

Damit hängt auch das zusammen, was ich schon erwähnt habe; das ist wieder ein wesentlicher Unterschied, daß die kürzeste Linie nicht immer dadurch entsteht, daß jedesmal die Zuwächse der drei Farben untereinander proportional sind; also wenn ich immer eine gewisse Menge α Rot, β Gelb und γ Blau hinzuaddieren, und wenn ich dann 2α Rot, 2β Gelb und 2γ Blau hinzuaddieren, so bekomme ich in einem ziemlich engen Gebiet wirklich eine kürzeste Linie, aber in einem weiten Gebiete ist die kürzeste Linie komplizierter, und dann endlich mit allen diesen Eigenschaften hängt noch eine vierte Eigenschaft zusammen, die hier die allgemeinste ist, nämlich, daß sich Gruppen von Farbenpunkten nicht beliebig transportieren lassen, ohne daß sich die Entfernungen verändern. Nehmen wir an, wir hätten mehrere solcher Farbenpunkte; der eine sei die Farbe A, der andere die Farbe B, der dritte C, der vierte D usw. Wir können jetzt alle diese Farben zunächst parallel verschieben, so daß wir zu jeder gleich viel Rot, gleich viel Gelb und gleich viel Blau addieren, wir wollen sie aber auch noch drehen, so daß wir nach der Parallelverschiebung A festhalten. Wir wollen jetzt aber in C die Farbenbestandteile so verändern, daß die Entfernung gleich bleibt. Ich will mir C symbolisch so aus drücken: A ist nach A′ gekommen, C nach C′. Ich kann das immer so transportieren, daß die Entfernung gleichgeblieben ist.

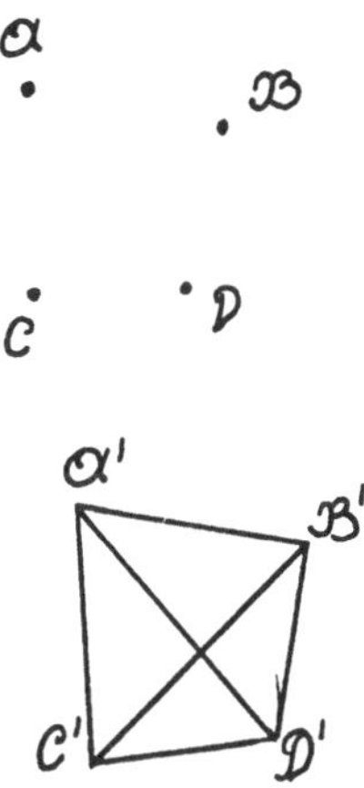

Nun, ich will da bemerken, daß wir beim Körperraum allerdings in einem etwas anderen Falle sind, weil der Maßstab gewissermaßen seine Länge mit verändert, wir sind nur imstande, die Entfernungen zu messen, die absoluten Zahlen, durch welche irgendein Punkt ausgedrückt wird, können wir nicht messen, hingegen bei Farben könnte man diese Mengen Rot und Gelb möglicherweise absolut messen, wie ich schon das letzte Mal bemerkt habe, durch den Ausschlag an einem Galvanometer, wenn das Licht auf irgendeine Thermospule oder ein Volumeter fällt. Also ich nehme an, daß diese Strecke AC gedreht wird, ohne ihre Länge zu ändern. Es kann jetzt auch die Strecke BC gedreht werden, ohne daß sich die Länge ändert. Nun kann dieser Punkt C noch immer verschoben werden und auch B, so daß auch die Strecke B′C′ gleich bleibt. Wenn ich aber den vierten Punkt D auch so verschiebe, daß seine Entfernung von A und die von B auch die gleiche ist, so ist D schon vollständig festgelegt; ich weiß genau, wieviel Rot, wieviel Gelb und wieviel Blau er enthalten muß, damit die Entfernung von A′ und B′ die gleiche sei. Es ist also jetzt nicht mehr in meiner Macht gegeben, daß diese Entfernung $C'D'$ die gleiche wird, vorausgesetzt, daß ich in einer Ebene bleibe, d.h. daß ich nur den Rot und Gelb gehalt aber nicht den Blaugehalt ändere, und das wird im Farbenraume im allgemeinen nicht der Fall sein; wenn die Entfernungen $A'B'$, $A'C'$ und $B'C'$ gleich geblieben sind, so wird diese Entfernung sich verändern. Man wird dann gar nicht imstande sein, ein solches starres Gebilde (eine Reihe von Farben, wo je zwei Entfernungen gleich geblieben sind) fortzubewegen und zu drehen, so daß es wieder vollkommen starr bleibt. Das ist eine der wichtigsten Eigenschaften, die wir vom Körperraum voraussetzen. Wir setzen voraus, daß man ein starres Gebilde beliebig bewegen kann; das lehrt die Erfahrung, daß das im wirklichen Raume möglich ist; also das ist der wesentliche Unterschied vom Farbenraume gegenüber dem Körperraum.

Ich habe jetzt alle diese Eigenschaften des Farbenraumes auseinandergesetzt oder wenigstens auseinanderzusetzen versucht. Ganz gründlich läßt sich das unter kurzer Zeit nicht machen; es wäre da ein intensiveres Studium nötig, um einigermaßen zu sehen, worauf es ankommt. Wir wollen dann das nächste Mal natürlich zu unserem Körperraum übergehen. Ich habe da einige Modelle mitgebracht, um das zu veranschaulichen.

15. Vorlesung

18. Jänner 1904 Wir haben das vorige Mal den Farbenraum der Betrachtung unterzogen. Ich habe das keineswegs getan, um aus dem Farbenraum Schlüsse auf den gewöhnlich Raum, den wir den „Körperraum“ nennen, Schlüsse zu machen; es sind das so disparate Dinge, daß man vom einen auf das andere nicht schließen kann. Ich habe da nur ein Analogon aufstellen wollen, nur damit wir durch Analogie gewisse Dinge leichter begreifen, weil wir bei einem Gebilde, das nicht so sehr mit unseren Anschauungen verflochten ist, unbefangen sind. Namentlich sollte das Verhältnis dessen, was als sinnliche Wahrnehmung gegeben ist, klar werden. Es veranlassen uns da gewisse sinnliche Wahrnehmungen zur Konstruktion einer dreifachen Mannigfaltigkeit, einer Mannigfaltigkeit von Ternen. Zu diesen Ternen kommt dann noch eine Funktion hinzu, welche die Entfernung je zweier solcher Ternen ausdrückt. Also der Inbegriff aller dieser Ternen und dieser Funktionen, das ist eben das, was ich einen transzendentalen Raum genannt habe; das ist rein ein Ding unserer Phantasie, und ich habe dann an den Farben gezeigt, daß sich gewisse transzendentale Räume eignen können, um die sinnlichen Wahrnehmungsbeziehungen darzustellen. Wir haben eine solche Mannigfaltigkeit, welche alle sinnlichen Wahrnehmungsbeziehungen darzustellen vermag, den „wirklichen Raum“ genannt, in welchem wirklich diese Farben liegen. Das soll weiter nichts ausdrücken, als daß die Beziehungen der sinnlichen Wahrnehmungen ganz entsprechen den Bedingungen dieser dreifachen Mannigfaltigkeit. Nun, wir haben da auch gesehen, daß der Farbenraum im allgemeinen ein nicht-euklidischer Raum ist. Es fiele mir da gar nicht ein, daraus zu schließen, daß dann auch der Körperraum ein nicht-euklidischer sein muß; er soll nur dahin gehen, daß auch die Möglichkeit bestünde oder daß man wohl untersuchen und prüfen muß, ob nicht auch der Körperraum ein nicht-euklidischer Raum sein könnte. Ich will hier gleich von vornherein sagen: bis heute gibt es keine einzige Tatsache, welche wirklich dafür sprechen würde, daß dieser Raum nicht ein euklidischer ist. Die Frage ist nur, ob nicht die Möglichkeit offen ist, ob es schon a priori evident ist, das der wirkliche Raum ein euklidischer Raum sein muß, ob nicht die Möglichkeit offen gehalten sein muß, daß er ein nicht-euklidischer ist. Nur dahin kann meine Behauptung gehen.

Wenn wir also jetzt zu unserem eigentlichen Raume zurückgehen, welchen ich den „Körperraum" genannt habe, so handelt es sich jetzt darum, ganz dieselbe Schlußweise einzuschlagen, welche wir beim Farbenraum eingeschlagen haben. Der Farbenraum sollte nur ein Beispiel sein, wie man aus sinnlichen Wahrnehmungen auf räumliche Beziehungen schließen kann.

Wir müssen also da wieder unsere Erfahrungen zu Hilfe nehmen, welche wir über die relative Lage der verschiedenen sinnlich wahrnehmbaren Körper machen können. Nun, die Erfahrungen, die ich da zuziehe, sind diejenigen, die man mit Maßstab oder Maßkette machen kann. Ich nehme als erfahrungsmäßig gegeben an, daß man die Entfernung zweier Körper oder zweier Punkte zweier verschiedener Körper mit einem Maßstab oder einer Maßkette messen kann, oder, um sich konkreter auszudrücken, man kann auf jedem der beiden Körper einen gegebenen Punkt markieren durch ein schwarzes aufgezeichnetes Kreuz. Natürlich ist das kein mathematischer Punkt; wenn er erfahrungsmäßig den sinnlichen Wahrnehmungen zugänglich sein soll, muß er schon eine Ausdehnung haben, aber die kann doch sehr klein sein.

Man kann mittels eines gewissen Maßstabes die Entfernung zweier solcher Punkte derselben oder verschiedener Körper feststellen. Wie das zu erklären ist, welche metaphysischen Tatsachen dieser Erfahrungstatsache zugrunde liegen, daß man Entfernungen messen kann, damit will ich mich hier gar nicht beschäftigen. Das wäre eine andere Frage, welche natürlich auch beantwortet werden müßte. Wir wollen vorläufig als bloße Erfahrungstatsache hinnehmen, daß man mittels Maßstäben durch Vergleichen die Entfernungen herausbringen kann. Nun, die wesentlichste Erfahrungstatsache, die wir da unserer Raumtheorie zugrunde legen, wollen wir ähnlich konstruieren wie Helmholtz.

Es ist nämlich die Erfahrungstatsache, daß man starre Körper an beliebige Stellen des Raumes bringen kann und daß sich sämtliche Entfernungen aller Punkte dieser starren Körper dabei nicht verändern dürfen. Unter starren Körpern können wir Aggregate vieler Punkte denken. Es ist möglich, solche Aggregate von Punkten zu haben, deren sämtliche Entfernungen unverändert bleiben; es ist dann möglich, diese Punktaggregate an verschiedene Stellen des Raumes zu bringen, sie zu drehen usw., so daß sich sämtliche Entfernungen nicht ändern.

Eine zweite Erfahrungstatsache ist, daß wir überhaupt immer drei verschiedene Zahlen brauchen, um die relative Lage der verschiedenen Punkte zu bestimmen. Es muß dann diese Entfernung gewisse Eigenschaften haben, sie ist sehr in ihren Eigenschaften beschränkt. Wie ich schon das vorige Mal angedeutet habe, kann das nicht so allgemein geschehen. Denken wir uns zunächst drei starre Punkte, welche beliebig im Raume liegen: A, B und C, und wir denken uns die Entfernung eines vierten Punktes D von allen diesen drei Punkten gegeben.

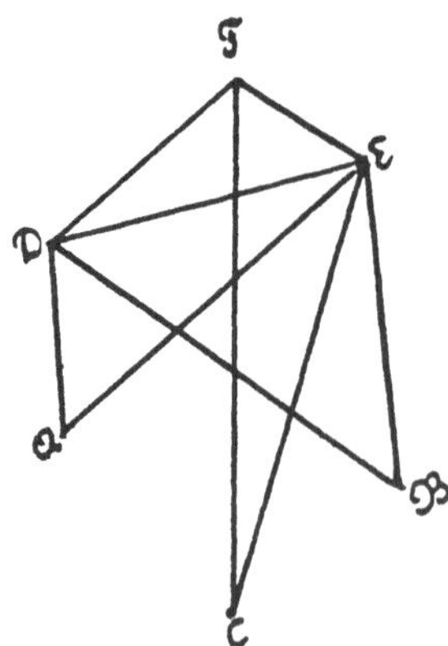

Da drei Zahlen genügen, um die Stellung eines vierten Punktes zu bestimmen, so ist die Stellung dieses Punktes D bestimmt. Es kann ein fünfter Punkt E sein, dessen Entfernungen von diesen drei zugrunde gelegten Punkten A, B und C gegeben ist. Dadurch ist die Lage der Punkte D und E vollkommen festgelegt.

Ich zeichne das perspektivisch auf. Sie sollen sich das vorläufig nur im transzendentalen Raume denken. Es sind nur solche Ternen von Zahlen; das eine sind gewisse Zahlenternen, ebenso das zweite und das dritte, und für jede Zahlenterne soll immer die Entfernung bestimmt sein. Unter der Entfernung denken wir uns da irgendeine Funktion der drei Zahlen. Da die beiden Punkte D und E festgelegt sind, ist ihre Entfernung schon bestimmt. Wenn ich die ganze Figur im Raume bewege, d. h. wenn ich alle diese Zahlen verändere, welche in allen Zahlenternen enthalten sind, wenn ich das ganz allgemein mache, ändern sich alle diese Entfernungen; ich will aber diese Begegnung so machen, daß alle Entfernungen gleich bleiben, ich will also die Zahlenternen so verändern, daß die Funktion, welche AB gibt, die Funktion, welche BC gibt u.s.w, unverändert bleiben. Da diese Entfernung von D und E festgelegt ist, so muß unsere Funktion, welche die Entfernung angibt, gewisse Eigenschaften haben, damit dieser ganze Inbegriff ohne Änderung aller Entfernungen sich bewegen läßt. Also wenn ich für die Entfernung s irgendeine Funktion aufschreibe der drei Zahlen x, y, z, welche die eine Zahlenterne bilden und die Zahlenterne $x + \xi$, $y + \eta$, $z + \zeta$, wenn ich dann irgendeine willkürliche Funktion aufschreibe, so wird im allgemeinen diese Bedingung nicht erfüllt sein. Wenn sich die Zahlen so ändern, daß alle gleich bleiben, so wird sich doch diese letzte Entfernung DE ändern. Wenn ich noch mehr Punkte wähle, so wird die Beschränkung natürlich noch größer. Wenn ich noch einen Punkt F wähle, dann ist schon seine Entfernung von A, B, C bestimmt. Wenn ich F mitbewege, so daß seine Entfernung von A, B, C unverändert bleiben soll, so ist schon genau bestimmt, welche Zahlen er haben muß. Es könnten im allgemeinen seine Entfernungen von D und E sich ändern; wenn ich da irgendeine Funktion aufstelle, werden sich im allgemeinen diese Entfernungen verändern.

Diese Funktion muß ganz gewisse Eigenschaften haben, damit das möglich ist, damit alle Entfernungen gleichzeitig unverändert bleiben, damit man beliebig viele starr verbundene Punkte beliebig im Raume bewegen kann. Ich habe schon bemerkt, daß der Farbenraum diese Eigenschaft nicht besitzt. Im Farbenraum kann man das nicht. Wenn man die Farben A, B, C ändert, so daß alle Entfernungen gleich bleiben, dann ändert sich die Entfernung der Punkte D und E von den Punkten A, B und C. Der Farbenraum erfüllt diese Bedingung nicht. Nun, für den Körperraum aber, für die dreifache Mannigfaltigkeit, in der wir uns die Lage sämtlicher Körper den ken, wollen wir diese Bedingung aufstellen, daß starre Körper sich beliebig darin verschieben lassen.

Streng genommen können wir auch da nicht wissen, ob das bis in Siriusweite oder bis in unendliche Entfernungen möglich ist, man könnte das auch bezweifeln, es ist aber von den Mathematikern nicht bezweifelt worden; es ist das eben doch eine solche qualitative Tatsache, daß man bisher keine Veranlassung gefunden hat, daran zu zweifeln. Man kann ja, wenn man will, schließlich alles bezweifeln. Man zieht es aber vor, von allen Prämissen auszugehen und vorläufig nur einzelne fallen zu lassen. Ich bin da in der unangenehmen Lage, daß ich diese Untersuchungen analytisch nicht durchführen kann; sie sind höchst kompliziert. Sie wurden von Riemann und Helmholtz ausgeführt. Sie sind sehr komplizierter Natur. Es ist nicht möglich, das alles rechnerisch zu verfolgen. Ich kann nur die Resultate mitteilen.

Wenn man diese Bedingung allgemein gelten läßt, so findet man, daß diese Mannigfaltigkeit von drei Dimensionen in Verbindung mit dieser Funktion, welche die Entfernung angibt, eine äußerst beschränkte sein muß. Es gibt nur wenige Mannigfaltigkeiten, welche dieser Bedingung genügen. Da ist zuerst der euklidische Raum zu nennen, wobei s einfach gleich ist: $s = \sqrt{\xi^2 + \eta^2 + \zeta^2}$. Der euklidische Raum genügt vollständig dieser Bedingung und er genügt überhaupt allen Erfahrungen, die wir über die relative Lage der Körper gemacht haben. Er ist, wie ich schon bemerkt habe, ein möglicher Raum. Die Möglichkeit, daß sich alle relativen Lagen eines Körpers in einem euklidischen Raume darstellen lassen, ist sicher vorhanden. Aber es gibt auch noch andere, kompliziertere Funktionen, welche man annehmen kann. Man bekommt dann andere Räume. Sie werden verstehen, was ich darunter meine. Es gibt Mannigfaltigkeiten von drei Dimensionen, wo die Entfernung durch einen etwas anderen Ausdruck gegeben ist. Das Charakteristische dieser anderen Räume ist, daß sie in kleineren Bezirken ganz mit dem euklidischen Raume übereinstimmen; nur: je größer die Entfernung wird, desto mehr treten gewisse Abweichungen hervor. In sehr großen Entfernungen treten gewisse Abweichungen hervor. In diesen Räumen lassen sich die meisten geometrischen Begriffe, welche wir haben, ebenfalls darstellen. Es lassen sich die kürzesten Entfernungen zwischen je zwei Punkten darstellen. Zwischen zwei Punkten muß immer eine kürzeste Linie vorhanden sein; diese kürzeste Linie werden wir wieder die Gerade nennen. Ebenso läßt sich der Begriff der Ebene durch drei Punkte, welche nicht in einer Geraden sind, darstellen; es läßt sich immer eine Fläche ziehen, in welcher nach allen Richtungen Gerade gezogen werden können; also auch der Begriff der Ebene läßt sich vollständig analog darstellen und ebenso der Begriff des Dreiecks und des Vierecks.

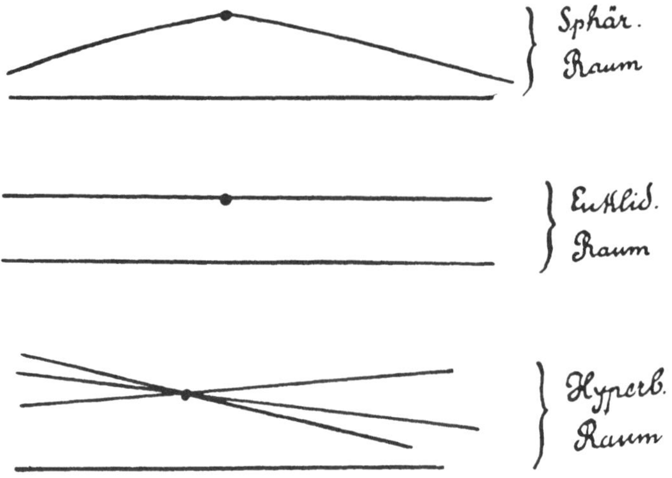

Die Räume haben eine große Ähnlichkeit mit dem euklidischen Raume. Nur der sogenannte Parallelensatz, der ist da verändert; es gibt nämlich solche Räume, wo sich zu einer Geraden von einem außerhalb liegenden Punkte gar keine Gerade ziehen läßt, welche sie nicht irgendwie schneiden würde. Also wenn man da eine beliebige Gerade zieht, so schneidet diese Gerade schließlich in immer größerer Entfernung die ursprüngliche Gerade; neigt man sie weiter hinüber, so schneidet sie auf der anderen Seite. Man nennt das auch einen elliptischen oder sphärischen Raum. Dann beim euklidischen Raum gibt es eben eine einzige Gerade durch diesen Punkt, welche die andere nicht schneidet. Und dann gibt es noch solche Räume, wo mehrere Geraden möglich sind; die Geraden gehen dann über in ein ganzes Büschel. Das nennt man hyperbolische oder pseudosphärische Räume.

Man nennt den euklidischen Raum auch einen vollkommen ebenen Raum, und die beiden anderen Räume nennt man sphärische Räume. Nun, ich habe schon bemerkt, daß ich da in der unangenehmen Lage bin, daß ich das analytisch nicht entwickeln kann; nur in gewisser Beziehung kann man das geometrisch versinnlichen; aber das hat viel Unangenehmes für sich: wir müssen von einem Raume von drei Dimensionen herabsteigen zu einem Raume von zwei Dimensionen. Weil wir uns in einem dreidimensionalen Raume befinden, so können wir solche elliptische oder hyperbolische Räume von zwei Dimensionen in diesem Raume unmittelbar zur Anschauung bringen. Ich habe auch da schon bemerkt, daß es eigentlich keine metaphysischen Gründe geben kann, warum der Raum gerade dreidimensional sein müßte, wenigstens ist bisher kein solcher Grund aufgefunden worden. Wir können uns auch ganz gut denken, daß gewisse Wesen nur in einem zweidimensionalen Raum existieren könnten; diese könnten dann in einem ebenen, elliptischen oder hyperbolichen zweidimensionalen Raume existieren, und wir können uns da eine ganz genaue Anschauung machen, wie die Raumerfahrungen, die man machen müßte, in einem elliptischen oder hyperbolischen zweidimensionalen Raume wären. Nun, um das einigermaßen zur Anschauung zu bringen, muß ich allerdings noch weiter ausholen; ich muß da kurz definieren, was man unter der Krümmung und namentlich unter dem Krümmungsmaß einer Fläche versteht. Denken wir uns eine Fläche, im einfachsten Falle eine Kugelfläche. Ich habe da ein solches Modell. Auf der Kugel denken wir uns einen kleinen Bezirk herausgeschnitten. Wir denken uns dann durch jeden Punkt dieses Bezirkes eine Senkrechte zur Kugel gezogen. Das sind natürlich Radien der Kugel. Weil die Kugel gekrümmt ist, werden die Senkrechten gegeneinander konvergieren. Ich will das etwa durch eine Figur versinnlichen.

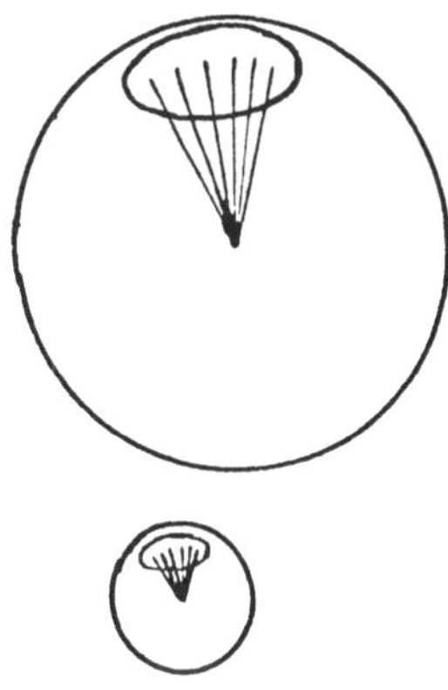

Nun verfährt Gauß folgendermaßen: Er zieht sich jetzt eine Kugel vom Radius 1, und vom Zentrum dieser Kugel aus zieht er zu jeder der Normalen eine Parallele. Diese Parallelen werden dann hier einen gewissen Bezirk aus der kleineren Kugel herausschneiden, und das Verhältnis dieses Bezirks zum anderen stellt er dann als Krümmungsmaß der betreffenden Fläche auf. Also diese Kugel wird ein gewisses Krümmungsmaß besitzen.

Wir wollen uns jetzt statt der Kugel eine Ebene denken; ich will sie perspektivisch zeichnen. Wir führen dieselbe Konstruktion für die Ebene durch: Wir denken uns ein kleines Stück aus der Ebene herausgeschnitten; alle Normalen werden hier parallel zueinander sein. Wenn ich jetzt hier wieder diese kleine Kugel zeichne, so sind jetzt alle diese Radien parallel. Es wird jetzt nicht eine Fläche sondern nur ein einziger Punkt durch diese Figur herausgeschnitten. Die

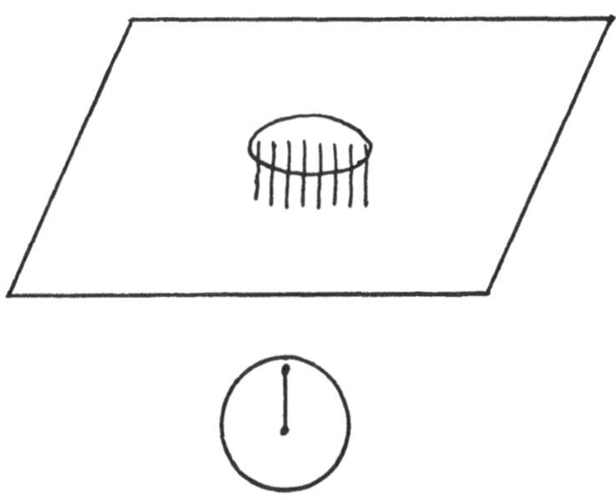

Fläche, von der aus wir die Parallelen ziehen, nennen wir F, die Fläche auf der Kugel vom Radius 1 nennen wir f, und das Verhältnis dieser Fläche f/F, das Krümmungsmaß, wird im ersten Falle einen bestimmten Wert besitzen, im zweiten Falle ist es gleich 0. Für die Ebene ist das Krümmungsmaß 0. Die Ebene hat eben gar keine Krümmung, deshalb nennt man sie eben eine Ebene.

Anstatt der Ebene wollen wir jetzt eine Zylinderfläche betrachten. Das ist z. B. das Modell einer Zylinderfläche. Wir sollen uns jetzt auf der Zylinderfläche ein solches kleines Flächenstück hinausgeschnitten denken. Wenn ich jetzt in der Richtung der Achse des Zylinders fortgehe, so werden alle Normalen parallel miteinander sein; wenn ich senkrecht zur Achse fortgehe, so werde ich Normalen bekommen, welche eine gewisse Neigung haben.

Ich kann das hier vielleicht so versinnlichen: Ich will den Zylinder noch einmal zeichnen, und ich will jetzt einen Schnitt senkrecht zur Achse machen. Der Zylinder wird in einem Kreisbogen geschnitten, die Normalen werden konvergieren; und nun will ich die Kugel zeichnen vom Radius 1. Wenn ich jetzt zu diesen Radien Parallelen ziehe, so werden sie auf der Kugel einen Kreisbogen herausschneiden, hingegen wenn ich hier Parallele ziehe, werden alle in dieselbe Richtung fallen. Es wird ein Kreisbogen herausgeschnitten von der Fläche $f = 0$. Auch hier ist das Krümmungsmaß $f/F = 0$, weil f nur eine Linie, nicht eine Fläche ist. Auch bei der Zylinderfläche ist das Krümmungsmaß 0.

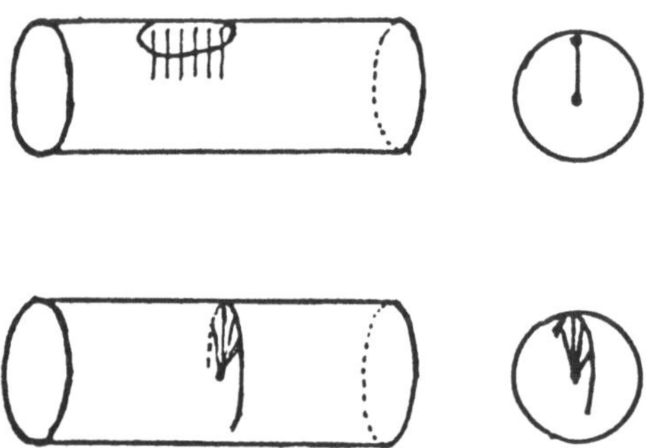

Wir wollen jetzt eine Kegelfläche betrachten. Ich will jetzt keine Figur mehr machen sondern nur so anzudeuten suchen. Wenn wir hier eine Fläche haben, und wenn wir in der Richtung der Achse fortgehen, so sind die Normalen parallel. Wenn ich durch das Zentrum der Kugel alle Parallelen ziehe, wird die Kugel nur in einem einzigen Punkte getroffen. Wenn ich hingegen normal zur Achse eine Kurve ziehe, werden die Normalen konvergieren, die verschiedenen Radien werden einen Kreisbogen herausschneiden. Auch bei der Kegelfläche werden wir genau dieselbe Figur bekommen, das Krümmungsmaß ist wieder 0, weil das keine Fläche sondern nur eine Kurve ist. Zylinder und Kegel sind Flächen, welche das Krümmungsmaß 0 haben.

Ich habe hier eine ellipsoidische Fläche. Diese Fläche hat überall eine von 0 verschiedene Krümmung, aber sie ist nicht an allen Stellen gleich. Wenn ich die Fläche an der Stelle betrachte, wo die Fläche sehr flach ist, und ich schneide dort ein kleines Flächenstück heraus und ziehe die Normalen zu jedem Punkte, so werden sie nur sehr kleine Winkel miteinander einschließen. Wenn ich zu jeder Normalen eine Parallele ziehe, so wird diese Fläche f nur ganz klein sein an dieser Stelle des Ellipsoids. Es wird das Verhältnis f/F auch sehr klein sein, die Krümmung ist eine sehr kleine. An der Spitze ist die Krümmung am größten; denn wenn ich da ein kleines Flächenstück F, welches ich immer gleich groß denke, herausschneide, so werden die Radien der Kugel viel mehr divergieren; f ist hier viel größer, das Krümmungsmaß ist viel größer. Daß die Krümmung an verschiedenen Stellen verschieden ist, sieht man wohl sofort ein.

Die Wichtigkeit dieses von Gauß eingeführten Krümmungsmaßes ist nur, daß man die Größe der Krümmung genau beurteilen kann.

Ich habe noch eine Gattung von Flächen. Das waren fünf Typen: die Ebene, die gar keine Krümmung hat; Zylinder und Kegel, die zwar für das Auge eine Krümmung haben, aber das Krümmungsmaß 0. Für die Kugel ist das Krümmungsmaß konstant, für das dreiachsige Ellipsoid überall verschieden.

Nun wollen wir noch eine sogenannte sattelförmige Fläche betrachten. Dieses Modell hier ist ein hyperbolisches Paraboloid , das ist das Modell einer solchen Fläche. Wir wollen uns den Punkt, welcher gerade in der Mittel des Sattels liegt, denken. Wenn wir hier ein Stück herausschneiden, werden sämtliche Normalen Winkel miteinander einschließen, aber es tritt doch ein wesentlicher Unterschied ein: Einige Normalen werden gegen das Auditorium zeigen, anderen entgegengesetzt. Es ist da die Richtung der Normalen nicht überall die gleiche. Sowohl bei der Kugel als auch beim Ellipsoid sind alle Normalen nach einwärts gerichtet, hier aber sind einige hinunter und einige hinauf gerichtet. Wenn ich eine solche Fläche ins Auge fasse – ich will sie da einigermaßen anzudeuten suchen – und wenn wir jetzt dahier ein Flächenelement ziehen, so konvergieren einige Normalen nach oben einige nach unten. Wenn ich also jetzt die Kugel vom Radius 1 denke, so muß ich die Normalen, welche nach unten konvergieren, in gleicher Richtung ziehen, die anderen Normalen aber muß ich in entgegengesetzter Richtung zie-

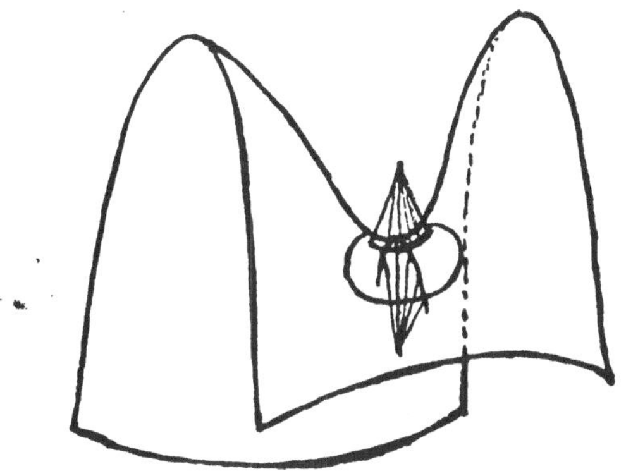

hen. Würde ich sie in der gleichen Richtung ziehen, so würde ich überhaupt gar kein Flächenstück bekommen. Ziehe ich sie auch herauf, so werden ebenfalls alle Durchschnittspunkte dieser Geraden mit der Kugel dann ein gewisses Flächenelement herausschneiden. Ich habe also hier auf der sattelförmigen Fläche ein Flächenelement F gezeichnet, auf der Kugel habe ich ein Flächenelement f. Der Quotient f/F ist dann das, was Gauß das Krümmungsmaß nennt. Auch hier ist wieder ein Krümmungsmaß vorhanden, aber Gauß sagt, daß die Krümmung negativ ist, die Krümmung wird als negativ bezeichnet. Wenn beide Krümmungen nach der gleichen Seite gehen, wird sie als positiv, sonst als negativ bezeichnet. Dieses hyperbolische Paraboloid hat eine negative Krümmung, und zwar an allen diesen Stellen. Also das ist ein Symbol einer Fläche mit negativer Krümmung.

Hier ist das Modell eines einschaligen Hyperboloids. Sie sehen, das hat auch negatives Krümmungsmaß, denn auch hier geht die eine Krümmung hinauf, die andere aber so herüber. Die einen Normalen werden so herüber, die anderen nach entgegengesetzter Richtung zeigen. Damit hat aber die Größe des Krümmungsmaßes nichts zu tun. Eine Fläche mit negativer Krümmung kann ganz genau dasselbe Krümmungsmaß haben wie eine Fläche mit positiver Krümmung, wenn nämlich der Quotient f/F für beide Flächen gleich ist. Nun, ich will da noch etwas bemerken; das kann man besonders an diesem Ellipsoid sehen. Wir wollen die Spitze betrachten. Durch die Spitze kann ich verschiedene Normalebenen zur Fläche legen: eine so, daß das Ellipsoid in der größten Ellipse geschnitten wird, und eine solche, daß es in der kleinsten durchschnitten wird. Durch jede dieser Normalen wird eine gewisse Schnittkurve erzeugt, und jede derselben wird eine gewisse Krümmung haben. Sie sehen sofort, daß wenn ich sie nach der größten Ellipse durchschneide, dann ist diese Krümmung am geringsten, wenn ich die Schnittebene mehr neige, wird die Krümmung immer kleiner, und wenn sie senkrecht steht, ist die Krümmung am kleinsten. Der eine Schnitt hat die größte, der andere die kleinste Krümmung. Diese beiden Schnitte sind die Hauptschnitte, und das Produkt der Krümmungen dieser beiden Hauptschnitte ist immer das, was Gauß das Krümmungsmaß genannt hat.

Für die Kugel sind diese Krümmungen immer gleich; durch jede Normalebene wird sie immer in gleichen Kreisen geschnitten, beide Krümmungen sind gleich. Für den Zylinder ist eine Krümmung 0. Die Schnittebene, welche die Achse enthält, schneidet nach einer Geraden, es ist gar keine Krümmung vorhanden; je mehr ich drehe, desto mehr nähert sich die Krümmung der 0, und das Produkt ist 0. Die Ebene senkrecht zur Achse schneidet in einem Kreise, das ist die größte Krümmung, je mehr ich neige, desto mehr nähert sich die Krümmung der 0. Es ist hiermit motiviert, daß diese Fläche auch die Krümmung 0 hat. Dasselbe ist beim Kegel der Fall, Die eine Normalebene schneidet auch hier nach einer Geraden. Bei diesen sattelförmigen Flächen ist das Charakteristische, daß die beiden Krümmungen entgegengesetzte Richtungen haben. Wenn Sie sich den tiefsten Punkt denken, und Sie denken sich eine horizontale Schnittebene, so schneidet sie in einer Kurve, welche ihre Krümmung gegen das Auditorium wendet; wenn ich um 90° drehe, geht die Krümmung gegen mich. Die beiden Krümmungen haben gerade entgegengesetzte Richtung, und dazwischen gibt es immer eine Lage, wo in einer Geraden geschnitten wird. Hier sind die Hauptkrümmungen entgegengesetzt gerichtet; das ist das Charakteristikum der negativen Krümmung. Es wird dadurch auch leicht verständlich, warum man die Krümmung mit negativem Zeichen versieht.

Immer, wenn etwas entgegengesetzt gerichtet ist, verwendet man das negative Zeichen. Die Abszissenachse ist nach der einen Seite positiv, nach der anderen negativ. Wir tragen die positiven Zahlen auf der einen, die negativen Zahlen nach der anderen Seite auf. Um ganz sinnlich zu sprechen, wenn das Quecksilber des Thermometers sich erwärmt, spricht man von positiven Graden, wenn das Quecksilber sich nach der anderen Seite bewegt, von negativen Graden. Auch die Bildweite bei Linsen kann positiv und negativ sein, je nachdem das Bild auf der einen oder anderen Seite liegt. Hier ist es auch so. Die eine Krümmung, die positive, geht nach der einen Seite, die negative nach der anderen Seite. Das Krümmungsmaß ist immer das Produkt der beiden Krümmungen; wenn die eine positiv, die andere negativ ist, dann ist das Krümmungsmaß negativ. Das Ellipsoid hat auch negative Krümmung. Dabei kann aber das Krümmungsmaß an verschiedenen Punkten noch ein verschiedenes sein. Hier beim Paraboloid z. B. ist das Krümmungsmaß an der tiefsten Stelle des Sattels am größten; wenn man sich davon entfernt, wird die Fläche sich immer mehr einer Ebene nähern, und in sehr großer Entfernung wird die Krümmung sehr klein. Die Fläche hat also eine negative Krümmung, welche aber an verschiedenen Stellen verschieden groß ist. Dasselbe ist auch der Fall beim Hyperboloid. Hier ist das Krümmungsmaß verschieden. In der Mitte ist das Krümmungsmaß am größten und wird dann immer kleiner. Dasselbe ist auch der Fall beim Ellipsoid. Diese drei Flächen haben variables Krümmungsmaß, hingegen haben Ebene, Zylinder, Kugel und Kegel konstantes Krümmungsmaß; und zwar die Ebene hat das Krümmungsmaß 0, der Zylinder und der Kegel ebenfalls. Die Kugel hat überall ein gleiches aber von 0 verschiedenes Krümmungsmaß. Diese Verhältnisse kann man durch die höhere Analysis noch viel klarer machen.

Ich weiß nicht, ob es mir in meinen kurzen Ausführungen gelungen ist, Ihnen das verständlich zu machen, ich habe es deshalb auch durch die Anschauung zu unterstützen gesucht. Sie werden hier doch einigermaßen sehen, was ein negatives Krümmungsmaß ist. Hier ist das Krümmungsmaß sehr klein, da ist es größer; hier ist ein positives Krümmungsmaß, welches immer gleich bleibt, dort ein positives Krümmungsmaß, welches sich aber immer ändert. Bei der Kugel ist ein positives Krümmungsmaß, welches überall gleich bleibt, und dann an drei verschiedenen Flächen ist das Krümmungsmaß 0. Nur eines habe ich Ihnen noch nicht vorgezeigt, nämlich eine Fläche von konstantem negativen Krümmungsmaß. Diese Fläche von konstantem negativen Krümmungsmaß nennt man die „pseudosphärische Fläche“, weil die Kugel (sphaera) die echte sphärische Fläche ist. Gerade diese pseudosphärischen Flächen, welche ein negatives konstantes Krümmungsmaß besitzen, dienen zur Veranschaulichung des nicht-euklidischen Raumes.

16. Vorlesung

19. Jänner 1904 Ich habe das letzte Mal einige Bemerkungen über die Krümmung der Flächen gemacht. Wir haben gesehen, was man da unter dem Krümmungsmaß zu verstehen hat. Wir können das Krümmungsmaß in zweierlei Weise definieren. Erstens in folgender Weise: Wir konstruieren an irgendeiner Stelle eine kleine Fläche auf dieser großen Fläche, wir heben daraus ein kleines Stück heraus. Den Flächeninhalt dieses kleinen Stückes bezeichnen wir mit F. Wir konstruieren dann eine Kugel vom Radius 1, und vom Zentrum dieser Kugel aus konstruieren wir Geraden, welche parallel sind zu allen möglichen Normalen, die man zu den verschiedenen Punkten des Flächenelements F ziehen kann. Alle diese Radien sollen auf der Kugel eine andere Fläche f herausschneiden. Der Quotient f/F ist dann das Krümmungsmaß. Wir können es auch noch in anderer Weise definieren: Wir nehmen irgendeinen Punkt der Fläche, z. B. den obersten Punkt und legen verschiedene Schnitte senkrecht zur Fläche. Jeder der Schnitte wird die Fläche in einer Kurve durchschneiden. Das mag eine solche Kurve sein, und das sei der Punkt A, durch welchen der Schnitt hindurchgeht. In der unmittelbaren Umgebung des Punktes A kann die Kurve wie ein Kreis betrachtet werden. Je stärker

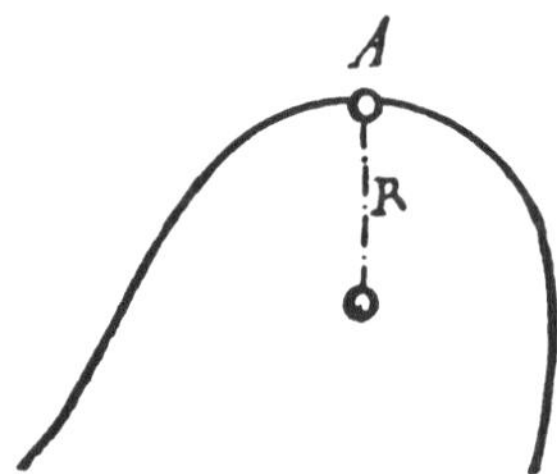

die Kurve gekrümmt ist, desto kleiner wird er; je flacher die Krümmung ist, desto größer wird er. Der Radius des Kreises A, B, heißt der Krümmungsradius; wir wollen ihn mit R bezeichnen. Wenn man jetzt durch denselben Punkt verschiedene Normalschnitte legt, so werden diese Kurven nicht immer gleich sein. Bei der Kugel werden alle diese Kurven gleich sein u. zw. sind es Kreise; bei anderen Flächen werden sie nicht gleich sein. Beim Ellipsoid ist die Kurve, wenn ich den Schnitt so mache, weniger stark gekrümmt; wenn ich ihn so mache, ist er stärker gekrümmt. Es werden da immer zwei aufeinander senkrechte Schnitte sein, wo die eine Krümmung am größten, die andere am kleinsten ist; diese beiden Krümmungsradien nennt man die Hauptkrümmungsradien und bezeichnet sie mit R_1 und R_2. Das reziproke Produkt der Krümmungsradien, $1/R_1R_2$, ist dann das, was man das Krümmungsmaß nennt.

Bei einer solchen Fläche, die nach derselben Seite gekrümmt ist, verläuft es sehr einfach. Bei der Zylinderfläche ist einer der Krümmungsradien unendlich groß, denn ein Schnitt schneidet in einer Geraden; die anderen schneiden in Kurven. Das Krümmungsmaß ist daher 0. Ebenso ist es bei der Kegelfläche. Ein

Schnitt schneidet auch da in einer Geraden, die anderen in Kurven. Das kleinste R hat einen gewissen Wert, das größte den Wert unendlich. Das sind Flächen, welche das Krümmungsmaß 0 haben.

Noch extremer ist es, wenn die beiden Krümmungen nach entgegengesetzten Seiten gehen. Wenn ich da Schnitte mache, so schneidet der eine Schnitt in einer Kurve, welche so hinüber geht, der andere in einer Kurve, welche so hinüber geht. Zuerst bekomme ich eine Kurve, welche so gekrümmt ist, und ich muß diejenige Kurve aufsuchen, welche die stärkste Krümmung hat, wo das R den kleinsten Wert hat. Diesen kleinsten Wert wollen wir R_1 nennen. Wenn ich den Schnitt drehe, werde ich endlich eine Ebene bekommen, welche in einer geraden Linie schneidet; dann ist die Krümmung 0; und dann bekomme ich Kurven, welche nach der entgegengesetzten Seite gekrümmt sind, dann bekomme ich einen kleinsten Krümmungsradius R_2. Das Krümmungsmaß ist auch $1/R_1, R_2$, aber es wird negativ bezeichnet. Also diese beiden Flächen wären Flächen mit negativem Krümmungsmaß.

Nun, wenn für alle Punkte der Fläche dieses Krümmungsmaß denselben Wert hat, so sagt man, die Fläche hat konstante Krümmung. Die Kugel ist die einfachste Fläche, welche konstante positive Krümmung hat; die Krümmung ist überall gleich und zwar positiv. Diese beiden Flächen haben überall negative Krümmung, aber sie ist nicht überall gleich; in der Mitte ist sie am größten, und je mehr ich vom Mittelpunkte weggehe, desto schwächer wird sie. Die Fläche geht ins Unendliche und im Unendlichen ist die Krümmung 0. Die Krümmung ist also variabel.

Man kann auch Flächen konstruieren, welche eine konstante negative Krümmung haben. Es sind das sehr eigentümliche Flächen; man kann das durch Rechnung finden. Die Differentialrechnung bietet Mittel, um die Gestalt solcher Flächen zu konstruieren. Es sind hier drei Modelle, welche ich der Güte Professor Müllers vom Polytechnikum verdanke. Diese Flächen wären alle negativ gekrümmt. Sie sehen sehr deutlich, daß die eine Krümmung so herüber, die andere so herüber geht. Die Flächen sind so modelliert, daß die Krümmung immer konstant ist. Wenn ich mich der Spitze nähere, so nähert sich die eine Krümmung zur Null, die andere aber wird um so viel größer, die Fläche ist so gemacht, daß das Produkt dasselbe bleibt. Die Oberfläche, welche zwischen diesen zwei Kreisen liegt, ist eine Fläche konstanter negativer Krümmung.

Nun, um darauf zu kommen, was für die Raumtheorie diese Krümmungslehre für eine Wichtigkeit hat, will ich noch die sogenannten kürzesten Linien erwähnen. Denkt man sich eine solche Fläche, und man hält zwei Punkte derselben fest, so kann man natürlich auf der Fläche selbst keine Gerade ziehen; aber es läßt sich eine Reihenfolge von Punkten hernehmen, welche auf dem kürzesten Wege von einem Punkte zum anderen führt. Eine solche Reihenfolge von Punkten nennt man eine kürzeste Linie oder auch eine geodätische Linie. Die Erdoberfläche ist bekanntlich keine Kugel, und die Entfernung zweier Punkte auf der Erdoberfläche wird immer durch eine solche kürzeste Linie gemessen: die kürzeste Linie auf einer Kugel ist immer ein größter Kreis. Beim Ellipsoid ist es komplizierter. Die kürzeste oder geodätische Linie vertritt das, was man in der Ebene eine gerade

Linie nennt. Man nennt sie auch loxotrome Kurve, weil man auf der Schiffahrt im Meere das Bestreben hat, mit den Schiffen in solchen kürzesten Linien zu fahren.

Wir wollen uns also jetzt ein solches zweidimensionales Wesen denken. Ich habe schon davon gesprochen, daß die Möglichkeit vorhanden ist, daß es Wesen gibt, die nur in zwei Dimensionen existieren. Der einfachste Fall wäre natürlich, daß das Wesen in einer Ebene leben würde, daß daher alle Raumpunkte, mit denen es in Berührung kommt und die irgendwelche Kräfte ausüben, genauso angeordnet sind, wie die Punkte in einer Ebene. Es würde für diese zweidimensionalen Wesen die ebene Geometrie, die gewöhnliche euklidische Geometrie, aber nur in der Ebenen, gelten. Es könnte aber eben so gut sein, daß alle Punkte, welche in Bezug auf dieses Wesen materielle Punkte wären, welche irgendwelche Wirkung, irgendwelche Kräfte auf das Wesen ausüben, daß alle in einer Kugelfläche angeordnet wären, und die Atome, aus denen das Wesen besteht, wären auch in einer solchen Kugel angeordnet. Das Wesen würde dann eine Geometrie haben, welche von der ebenen euklidischen Geometrie verschieden wäre; und wenn diese Kugel ungeheuer groß wäre, so würde in erster Annäherung die euklidische Geometrie gelten. Wenn das Wesen nicht in so weite Distanzen zu kommen in der Lage wäre, so würde es glauben, daß es die euklidische Geometrie zu konstruieren hat; erst durch Messung von sehr entfernten Punkten würde es konstatieren können, daß es sich nicht in einer Ebene sondern in einer Kugelfläche befindet.

Natürlich meine ich nicht, daß die Punkte, mit denen das Wesen in Wechselwirkung ist in einem dreidimensionalen Raume auf der Kugelfläche liegen, sondern ich meine, daß sie so angeordnet sind wie die Punkte auf einer Kugelfläche, also das übrige wäre nicht vorhanden, nicht innerhalb und nicht außerhalb. Ich habe deshalb erst den Farbenraum betrachtet, um einigermaßen klar zu machen, daß es möglich ist, daß Mannigfaltigkeiten von drei Dimensionen angeordnet sind in einem gewöhnlichen euklidischen Raume oder auch in einem anderen Raume. Es könnten auch alle die Eindrücke, welche dieses Wesen empfängt, in einem kugelförmigen zweidimensionalen Raume angeordnet sein. Es ist dann der Fall durchaus nicht denkbar, daß auch dreidimensionale Wesen in einem Raume leben würden, welcher nicht übereinstimmt mit dem euklidischen und welcher sich eben als ein nicht-euklidischer Raum herausstellt.

Natürlich kann der Raum, in dem wir leben, nicht erheblich abweichen von dem euklidischen Raume, sonst würden wir sofort durch Messungen das konstatieren können; wir hätten dann nicht die Anschauung des euklidischen, sondern des nicht-euklidischen Raumes. Innerhalb sehr großer Dimensionen wäre unser Raum ein euklidischer Raum; wenn man aber auf viel größere Dimensionen geht, könnte es sein, daß er vom euklidischen Raum abweicht.

Nun, als Hauptcharakteristikum des Raumes habe ich hervorgehoben, daß ein starrer Körper sich darin beliebig herumbewegen läßt, ohne daß die Entfernung irgend zweier Punkte sich irgendwie ändert. Unter einem starren Körper verstehe ich ein System starr verbundener Punkte. Wenn wir überhaupt konstatieren wollen, welche Eigenschaften ein Raum haben muß, so müssen wir immer prüfen, ob es in der betrachteten Mannigfaltigkeit von drei Dimensionen möglich ist, einen starren Körper ohne Veränderung der Entfernungen aller seiner Punkte herumzubewegen. Nun, es ist das eine sehr komplizierte analytische Untersuchung in einem Raume von drei Dimensionen.

In einem Raume von zwei Dimensionen können diese analytischen Untersuchungen unmittelbar veranschaulicht werden. Natürlich ist auch in dem Raume von zwei Dimensionen die Untersuchung eine sehr komplizierte; man braucht die Rechnung aber nicht durchzuführen; man kann es direkt veranschaulichen, und das Resultat ist, daß auf allen Flächen, bei denen das Krümmungsmaß konstant ist, eine Fläche herumbewegt werden kann, ohne daß sich die Entfernungen je zweier Punkte verändern. Unter Entfernung verstehen wir da nicht die gradlinige sondern die nach kürzesten Linien gemessene Entfernung. Man kann ein solches Flächenstück auch auf eine andere Fläche von der gleichen konstanten Krümmung übertragen; es findet dasselbe statt; ohne daß sich die kürzesten Abstände je zweier Punkte ändern, kann die Fläche wieder angelegt werden.

Man kann das z. B. direkt zeigen. Ich habe da ein Stück einer Ebene, ein ebenes Blatt Papier; das kann auf eine Ebene aufgelegt und beliebig hin und her geschoben werden. Es kann aber auch auf jede Fläche mit dem Krümmungsmaß 0 aufgelegt werden. Ich habe hier eine Zylinderfläche, da ist das recht anschaulich. Ich kann das Papier vollständig herumwickeln, ich kann es herumbewegen; es verändert sich die kürzeste Entfernung niemals, sie ist immer so groß, wie die Entfernung in der Ebene war, weil eben auch diese Fläche das Krümmungsmaß 0 hat. Auch auf der Kegelfläche gilt das; auch hier kann ich das Papier so anlegen und beliebig herumschieben; dagegen kann ich dies auf einer anderen Fläche nicht tun. Es ist bekannt, daß eine solche ebene Fläche nicht auf eine Kugel angelegt werden kann, es faltet sich und die kürzesten Entfernungen verändern sich vollständig. Wenn ich aber ein Blatt hätte, welches kugelförmig gekrümmt wäre, könnte ich es beliebig hin und her bewegen. Eine solche Mannigfaltigkeit, welche die Eigenschaften einer solchen Kugelfläche hat, ist auch als Raum tauglich; sie hat die Eigentümlichkeit, daß man ein beliebiges Stück beliebig hin und herschieben kann, ohne daß sich die kürzesten Entfernungen verändern. Das würde aber nicht gelten beim dreiachsigen Ellipsoid. Wenn ich ein Blatt hätte, welches an einer Stelle anliegt, z. B. an der am stärksten gekrümmten Stelle, und ich würde es hinüberbewegen, so würde es an der Fläche nicht mehr anliegen; entweder müßte es aus der Fläche heraustreten, oder es müßten sich die kürzesten Entfernungen verändern. Eine Mannigfaltigkeit von zwei Dimensionen, wo die Entfernung durch dieselbe Formel gegeben ist wie beim dreiachsigen Ellipsoid, würde nicht der Bedingung genügen, daß sich Körper oder Flächen darauf verschieben lassen, ohne daß sich die kürzesten Entfernungen verändern. Wenn wir nun in zwei Dimensionen leben würden und wenn wir da diese Untersuchung machen würden, und wir würden prüfen, wie diese Mannigfaltigkeit von drei Dimensionen beschaffen sein muß, damit sich starre Körper ohne Änderung der Entfernungen verschieben lassen, so würden uns da die Kugel, der Zylinder, die Ebene vollkommen geeignet erscheinen, aber das dreiachsige Ellipsoid nicht mehr. Auf der Kugel würde eben der Fall eintreten, daß die kürzesten Linien – es sind die größten Kreise – an Stelle der geraden Linien treten würden.

Wenn ich außerhalb des Punktes einen zweiten größten Kreis ziehe, so kann ich keinen ziehen, welcher den ersten niemals schneidet. Wenn ich eine Linie habe, welche für mich eine Gerade ist, und einen Punkt außerhalb derselben, so könnte ich Linien ziehen, welche sich in immer größerer Entfernung schneiden; gehe ich aber so hinüber, so schneiden sie auf der anderen Seite; aber keine ist, die nicht schneidet. Das ist also der Raum, den wir den elliptischen oder sphärischen genannt haben. Das ist eine Gattung nicht-euklidischer Räume. Die andere Gattung ist die, wo mehrere Geraden möglich sind, die nicht schneiden. Das Analogon in zwei Dimensionen, das kann man nur herstellen auf dieser pseudosphärischen Fläche von konstanter negativer Krümmung. Auf diesen beiden Flächen läßt sich das nicht darstellen, denn hier ist das Krümmungsmaß nicht konstant. Wenn ich hier eine Fläche anlege und verschiebe, so verändern sich die Entfernungen; die wesentlichste Grundbedingung, daß sich starre Körper beliebig verschieben lassen, ohne daß sich die Entfernungen ändern, ist hier nicht erfüllt. Dagegen ist das erfüllt bei Flächen von konstanter negativer Krümmung. Ich habe hier ein Bleiblech machen lassen, welches sich einigermaßen anlegt; genau läßt es sich nicht zeigen; es liegt so ziemlich immer an. Ich kann es beliebig hin- und herschieben; wenn ich es immer andrücke, bleibt es immer anliegend. Freilich ist das Blei weich, und wenn ich zu stark drücke, komme ich in den Verdacht, daß ich es durch den Druck deformiere. Man hat auch Bleche aus Kupfer und Messing; das ist natürlich noch eklatanter; die lassen sich viel schwerer deformieren. Hier ist aber kein solches Blech vorhanden gewesen, es wäre zu schwierig, die Bleche aus Kupfer herzustellen. Wenn die Fläche aus einem härteren Metall, z. B. aus Eisen, hergestellt wäre, könnte man ein Messingblech anhämmern und in diese Form bringen; aber an Gips läßt sich das nicht machen. Nun, das ist eine solche Fläche, die sich hier anschließt; ich kann sie auch da herüber führen, sie bleibt so ziemlich anschließend. Ich kann sie auch drehen; das ist wohl gefährlicher, aber es geht auch, das Blech läßt sich drehen, es bleibt immer anschließend.

Natürlich kann man aber den dreidimensionalen sphärischen oder pseudosphärischen Raum nicht zur Anschauung bringen; das wäre ein ganz vergebliches Bestreben, ihn wirklich zur Anschauung bringen zu wollen. Man kann nur gewisse zweidimensionale Analogien feststellen. Weil wir uns in einem dreidimensionalen Raume befinden, kann man ihn nicht zur Anschauung bringen, aber man kann ihn analytisch darstellen. Ich meine nicht, daß ich hier den dreidimensionalen nicht-euklidischen Raum veranschaulicht hätte; ich hätte etwas Unmögliches getan, ich habe da nur Analogien zu geben versucht, wie man sich das vorzustellen hat. Aber einen solchen Raum kann man analytisch darstellen. Man denkt sich drei Zahlen x, y, z und wählt für s die passendste Definition. Die eine Terne ist x, y, z die andere $x+\xi$, $y+\eta$, $z+\zeta$, und das s denkt man sich als Funktion von diesen Größen: x, y, z, ξ, η, ζ. Man kann sich da die Aufgabe stellen, welche Funktion muß das sein, damit ein starrer Körper ganz unverändert hin- und hergedreht werden kann. Man kann die Aufgabe für drei Dimensionen analytisch geradesogut lösen wie für zwei Variable, und für zwei Variable kann man sich die Lösung auch veranschaulichen. Das sind solche Modelle, welche dazu dienen. Es ergibt sich da, daß das Krümmungsmaß konstant sein muß. Für drei Variable ergibt sich ein ähnlich gebauter Ausdruck, welchen man dann auch die Krümmung des betreffenden Raumes nennt. Man nennt den gewöhnlichen euklidischen Raum auch einen ebenen Raum; das ist auch ein gewisser Widerspruch in der Beziehung; unter Ebenen versteht man etwas Zweidimensionales, man erlaubt sich aber, das Wort zu übertragen; hingegen den sphärischen oder elliptischen dreidimensionalen nicht-euklidischen Raum nennt man den Raum mit konstanter positiver Krümmung, den anderen den Raum mit konstanter negativer Krümmung.

Nun, ob diese Untersuchungen irgendeinen praktischen Wert haben, will ich natürlich ganz dahingestellt sein lassen; es ist sogar wahrscheinlich, daß sie keinen praktischen Wert haben; aber es ist doch sehr wichtig, alle diese Beziehungen und Zahlenrelationen kennen zu lernen; Aber sie haben auch einen wichtigen erkenntnistheoretischen Wert insoferne, als sie beweisen, daß wir nicht durch irgendeine a prioristische Erkenntnis dazu gelangen, daß unser Raum euklidisch ist, weil wir aus Zahlen einen nicht-euklidischen Raum in Gedanken konstruieren können. Wir können ihn zwar nicht anschaulich machen, aber wir können ihn in Gedanken konstruieren und können einsehen, daß wenn die Abweichungen vom euklidischen Raum so gering wären, daß sie erst in Siriusfernen zur Geltung kommen würden, so würden wir nichts bemerken; wir würden uns den Raum euklidisch vorstellen; durch Messung an Sternen könnten wir aber doch konstatieren, daß der Raum nicht euklidisch ist. Ich glaube eben, daß die Anschauung als solche da nicht mitzusprechen hat; durch die Anschauung können wir nie etwas beweisen, geradeso, wie man früher nicht geglaubt hat, daß die Erde eine Kugel ist, weil die Anschauung lehren würde, daß die Erde eben ist; man meint, sie kann sich nicht drehen. Also die Anschauung muß erst geprüft werden, es muß geprüft werden, woher sich diese zwingenden Anschauungen gebildet haben, welche empirischen Tatsachen da zugrunde liegen, daß diesen empirischen Tatsachen andere mathematische Tatsachen genügen, müßte sich die Anschauung daran gewöhnen.

Nun, ich halte diese Fälle nicht für wahrscheinlich, aber es wäre möglich, daß durch Messungen von Sternen konstatiert würde, daß der Raum nicht-euklidisch ist. Es ist vollständig denkbar, daß das der Fall wäre; dann müßte sich die Anschauung akkomodieren. Zuerst konnten es sich nur wenige Menschen vorstellen, daß die Erde sich dreht; jetzt hingegen kann es sich jeder vorstellen, es macht dies keine Schwierigkeiten mehr, wenigstens den gebildeten Menschen. Also die Anschauung sind solche unterbewußten Schlüsse, die man aus sehr häufig vorhandenen Erfahrungen macht und welche ganz zwingend werden, welche man sich aber abgewöhnen kann.

Nun, ich will da noch eine Bemerkung machen, welche Sie natürlich leicht einsehen werden. Diese Untersuchungen, welche man da macht, sind natürlich nicht daran geknüpft, daß man nur drei Variable festhält, man kann sie auf 4, 5 und mehr Variable ausdehnen. Man kann sich auch Mannigfaltigkeiten von vier Zahlen (Zahlenquaternen) denken, und man kann dann ganz analoge Konstruktionen ausführen. Da hat man gar keine Schwierigkeit mehr. Man kann sich auch eine zweite Zahlenquaterne $x + \xi$, $y + \eta$, $z + \zeta$, $u + \nu$ denken und man kann sich zunächst die Entfernung durch diejenige Funktion darstellen, welche im gewöhnlichen euklidischen Raume gilt. $s = \sqrt{\xi^2 + \eta^2 + \zeta^2 + \nu^2}$, das sei die Entfernung. Man kann sich dann einen beliebigen Inbegriff von solchen Entfernungen denken, man kann sich alle möglichen Zahlenquaterne denken und zwischen je zwei Quaternen die Entfernung. Man kann sich aber auch dann einen vierdimensionalen nicht-euklidischen Raum denken, man kann sich das s durch eine andere Funktion dargestellt denken, welche mit dieser Funktion ganz analog ist. So kann man sich vierdimensionale nicht-euklidische Räume konstruieren. Diese Vorstellung eines vier- oder mehrdimensionalen Raumes ist schon äußerst nützlich geworden sowohl für die Geometrie als auch für physikalische Probleme; es kommt ja da so oft vor, daß man die gegenseitigen Verhältnisse dreier Variablen sich veranschaulichen will; dazu ist unser gewöhnlicher Raum sehr bequem; die drei Variablen sind dann die drei Koordinaten. Wenn man die Idee eines solchen vierdimensionalen Raumes gefaßt hat, kann man manche Sätze, welche für die Beziehungen von vier Variablen gelten, viel besser darstellen; man sieht sie leichter ein. Man stellt sich, wie Hertz es getan hat, vor, daß man sich sämtliche Koordinaten aller Punkte eines Körpers in einem 3n-dimensionalen Raume darstellen kann. Man kann alle Eigenschaften eines solchen vierdimensionalen Raumes gerade so darstellen wie beim dreidimensionalen Raume. Also wir haben z. B. gesehen, wenn man $x^2 + y^2 + z^2$ konstant gleich a^2 setzt, so bekommt man eine Kugel im gewöhnlichen Raume; wenn $x^2 + y^2 + z^2 + u^2 = a^2$ setzt, so bekommt man das, was man eine Kugelfläche in einem vierdimenisonalen Raume nennt. Wenn man alle Punkte ins Auge faßt, für welche das x zwischen 0 und a liegt, das y zwischen 0 und b und das z zwischen 0 und c, bekommt man ein Parallelepiped im dreidimensionalen Raume. Setzt man analog u zwischen 0 und d fest, so bekommt man ein Parallelepiped im vierdimensionalen Raume. Ich kann da nicht weit eingehen; das sind einfache Analogien, aber man kann zu viel komplizierteren Sätzen übergehen.

So ist es z. B. bekannt, daß im dreidimensionalen Raume nur diese fünf regelmäßigen Körper existieren, welche ich hier habe. Ein regelmäßiges Polygon wird als solches bezeichnet, welches lauter gleiche Seiten und lauter gleiche Winkel hat. Wenn es nur drei gleiche Seiten hat, so ist es ein regelmäßiges Dreieck, wenn es vier Seiten hat: ein Quadrat, wenn es fünf Seiten hat: ein regelmäßiges Fünfeck usw. Nun, ein Körper, welcher von lauter regelmäßigen Polygonen begrenzt ist, heißt ein regelmäßiger Körper, und zwar müssen alle Polygone untereinander gleich sein. Es gibt drei Körper, welche von regelmäßigen Dreiecken begrenzt sind: 1.) das Tetraeder, welches von vier gleichseitigen Dreiecken begrenzt ist; 2.) das Oktaeder, welches von acht, und 3.) das Ikosaeder, welches von zwanzig gleichseitigen Dreiecken begrenzt ist. Von Quadraten kann nur ein einziger Körper begrenzt sein, nämlich der Würfel. Von regulären Fünfecken ist das Pentagonaldodekaeder begrenzt. Das sind die fünf regulären Körper, welche es in drei Dimensionen gibt.

Man kann da die Frage aufwerfen: Gibt es solche regulären Körper auch im vierdimensionalen Raume? Es müßte ein regulärer Körper im vierdimensionalen

Raume notwendig von lauter Tetraedern begrenzt sein, denn die Begrenzung eines vierdimensionalen Körpers ist immer ein dreidimensionaler, – das, was wir schon einen Körper genannt haben. Er könnte nur von Körpern begrenzt sein. Er könnte begrenzt sein von lauter Tetraedern, von lauter Oktaedern, von lauter Ikosaedern, von lauter Würfeln oder von lauter Dodekaedern. Das ist schon ein Frage, die man von vornherein nicht so leicht beantworten kann. Gibt es überhaupt im vierdimensionalen Raume solche regulären Körper, und welche gibt es da? Diese Frage kann man aber analytisch darstellen. Es ist das berechnet worden, und ich habe hier einige Modelle, wo ich Ihnen das zeigen kann. Ich kann Ihnen nicht einen vierdimensionalen Raum zeigen, aber die Zentralprojektion. Diese Tetraeder können wir zentral auf eine Ebene projizieren. Es wird dieses Dreieck erscheinen, es wird so aussehen; das ist die Basis und die Spitze wird in der Mitte erscheine. Das eine Dreieck erscheint da in seiner natürlichen Gestalt, die anderen verzerrt. Das sind die vier Dreiecke, welche die zentrale Projektion eines Tetraeders auf eine Ebene darstellen. Wenn ich einen Würfel zentral projiziere, so wird das so ausschauen: dies eine Quadrat wird groß sein. Wenn ich den Würfel aus ziemlicher Nähe anschaue, so wird die eine Fläche ziemlich groß sein, die anderen erscheinen darin aber kleiner. Die Seitenflächen werden sich in solche Trapeze verwandeln. Das ist die Zentralprojektion eines solchen Würfels. Zwei Quadrate erscheinen wieder als Quadrate, die vier anderen als Trapeze.

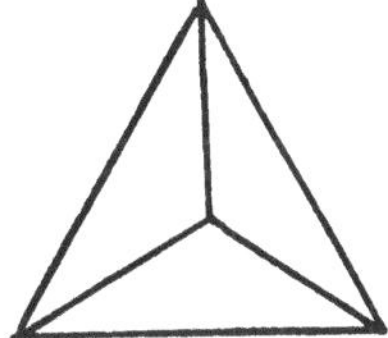

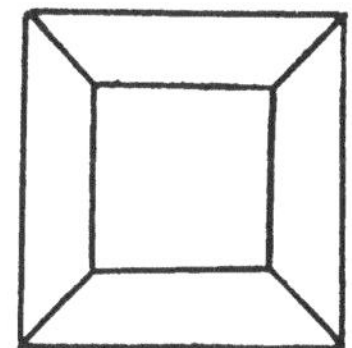

Nun, bei einem vierdimensionalen Körper tritt an die Stelle der Ebene ein dreidimensionaler Raum. Ich kann da wieder von einem Punkte aus den ganzen vierdimensionalen Körper auf einen dreidimensionalen Raum projizieren, und diese Projektion auf einen dreidimensionalen Raum kann ich zeichnen. Es sind das natürlich schon Körper, wie hier die Zentralprojektionen Flächen sind. Ich habe hier einige Modelle. Es gibt also wirklich einen vierdimensionalen Körper, welcher von dreidimensionalen begrenzt ist. Das Modell ist sehr zart ausgeführt; es ist das ein Tetraeder; die eine Fläche ist in der Mitte, sie ist begrenzt von fünf Tetraedern. Das ist die zentrale Projektion eines vierdimensionalen Würfels; Sie sehen, da hat man darinnen einen kleinen und draußen einen größeren Würfel, geradeso, wie ich es hier gezeigt habe; die anderen Würfel degenerieren in abgestumpfte Prismen. Es sind acht solcher Würfel notwendig. Es wird also auch einen vierdimensionalen Körper geben, welcher von acht Würfeln begrenzt ist.

Man kann sich das sofort klarmachen, denn wir haben ja in einem vierdimensionalen Raum vier Koordinatenachsen, im dreidimensionalen Raume drei. Der Würfel entsteht durch je zwei Ebenen, welche auf einer Koordinatenachse senkrecht stehen; im dreidimensionalen Raume erhält man sechs Quadrate, im vierdimensionalen Raume acht Würfel, welche ihn begrenzen. Nun gibt es aber noch kompliziertere Körper; es ist hier ein Verzeichnis derselben, ich weiß die komplizierteren nicht auswendig. Es gibt noch ein Sechzehnzell, welches durch sechzehn Tetraeder begrenzt ist. Dann gibt es noch ein Hundertzwanzigzell, welches durch hundertzwanzig Dodekaeder begrenzt ist; da habe ich kein Modell davon. Dann gibt es noch ein Sechshundertzell, welches von nicht weniger als sechshundert Tetraedern begrenzt ist; im vierdimensionalen Raume können sechshundert Tetraeder ebenfalls einen regulären Körper begrenzen. Da ist noch ein Modell, es ist das Vierundzwanzigzell, welches von vierundzwanzig Oktaedern begrenzt ist. Sonst ist aber wieder kein regulärer Körper in dem Raume von vier Dimensionen möglich.

Man kann alle diese Körper durch Rechnung genau bestimmen und ihre Projektion in einen dreidimensionalen Raume – die Projektion ist beliebig, wir haben hier die zentrale Projektion – zunächst darstellen. Es zeigt also das, wie weit die Macht der Rechnung geht; sie geht entschieden über die Anschauung hinaus, durch die Anschauung könnte man sich keine Idee von einem so komplizierten Körper machen, aber durch die Rechnung läßt es sich verfolgen. Statt der Ternen braucht man nur Quaternen anzuwenden; die Entfernung je zweier Punkte läßt sich durch Rechnung darstellen, alles läßt sich durch Gleichungen und Ungleichungen konstruieren. In der Technik ist noch ein komplizierteres Modell; das ist aber so schwierig zu handhaben, daß Professor Müller es mir nicht anvertraut hat.

17. Vorlesung

25. Jänner 1904 Nun, meine Damen und Herren, wenn Sie glauben, daß wir mit der philosophischen Analogie des Raumes zu Ende sind, so täuschen Sie sich da. Ich habe bisher nur eine einzige Seite dieser Analogie betrachtet, nämlich die analytische Methode der Behandlung. Es wurde diese analytische Methode der Behandlung bekanntlich von einem Philosophen erfunden, nämlich von Descartes. Es ist das eine außerordentlich großartige Methode; sie hat den Vorteil, daß man das gesamte Gebäude der Mathematik herstellen kann, und mittels dieser mathematischen Begriffe kann man sich den Raumbegriff konstruieren. Man kann da auch möglichst objektiv, möglichst getrennt von der sinnlichen Erfahrung arbeiten, weil diese mathematischen Begriffe als etwas ganz Disparates von der gewöhnlichen Raumvorstellung erscheinen. Es hat aber das doch den Nachteil, daß man nicht direkt auf die räumlichen Begriffe eingeht und daß man eine große Menge von Erfahrungen, eine ganze Summe von Erfahrungen als bekannt voraussetzt; alle diese Zählerfahrungen müssen als bekannt vorausgesetzt werden. Es gibt dann noch eine zweite Methode der Analyse des Raumbegriffs, und das ist die rein synthetische Methode, die sogenannte Geometrie der Lage, geometria situs. Man arbeitet nicht mit so bedeutenden Mitteln als bei der analytischen Geometrie, aber diese Methode hat auch ihre Vorzüge, sie hat, möchte ich sagen, den Vorzug, daß sie rein geometrisch bleibt, daß sie durchaus nichts fremdartiges hineinzieht; die Geometrie wird aus sich selbst entwickelt. Es hat auch den Vorteil, daß man eigentlich gar keiner mathematischen Apparate bedarf. Später freilich, werden dann Hilfsmittel der Mathematik zugezogen, aber zur Grundlegung bedarf es keines mathematischen Apparates. Man könnte also meinen, daß die ganze Theorie ungemein leicht verständlich wäre; aber das ist gerade nicht der Fall; gerade diese Theorie ist außerordentlich schwierig durchzuarbeiten. Diese Theorie stellt sich ja zur Aufgabe, wirklich die allereinfachsten Vorstellungen zu analysieren, welche unserem Raumbegriffe zugrunde liegen, und zwar wieder von rein logischem Standpunkte, also nicht ausgehend von der direkten räumlichen Erfahrung. Es werden zunächst bloße Begriffe hingestellt, und es wird nicht gesagt, daß man sich da räumlich etwas vorstellt. Das hat es also gemein mit der analytischen Methode. Geradeso haben wir uns in der analytischen Methode auch bloße Zahlenterne gedacht und haben durchaus nicht gesagt, daß das geometrische Punkte wären; so haben wir auch hier ganz abstrakte Begriffe. Es ist das natürlich eine Verfeinerung der Methode, welche schon Euklid eingeschlagen hat; schon Euklid hat sich ja die Aufgabe gestellt, aus den einfachen geometrischen Begriffen alle übrigen zusammengesetzten abzuleiten. Aber in der Geometrie der Lage da verfeinern wir diese Methode noch und suchen da alle Annahmen aufzudecken. Wir gehen aber nicht wie Euklid von räumlichen Erfahrungen aus und suchen die verschiedenen Begriffe ganz abstrakt darzustellen, und dann durch rein logische Entwicklungen den Raum zu gewinnen. Während wir also bei der analytischen Methode die gesamten Begriffe der Mathematik als bekannt voraussetzen und den Raum auf mathematischer Grundlage entwickeln, so setzen wir hier nur die Gesetze der Logik als bekannt voraus und suchen den Begriff des Raumes aus rein logischen Begriffen zu addieren. Man glaube nicht, daß das gerade noch schwieriger ist. Die Mathematik haftet an gewissen sinnlichen Zeichen (Buchstaben, Rechnungsoperationen); aber sie schweben rein in der Luft, man hat gar keine Grundlage. Aber ich glaube, daß diese Methode noch Vorzüge hat vor der analytischen. Es ist die reinste und einfachste Methode, nach der man die Raumgesetze deduzieren kann. Ich kann da natürlich keine Vorlesung über die geometria situs halten, aber ich will versuchen, gewissermaßen beispielsweise Ihnen einen Begriff zu geben, wie man in dieser Weise da schließt. Also man muß alles definieren, und die Beziehungen, welche man festsetzt, muß man alle vorher klar und deutlich aussprechen; da müssen sich dann die weiteren ergeben.

Wir nehmen also da an, daß es dreierlei Gattungen von Dingen gibt. Wir sprechen da nicht aus, daß wir uns geometrische Vorstellungen machen, wir machen uns irgendwelche allgemeinen Vorstellungen. Die Namen wollen wir aber gleich der Geometrie entlehnen. Die einen dieser Dinge nennen wir „Punkte", um gleich den geometrischen Namen zu haben. Wir bezeichnen die Punkte immer mit den großen lateinischen Buchstaben A, B, C, ... das sollen Punkte sein. Außer diesen Punkten soll es noch eine andere Mannigfaltigkeit von Dingen geben, die wir „Gerade" nennen. Wir bezeichnen die Geraden mit den kleinen lateinischen Buchstaben a, b, c ... Und dann soll es noch eine dritte Gattung von Dingen geben, welche wir „Ebenen" nennen. Wir werden sie mit den griechischen Buchstaben α, β, γ ... bezeichnen. Nur diese verschiedenartigen Dinge, welche wir da postulieren, stehen in gewissen Relationen, und diese Relationen müssen zunächst definiert werden. Es gibt also da Axiome, welche wir die Axiome der Verknüpfung nennen. Dies ist die erste Gattung von Axiomen, welche uns die Verknüpfung dieser verschiedenen Dinge angeben. Da müssen wir zunächst von den Geraden sprechen. Also unter einer Geraden verstehen wir immer einen Inbegriff von Punkten. Eigentlich sollte ich sagen: Unter einem Dinge zweiter Gattung verstehen wir einen Inbegriff von Dingen erster Gattung. Es wäre noch logischer, wenn ich diese Namen „Punkt", „Gerade", „Ebene" nicht anwenden würde, weil sie schon einen geometrischen Beigeschmack haben. Aber es ist etwas kompliziert und schwerfällig, wenn man immer sagt: ein Ding erster, zweiter oder dritter Gattung. Wir wollen die Dinge erster Gattung als Punkte, die Dinge zweiter Gattung als Geraden, die Dinge dritter Gattung als Ebenen ansprechen, ohne daß wir aber mit diesen Bezeichnungen präjudizieren, daß wir darunter eine geometrische Vorstellung haben.

Nun, um wieder auf das zurückzukommen; ich will mich dieser Ausdrucksweise bedienen: Eine Gerade ist ein Inbegriff von Punkten, und zwar sind mindestens zwei Punkte notwendig. Wir werden später in den verschiedenen Axiomen deduzieren, daß jede Gerade unendlich viele Punkte hat, aber das wollen wir nicht voraussetzen, das folgt erst später aus den verschiedenen Voraussetzungen. Wir wollen vorläufig nur voraussetzen, daß jede Gerade mindestens zwei, im allgemeinen mehr Punkte hat. Das will ich als das erste Axiom der Verknüpfung bezeichnen. Dann das zweite Axiom der Verknüpfung ist, daß irgend zwei Punkte immer eine Gerade bestimmen, wenn sie voneinander verschieden sind. Eigentlich sollte ich sagen: Irgend zwei Dinge erster Gattung bestimmen immer ein Ding zweiter Gattung. Das ist das zweite Axiom der Verknüpfung. Es gibt nicht zwei Punkte, die gar keine Gerade bestimmen würden. Das nehmen wir als ausgeschlossen an. Dann das Umgekehrte ist, daß jede Gerade durch beliebige zwei Punkte immer bestimmt ist. Also das ist das dritte Verknüpfungsaxiom. Das ist also so: Nehmen wir an, eine Gerade, welche durch die Punkte A und B bestimmt ist, die hat einen dritten Punkt C; so ist sie auch bestimmt durch diese Punkte A und C; es ist nicht möglich, daß B und C, welche wieder eine Gerade bestimmen, eine andere Gerade bestimmen. Die Gerade, welche durch B und C bestimmt ist, muß wieder dieselbe sein. Je zwei Punkte dieser Geraden bestimmen wieder nur dieselbe Gerade und zwar nur eindeutig. Es sind da verschiedene Ausdrucksweisen zu erwähnen: Statt zu sagen: diese beiden Punkte bestimmen eine Gerade, sagt man auch: jeder der beiden Punkte liegt auf der Geraden. Das ist eine andere Ausdrucksweise desselben Dinges. Man kann auch sagen: die drei Punkte liegen auf *einer* Geraden. Man sagt: wenn die beiden Punke A und B auf einer Geraden liegen und A und C liegen auf derselben Geraden, so müssen B und C auch auf derselben Geraden liegen. Man sagt auch, die Gerade geht durch diesen Punkt hindurch, sobald ein Punkt dieser Geraden angehört. Also diese drei Axiome bilden die Verknüpfung zwischen den Dingen zweiter Gattung und den Dingen erster Gattung. Nun kommen die Axiome, welche die Dinge dritter Gattung mit den Dingen erster Gattung verknüpfen. Wir bekommen da das vierte Axiom der Verknüpfung. Das geht dahin, daß die Ebenen auch wieder gewisse Inbegriffe von Punkten sind, welche dann näher zu schildern sind. Wie gesagt: eine Gerade hat mindestens zwei Punkte, eine Ebene, die hat mindestens drei Punkte, die nicht alle drei in derselben Geraden liegen. Wir wissen, was das heißt: sie liegen nicht in derselben Geraden; diese drei Punkte A, B, C müssen so sein, daß die Punkte A und B eine andere Gerade bestimmen als die beiden Punkte A und C, und auch die Punkte B und C müssen dann eine andere Gerade bestimmen. Das ist das vierte Verknüpfungsaxiom, welches sich auf die Ebene bezieht. Eine Ebene hat mindestens drei Punkte, die aber nicht in einer Geraden liegen. Da schließen sich wieder zwei Analoge an. Da ist das fünfte Verknüpfungsaxiom; es lautet: Wenn beliebige drei Punkte nicht in einer Geraden liegen, bestimmen sie jedesmal eine Ebene. Wenn irgend drei Punkte A, B, C gegeben sind, welche natürlich alle drei voneinander verschieden sind, und ich weiß, sie gehören nicht derselben Geraden an, so bestimmen sie immer eindeutig eine Ebene. Das ist das fünfte Verknüpfungsaxiom. Dann das sechste Verknüpfungsaxiom ist wieder das Umgekehrte davon. Die Ebene ist durch drei beliebige ihrer Punkte, so bald dieselben nicht in einer Geraden liegen, immer eindeutig bestimmt. Das ist natürlich die Umkehrung von I.3). Wenn ich z. B. irgendwelche Punkte A, B, C, D, E habe, welche alle nicht in einer Geraden liegen, so werden also die drei A, B, C eine Ebene bestimmen. Die drei Punkte A, B, D werden dann wieder eine Ebene bestimmen; sie können eine andere oder sie können auch dieselbe Ebene bestimmen; dann liegen sie alle auf einer und derselben Ebene, und dieselbe Ebene geht durch alle diese Punkte hindurch. Nehmen wir an, daß die Punkte A, B, E alle auch dieselbe Ebene bestimmen, auch auf ihr liegen, dann werden die Punkte C, D, E natürlich wieder eine Ebene bestimmen; das kann aber keine andere sein, das muß wieder die gleiche Ebene sein. Drei beliebige Punkte der Ebene, wenn sie nicht in einer Geraden liegen und wenn jeder vom anderen verschieden ist, bestimmen immer eine Ebene. Dazu kommt dann ein Axiom, welches sich bezieht auf die Lage von Geraden und Ebene. Dieses Axiom wollen wir als das siebente Verknüpfungsaxiom bezeichen. Das sagt uns aus, daß wenn zwei Punkte einer Geraden in einer Ebene liegen, daß dann alle Punkte dieser Geraden auch in der Ebene liegen. Also geometrisch ist das unmittelbar evident, aber es wird hier besonders hervorgehoben. Wenn man das nicht annimmt, bekommt man nicht alle Axiome heraus. Wenn zwei voneinander verschiedene Punkte in einer Ebene liegen, dann liegen alle in dieser Ebene. Dann kommt das achte Verknüpfungsaxiom hinzu, welches sich auf zwei Ebenen bezieht. Das ist besonders merkwürdig, weil man daraus sieht, wie vorsichtig man in der Geometrie der Lage ist, daß man nicht mehr annimmt, als unbedingt notwendig ist. Man sagt: Wenn zwei Ebenen zwei Punkte gemein haben, so haben sie jedenfalls mindestens noch einen dritten gemein. Die Anschauung lehrt, daß sie dann unendlich viele Punkte gemein haben, aber das anzunehmen ist nicht notwendig, man muß nur annehmen, daß sie mindestens einen dritten Punkt gemein haben. Dann kommt noch ein neuntes Axiom hinzu; das klingt auch sehr eigentümlich; das lautet dahin, daß es überhaupt vier Punkte mindestens geben muß, die auch nicht in einer Ebene liegen. Wir wissen, drei

Punkte bestimmen immer eine Ebene; wenn ich nur drei Punkte annehmen, so ist dadurch eine Ebene bestimmt. Es gibt dann mindestens noch einen vierten Punkt, welcher nicht in der Ebene liegt. Mit diesen vier Punkten kann man schon den Raum konstruieren.

Das sind die Axiome, welche die verschiedenen Gattungen von Dingen verknüpfen. Es ist unmittelbar geometrisch evident, wenn wir unter A, B das verstehen, was man anschaulich einen Punkt nennt, unter a,b das was man eine Gerade, unter α, β das was man eine Ebene nennt, daß sie wirklich erfüllt ist. Wir könnten dann viel mehr darüber aussagen; es ist das das Minimum, was man aussagen muß. Wenn man einen dieser Sätze wegläßt, so kann man nicht mehr logisch die ganze Geometrie daraus folgern; und es ist dann interessant, man forscht dahin, man läßt einen Satz weg; dann ergeben sich immer allgemeinere Geometrien. Wenn man gewisse Sätze wegläßt, ergibt sich nichts Vernünftiges, aber einige Sätze kann man weglassen; aber alle diese Sätze zusammengenommen sind notwendig, um die gesamte Geometrie zu konstruieren. Man kann dann aus diesen Sätzen schon zahlreiche logische Folgerungen, zahlreiche Konsequenzen ziehen. Zum Beispiel kann man die Konsequenz ziehen, daß zwei verschiedene Geraden gar keinen oder nur einen Punkt gemein haben. Dann wenn diese Geraden zwei Punkte gemein hätten, so wären ja durch diese zwei Punkte die betreffende Gerade eindeutig bestimmt, und jeder dritte Punkt, welcher in der einen Geraden liegt, müßte notwendig auch in der zweiten Geraden liegen nach Axiom I.3. Es können also zwei Geraden gar keinen Punkt gemein haben, das ist nicht ausgeschlossen; sie können auch einen einzigen Punkt gemein haben und können dann noch verschieden sein. Haben sie aber zwei Punkte gemein, dann müssen sie ganz identisch sein. Nun, in der Geometrie ist es notwendig, daß man das unmittelbar zur Anschauung bringt, oder man führt das als Definition der Geraden ein. Wir haben das gewiß auch eingeführt, weil wir ja die Bestimmtheit durch zwei Punkte als Definition der Geraden eingeführt haben, aber nicht in der Allgemeinheit sondern nur als speziellen Fall. Denn ein zweiter Satz ist der, daß wenn zwei Ebenen voneinander verschieden sind, sie wieder entweder gar keinen Punkt gemein haben oder nur eine einzige Gerade. Dann hätten sie noch einen dritten Punkt gemein, so müßten alle anderen Punkte auch identisch sein, weil sie dann auch bestimmt sind. Man kann noch einen Satz aussprechen: Wenn zwei Punkte in einer Geraden liegen, so müssen sie auch die ganze Verbindungslinie dieser beiden Punkte gemein haben, denn das folgt daraus, daß wir gesagt haben: Wenn zwei Punkte einer Geraden in einer Ebene liegen, so muß die ganze Gerade in dieser Ebene liegen. Das ist ein Satz, den wir ausgesprochen haben. So vermögen wir schon eine ganze Reihe von Folgerungen zu ziehen aus diesen wenigen Prämissen. Nun, damit würden wir aber noch nicht eine Geometrie zustande bekommen.

Wir müssen jetzt eine zweite Gattung von Axiomen aufstellen; das sind die Axiome der Anordnung. Wir wollen da die verschiedenen Punkte einer Geraden betrachten. Wir wissen noch nicht, wie viele es sind, aber wir nehmen an, es seien A, B, C drei Punkte einer Geraden, so sind diese Punkte niemals vollkommen gleichberechtigt, sondern ein Punkt ist in einem eigentümlichen Verhältnis zu den beiden anderen, welches wir als das Zwischenliegen bezeichnen wollen. Wir machen uns gar keine Vorstellung, wir denken uns da etwas vollkommen Abstraktes. Philosophen, welche in der Logik geübt sind, denen sollte das keine Schwierigkeit machen, sich solche abstrakte Vorstellungen zu machen. Also wir machen uns die Vorstellung, ein Punkt stehe in einem etwas anderen Verhältnis, wir bezeichnen ihn als den zwischenliegenden Punkt. Das erste Axiom der Anordnung ist folgendes: Wenn man beliebige drei Punkte einer Geraden hat, so ist immer ein Punkt der zwischenliegende und die beiden anderen sind nichtzwischenliegende Punkte; die kann man die beiden äußeren Punkte nennen. Da haben wir wieder das Axiom. Wir wollen das vielleicht als eigenes Axiom (als das zweite) annehmen, daß wenn B zwischen A und C liegt, daß es dann auch umgekehrt zwischen C und A liegt. Das Verhältnis ist gegenseitig. Dann das dritte Axiom ist folgendes: (Das ist ein sehr wichtiges Axiom, das gibt gewissermaßen Veranlassung zur ganzen Geometrie:) Wenn zwei beliebige Punkte A und C einer Geraden gegeben sind, so gibt es immer einen Punkt mindestens – es gibt natürlich da unendliche viele, aber ich sage nur aus, daß es mindestens einen Punkt B gibt, welcher dazwischen liegt, und es gibt immer einen anderen Punkt, welcher so liegt, daß der eine ursprünglich gegebene Punkt zwischen ihm und dem anderen ursprünglich gegebenen liegt. A und C waren ursprünglich gegeben; so gibt es immer einen Punkt B, der so beschaffen ist, daß C zwischen A und B liegt; das gilt natürlich auch auf der anderen Seite. So gibt es einen anderen Punkt E, welcher so beschaffen ist, daß A zwischen C und E liegt. Also aus diesen Axiomen können wir sehr wichtige Folgerungen ziehen. Aus diesem Axiom folgt unmittelbar, daß jede Gerade unendlich viele Punkte haben muß; denn, wenn A und C zwei Punkte einer Geraden sind, so muß es zwischen A und C wieder einen Punkt geben (B), nun sind aber A und B wieder zwei Punkte dieser Geraden, also es müßte zwischen A und B wieder einen Punkt geben, zwischen C und B wieder einen; zwischen je zwei Punkten gibt es immer wieder einen Punkt, es muß also auf jeder Geraden unendlich viele Punkte geben. Es folgt daraus auch, daß jede Gerade sich ins Unendliche erstrecken muß, denn hier muß es ja wieder einen Punkt F so geben, daß D zwischen C und F liegt, dann wieder einen Punkt G so, daß F zwischen E und G liegt usw. Ich meine da nicht, daß dann folgt, daß die Länge der Geraden unendlich ist, aber es folgt, daß die Punkte nie aufhören, daß immer neue folgen. Nun folgt daraus auch noch der Begriff der Zweiteilung einer Geraden nach zwei verschiedenen Richtungen. Wenn man eine beliebige Gerade hat, so wird jeder Punkt der Geraden die Gerade in zwei Partien teilen. Alle Punkte der einen Partie werden so sein, daß A nicht zwischen zweien liegen kann. Das folgt unmittelbar aus der Definition, alle Punkte der anderen Partie werden so sein, daß A nicht zwischen ihnen liegt. Hingegen zwischen einem Punkte der einen und einem Punkte der anderen Partie wird immer das A liegen, A wird die Gerade in zwei Teile teilen, welche man die beiden Seiten der Geraden nennt. Ebenso folgt daraus der Begriff der Strecke. Wenn man zwei beliebige Punkte A und G einer Geraden nimmt, so nennt man alle Punkte, welche zwischen diesen Punkten liegen, die Strecke, welche von A und G begrenzt ist. Je zwei Punkte der Geraden werden immer eine Strecke begrenzen. Um davon einen Begriff zu haben, ist es am besten, sich das geometrisch vorzustellen. Wir denken aber noch nicht an die wirkliche Geometrie; es müssen dies nicht geometrische Gebilde sein; es könnten auch Mischfarben sein, wir könnten auch von Gerüchen sprechen usw. Sobald diese Axiome erfüllt werden, müssen dieselben geometrischen Sätze erfüllt werden; Das ist das Prinzip, von dem wir immer ausgehen. Die Punkte der Geraden, die nicht zwischen A und G liegen, liegen außerhalb. Man hat wieder zwei Teile, einen so, und einen so hinüber. Wir können da auch definieren, was ein Streckenzug ist. Das muß man freilich schon geometrisch meinen, man könnte es freilich auch nicht geometrisch meinen. Also A und B seien Punkte einer bestimmten Geraden. Nun, vom Punkte G gehe ich zu Punkten über, die nicht mehr in der Geraden liegen. Ich komme da bis K; von K komme ich zu Punkten, welche wieder nicht auf dieser Geraden liegen, usw; so würde die Summe aller Punkte das bilden, was ich einen Streckenzug nenne. Geometrisch dargestellt würde das natürlich eine Aneinanderreihung verschiedener Geraden sein.

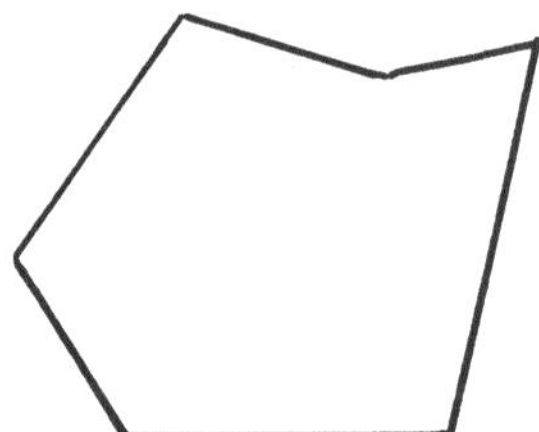

Wenn die Endpunkte des Streckenzuges wieder mit den Anfangspunkten zusammenfallen, nennt man den Streckenzug ein Polygon, wobei wir aber wieder vorläufig das nur als einen Punktinbegriff definieren. Nun, ich will da noch diese Axiome zu Ende entwickeln. Es gehen da noch zwei Axiome ab, nämlich das vierte Axiom der Anordnung. Es ist folgendes: Wenn vier Punkte einer Geraden gegeben sind, so können wir sie immer mit Buchstaben bezeichnen, wir können sie immer mit den vier Buchstaben A, B, C, D bezeichnen, daß folgende Bedingungen erfüllt sind: 1.) B liegt zwischen A und C, und B liegt auch zwischen A und D. 2.) C liegt zwischen B und D, und C liegt auch zwischen A und D. 3.) Die übrigen Punkte liegen außerhalb: A liegt außerhalb B und C, außerhalb von B und D und außerhalb von C und D; und D liegt außerhalb von B und C und außerhalb von A und B. In dieser Weise lassen sich immer vier Punkte anordnen. Das müssen wir speziell als ein Axiom annehmen, um die Geometrie daraus zu gewinnen. Das ist das vierte Axiom der Anordnung. Das fünfte Axiom ist etwas komplizierter. Das braucht man auch noch, weil man sonst gewisse Dinge nicht ableiten kann. Um das fünfte Axiom zu gewinnen, muß man sich einen Streckenzug konstruiert denken, welcher aus drei Strecken besteht; ich will ihn zeichnen, aber die Zeichnung dient nur zur Versinnlichung.

AB, BC und CA seien drei verschiedene Geraden. Wenn nun eine vierte, von diesen drei Geraden verschiedene Gerade die Gerade AC in einem Punkt D trifft,

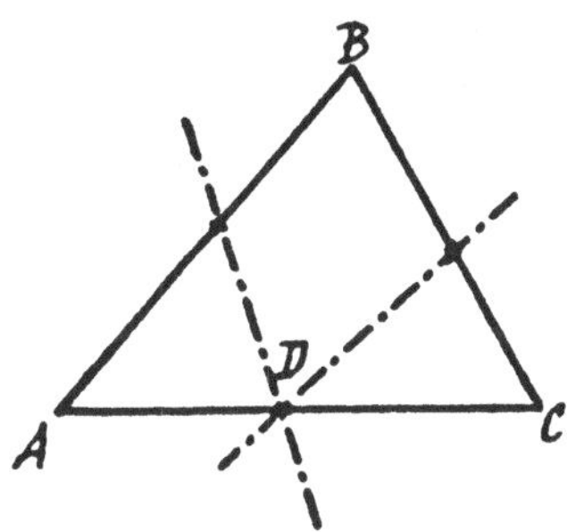

welcher zwischen A und C liegt, so muß sie auch eine dieser beiden anderen Strecken in einem Punkte treffen, der zwischen den Endpunkten liegt. Also hier trifft sie die Gerade BC in einem Punkte, welcher zwischen B und C liegt. Sie könnte auch die andere treffen; wenn sie so hinübergeht, trifft sie die andere Gerade. Das ist das fünfte Axiom der Anordnung. Nun, mittels dieser fünf Axiome können wir noch eine Reihe anderer Begriffe entwickeln; wir können den Begriff der Teilung der Ebene entwickeln, daß die Ebene durch eine Gerade wieder in zwei Teile geteilt wird; wir können den Begriff eines Winkels definieren mittels dieser Axiome. So kommen wir zu einer Reihe von Sätzen, welche in der Geometrie leicht anschaulich gezeigt werden können. Dazu kommt noch eine dritte Gattung von Axiomen, die Axiome der Kongruenz. Wenn wir das noch hinzunehmen und noch zwei Sätze, so können wir die vollkommene Geometrie entwickeln. Als logische Konsequenz ergibt sich die ganze Geometrie. Ich will noch eines bemerken: Aus dem Satze II 3) ist schon die sphärische nicht-euklidische Geometrie ausgeschlossen, denn wenn die Gerade in sich selber zurückkehrt, wie es bei der elliptischen oder sphärischen Geometrie der Fall ist, so ist das nicht richtig, daß ein Punkt dazwischen und einer außerhalb liegt. Es kann sein, daß dieser Punkt zwischen diesen zweien liegt, und der Punkt außerhalb liegt wieder zwischen diesen zweien. Ein Punkt auf der anderen Seite kann wieder zwischen diesen liegen. Dieses Axiom ist wieder nicht erfüllt. Die sphärische nicht-euklidische Geometrie ist auch dadurch ausgeschlossen, daß zwei Geraden nur einen oder keinen Punkt gemein haben können. In der sphärischen Geometrie haben zwei Geraden zwei Punkte gemein. Diese sphärische nicht-euklidische Geometrie ist ausgeschlossen, aber die andere, die hyperbolische oder pseudosphärische ist noch nicht ausge-

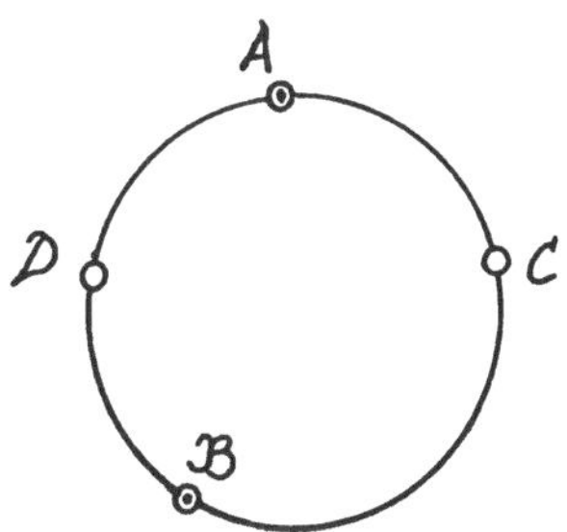

schlossen. Wir haben nur gesagt, daß zwei Geraden entweder keinen oder nur einen einzigen Punkt gemein haben; daß es durch einen Punkt immer nur eine einzige Gerade geben muß, die keinen Punkt gemein hat mit einer gegebenen Geraden, das haben wir noch nicht gesagt; das müßte man als besonderes Axiom annehmen, denn sonst bekäme man die pseudosphärische nicht-euklidische Geometrie auch. Diesen Satz müssen wir also besonders hinzunehmen. Morgen will ich dann mit den Axiomen der Kongruenz beginnen.

18. Vorlesung

26. Jänner 1904 Wir werden heute zunächst fortfahren in den Folgerungen, welche wir aus unseren Axiomen gezogen haben. Wir wollen uns das hier immer geometrisch versinnlichen, obwohl wir damit nicht eigentlich einen geometrischen Begriff verbinden sondern es können eben so gut die Dinge, welche wir Punkt, Gerade und Ebene nannten, etwas anderes vorstellen. Also wir haben zunächst gefolgert, daß jede Gerade durch jeden beliebigen Punkt A, welcher auf derselben liegt, in zwei Teile geteilt wird. Das nennen wir die beiden Seiten der Geraden. Eine einzige solche Gerade nennen wir eine Halbgerade; sie wird durch einen Punkt nach der einen Seite hin begrenzt. Wir können auch noch eine andere Folgerung ziehen, nämlich wenn wir in einer Ebene eine beliebige Gerade ziehen, so wird die Ebene auch dadurch in zwei Seiten geteilt. Wenn man irgend zwei Punkte der Ebene hernimmt, z. B. die Punkte A und B, so wird durch dieselben immer eine Gerade bestimmt sein. Der Inbegriff aller Punkte, welche zwischen diesen zwei Punkten A und B liegen, heißt eine Strecke. Durch zwei Punkte, welche in der Ebene liegen, ist eine solche Strecke bestimmt. Es kann sein, daß diese Strecke keinen Punkt mit der gegebenen Geraden gemein hat. Dann sagt man, die beiden Punkte liegen auf derselben Seite der Ebene. Das wird z. B. hier der Fall sein bei A′B′; da liegen beide Punkte auf derselben Seite der Ebene. Es kann auch sein, daß die betreffende Strecke einen Punkt mit der Geraden gemein hat, wie hier die Strecke EF. Mehr als einen Punkt kann sie nicht gemein haben. Man sagt, F liegt auf der entgegengesetzten Seite wie E. Jede beliebige Gerade wird eine Ebene, in der sie liegt, in zwei Seiten teilen. Jede dieser Seiten nennt man eine Halbebene, sie reicht bis zur Geraden CD.

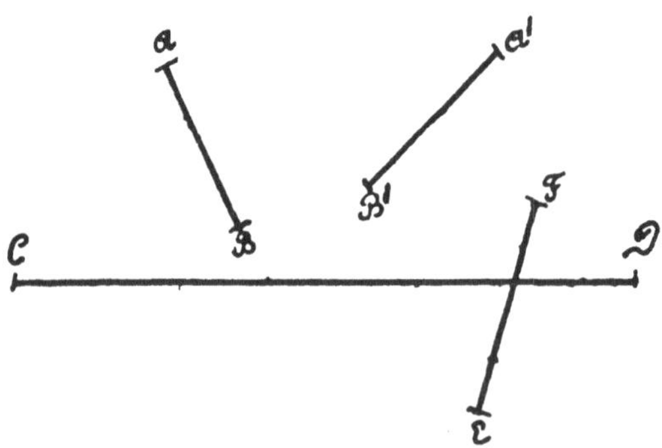

Nun, ich habe auch das vorige Mal den Begriff des Streckenzuges auseinandergesetzt, es ist eine Reihe von Strecken, die die Endpunkte miteinander gemein haben, wo je zwei sich folgenden Strecken immer einen Endpunkt miteinander gemein haben. Wenn der Endpunkt der letzten Strecke wieder zusammenfällt mit dem Anfangspunkt der ersten Strecke, so nennt man den Streckenzug einen geschlossenen Streckenzug oder ein Polygon. Nun, da kann man auch – hier ist das freilich anschaulich – aus unseren Axiomen ohne jede Anschauung folgern, daß es immer eine Reihe von Punkten geben muß, Punkte innerhalb des Polygons und andere Punkte außerhalb. Ich kann nämlich je zwei Punkte

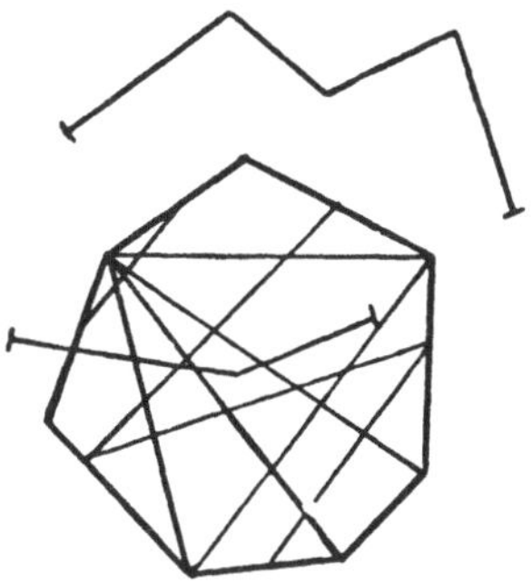

des Streckenzuges durch Geraden verbinden. Wenn ich dann irgend zwei Punkte dieser Strecken miteinander verbinde, so wird diese betrachtete Verbindungslinie niemals das Polygon selbst schneiden können. Da folgt ebenfalls aus dem letzten Axiom, welches wir kennengelernt haben, daß eine solche Strecke niemals das Polygon schneiden kann. Alle diese Strecken werden innerhalb liegen, man sagt, alle Endpunkte liegen innerhalb. Dagegen kann es auch Punkte geben, welche auf diesen Strecken nicht liegen; man sagt, sie liegen außerhalb. Wenn ich einen Punkt außerhalb und einen Punkt innerhalb verbinde, so muß die Verbindungslinie das Polygon schneiden. Das folgt aus dem letzten Axiom, welches ich auseinandergesetzt habe. Wenn man je zwei außerhalb liegende Punkte durch eine Gerade verbindet, so kann das das Polygon nicht schneiden oder es kann das Polygon auch schneiden. Man kann aber immer außerhalb liegende Punkte durch einen anderen Streckenzug verbinden, welcher das Polygon nicht schneidet. Also alle Sätze werden im Sinne der Geometrie der Lage nur aus unseren Axiomen hergeleitet. Man macht natürlich häufig Zeichnungen, um sich den Sinn zu versinnlichen, es sollte aber eigentlich ohne Zeichnung abgeleitet werden. Nun, jede solche Halbgerade hat einen im Endlichen liegenden Endpunkt. Der andere Endpunkt ist nicht vorhanden, man sagt: er liegt im Unendlichen. Wenn die Endpunkte zweier solchen Halbgeraden zusammenfallen, so nennt man das einen Winkel. Wenn wir uns zwei beliebige Geraden, welche nach einer Seite hin begrenzt sind, denken, und wenn sie einen Punkt gemein haben, so nennt man das einen Winkel. Das ist die Definition des Winkels, und diese Definition ist sehr notwendig. Von einem Winkel können wir nun ähnliche Aussagen machen:

Wir können da alle Punkte der einen Halbgeraden mit allen Punkten der anderen Halbgeraden durch Strecken verbinden. Alle Punkte, welche diesen Strecken angehören, werden wieder die Beschaffenheit haben, daß diese Strecke keine der beiden Halbgeraden schneidet, geradeso wie hier beim Polygon. Das kann man auch hier beweisen. Wenn ich alle Punkte der einen Strecke mit allen Punkten der anderen Strecke verbinde, so werden diese Verbindungslinien niemals eine dieser Halbgeraden schneiden. Alle diese Punkte liegen innerhalb. Dadurch ist das definiert, was man einen Winkel nennt. Die übrigen Punkte liegen außerhalb. Wir reden immer nur von den Punkten der Ebene, welche von diesen beiden Geraden bestimmt sind, denn durch eine Gerade und einen außerhalb derselben liegenden Punkt ist eine Ebene bestimmt. Wenn ich auf der anderen Halbstrecke einen Punkt annehme, ist schon eine Ebene bestimmt, die Ebene, in welcher die zwei Halbgeraden liegen.

Ich bin aufmerksam gemacht worden, daß ich mich bei der Aussprache des einen Axioms geirrt habe; ich habe nämlich gesagt: Wenn zwei Ebenen zwei Punkte gemein haben, müssen sie einen dritten gemein haben. Es soll das richtig heißen: Wenn zwei Ebenen einen Punkt gemein haben, so müssen sie jedenfalls einen zweiten gemein haben; daraus folgt, daß man von der Geraden spricht, welche durch diese zwei Punkte bestimmt ist. Von allen übrigen Punkten sagt man wieder, daß sie außerhalb des Winkels liegen. Also ein Punkt C oder D liegt außerhalb. Da sind natürlich verschiedene Fälle möglich. Wenn sie hier liegen, so können sie durch eine einzige gerade Strecke verbunden werden, welche keine der beiden Halbgeraden trifft; wenn sie aber hier liegen, so würde sie treffen, aber es lassen sich wieder Polygonstreckenzüge ziehen, welche nicht schneiden.

Und nun wollen wir übergehen zu den Axiomen der Kongruenz. Wir nehmen da an, daß es gewisse Strecken gibt, von denen man sagt, sie sind einander kongruent und auch gewisse Winkel, von denen man sagt, sie sind kongruent. Wir wollen die Kongruenz immer durch drei Striche (≡) ausdrücken. Das erste Axiom der Kongruenz lautet: Eine Strecke AB ist immer sich selbst kongruent: $AB \equiv BA$.

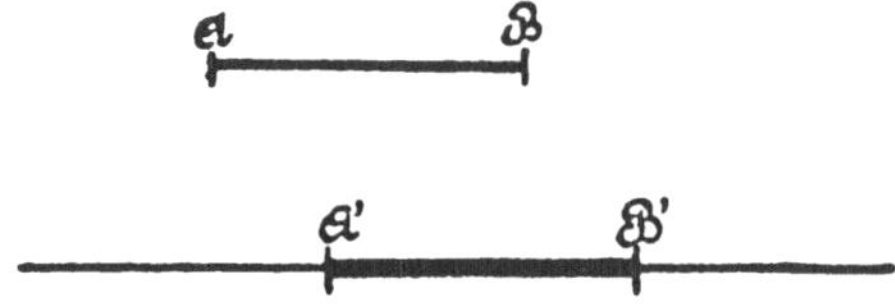

Der zweite Satz ist dann folgender: Ich nehmen an, es sei irgendeine Strecke AB gegeben. Außerdem sei noch ein Punkt A′ gegeben. Dieser Punkt A′ kann auf derselben Geraden liegen, er kann auch auf einer anderen liegen. Ich nehme den allgemeineren Fall, daß er auf einer anderen Geraden liegt. Er wird dann diese andere Gerade in zwei Teile teilen. Unser Satz sagt nun aus, daß in jeder dieser Seiten nur ein einziger Punkt so liegen kann, daß die Strecke von A′ bis zum Punkte B′ gemessen kongruent ist mit AB. $A'B' \equiv AB$. Also es gibt immer auf der betreffenden Seite einen solchen Punkt B′, aber es gibt nur *einen* solchen Punkt. Natürlich, auf der anderen Seite würde es auch einen solchen Punkt geben. Das ist das zweite Axiom der Kongruenz. Nun, das dritte Axiom, das ist folgendes: Wenn eine Strecke A′B′ kongruent ist mit einer zweiten Strecke AB und eine dritte Strecke A″B″ kongruent ist mit der zweiten Strecke, dann folgt daraus immer mit Notwendigkeit, daß auch die erste und dritte Strecke kongruent sind: A′B′ ≡ A″B″. Das ist wieder eine Annahme, welche wir machen. Nun, dann müssen wir noch einen vierten Satz der Kongruenz festsetzen. Wir denken uns eine beliebige Gerade; auf dieser denken wir uns eine beliebige Strecke AB, und dann ziehen wir vom Punkte B eine zweite Strecke BC nach derjenigen Seite, wo nicht A liegt. Sie muß so aufgetragen werden, daß B zwischen A und C liegt. Nun kann ich auf derselben oder auf einer anderen Geraden kongruente Strecken auftragen. Ich zeichne den allgemeineren Fall, ich

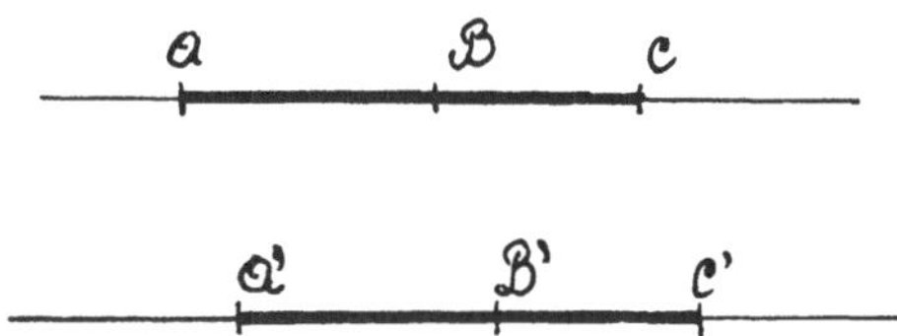

trage auf einer anderen Geraden kongruente Strecken auf; zuerst A′B′, welches kongruent ist mit AB, und dann B′C′, welches wieder kongruent ist mit BC und welches auch wieder so aufgetragen ist, daß B′ zwischen A′ und C′ liegt. Dann müssen auch immer die längeren Strecken A′C′ und AC miteinander kongruent sein. Das wäre also der vierte Satz. Alle diese Sätze erscheinen uns unmittelbar selbstverständlich. Aus der Anschauung sind sie vollkommen klar, aber wir nehmen uns vor, diese Sätze hervorzuheben, und die übrigen sollen in logischer Weise abgeleitet werden. Dann sind noch zwei analoge Kongruenzsätze über Winkel. Der erste ist analog dem Satze II 5). Wir nehmen da an, es sei uns ein Winkel gegeben, welcher vom Punkte A ausgeht. Die Geraden h und k, welche den Winkel bilden, heißen Schenkel. Ich will keinen Punkt hinschreiben, weil die Schenkel bis ins Unendliche gehen. Wir wollen diesen Winkel den Winkel hk nennen. Es soll uns nun irgendeine andere Gerade gegeben sein (h'), eine Halbgerade, welche in A′ begrenzt ist. Wenn ich sie mir verlängert denke, so wird sie die Ebene wieder in zwei Seiten teilen. Es gibt dann auf jeder Seite nur eine einzige Halbgerade, welche mit dem h' einen kongruenten Winkel einschließt. Nach dieser Seite, nach aufwärts, gibt es nur eine einzige Halbgerade

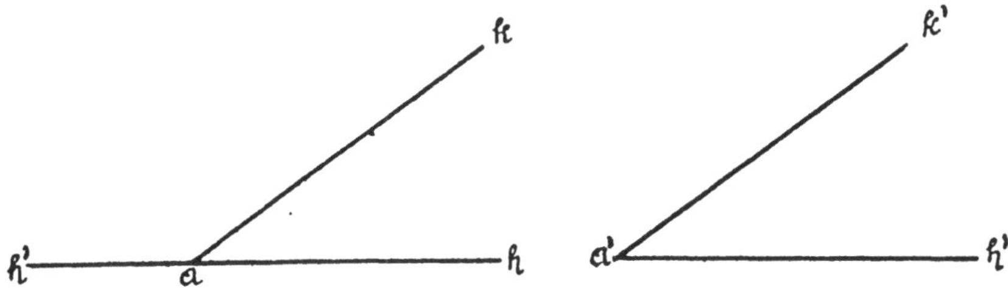

k', welche so beschaffen ist, daß der Winkel $h'k'$ gleich dem Winkel hk ist. Also das entspricht vollkommen diesem Satze 2). Dann haben wir noch einen sechsten Satz; er sagt für Winkel dasselbe aus, was der dritte für Strecken aussagt. Wenn zwei Winkel einem dritten Winkel kongruent sind, müssen sie untereinander kongruent sein. $hk \equiv h'k'$, $hk \equiv h''k''$, $h'k' \equiv h''k''$. Zu diesen Sätzen wird noch ein siebenter hinzugefügt. Wir konstruieren uns jetzt ein geschlossenes Polygon, welches nur aus drei Strecken besteht und welches wir also ein Dreieck nennen: ABC. Die beiden Strecken, vom Punkt A aus ins Unendliche

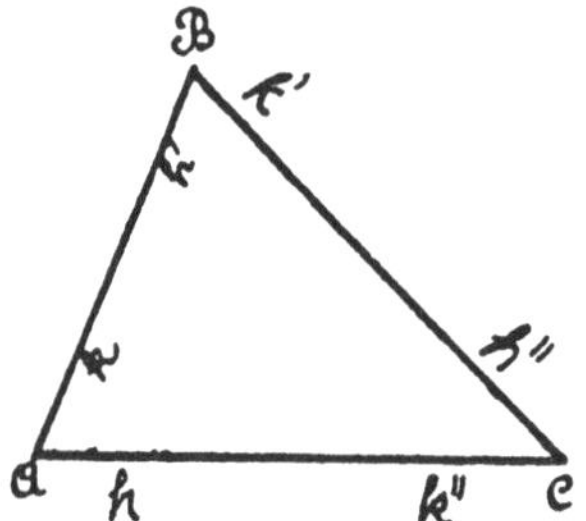

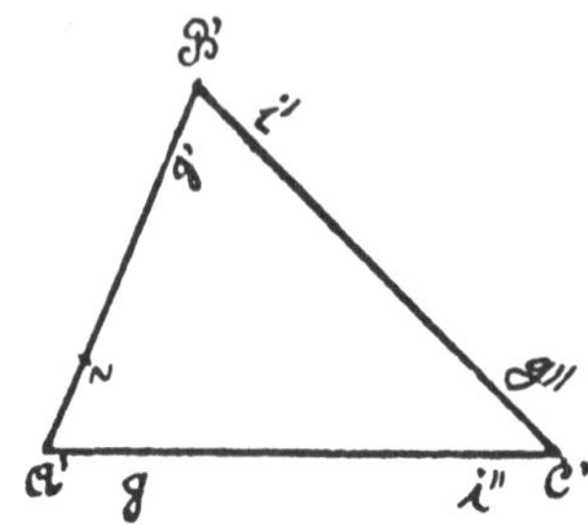

gezogen, bilden einen Winkel hk, wenn wir die Strecken vom Punkte A aus genommen denken. Die zwei Strecken, die in B zusammenstoßen, bilden den Winkel $h'k'$, die zwei, die in C zusammenstoßen, den Winkel $h''k''$. Wir wollen nun ein zweites Dreieck A′B′C′ konstruieren. Da lautet dieser Kongruenzsatz, es ist der siebente, folgendermaßen: Wenn sämtliche Seiten dieser Dreiecke kongruent sind, so sind auch sämtliche Winkel kongruent. Wenn AB $\equiv$ A′B′, BC $\equiv$ B′C′ und ebenso CA $\equiv$ C′A′, so sind auch die Winkel kongruent. Es müßte dann auch $hk \equiv gi$, $h'k \equiv g'i'$ und $h''k'' \equiv g''i''$. Und jetzt sind wir mit allen diesen Axiomen der Lage vollständig fertig, aus ihnen kann man dann alle geometrischen Lehrsätze herleiten, aber noch mit einer gewissen Einschränkung. Die allgemeinen, auf die Lage bezüglichen Sätze kann man alle herleiten. Mann kann jetzt z. B zwei Winkel, welche einen Schenkel gemein haben und wo der andere in die Verlängerung fällt, als Nebenwinkel bezeichnen. Wenn beide Schenkel in die Verlängerung fallen, so nennt man das Wechselwinkel. So hat man die Sätze von den Neben- und Wechselwinkeln. Also man kann alle sechs Sätze über die Kongruenz der Dreiecke herleiten ohne alle Anschauung. Das ist der Unterschied von der euklidischen Methode: Euklid fußt auf der Anschauung, wir aber wollen nur durch logische Schlüsse aus den Axiomen die Sätze herleiten. Wir können nun auch den Raum konstruieren. Namentlich können wir mittels des einen Satzes, daß noch ein vierter Punkt vorhanden ist, der nicht in der Ebene liegt, in den Raum hinaustreten; wir brauchen keine besonderen Axiome mehr. Ich kann aber diese Ausführungen nicht machen; es sind das sehr intrikate und schwierige Versuche; einigermaßen vorstellen wird man sich das können. Ich habe schon bemerkt, wir kommen nicht notwendig zur euklidischen Geometrie, solange wir bloß an diesen Sätzen festhalten. Solange wir an allen diesen Sätzen, welche Euklid auf der Anschauung zugrunde gelegt hat, festhalten, können wir das Parallelenaxiom nicht beweisen. Daß alle Versuche, das Parallelenaxiom zu beweisen, fehlschlagen, folgt daraus, daß man eine Geometrie konstruieren kann, wo das Parallelenaxiom falsch ist, ohne daß man auf einen Widerspruch kommt. Man kommt freilich auf keine anschaulichen Resultate, man kommt nicht aus dem euklidischen Raum heraus, aber bloß begreiflich kann man sich die nichteuklidische Geometrie darstellen. Will man die euklidische Geometrie, so muß man das Parallelenaxiom noch aufstellen. Dieses lautet: Wenn man in der Ebene eine Gerade zieht und wenn in derselben Ebene ein Punkt A gegeben ist, welcher außerhalb dieser Geraden liegt, so läßt sich durch diesen Punkt A nur eine einzige Gerade ziehen, welche mit der ursprünglich gegebenen keinen Punkt ge-

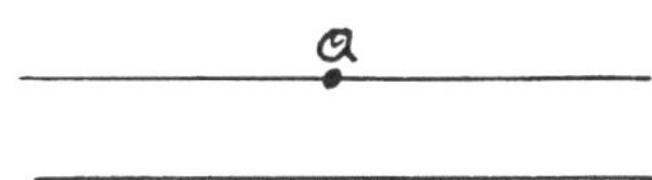

mein hat. Wir haben da bereits unser Axiom abgeleitet, daß die Gerade niemals zwei Punkte gemein haben kann. Entweder sie hat gar keinen Punkt gemein oder sie hat einen Punkt gemein. Alle Geraden werden einen Punkt gemein haben, nur eine einzige läßt sich so ziehen, daß sie keinen Punkt gemein hat. Wenn wir dieses Axiom hinzunehmen, können wir auf die Gleichheit der s[ein Wort fehlt] schließen und die euklidische Geometrie herausbringen. Nun, es ist aber noch ein Axiom notwendig, nämlich das sogenannte Archimedische Axiom, und dieses Axiom lautet folgendermaßen: Man hat eine beliebige Gerade und man hat zwei Punkte darauf gegeben, den Punkt A und einen beliebigen anderen Punkt B. Außerdem hat man irgendeine Strecke gegeben, wir wollen sie mit AA_1 bzeichnen. Also die Gerade ist beliebig, die beiden Punkte sind beliebig, die Strecke ist auch beliebig.

Auf der Seite, wo B liegt, können wir einen und nur einen Punkt finden, so daß diese Strecke AA_1 kongruent ist mit dieser gegebenen Strecke AA_1. Wenn der Punkt B nicht zwischen A und A_1 liegt, so können wir nach der Seite, wo B liegt, wieder eine solche Strecke A,A_2 auftragen, welche wieder kongruent ist mit AA_1. Dann kann man wieder eine Strecke A_2A_3, dann eine Strecke A_3A_4 auftragen, wo immer dieser Punkt liegen mag. Da sagt das Archimedische Axiom aus, daß man immer über diesen Punkt B hinauskommt; wenn man immer mehr Strecken aufträgt, kommt man schließlich auf einen Punkt A_n, welcher so liegt, daß das B zwischen den jetzt gefundenen Punkten A_n und A liegt. Wenn man dieses Axiom nicht aufstellt, so kann man auch zu einer Geometrie kommen, welche man sich durch gewisse Zahlen versinnlichen kann, wo gewisse Punkte der Geraden gar nicht genannt werden. Man nennt es das Archimedische Axiom, weil Archimedes diesen Satz benutzt hat, um gewisse Beweise für den Fall, daß gewisse Strecken in irrationalem Verhältnis sind, zu führen; er schuf den Beweis dafür, daß die Strecken in rationalem Verhältnis stehen und übertrug es dann auf den Fall, daß sie in irrationalem Verhältnis sind. Man kann eine Strecke in sehr viele Teile geteilt denken, man kann sie so lange teilen, bis man über den Punkt B, welcher eben in irrationalem Verhältnis ist, hinauskommt. Auf diese Weise hat Archimedes verschiedene Beweise geführt. Auch dieses Archimedische Axiom muß noch hinzugefügt werden, wenn man vollkommen strenge beweisen will. Wenn wir diese Methode vergleichen mit der analytischen, so sehen wir, daß sie große Vorteile hat, wir sehen, daß uns hier das Messen selbst erst an Hand gelegt wird, denn jetzt können wir erst ein gewisses Stück einer Geraden abmessen, dadurch daß wir eine bestimmte Gerade immer auftragen, bis wir endlich wieder über den Punkt B hinauskommen. Wir können also zunächst immer sagen, ob die Strecke AB größer oder kleiner ist als n. AA_1. Dieses Axiom ist namentlich um zu messen notwendig. Wenn die Strecke AB ein Vielfaches von AA_1 ist, wenn sie teilbar ist durch AA_1, dann ist der Begriff des Messens leicht aufzustellen; es läßt sich angeben, wie groß die Zahl ist, welche angibt, wie oft das enthalten ist. Wenn aber AB inkommensurabel ist, werde ich keine solche Zahl finden. Ich kann dann die ursprünglich gegebene Strecke beliebig oft teilen, ich kann sie in 100, in 1000, in 1000000 Teile teilen, immer werde ich eine Strecke bekommen, wo B dazwischen liegt. Ich kann da die Strecke bis auf 1/1000000 genau messen, ich kann sie mit beliebiger Genauigkeit messen, es entspricht vollkommen der Annäherung an irrationale Zahlen. – Den rechten Winkel kann man auch ohne weiteres definieren, man spricht von rechten Winkeln, wenn zwei Nebenwinkel gleich sind. Wenn ich k nach der anderen Seite verlängere und h' nenne, so ist hk der eine und $h'k$ der andere Nebenwinkel. Wenn diese Nebenwinkel kongruent sind, so nennt man jeden der Winkel einen rechten. Also man kann hier rechte Winkel bestimmen und kann dann auch Koordinaten konstruieren und könnte allmählich zur analytischen Geometrie gelangen. Durch Messen, durch Konstruieren von rechten Winkeln könnte man allmählich zur analytischen Geometrie gelangen. Aber man sieht, daß diese Methode eine viel naheliegendere, eine viel direktere ist. Natürlich könnte man auch nach dieser Methode in einen Raum von vier Dimensionen gelangen. Man würde zuerst den Raum konstruieren und müßte dann annehmen, daß es außerhalb des Raumes noch einen Punkt gibt; dann käme man in einen vierdimensionalen Raum; das hätte keine Schwierigkeit. Man müßte diesem letzten Axiom der Verknüpfung noch eines hinzufügen, nämlich, daß es dann noch einen fünften Punkt gibt, welcher außerhalb des Raumes liegt; den gibt es eben in unserem Raume nicht. Wenn man das nicht annimmt, bleibt man in einem Raume von drei Dimensionen. Will man in einen vierdimensionalen Raum gelangen, so muß man zu diesen Dingen, die wir Punkte, Geraden, Ebenen genannt haben, noch eine vierte Gattung von Dingen, die ebenen Räume hinzufügen. Es gäbe nur einen einzigen Raum, der ein ebener wäre, wenn man die euklidischen Axiome annimmt. Nimmt man das an, daß außer dem ebenen Raume noch ein ebener Raum ist, so könnte man noch einen zweiten ebenen Raum hindurchlegen durch diesen Punkt. Da ich angenommen habe, daß die

Zeichnungen nur zur Versinnlichung dienen sollen aber nicht zur Erhärtung der Wahrheit, kann man in vier Dimensionen schließen; das macht keine Schwierigkeit.

Mit dem, was ich über den Raum sagen wollte, bin ich damit jetzt zu Ende gekommen. Wir haben dann noch einen zweiten solchen formalen Begriff, nämlich die *Zeit*. Sie gibt beiweitem nicht zu so vielen verschiedenen Betrachtungen Veranlassung, weil sie nur eine einzige Dimension hat. Sie ist bestimmbar durch eine einzige Zahlenreihe, wir brauchen nicht eine Zahlenterne. Die Zeit hat nur die Eigentümlichkeit, daß sie nicht nach beiden Richtungen gleichberechtigt ist, daß der Sinn, wie man sie durchläuft, wesentlich verschieden ist. Beim Raum ist jede Richtung gleichberechtigt, man kann die Gerade nach dem einen oder anderen Sinn durchlaufen. Das ist die eine Schwierigkeit beim Begriff der Zeit.

Dann sind wir aber noch lange nicht mit der Natur fertig. Wir müssen dann erst in die Natur hinauskommen, wir müssen die Ausfüllung des leeren Schemas: Zahl, Raum und Zeit erst vornehmen. Da kommen wir dann erst zu schwierigen metaphysischen Begriffen, welche aber nicht mehr so sehr den Charakter des rein Logischen sondern des erfahrungsmäßig Gegebenen haben. Wir kommen dann zum Begriff des *Materiellen*, zum Begriff der *Materie* mit allen ihren Eigenschaften, mit den Kräften, mit der Energie usw. Und dabei ist natürlich einer der wichtigsten, wie wir den Begriff der Ursache und Wirkung auffassen. Hier hatten wir es nur mit Grund und Folge zu tun. Aus Erkenntnisgründen leiteten wir Folgerungen ab, aber der eigentliche Begriff der caus efficiens ist vollkommen fremd geblieben, wir kommen zu ihm erst, wenn wir die Kräfte und die Materie betrachten werden. Es ist dann die Sache viel mehr der Willkürlichkeit anheimgegeben; weil wir hier so sehr im Begriff des rein Logischen uns bewegen, ist es gegeben, wie wir den Raum und die Zeit aufzufassen haben. Es sind hier auch Willkürlichkeiten: wir können uns den euklidischen, den sphärischen und einen anderen nicht-euklidischen Raum denken. Welchen davon wir uns denken, das muß schon durch Erfahrungstatsachen erhärtet werden; wie die Zahlenternen verknüpft sind, müssen wir so vornehmen, wie die Erfahrung angibt. Die Erfahrung steht auch hier im Hintergrunde, aber sie rückt noch nicht in den Vordergrund, und man konnte die Schlüsse anstellen ohne Rücksicht darauf, ob die Erfahrungstatsachen der Erfahrung entsprechen oder nicht. So hat man einen vierdimensionalen Raum abgeleitet, ohne daß die Gelehrten gedacht haben, daß man auf Erfahrungen über den vier dimensionalen Raum kommen wird. Aber um die formale Erkenntnis zu erweitern, kann man solche Theorien aufstellen. Auch Theorien des nicht-euklidischen Raumes kann man ohne Rücksicht auf die Erfahrung aufstellen. Bei den materiellen Dingen kann man das viel weniger tun; man kann nicht abstrahieren von den Erfahrungen. Man käme da zu sehr ins Phantastische. Eine Materie, welche den Erfahrungen nicht entspricht, kann man kaum konstruieren, wenigstens hat man es noch nicht versucht. Das muß der Zukunft überlassen werden; man hat genug Schwierigkeiten, auf die Materie zu kommen, welche den Erfahrungstatsachen entspricht. Zu diesen Theorien will ich im Weiteren übergehen. In der nächsten Vorlesung werde ich natürlich noch einiges über den Begriff der Zeit zu sprechen haben.

Anhang 1: Transkription einiger fragmentarischer Aufzeichnungen zur Naturphilosophie

A.1 Für Naturphilosophie

Denken über das Denken. Begriff eines Begriffes ist Quadriertheit. Baco virgo q. d. c. n. p.... Unfruchtbar in gewissem Sinn sind... Begriffswörter: Papa, Mama. Woher wissen wir, daß wir psych[ologisch], nicht ohne Gehirn, physiol[ogisch] und Darwin treu bleiben können. Was ist Unterschied von Physiologie und Psych[ologie], wenn beide die Innenwelt behandeln. Geisteswissenschaften. Sind Natur und Geist Gegensätze. Bock zum Gärtner. Ich gebe Zimmermann ein Manu[skript]. Was ist Philosophie. Naturphilosophie = Behandlung der Psyche; als Naturobjekt der Physik und Physiologie gegenüber. Ich nenne es Princip der Naturphilosophie nur um zu zeigen, wie Wörter die Bedeutung ändern. Eine eigene dämonische Macht wächst zwischen Liebe und Haß besser als Gleichgültigkeit. Die Philosophie hat nichts entdeckt. Schopenhauer sagt: Trägheit a priori und Erhalt der Materie. Der Idealismus sagt: Mit dem Subjekt hört die Welt auf. Ludwig sagt: Wenn ich die Augen zumache, siehst du nichts. Vierte Wurzel. Es hängt von der Definition des Seins ab; meine Erinnerung Armutszeugnis. Hegel brauche ich nicht zu lesen, seit ich Schopenhauer las. Philosophie = die alles nach der verkehrten Methode behandelt. Ich ehre Philosophie, ich hasse Philosophen. Schopenhauer hat die Richtigkeit der Kant'schen Kategorien bewiesen, alle Menschen haben Vernunft; dies habe ich bei Lektüre von Schopenhauer bezweifelt. Metaphysik bewußt so unvertilgbar wie irgend ein physischer Schopenhauer. Defin[ition] von materiellem und geistigem. Begriff der Addition von Strecken. Psyche ist ein Begriff, der mehr Schaden als Nutzen stiftet. Auch das Anreizen zu unnützen Fragen, das bewirkt daß man sucht, nicht begreift deren Schwierigkeiten, ist schädlich. Man muß die Physik der Radiol. studieren, nicht die ganze Vorlesung hindurch halten; Niagana wie Anatomie des Menschen, Psychocentrum. Was für Unterschied zwischen Metaphysik und Philosophie? Nur wenn Jacobi beweist, ist es sicher, aber auch ihm wurde ein Fehler nachgewiesen. Zu dumm; die Atome fingieren wir zur Erklärung der Erscheinungen, die in erster Linie ps. sind und finden dann Schwierigkeiten, diese damit zu erklären. Fällt das weg, wenn man weiß, daß die Vorstellungen Bilder sind. Ist es psych. wenn wir sagen: die Welt ist Vorstellung. Man kann nicht so etwas entdecken wie die Welt ist meine Vorstellung, die Materie existiert nicht. Die Welt ist meine Vorstellung ist nichtssagend. Bloß dieser Baum ist wirklich; diese meine Vorstellung hat eine Bedeutung. Kepler sagt: die Planeten müssen Erkenntnis haben; und sie bewegen sich doch. Eine Behauptung kann gleichzeitig wahr und falsch sein. Ich will sie wiederum um ihre Liebe bitten. Schönste Redefigur: die Wahrheit. Bismarck sagt: die Diplomatie der Wahrheit. Socrates sieht Wahrheit nicht relativer als meine; jetzt ist Socrates mein Bruder; die Philosophie die Königin. Mein Freund wundert sich, daß ein wirkliches Mädchen soviel Gestalt wäre; wird er benützen als Experiment zu philosophischen Betrachtungen. Groth's Kristall-Meßapparat erfand einer, weil er den alten nicht kannte. Ich sage das Wort Geisteswissenschaften nicht. Es gibt ein Denken ohne Worte, da kann man sich nicht verwickeln wie Kant in den Ant.; wie in zu langes Kleid der Emotion die uns führt, sonst verwickelt man sich in sich selbst. Man definiert Philosophie als Wissenschaft, die sich Ideale von Dingen macht, in Darstellung wie sie wirklich sind.

A.2 Einleitung

I. *Unterschied der reinen und empirischen Erkenntnis.* Reine und empirische Erkenntnis: Alles beginnt mit Erfahrung durch Gegenstände, die die Sinne erklären. Der Zeit nach geht keine Erkenntnis vorher. Nicht alles aus der Erfahrung; diese [ist] zusammengesetzt aus Eindrücken und etwas, was wir selbst hineingeben. Lange Übung. A pr[iori] und a post[eriori]. Erkenntnis. Man sagt a pr[iori] Wissen; daß einfach alles nicht ganz a pr[iori]. Unabhängig von aller Erfahrung. Empirisch = a posteriori. Jede Veränderung hat Ursache, ist nicht *reine.*

II. *Wir sind im Besitz a priori; der gemeine Verstand ist niemals ohne solches Merkmal*; woran wir sehen reine aprioristische Erkenntnis. 1. Erfahrung lehrt nie die Notwendigkeit; notwendig = a priori; schl[?] a pr[iori] wenn nicht von anderen ableitbar. 2. Erfahrung gibt niemals den Urteilen wahr oder strenge Allgemeinheit. Soviel wir wahrgenommen haben, keine Ausnahme. Alle Körper sind schwer; strenge Allgemeinheit zeigt Vermögen des Erkennens; a pr[iori] Notwendigkeit und strenge Allgemeinheit. Man braucht beide Kriterien; sie sind unfehlbar. Es ist leicht zu zeigen: 1. Alle Sätze der Mathematik. 2. Gemeinsten Verstand gebraucht: Alle Änderungen müssen eine Ursache haben. Ursache enthält schon den Begriff der notwendigen Verknüpfung. Hume. Die Regeln der Erfahrung können nicht zufällig sein. *1.* Es gibt auch Begriffe. Raum, den der Körper einnimmt. Substanz drängt sich auf.

III. Die Philosophie bewußt eine Wissenschaft, die die Möglichkeit der Prinzipien und den Umfang der Erkenntnis a priori bestimmt; geht über alle Erfahrung hinaus. Erkenntnisse, die über die Sinnwelt hinaus gehen, halten wir für erhaben.

Gott, Freiheit, Unsterblichkeit. Die Wissenschaft zunächst heißt Metaphysik, anfangs dogmatisch. Man dürfe nicht mit Erkenntnis ohne zu wissen ein Gebäude errichten; wie kommt der Verstand dazu. *2.* Die mathematischen [Erkenntnisse] sind in altem Besitz. Mathematik ist sicher nicht durch Erfahrung zu widerlegen. Mathematik zeigt, wie weit das aprioristische geht. Nur in Anschauung, Taube = Plato.

IV. *3.* Von den Unterschieden der analytischen und synthetischen Urteile. Nur bejahen; notwendig. Präd. ist versteckt enthalten oder liegt außerhalb aber verknüpft. Analytisch, synthetisch. Anal[ytisch] = durch Identität; synth[etisch] = ohne Identität. Erläuterungen und Erweiterungen, Urteile. Alle Körper sind ausgedehnt = analyt[isch]. Alle Körper sind schwer. Erfahrungsurteile sind immer synthetisch. Ein analytisches kann nicht auf Erfahrung begründet sein; keine Erfahrung notwendig. Wie ist synthetisch a pr[iori] notwendig; alles hat eine Ursache. *4.* Die ganze Wissenschaft beruht eigentlich auf synth[etischen] Urteilen.

V. In allen theoretischen Wissenschaften der Vernunft sind synthetische Urteile a priori als Prinzip enthalten. 1. mathematische Urteile sind alle synthetisch. Man glaubt, weil nach dem Widerspruch müssen sie analytisch sein, aber nicht aus sich selbst. *1.* Sinn reiner Mathematik: 7 + 5 = 12. Begriff von 7 ist ein Wort; der Begriff 7 + 5 enthält noch nicht, welche Zahl das ist. Durch Zergliederung findet man nicht 12 darin; man muß die Anschauung zufügen. *5.* Bei größeren Zahlen nicht Anschauung, reine Mechanik. Gerade ist die Kunst, ist synth[etischer] Satz. Einige Sätze der Mathematik sind analytisch: $a = a$, $a + b > a$. *2.* Auch Naturwissenschaft enthält synthetische Urteile a priori. Quant[ität] der Materie bleibt unverändert. Wirkung = Gegenwirkung. *3.* In der Metaphysik sollen synthetische Urteile a priori enthalten sein. *Die Welt muß einen ersten Anfang haben.* Metaphysik = lauter synthetische Urteile a priori.

VI. *Allgemeine Aufgabe der reinen Vernunft.* Man gewinnt, wenn man eine Menge [ein Wort unlesbar] Form bringt. Aufgabe der Vernunft: Wie sind synthet[ische] Urteile a priori möglich. Hume meint unmöglich. Metaphysik = bloßer Wahn. Nach ihm keine reine Mathematik. Wie ist reine Mathematik, wie reine Naturwissenschaft möglich. Das ist Tatsache. Metaphysik ist nicht Tatsache; ist sie möglich, als natürliche [ein Wort unlesbar] doch Tatsache; Kritik der Vernunft führt zur Wissenschaft. Dogmatik zu Skeptizismus.

Nicht beweisen, nicht beantworten. Grundsätze, die eine Erfahrung gebrauchen überschreiten Widerspruch = Metaphysik. Dogmatik = Despot[ismus], Skept[ik]. Locke = Fisiol. [Physiologie] des Verstandes; Indiff. = Vorspiel des Schaffens. Umsonst Gleichgültigkeit zu Affekt. Kritik des Vernunftvermögens. Möglichkeit der Metaphysik aus Prinzip ruhmredig. Nicht so wie wer bestimmt Weltanfang. Behauptung alle Hypothese ist verboten.

1. Wenn alle Regeln zufällig wären, nach denen man Erfahrung sammelt, könnten diese keine Gewißheit geben. 2. Natürlich, wenn man darunter beliebiges versteht, nicht wenn man das versteht was wirklich eintritt. 3. Wir erhalten

zunächst analytische Urteile. 4. Der Begriff, das Urteil, ist gar nicht in dem des Geforschten enthalten. 5. Gerade die Kunst ist synthetisch, un- a pr[iori].

Idee und Einleitung einer besonderen Wissenschaft. Kritik der reinen Vernunft. Vernunft = Vermögen, welches die Principien der Erkenntnis a priori an die Hand gibt; reine Vernunft. Propädeutik = Kritik der reinen Vernunft, nicht Erweiterung, nicht frei von Irrtum, transzendent, nicht mit Gegenständen. Nicht Doktrin sondern trans. Kritik, Vorbereitung zum Organon oder wenigstens Kanon = vollkommen analytische oder synthetische Darstellung; würde nicht so umfangreich sein, weil nicht Natur, sondern bloß Verstehen der Gegenstände. Alles aus Prinzip mit Gewährleistung der vollständigen Unsicherheit. Wir müssen alle Stammbegriffe ableiten. Grundbegriffe der Moral sind a priori, aber nicht reine Lust, Unlust, Begierde.

1. Elementarlehre, 2. Methodenlehre; zwei Stämme der Erkenntnis; Sinnl. Verstand 1. Transzend. Sinnlehre. I. Transzendente Elementarlehre. 1. Transzendente Ästhet[ik]. Anschauung nur möglich, wenn Gegenstand unser Gefühl aff[iziert]. Die Fähigkeit dazu = Sinnlichkeit; vermittels dieser wird uns Gegenstand gegeben durch Verstand, Gedanken; er bildet Begriff. Alles Denken muß sich direkt oder indirekt auf Sinnlichkeit beziehen. Die Wirkung eines Gegenstandes auf die Vorstellungsfähigkeit ist Empfindung; empirisch. Materie und Form der Erscheinung. Materie aposteriorisch. Form a priori; kann abgeändert werden. Reine Form a priori. Am Körper: Materie, Kraft, Ausdehnung, Gestalt; letzte reine Form. Transzendente Äst[hetik] von reinen Formen a priori. 1. Isol. der Sinnlichkeit. 2. Noch alles was zur Sinnlichkeit gehört abtrennen vom Raume. Metaphysische Erörterung mittels des äußeren Sinns außer uns; innerer Sinn und selbst unser innerer Zustand. Sind Raum und Zeit wirklich Wesen; kommen sie den Dingen zu.

Erörterung = deutliche Vorstellung was dazugehört: Metaphysik = was a priori. 1. Raum nicht empirisch; damit ich außer und nebeneinander vorstelle, muß die Vorstellung des Raumes schon zugrunde liegen. Man kann sich nicht vorstellen, daß kein Raum aber daß keine Gegenstände sind. Nur ein Raum; viele Räume sind Teile eines Raumes. Raum unendlich; muß Anschauung a priori sein. Transzend[ente] Erörterung des Begriffes vom Raume. Geometrie = synthetisch a priori. a) Der Raum stellt keine Eigenschaft der Dinge dar die bleiben, wenn man von subjektiven Bedingungen absehen würde. Wir können nicht urteilen, wie anderen denkenden Wesen die Welt erscheine; nur für uns an den Raum gebunden. Geschmack, Geruch sind Wahrnehmungen. Zeit ist kein empirischer Begriff. Man kann Zeit nicht aufheben, aber alle Erscheinungen. Axiome von der Zeit a priori; die Sätze von der Zeit sind apod[iktisch]. So muß es sein, nicht so, lehrt es die Erfahrung. Zeit nicht diskurs[iv]; verschiedene Zeiten nur Teil der Zeit. Daß verschiedene Zeiten nicht zugleich sein können, ist sint[hetisch]. Unendliche Zeit = alle Begriffe. Zeiten nur durch ein schränkenden Begriff erhalten; nur Teilvorstellungen, nur unmittelbare Anschauung; das, wozu alles durch Einschränken gewonnen wird. Begriff der Veränderung und Bewegung ist nur durch und in der Zeit möglich. Veränderung = Verbindung kontrad[iktisch]. Führt direkt:

a) Die Zeit ist nicht Objekt; ohne Gegenstand wirklich; auch nicht ein Gegenstand als Bestimmung; denn geht ein Gegenstand als Bedingung vorher, wird a priori angeschaut, subjekt. Bedingung unter der die Anschauungen stattfinden können.

b) Zeit = Form des inneren Sinns, angeschaut [von] uns selbst, nicht äußerlich bestimmt, nicht Gestalt, Lage, daher Linie.

c) Formale Bedingung aller Erscheinungen überhaupt, unmittelbar der inneren, mittelbar auch der äußeren. Die Zeit ist nicht, wenn man von Dingen überhaupt redet, nicht bloß von uns sinnliche Anschauung. Empirische Realität, aber nicht absolute Realität; nicht den Dingen an sich transzen[dentales] Ideal = gar nicht, wenn von subjekt[iver] Bedingung abstrahiert. Empir[isten] = Sie betrachten den Gegenstand als Erscheinung. Ein Einwurf: Veränderungen sind wirklich; diese beweisen uns eigene Vorstellungen, sie sind nur in der Zeit möglich; daher ist die Zeit wirklich; ich habe wirklich die Vorstellung der Zeit. Wenn mich ein anderes Wesen ohne Sinnlichkeit sich vorstellen könnte, so entsteht eine Erkenntnis ohne Veränderung. Die Wirklichkeit der äußeren Objekte ist nicht beweisbar; daher Raum nicht, aber Zeit. Raum und Zeit können weder reell sein noch reine Einbildung. Bei uns beide Schwierigkeiten. Was für Bewandtnis mit dem Gegenstand an sich, wissen wir nicht. Durch noch so klare Anschauung kommen wir der wahren Beschaffenheit nicht näher. Unterschied zwischen Erscheinung und Wissen ist nicht logisch sondern transz[endent]. Diese Theorie muß nicht als Hypothese, sondern gewiß erscheinen. Beweis daraus, daß die geometrischen Urteile synthetisch und absolut sicher sind; nicht aus Begründung, aber auch nicht aus Induktion. Anschauung müßte ererbt sein. Idee der transz[endenten] Logik: zwei Eigenschaften des Gefühls: 1. Vorstellung, Empfang, Rezept[ion]. 2. Spont[aneität].

Der Begriff, einen Gegenstand zu erkennen durch die 1. Gegebenheiten, durch die 2. als Bestimmung des Gefühls, Gedanken, Anschauungen und Begriffe corr. reine oder emp., im letzten Fall wenn Empfindung dabei; im ersten [Fall] keine Empfindung beigemischt, reine Anschauung; die Form reine Logik, Form des Gedankens. Verstand = Spont[aneität] des Erkennens; Gedanken ohne Inhalt; leere Anschauung ohne Begriff blind; beides ist zu scheiden. Logik, es [wird] besonders Verstand gebraucht = Regel, über gewisse Gegenstände richtig zu denken, Organon; diese oder jene Wissenschaft im Gegensatz zur Elementarlogik = Propädeutik, reine oder angeborene Logik. Reine Logik laut Pr. a priori, nicht kanon., nicht Org[anon] sondern Kathartikon. Im zweiten [Fall] von der transz[endenten] Logik die allgemeine Logik abstrahiert; von allem Inhalt.

A.3 Vorzutragend

Teils was ich sage ist vielleicht schon gesagt. Ja, vielleicht wenn man alles was ein Philosoph gegen einen anderen sagt zusammenfassen würde, würde, was ist Wunder, entstehen: Jeder hat recht, solange er gegen andere spricht. Der reine analytische Weg, daß man von Bewegung materieller Punkte und Darwin ausgeht, führt zum Ziel; der andere, von unseren Vorstellungen, nicht. Wir gehen den ersten und zeigen daß er stimmt. Das ist sein Beweis. Goniometer. Naturphilosophie wie Natursommer. Nutzen des Daseins. Die Art der Existenz; Vierfache Wurzel, Seite 102. Banknoten mit und ohne Gold; Vierfache Wurzel, Seite 105. Ptol. erklärt sein System, nur bloß beschreiben; ebenso Atome. Man kann nur Rede sparen. Förster fand es erregend, daß sich das Kausalgesetz am Himmel bestätigt. Kampf gegen Mittelalter; es war einmal zweckmäßig, man war sich nicht klar warum. Jus, Theologie, Modeste von Unruh. Was man selbst gerade studiert trägt man besser vor. Ein Gebiet jenseits der Erfahrung, wie Kant sagt (Welt als Wille, Seite 28), gibt es nicht. Mancher Philosoph sagt, ähnlich wie über die Begriffe Raum, Zeit kann man nicht nachdenken; aber sie meinen, es folgt übrigens alles mögliche a priori; was dann Schwierigkeiten macht, auf Widerspruch führt. Ich werde, halb Idealist, die materiellen Punkte sind ja nur meine Vorstellung, halb Materialist, mit ihnen beginnen, wenn alles klar werden soll. Man könnte sagen: mit dem Begriff von Ursache und Wirkung kann man keine Tramway betreiben. Was ist der Zweck der Philosophie; er ist unsere Ausdrucksweise, bis in die Anfänge durchzugelangen. Alle Menschen haben Gesicht auf der selben Seite: ist empirisch; die Winkelsumme 180° nicht. Die Philosophen haben recht, wo sie andere widerlegen. Schopenhauer gegen Kant. ([durchgestrichen:] Ist die Welt gut oder schlecht, nicht entscheidbar; höchstens wird die Menschheit besser oder bricht sie einmal zusammen.) Schopenhauers Idealismus ist eben so unbegründet wie der theologische. Wir müssen uns auch Schopenhauers ästhetischem Standpunkt stellen; nicht immer kritisieren. 1. Witz: Vierfache Wurzel. 2. Wille erklärt Subjekt und Objekt. 3. Guter Witz: Schopenhauers Bejahung und Verneinung des Willens, der Geheimnisse des Lebens, der Moral, des Glücks erklärt, da er erklärt, daß wenn das Subjekt aufhört alles aufhört Hegels Grundgedanke: Die ganz allgemeinen Lehr-Lernbegriffe sind das Ding an sich; aus ihnen entwickelt sich alles selbsttätig ohne Mitwirkung des Denkens.

A.4 Für den Vortrag

Können alle Eigenschaften von einem Ding getrennt werden, gibt es Dinge an sich vielleicht doch? Lehre von Sprache verschieden von Lehre vom Denken; man denkt still sprechend. Begriffe sind Worte; Noten Tintenklexe; Je mehr wir zerlegen ins einfache, desto besser; aber kein so allgemeines Schema wie wir denken möglich. Lauter [viele] Räder = Uhr. Das einfachste und verständlichste wird wieder analysiert. Verschwindet die Außenwelt im Schlaf und Tod; gibt es eine Außenwelt? Machs Selbstbetrachtung. Mayer sagt: ich nannte etwas anderes Kraft; man kann das, wenn man ein Mayer ist. Schmid sagt: wer weiß ob das Uranus ist. Was vom Willen unabhängig = innere Welt, das andere Außenwelt. Meine Glieder sind zum Teil Außenwelt; durch sie kann ich auf Außenwelt wirken. Ist es zweckmäßig zu sagen: Außenwelt? Der Naive hält das für Spielerei, gar solches festzustellen. Warum haben wir beim Denken an die Birne nicht ähnliche Genüsse. Ich frage: warum wirkt eine wirkliche Frau soviel stärker; wodurch unterscheiden sich die wirklichen Reize vom Denken an die Reize. Naturgesetz und Reichsgesetz haben gewisse Ähnlichkeiten. Oft liegen Instinkte solchen Fragen zugrunde wie nach dem Ding an sich. Es gibt kein Fernwirken; ist auch logisch und berechtigt; man ist geneigt zu übertreiben. Ist es das sicherste, wenn wir uns erinnern, etwas gesehen zu haben. Hunger ist das beste Zeitgefühl. Unsere Weltanschauung ist nur die zweckmäßigste, das wird wieder übertrieben. Wir definieren die Zündnadeln hinweg.

Durch Beschreibung einiger Eigenschaften ist nicht gesagt was Zeit ist. Eigenschaften der *Zeit*: 1. eine Dimension. 2. schneidet sich nicht selbst. 3. hat eine besondere Richtung. 4. stetig. Jeder Mensch hat seine besondere Zeit. Zeit atomistisch. Kinematographie. Der Anblick der Natur würde den Schein erwecken, daß die Zeit periodisch ist. Morinerfee.
Raum: 1. stetig (aber kann ihm atomistisch zugrundegelegt werden). 2. mehrdimensional. 3. isotrop (richtungsfrei). 4. Raum nur durch geschlossene Flächen teilbar, auch durch unendliche Ebenen. Die Fläche ist noch unendliche Mannigfaltigkeit. 5. Raum nicht einsinnig. Wir sind vielleicht selbst Eingeweidewürmer, die die vierte Dimension nicht wahrnehmen. Solipsistenhöflichkeit.

Was ist Zuordnung; worauf beruht sie; was ist Gleichheit zweier Größen; Identität und gleiche Zahl der Mannigfaltigkeiten. Wenn einem nichts einfällt, bloß schildern, nichts begründen. Was heißt, Atome existieren. *Wären statt Zeit und Raum andere Formen bei anderer Vererbung möglich gewesen*. Was heißt möglich; es ist wichtig nachzuweisen, daß die übliche Zeitmessung möglichst eindeutig ist. Der menschliche Geist muß sich so vervollkommnen, daß er Widersprüche gegen den zweiten Hauptsatz sogleich empfindet. Ostwald nennt die Molekulartheorie eine Naturphilosophie. Ist Ursache = Umwandlung von Energie; hat die Wärme eine Sonderstellung (Ostw[ald] Seite 295) oder Unterschiede in der Intensität der Energie. (nach Helmholtz: Philosophie = Kritik des Denkinstruments) Warum setzt jedes Objekt ein Subjekt voraus (nil admirari). An Philosophen Frage: Sind die Zahlen konkret oder abstrakt. Wir fragen immer: ist unser Denken berechtigt. Ich entschließe mich, Albert [Boltzmanns verstorbener Bruder] grundlos zu lieben. Biologische Frage.

Zusammenhang von Körper und Geist. Erklärung des Toten als Besitz des Lebens durch Atome. Schmitz widerlegen. Kraft = zwingendes Wirken der Außenwelt und subst. Seele, Lebenskraft; daher bloß Beschreibung. Naturerscheinungen müssen gesetzlich = begrifflich sein. Meteor[ologie] läßt sich begreifen; ob organische Welt fraglich. Ein Freund wundert sich, wie eine Gestalt ein wirkliches Mädchen wird; was nicht wird ist nicht. Pytagor[äischer] Lehrsatz schwer zu begreifen; einige sagen: selbstverständlich. Ist man verpflichtet, für die Angehörigen nach dem Tod zu sorgen. Geneol[ogie], Liebestrank in Tristan; Götterdämmerung; über diesen steht Venus und Juno, die über Äneas und Dido beratschlagen. Was man wahrgenommen hat, ist keineswegs gewiß. Polygonmethode der Elementarepipede nicht a priori; Bestätigung in der Erfahrung; nicht daß man etwas gesehen hat. Das Urteil aus so gesehen ist meistens, immer, beweisend. Unwiderstehlicher Zwang, Eier auf Spargel zu legen. Ich sehe einen Fortschritt darin, daß ich das nicht dogmatisch behaupte.

Wundt: Metafisik. Philosophie hat allgemeines Weltbild zu geben; fließt aus den Wissenschaften. Einteilung der Wissenschaften in beschreibende und erklärende ist verfehlt. Mathematik ist formal: Zahl, Menge, Mannigfaltigkeit. Verhältnis ihrer Theorien. Realwissenschaften, Naturwissenschaften und Geisteswissenschaften. Schopenhauer: Vierfache Wurzel. Über die alten Philosophen herrschen dogmat. Gesetze. Der Satz von Ursache und Wirkung, der Moralsatz, Subjekt sein heißt erkennen, das heißt Vorstellungen haben.

A.5 Ursache und Wirkung

Schopenhauer sagt: Wir nehmen an uns direkt wahr, daß etwas bewirkt wird. 1. Der Schluß folgt direkt aus den Prämissen; er wird durch sie erzwungen. 2. Ich weiß, daß das der Willensentschluß bewirkt hat. Ich werde mir direkt bewußt. Es ist mir direkt gegeben, daß mein Wille von etwas bewirkt wird. Bei objektiver Betrachtung sind von vornherein zwei Möglichkeiten: 1. Sie folgen zufällig aufeinander. 2. Die einen bewirken die anderen; bevor ich Erfahrung habe, ist beides gleich wahrscheinlich. Meine fortwährenden Erfahrungen machen es unendlich unwahrscheinlich, daß alle beobachtete *Regelmäßigkeit* zufällig ist und unendlich wahrscheinlich, daß Wirkliches wirklich stattfindet.

Einheit des Selbstbewußtseins. Ich nehme direkt wahr; es ist mir gegeben, daß mein Selbstbewußtsein, daß jede Wahrnehmung (wie: ich sehe rot; ich bin mir bewußt, jemand überzeugen zu wollen) nicht wie Wärme, Schall, Licht ein sprachlicher Ausdruck für eine gewisse Art des Zusammenwirkens vieler, sondern etwas besonderes ist.

Postwesen in einem Staat könne nur dann als etwas einheitliches gedacht werden, wenn ein einzelnes Wesen es wahrnimmt und in seinem Geiste zusammenfaßt. Oder ich bin mir direkt bewußt, es ist mir direkt gegeben, daß mein Wille einheitlicher ist als die Postversendung eines Landes.

Phänomenale Räume. Wir nehmen an: 1. Qualität des Rot. 2. Noch die Stelle desselben im phän[omenalen] Raum [vier Worte nicht lesbar] als verschiedene Apperz[eptionen] der nach Verrichtung perz[ipieren], wenn so weit, daß wir sie gerade nicht mehr sehen. Hyp[othese] bei dunklem Rot, perz[ipieren] wir in vielen Stellen des phänom[enalen] Raumes rot, an anderen nichts (schwarz). Sie sind so klein, daß ich sie nicht app[erzipiere].

Töne, die man mit beiden Ohren gleich hört, sind immer an sehr vielen, im Gehörraum gleichmäßig verteilten Stellen vorhanden und um so stärker, je mehr Töne die man mit einem Ohr hört an einigen Stellen mehr aber auch noch an allen, wenn auch verschieden stark.

Meine Zeittheori[e]:

1. Die Anzahl der Zeitpunkte kann so groß gemacht werden, daß die Wahrscheinlichkeit groß wird, daß ein sehr unwahrscheinlicher Zustand der ganzen Welt vorkommt.

2. Das Naturgesetz muß so ausgesprochen werden, daß jeder Zustand durch zwei vorhergehende bestimmt ist.
3. Dieses Kraftgesetz muß zeitlich verschieden sein, je nachdem man in einem oder [in] anderem Sinne in der Zeit fortschreitet.

Warum müssen der phänomenale Raum und die phänomenale Zeit continuierlich sein? Wenn zwei Phänomene räumlich verschiedene Qualität haben, ebenso zeitlich, können sie nicht verschwimmen; dagegen verschwimmen zwei verschiedene Farben.
Qualität, wenn die eine sehr viel kleine Felder, die andere lauter dazwischen zerstreute zu gleicher Zeit einnimmt. Darum muß die räumliche und zeitliche Qualität continuierliche Übergänge haben = prim[äre] Teleiose. In ihr kann erst die sek[undäre] Teleiose zur Anschauung kommen. Man wird mir einwerfen: Wenn das vergangene Ich ein ganz anderes war, steht es mit mir in keiner Beziehung; kann auf mich nicht wirken. Ich kann ewig nichts zunächst erfahren. Es existiert gar nicht. Ich behaupte, es soll nur ein gutes Zeichen sein; die wirkliche Existenz möge eine andere sein. Koperni[kus] behauptete, die wirkliche Erde möge stille stehen. Mein System dient nur zur leichteren Berechnung. Er glaubte es nicht, aber behauptete es, damit man ihm gewisse Einwände nicht machte, die teilweise aus dogmatischen Vorurteilen, teilweise aber aus übers Ziel hinaus schießenden Denkgewohnheiten stammten, die wir uns jetzt abgewöhnt haben.

Der Darwinismus erklärt nach Schopenhauer auch nichts; würde ebenso erklären, daß alle Pflanzen gehfähig sind; weil sie dann besser gedeihen, da gar keine gehfähig ist (wie?). Der Darwinismus erklärt alles besser.

Ich: Der Darwinismus erklärt nicht alles, aber viel. Daß die Raupen, Rehe zweckmäßige Einrichtungen sind; und auch die Funde erklärt er eben. Er zeigt wenigstens die Möglichkeit, daß alles sich aus den Atombewegungen vorausberechnen läßt. Aus Gott aber geht es prinzipiell nicht. Ich müßte sagen: Der Wille ist wieder eindeutig durch etwas bestimmt, dann wäre es kein Wille.

Brentano meint, die A-Wesen und B-Wesen müßten Qualitäten haben, sonst würden sie sich nicht unterscheiden. Nur ein Wesen scheint die Qualität zu erforschen, müßte auch eine Wissenschaft sein. Gerade ihnen, ich meine, uns sind Lust und Schmerz analog. Vergangenheit und Zukunft sind zwei besondere Qualitäten des Daseins.

Ich nehme einen eben vergangenen Ton anders als einen gegenwärtigen wahr; darauf beruht die Zeit.

2 + 2 = 4 nicht gleich 5 sind Notwendigkeiten, weil immer die Wirkung auf die Ursache folgt. Ist unendlich wahrscheinlich, daß da auch eine notwendige Zeit ist. Vielleicht besser: Daß $a + b = b + a$ ist, ist eine Notwendigkeit. Schopenhauer behauptet: Schwarz ist eine positive Empfindung, keine negative. Prim[är] objektiv, daß ich mir des Rot bewußt werde; sek[undär], daß ich mir des Sehens bewußt werde. Die Empfindung, die ich gerade habe, ist wirklich = Qualität verschieden von denen, die ich erschließe, aber alle anderen Empfindungen erschließe ich auch nach dem Schubladenprinzip.

Mills possibility muß angenommen werden, sonst ist es nicht möglich, Gesetze zu dem, was wirklich existiert, zu formulieren. Man könnte sich meine zeitlich verschiedenen Weltfragen im Grund genommen auch im Raum nebeneinander denken, wenn kein Punkt der einen eine Entfernung von einem Punkt der anderen hätte.

Schopenhauer sagt: Die Wirklichkeit hat Qualitäten. Ich kann sie nicht durch bloß A und B darstellen, diese müssen dieselben Qualitäten haben: Das Zeitliche, das charakteristisch Räumliche, gerade das leugne ich; Qualitäten sind bloße Einbildungen.

Prinz[ip] der Individualität: Hier sieht etwas blau [aus], dort auch; hier rot, dort in derselben Weise. Wenn alle Empfindungen gleich wären, wäre doch der eine Komplex vom anderen [nicht] verschieden; es muß noch ein x dabei sein. Die Individualität, die Persönlichkeit.

Das „Ich" und „Du", welches sie scheiden. Daß dies die Empfindungen des einen, die eines anderen sind; diese Unterscheidung könnte das Gehirn sein. Würde ich aber finden, das Gehirn reicht nicht aus, so müßte ich eine Seele denken, was die Persönlichkeiten unterscheiden kann – ich nicht wahrnehme. Da ich die anderen nur durch Analogie denke, nicht mich hineinversetzen kann. Könnte ich das, so sähe ich genau den Unterschied. Die Persönlichkeiten unterscheiden die Empfindungskomplexe gerade so, wie die Örtlichkeit zwei sonst gleiche Dinge verschieden macht.

Wenn ich rot wahrnehme und blau wahrnehme und höre, muß das was rot, was blau aussieht, was [ich] höre und was [ich] vergleiche dasselbe sein. Es könnte sonst nicht vergleichbar sein. Der Vergleich müßte gar nicht abhängen von der roten und blauen Wahrnehmung, die ja gar keine Beziehung hätte. Zum Vergleichenden muß das Wahrnehmende eine Einheit sein, die aus Teilen besteht. Beim kollektiven Begriff wird nicht bei Änderung jedes Teils das ganze affic[ciert]. Empedokles. Fledermausbeweis.

A.6 Gespräche mit Brentano

1. Ob drei oder trois, ist doch derselbe Begriff (daher dieselbe Anweisung zu handeln). Die Äquivoka teilen sich ein in 1. Supposition 2. Durch Analogia; der Mensch ist gesund, die Gesichtsfarbe, die Speise. Die Speise ist gesünder als der Mensch. Von der ersten in eine zweite Natur per attributum. 3. Per analogiam [proportionalitatis] helle Farbe, helle Töne. 4. Das Wort Mensch, der Laut Mensch, der Begriff Mensch, die Gattung Mensch. Lösung der Lüge. Wenn ich sage: alles auf diesem Zettel ist falsch, [dann] sage ich zugleich aus, daß dies ein Zettel ist [und] daß darauf etwas steht. Das ist alles wahr, daher nicht alles falsch. Wenn ich behaupte: jeder Satz enthält etwas falsches, so muß ich ihn so zerlegen. Er enthält nichts falsches, da jeder Satz etwas falsches enthält. Wenn er etwas falsches enthält, so ist unwahr, daß er nichts falsches enthält. Ich könnte den Satz auch so zerlegen: Die Behauptung ist wahr, daß alles auf diesem Zettel falsch ist, wenn das falsch ist, so ist der erste Teil der Behauptung in der Tat falsch.

Man muß erst umstilisieren. *Es soll doch von jeder Stilisierung gelten*: „dieser Baum" ist doch auch wahre Behauptung: Der Kreis ist eckig, besteht doch aus einem wahren und einem falschen Urteil; es ist wahr, daß es falsch ist, daß der Kreis eckig ist. Es ist wahr, daß alle Sätze falsch sind, ist nicht dasselbe, sondern ein neues Urteil, welches ein anderes Subjekt hat. Ich würde nicht behaupten: Das Urteil, der Kreis ist nicht eckig, besteht aus einem affirm[ativen] und einem negierenden Urteil.

Man kommt vielleicht nicht zu einem materiellen, aber zu einem formalen Widerspruch. Wenn ich behaupte: Alle Urteile sind falsch [dann] behaupte ich nicht, alle nach der Logik inhaltlich gleichen Urteile sind falsch, sondern vielmehr die Logik ist formal unrichtig, bedürfe einer Ergänzung. Ich will sie gerade ad absurd[um] führen. Daß man nach ihrem Gesetz wieder richtig daraus finden kann, aber nicht immer finden muß, rettet sie nicht. Wenn man zeigen will, daß man nicht durch Null dividieren dürfe, dürfe man auch das gleiche nach algebraischen Regeln wieder richtig machen.

Brentano sagt: Es ist natürlich im Merkmal rot auch gegeben, daß eine rote Fläche kontin[uierlich] ist, daß ein Punkt nicht rot sein kann, daher auch eine endliche Zahl von Punkten.

Teleiose = Diff[erenz], Höhe = Gefälle = Gradient.

Plerose = welcher Teil des Ufers eine Quelle, Höhle hat.

Teleiose von A [schraffierte Fläche] : 1/4 schwarz, 3/4 weiß.

Raum und Zeit haben selbst die Teleiose Eins, weil sie wechseln muß. Beweis, daß man definieren kann wieviel cm = 1 sec sind. Zwischen O und 1 m sind alle Mischfarben von rot bis blau, zwischen O und 1 Stunde auch. Es sind in Raum und Zeit alle Teleiosen möglich; daher müssen an einer Stelle des Raumes die Teleiosen Eins vorhanden sein und auch an einer Stelle der Zeit.

Dort ist df/ds hier $df/dt = 1$. Man kann also definieren wo und wann $ds/dt = 1$. Man nimmt nicht bloß das momentan Gegenwärtige, sondern auch das ein wenig Vergangene wahr und man nimmt dann auch den Grad der Vergangenheit direkt wahr. Was Qualität verschieden ist von der willkürlichen und erzwungenen Erinnerung an Vergangenes.

Man könnte messen, wie distant zwei Töne erscheinen müssen, um als Triller wahrnehmbar zu werden. Man könnte bestimmen, in welcher Distanz zwei klare Striche gleichzeitig als verschieden wahrnehmbar werden und wie schnell sich ein Strich bewegen muß, um als bewegt wahrnehmbar zu werden = Proterästesie.

Gegen Darwin:

1. Wenn etwas sehr vollkommen ist, ist die Wahrscheinlichkeit, daß es noch vollkommener wird sehr gering gegen die, daß jede Änderung es verdirbt; daß selbst, wenn vollkommeneres mehr Existenzchancen hat, doch unendlich unwahrscheinlich ist, daß es besser wird. Gemälde [Portrait] das immer 100 fremde Maler kopieren, ohne die Person zu kennen, wird endlich ganz unähnlich werden, selbst wenn man jedesmal aus den 100 das ähnlichste auswählt; weil die Wahrscheinlichkeit, daß eine Stelle ähnlicher ist kleiner als 1/100 ist.

Antwort: Es muß sich eine Tendenz zur Variation gerade dort entwickeln, wo eine Vervollkommnung möglich ist. Bleibt beim Menschen beim Hirn, bald mehr bald weniger Fasern.

2. Die Hunde [und] Katzen mischen sich; es entsteht eine Mischrasse, keine Auslese; deshalb nimmt man die Migrationstheorie an. Die Zeitdauer der Erde ist zu kurz für soviel Auslese im Vergleich zu den geringen Änderungen durch die Züchtung, die wir wohl reiner machen können.
Antwort: Die Natur hat es ganz anders gemacht; sie hat gewußt, daß man so nicht zum Ziel kommt; sie macht bei den niederen Wesen aus jedem Paare viele tausend, zwischen denen allen Auslese stattfindet. Dazu kommt die geschlechtliche Fortpflanzung, wodurch die guten Variationen bevorzugt werden. Bei den höheren Tieren die Liebe. Brentano gibt hier die mechanische Erklärung der Liebe.

A.7 [Fragment eines Vortrags. Titel und Anlaß des Vortrags sind nicht bekannt.]

[Anfang fehlt] .... des Verknüpfens der Wahrnehmung, also des Denkens angeboren wäre. Wenn wir diese Denkgesetze nennen wollen, so sind sie insoferne freilich aprioristisch, als sie von jeder Erfahrung in unserer Seele oder, wenn wir lieber wollen, in unserem Gehirne vorhanden sind. Allein, nichts scheint mir weniger motiviert als ein Schluß von der Apriorität in diesem Sinn auf absolute Sicherheit, auf Unfehlbarkeit. Diese Denkgesetze haben sich nach den gleichen Gesetzen der Evolution gebildet wie der optische Apparat des Auges, der akustische des Ohres, die Pumpvorrichtung des Herzens. Im Verlauf der Entwicklung der Mensch heit wurde alles Unzweckmäßige abgestreift und so entstand jene Einheitlichkeit und Vollendung, welche leicht Unfehlbarkeit vortäuschen kann. So erregt ja auch die Vollkommenheit des Auges, des Ohres, der Einrichtung des Herzens unsere Bewunderung, ohne daß jedoch die absolute Vollkommenheit dieser Organe behauptet werden kann. Ebensowenig dürfen die Denkgesetze als absolut unfehlbar betrachtet werden. Ja gerade sie haben sich behufs Erfassung des zum Lebensunterhalt Notwendigen, des praktisch Nützlichen herausgebildet. Mit diesem zeigen die Resultate experimenteller Forschung weit mehr Verwandtschaft als die Prüfung des Werkzeugs des Denkens. Es kann uns daher nicht wundernehmen, daß die zur Gewohnheit gewordenen Denkformen für die abstrakten, dem praktisch Anwendbaren so fern liegenden Probleme der Philosophie nicht ganz angepaßt sind und sich seit Thales' Zeiten noch nicht angepaßt haben. Daher scheint dem Philosophen das Einfachste am rätselhaftesten. Und er findet überall Widersprüche. Diese aber sind nichts anderes als unzweckmäßige, verfehlte Nachbildungen des uns Gegebenen durch unseren Gedanken. In dem Gegebenen selbst können keine Widersprüche liegen. Sobald daher Widersprüche nicht zu beseitigen scheinen, müssen wir sofort das, was wir unsere Denkgesetze nennen, was aber nichts anderes als ererbte und angewohnte, zur Bezeichnung der praktischen Erfordernisse durch Äonen bewährte Vorstellungen sind, zu prüfen, zu erweitern und abzuändern suchen. Geradeso wie zu den ererbten Erfindungen, der Walze, des Karrens, des Pfluges, schon längst unzählige künstliche, mit klarem Bewußtsein geschaffene getreten sind, so müssen wir hier ebenfalls die ererbten Vorstellungen künstlich und mit Bewußtsein besser ordnen. Unsere Aufgabe kann nicht sein, das Gegebene vor den Richterstuhl unserer Denkgesetze zu citieren, sondern vielmehr unsere Gedanken, Vorstellungen und Begriffe dem Gegebenen anzupassen. Da wir so complicierte Verhältnisse nur durch Worte, geschriebene, gesprochene oder still gedachte klar auszudrücken vermögen, so kann man auch sagen, wir haben die Worte so zusammenzustellen, daß sie dem Gegebenen überall den passensten Ausdruck verleihen, daß die von uns zwischen den Worten hergestellten Zusammenhänge überall den Zusammenhängen des Wirklichen möglichst adäquat sind. Sobald man das Problem so stellt, kann seine zweckmäßigste Lösung auch noch die allergrößten Schwierigkeiten bereiten. Aber man kennt doch das angestrebte Ziel und wird nicht über selbst gemachte Schwierigkeiten stolpern.

Viel Unzweckmäßiges in den Gewohnheiten und dem Verhalten der Lebewesen wird dadurch hervorgerufen, daß eine Handlungsweise, welche in den meisten Fällen zweckmäßig ist so zur Gewohnheit, zur zweiten Natur wird, daß man nicht mehr davon lassen kann, wenn irgendwo ihre Zweckmäßigkeit aufhört. Ich sage da, die Anpassung schießt über das Ziel hinaus. Dies trifft besonders häufig bei den Denkgewohnheiten zu und wird die Quelle scheinbarer Widersprüche zwischen den Denkgesetzen und der Welt, sowie zwischen den Denkgesetzen untereinander.

So ist die Gesetzmäßigkeit des Naturgeschehens die Grundbedingung aller Erkennbarkeit; daher wird die Gewohnheit, bei allem nach der Ursache zu fragen zum unwiderstehlichen Zwange und wir fragen auch nach der Ursache, warum alles eine Ursache hat. In der Tat zerbrach man sich den Kopf, ob Ursache und Wirkung ein nothwendiges Band, oder bloß eine zufällige Aufeinanderfolge darstellen, während es doch nur einen Sinn hat zu fragen, ob eine specielle Erscheinung immer mit einer bestimmten Gruppe anderer verbunden, deren nothwendige Folge ist, oder ob sie unter Umständen auch fehlt.

Ebenso heißt etwas nützlich, werthvoll, wenn es die Lebensbedingungen des Einzelnen, oder der Menschheit fördert; aber wir schießen über das Ziel hinaus, wenn wir nach dem Werthe des Lebens selbst fragen, wenn uns dieses etwa als werthlos erscheint, weil es keinen außer sich liegenden Zweck hat. Ähnlich geht es auch, wenn wir uns vergeblich bemühen, die einfachsten Begriffe, aus denen alles aufgebaut ist, selbst wieder aus einfacheren aufzubauen, die einfachsten Grundgesetze selbst wieder zu erklären.

Wir dürfen nicht die Natur aus unseren Begriffen ableiten wollen, sondern müssen die letzeren den ersteren anpassen. Wir dürfen nicht glauben, daß sich alles nach unseren Kathegorien eintheilen läßt und es eine vollkommenste Eintheilung gäbe. Diese wird immer eine schwankende und nur dem augenblicklichen Bedürfnisse angepaßt sein. Und auch die Spaltung der Physik in eine theoretische und experimentelle ist nur eine Folge der Zweitheilung der augenblicklich in Verwendung stehenden Methoden und wird nicht ewig währen.

Meine gegenwärtige Lehre ist total verschieden von der, daß gewisse Fragen außerhalb der Grenzen des menschlichen Erkennens fielen. Denn nach letzterer Lehre liegt darin ein Mangel, eine Unvollkommenheit des menschlichen Erkenntnisvermögens, während ich die Existenz dieser Fragen, dieser Probleme, selbst für eine Sinnestäuschung halte. Bei oberflächlichem Nachdenken überrascht es freilich, daß, nachdem die Sinnestäuschung erkannt ist, der Drang jene Fragen zu beantworten nicht aufhört. Die Denkgewohnheit ist viel zu mächtig, als daß sie uns losließe.

Es geht hier geradeso wie mit den gewöhnlichen Sinnestäuschungen, die auch noch fortbestehen, nachdem ihre Ursache erkannt ist. Daher das Gefühl der Unsicherheit, der Mangel an Befriedigung, welcher den Naturforscher ergreift, wenn er philosophiert. Nur sehr langsam und allmählich werden diese Sinnestäuschungen weichen, und ich halte es für eine Hauptaufgabe der Philosophie, die Unzweckmäßigkeit dieses über das Ziel Hinausschießens unserer Denkgewohnheiten klar darzustellen und bei der Wahl und Verbindung der Begriffe und Worte unabhängig von unseren ererbten Gewohnheiten einzig nur den zweckmäßigsten Ausdruck des Gegebenen anzustreben. Dann müssen allmählich diese Verwicklungen und Widersprüche verschwinden. Es muß klar hervortreten, was im Gebäude der Gedanken Baustein, was Mörtel ist, und das drückende Gefühl, daß das Einfachste am unerklärlichsten, das Trivialste am rätselhaftesten ist, würde von uns genommen. Unberechtigte Denkgewohnheiten können mit der Zeit weichen. Beweis dafür ist, daß heute jeder Gebildete die Lehre von den Gegenfüßlern und viele die nicht-euklidische Geometrie begreifen. Würde es daher der Philosophie gelingen, ein System zu schaffen, wo in allen früher besprochenen Fällen die Nichtberechtigung der Fragestellung klar hervorträte und dadurch der angewohnte Trieb danach allmählich erstürbe, so wären mit einem Schlage die dunkelsten Rätsel gelöst und die Philosophie des Namens einer Königin der Wissenschaft würdig.

Unsere angeborenen Denkgesetze sind zwar die Verbindung unserer complicierten Erfahrung, aber sie waren es nicht bei den einfachsten Lebewesen. Bei diesen entstanden sie langsam auch durch deren einfache Erfahrungen und vererbten sich auf die höher organisierten Wesen fort. Dadurch erklärt es sich, daß darin synthetische Urtheile vorkommen, welche von unseren Ahnen erworben, für uns angeboren, also aprioristisch sind. Es folgt daraus ihre zwingende Gewalt, aber nicht ihre Unfehlbarkeit.

Wenn ich sage Urtheile wie „alles muß entweder rot, oder nicht rot sein" stammen aus der Erfahrung, so meine ich nicht, daß jeder einzelne diese nichtssagende Wahrheit an der Erfahrung controlliere sondern, daß er die Erfahrung macht, daß seine Eltern jedes Ding entweder rot, oder nicht rot nennen und diese Benennung nachahmt.

Es mag wohl scheinen, als ob wir uns mit philosophischen Fragen allzu eingehend beschäftigt hätten; allein es scheint mir, daß wir das, was wir nun gewonnen haben, nicht auf kürzerem und einfacherem Wege hätten erreichen können, nämlich ein unbefangenes Urtheil darüber, wie die Frage nach der atomistischen Zusammensetzung der Materie aufzufassen ist. Wir werden uns nun nicht auf das Denkgesetz berufen, daß es keine Grenzen der Theilung der Materie geben könne. Dieses Denkgesetz ist nicht mehr werth als wenn ein naiver Mensch sagen würde, wohin immer ich auf der Erde ging, schienen mir die Lotrichtungen immer parallel, daher kann es keine Gegenfüßler geben.

Wir werden vielmehr einestheils nur vom Gegebenen ausgehen, andererseits aber bei Bildung und Verbindung unserer Begriffe keine andere Rücksicht kennen als das Bestreben, einen möglichst adäquaten Ausdruck des Gegebenen zu erhalten.

Was den ersten Punkt betrifft, so weisen die mannigfaltigsten Tatsachen der Wärmetheorie, der Chemie, der Krystallographie darauf hin, daß in den dem Anschein nach continuierlichen Körpern keineswegs der Raum unterschiedslos und gleichförmig mit Materie erfüllt ist, sondern daß sich darin ungemein zahlreiche Einzelwesen, die Moleküle und Atome befinden, welche zwar außerordentlich, aber nicht im mathematischen Sinne unendlich klein sind. Man kann ihre Größe nach verschiedenen, sehr disparaten Methoden berechnen und erhält immer das gleiche Resultat.

Die Fruchtbarkeit dieses Gedankens hat sich in neuester Zeit wieder bewährt. Alle Erscheinungen, welche an den Kathodenstrahlen, Bequerelstrahlen ect. beobachtet wurden, deuten darauf hin, daß man es dabei mit winzigen fortgeschleuderten Theilchen, den Elektronen zu thun hat. Nach einem heftigen Kampfe siegte diese Ansicht vollständig über die ihr anfangs gegenüberstehende Undulationstheorie dieser Erscheinungen. Die erstere Theorie taugte nicht nur viel besser zur Erklärung der bisher bekannten Tatsachen, sie bot auch Anregung zu neuen Experimenten und gestattete, bisher unbekannte Erscheinungen vorauszusagen. So entwickelte sie sich zu einer atomistischen Theorie der gesamten Elektricitätslehre. Wenn sich diese mit gleichem Erfolge wie in den letzten Jahren weiterentwickelt, wenn Erscheinungen, wie die von Ramsay beobachtete Umwandlung von Radiumemanation in Helium nicht vereinzelt bleiben, so verspricht diese Theorie noch zu ungeahnten Aufschlüssen über die Natur und Beschaffenheit der Atome zu führen. Die Rechnung ergibt nämlich, daß die Elektronen noch viel kleiner als die Atome der ponderablen Materie sind, und die Hypothese, daß die Atome aus zahlreichen Elementen aufgebaut sind sowie verschiedene interessante Ansichten über die Art und Weise dieses Aufbaus sind heute in aller Munde. Das Wort Atom darf uns da nicht irreführen, es ist aus alter Zeit übernommen; Untheilbarkeit schreibt heute kein Physiker den Atomen zu.

Allein alle diese Tatsachen und die daraus gezogenen Consequenzen sind es nicht, die ich hier ins Feld führen will; sie sind nicht imstande, die Frage nach der begrenzten oder unendlichen Theilbarkeit der Materie zum Austrag zu bringen. Wenn wir uns das, was man in der Chemie die Atome nennt aus Elektronen zusammengesetzt denken, was würde uns schließlich hindern, die Elektronen als ausgedehnte continuierlich mit Materie erfüllte Körperchen vorzustellen? Wir wollen vielmehr hier getreu den früher entwickelten philosophischen Principien folgen, also in möglichst unbefangener Weise die Begriffsbildung selbst prüfen, sie widerspruchslos und möglichst zweckmäßig zu gestalten suchen.

Da zeigt sich nun, daß wir das Unendliche nicht anders definieren können, als die Limite immer wachsender endlicher Größen; wenigstens war bisher noch niemand imstande, in anderer Weise einen irgendwie faßbaren Begriff des Unendlichen aufzustellen. Wollen wir uns daher vom Continuum ein Bild in Worten machen, so müssen wir uns notwendig zuerst eine große endliche Zahl von Theilchen denken, die mit gewissen Eigenschaften begabt sind und das Verhalten des Inbegriffs solcher Theilchen untersuchen. Gewisse Eigenschaften dieses Inbegriffs können sich nun einer bestimmten Limite nähern, wenn man die Anzahl der Theilchen immer mehr zu, ihre Größe immer mehr abnehmen läßt. Von diesen Eigenschaften kann man dann behaupten, daß sie dem Continuum zukommen, und dies ist meiner Ansicht nach die einzige widerspruchsfreie Definition eines mit gewissen Eigenschaften begabten Continuums.

Die Frage, ob die Materie atomistisch zusammengesetzt oder continuierlich ist, reduziert sich daher darauf, ob jene Eigenschaften bei Annahme einer außerordentlich großen endlichen oder ihre Limite bei stets wachsender Theilchenzahl die beobachteten Eigenschaften der Materie am genauesten darstellen. Freilich, die alte philosophische Frage haben wir hiermit nicht beantwortet, aber wir sind doch von dem Bestreben geheilt, sie auf einem widersinnigen und aussichtslosen Wege entscheiden zu wollen. Der Denkprozeß, daß wir zuerst die Eigenschaften eines endlichen Inbegriffs untersuchen und dann die Zahl der Glieder des Inbegriffs außerordentlich wachsen lassen müssen, bleibt ja in beiden Fällen derselbe. Und es ist nichts anderes als der abgekürzte Ausdruck genau desselben Denkprocesses durch algebraische Zeichen, wenn man, wie dies öfter geschieht, die Differentialgleichungen selbst zum Ausgangspunkte einer mathematisch physikalischen Theorie macht.

Die Glieder des Inbegriffs, den wir als Bild der materiellen Körper wählen, können wir uns jedenfalls nicht als immer absolut ruhend denken, da es sonst überhaupt keine Bewegung gäbe; auch nicht in einem und demselben Körper als relativ ruhend, weil wir uns sonst von den Flüssigkeiten keine Rechenschaft geben könnten. Es ist ferner noch kein Versuch gemacht worden, sie anders als den allgemeinen Gesetzen der Mechanik unterworfen zu denken. Wir wollen daher zur Naturerklärung den Inbegriff einer außerordentlich großen Zahl sehr kleiner, in steter Bewegung begriffener, den Gesetzen der Mechanik unterworfener Urindividuen wählen. Es ist dagegen eine Einwendung erhoben worden, welche wir passend zum Ausgangspunkte der Betrachtungen machen können, die das Schlußziel dieses Vortrags bilden sollen. Die Grundgleichungen der Mechanik ändern ihre Form nicht im mindesten, wenn man darin bloß das Vorzeichen der Zeit umkehrt. Alle rein mechanischen Vorgänge können sich daher in dem einen Sinne genau so wie im entgegengesetzten, im Sinne der wachsenden Zeit genau so, wie im Sinne der abnehmenden abspielen. Nun bemerken wir aber schon im gewöhnlichen Leben, daß Zukunft und Vergangenheit keineswegs sich so vollkommen decken wie die Richtung nach rechts und die nach links, daß vielmehr beide deutlich von einander verschieden sind.

Genauer präcisiert wird dies durch den sogenannten zweiten Hauptsatz der mechanischen Wärmetheorie. Derselbe sagt aus, daß, wenn ein beliebiges

System von Körpern sich selbst überlassen und nicht von anderen Körpern beeinflußt ist, immer der Sinn angegeben werden kann, in dem jede Zustandsänderung sich abspielt. Es läßt sich nämlich eine gewisse Funktion des Zustands sämtlicher Körper, die Entropie, angeben, welche so beschaffen ist, daß jede Zustandsänderung nur in dem Sinne vor sich gehen kann, welcher ein Wachsthum dieser Funktion bedingt, so daß die selbe mit wachsender Zeit nur wachsen kann. Dieses Gesetz ist freilich nur durch Abstraktion gewonnen wie das galiläische Princip; denn es ist unmöglich, ein System von Körpern in aller Strenge dem Einflusse aller übrigen zu entziehen. Aber da es mit den übrigen Gesetzen zusammen bisher immer richtige Resultate ergeben hat, so halten wir es für richtig, wie dies nicht anders beim galiläischen Princip zutrifft.

Es folgt aus diesem Satze, daß jedes abgeschlossene System von Körpern endlich einem bestimmten Endzustande zustreben muß, für welchen die Entropie ein Maximum ist. Man hat sich gewundert, als schließliche Consequenz dieses Satzes zu finden, daß die gesamte Welt einem Endzustande zueilen muß, wo alles Geschehen aufhört. Allein diese Consequenz ist selbstverständlich, wenn man die Welt als endlich und als dem zweiten Hauptsatz unterworfen betrachtet. Sieht man die Welt als unendlich an, so stellen sich wieder die besprochenen Denkschwierigkeiten ein, wenn man sich das Unendliche nicht als reine bloße Limite vorstellt.

Da in den Differentialgleichungen der Mechanik selbst absolut nichts dem zweiten Hauptsatz analoges existiert, so kann derselbe nur durch Annahmen über die Anfangsbedingungen mechanisch dargestellt werden. Um die hiezu tauglichen Annahmen zu finden, müssen wir bedenken, daß wir behufs Erklärung continuierlich scheinender Körper voraussetzen müssen, daß von jeder Gattung von Atomen oder allgemeiner, mechanischen Individuen, außerordentlich viele in den mannigfaltigsten Anfangslagen befindliche vorhanden sein müssen. Um diese Annahme mathematisch zu behandeln, wurde eine eigene Wissenschaft erfunden, welche nicht die Aufgabe hat, die Bewegungen eines einzelnen mechanischen Systems, sondern die Eigenschaften eines Complexes sehr vieler mechanischer Systeme zu finden, die von den mannigfaltigsten Anfangsbedingungen ausgehen. Das Verdienst, diese Wissenschaft in ein System gebracht, in einem größeren Buche dargestellt und ihr einen charakteristischen Namen gegeben zu haben, gebührt einem der größten amerikanischen Gelehrten, was reines abstraktes Denken, rein theoretische Forschung anbelangt, vielleicht dem größten: Willard Gibbs, dem kürzlich verstorbenen Professor von Yale College. Er nannte diese Wissenschaft die statistische Mechanik. Sie zerfällt in zwei Theile. Der erste untersucht die Bedingungen, unter welchen sich die äußerlich bemerkbaren Eigenschaften eines Complexes sehr vieler mechanischer Individuen gar nicht ändern, trotz lebhafter Bewegung der Individuen. Diesen ersten Theil möchte ich die statistische Statik nennen. Der zweite Theil berechnet die allmählichen Änderungen dieser äußerlich sichtbaren Eigenschaften, wenn jene Bedingung nicht erfüllt ist; er mag die statistische Dynamik heißen. Auf die weite Perspektive, welche sich uns eröffnet, wenn wir an eine Anwendung dieser Wissenschaft auf die Statistik der belebten Wesen, der menschlichen Gesellschaft, der Sociologie ect. und nicht bloß auf mechanische Körperchen denken, mag hier nur mit einem Worte hingewiesen werden.

Eine Entwicklung der Details dieser Wissenschaft wäre nur an der Hand mathematischer Formeln in einer Reihe von Vorlesungen möglich. Sie ist abgesehen von mathematischen, auch nicht frei von principiellen Schwierigkeiten. Sie basiert nämlich auf der Wahrscheinlichkeitsrechnung. Nun ist diese zwar ebenso exakt wie jede andere Mathematik sobald der Begriff der gleichen Wahrscheinlichkeit gegeben ist. Aber dieser kann als Fundamentalbegriff nicht wieder abgeleitet werden, sondern ist als gegeben zu betrachten. Es geht hier so wie bei den Formeln der Methode der kleinsten Quadrate, welche sich auch nur unter bestimmten Annahmen über die gleiche Wahrscheinlichkeit von Elementarfehlern einwurfsfrei ergeben. Aus diesen principiellen Schwierigkeiten erklärt es sich, daß selbst das einfachste Resultat der statistischen Statik, der Beweis des Maxwell'schen Geschwindigkeitsgesetzes unter Gasmolekülen, noch immer bestritten wird.

Die Lehrsätze der statistischen Mechanik sind strenge Folgen der gemachten Annahmen und werden immer wahr bleiben, wie alle wohlbegründeten mathematischen Lehrsätze. Ihre Anwendung auf das Naturgeschehen aber ist das Prototyp einer physikalischen Hypothese. Gehen wir nämlich von den einfachsten Grundannahmen über die gleiche Wahrscheinlichkeit aus, so finden wir für das Verhalten von Aggregaten sehr vieler Individuen ganz analoge Gesetze, wie sie die Erfahrung für das Verhalten der materiellen Welt zeigt. Progressive oder drehende sichtbare Bewegung muß immer mehr in unsichtbare Bewegung der kleinsten Theilchen, in Wärmebewegung, übergehen wie Helmholtz charaktristisch sagt: Geordnete Bewegung geht immer mehr in ungeordnete über. Die Mischung der verschiedenen Stoffe, ferner der verschiedenen Temperaturen, der Stellen mehr oder minder lebhafter Molekularbewegung muß eine immer gleichförmigere werden. Daß diese Mischung nicht schon von Anfang eine vollständige war, daß die Welt viel mehr von einem sehr unwahrscheinlichen Anfangszustande ausging, das kann man zu den fundamentalen Hypothesen der ganzen Theorie zählen und man kann sagen, daß der Grund dafür ebenso wenig bekannt ist wie überhaupt der Grund, warum die Welt gerade so und nicht anders ist. Aber man kann auch noch einen anderen Standpunkt einnehmen.

Zustände großer Entmischung respektive großer Temperaturunterschiede sind nach der Theorie nicht absolut unmöglich, sondern nur äußerst unwahrscheinlich, allerdings in einem geradezu unfaßbar hohen Grade. Wenn wir uns daher die Welt nur beliebig groß genug denken, so werden nach den Gesetzen der Wahrscheinlichkeitsrechnung daselbst bald da, bald dort Stellen von den Dimensionen des Fixsternhimmels mit ganz unwahrscheinlicher Zustandsvertheilung auftreten. Sowohl bei ihrer Bildung als auch bei ihrer Auflösung wird der zeitliche Verlauf ein einseitiger sein. Wenn sich also denkende Wesen an einer solchen Stelle befinden, so müssen sie von der Zeit genau denselben Eindruck gewinnen, den wir haben, obwohl der zeitliche Verlauf für das Universum als ganzes kein einseitiger ist. Die hier entwickelte Theorie geht zwar kühn über die Erfahrung hinaus, aber sie hat gerade die Eigenschaft, welche jede derartige Theorie haben soll, indem sie uns die Erfahrungsthatsachen in ganz neuartigen Beleuchtungen zeigt und zu weiterem Nachdenken und Forschen anregt. Im Gegensatz zum ersten Hauptsatze erscheint nämlich der zweite als bloßer Wahrscheinlichkeitssatz, wie es Gibbs schon in den siebziger Jahren des vorigen Jahrhunderts ausgesprochen hat.

Ich bin hier philosophischen Fragen nicht aus dem Weg gegangen in der festen Hoffnung, daß ein einmüthiges Zusammenwirken der Philosophie und Naturwissenschaft jeder dieser Wissenschaften neue Nahrung zuführen wird. Ja, daß man nur auf diesem Wege zu einem wahrhaft consequenten Gedankenausdruck gelangen kann. Wenn Schiller zu den Naturforschern und Philosophen seiner Zeit sagte: „Feindschaft sei zwischen euch, noch kommt das Bündnis zu frühe“, so stehe ich nicht mit ihm im Widerspruch, ich glaube eben, daß jetzt die Zeit für das Bündnis gekommen ist.

F i n i s .

Anhang 2: Aphorismen (Transkription)

In Ludwig Boltzmanns stenographischen Aufzeichnungen findet sich eine große Anzahl von unzusammenhängenden Gedanken und kritischen Anmerkungen, die man als Aphorismen bezeichnen kann. Sie müssen nicht unbedingt alle von ihm selbst stammen. Manche hat er in seinen Vorträgen verwendet. Eine Auswahl ist hier wiedergegeben.

- Der echte akademische Vortrag, im höchsten Sinne des Wortes, hat weniger den Zweck, fertige Lösungen von Problemen zu lehren, als vielmehr Probleme richtig darzustellen und Anregung zu geben, so daß ihre Lösung allmählich gelingt.
- Wenn die Studenten wüßten, wie ungern man sie reprobiert, sie würden aus Mitleid mit uns mehr lernen.
- Der Verstand ist das Werkzeug, das uns am öftesten im Stich läßt. Es entsteht die sonderbare Meinung, daß wir denken können was wir wollen.
- Die Ideen sammeln und ordnen sich auch wenn man nicht denkt sondern ruht.
- Experimentierst du mit der Seele, so experimentierst du schon, ach, mit der Seele nicht mehr.
- Wenn Gulden vom Reichen zum Armen kommen, wird die Summe der Quadrate des Glücks größer.
- Der Mensch gleicht dem Wagenpferd, das unter seiner Last fällt, einen Augenblick starr ruht und dann wieder gleichmäßig arbeitet, sobald es aufgepeitscht worden ist.
- Der wahre Wohltäter der Menschheit ist die Lüge. Ihr Feind ist die Wahrheit.
- Idealismus ist die Rückkehr zur ganz naiven Ansicht.
- Es ist ängstlich, an anderen sehen zu müssen, daß die strenge Übung der Denkgesetze durch kleine Gehirnfehler aufhört. Es ist noch viel schlimmer, wenn wir es an uns selbst sehen.
- Dem Pessimisten, dem Philosophen und Dichter erscheinen alle Menschen schlecht. Dem Nekrologenschreiber erscheinen alle gut, edel und pflichtgetreu.
- Was im Menschen das Gehirn, ist in der Wissenschaft die Mathematik.
- Es kommt nicht vor, daß eine Ebene Höker hat. Die Mathematik schafft sich ihre Objekte selbst, sie hat es leicht. Aber die Physik muß die widerspenstige Materie mit den überall reißenden Spinnweben fassen.
- Die Experimentalphysik zeigt die Naturgesetze. Sie ist umgekehrt wie ein Taschenspieler. Dieser zeigt das Gegenteil mit den gleichen Mitteln.
- Ich verachte das Experiment wie der Bankier das Kleingeld.

- Die Natur ist wie ein kokettes Mädchen. Man muß dreimal anklopfen.
- Die Atomistik ist nicht eine schlechte Weltanschauung sondern dieser Begriff von Weltanschauung ist schlecht; man soll sich nicht an bestimmte Weltanschauungen binden.
- Zu sagen, die Molekulartheorie hätte bloß historischen Wert, wäre als ob ein Maschinist sagte, die innere Einrichtung seiner Maschine hätte bloß historischen Wert.
- Die Freiheit brütet Kolosse aus. Bei den Künsten in Deutschland begrüßt uns manches Schöne, aber keine Freiheitsstatue.
- Das Drama der Philosophie ist, sie ist wie der Brechreiz bei Migräne, der etwas auswürgen will wo nichts ist. Es ist die Aufgabe der Philosophie, die Menschheit von dieser Mygräne zu heilen.
- Die Philosophen haben Sprachmängel, ihren Mangel an Gedanken zu verbergen.
- Die Vergeudung von soviel Arbeitskraft zu beenden bewirkt, daß sich die an sich brauchbare Arbeit Nützlicherem zuwende. Dasselbe wäre auch bei Juristen sehr wünschenswert: Wirklich zu zeigen, wie einfach und allen verständlich sich das Recht machen ließe. Ich möchte noch einen Lehrauftrag für Jus bekommen! Wir [Physiker] sprechen mit drei Buchstaben und einem Strich ein Gesetz aus, das noch Fundamentalgesetz bleiben wird, wenn von der Erde mit allen Juristen keine Spur mehr vorhanden sein wird.

Anhang 3: Zeittafel

1844 20. Februar: Ludwig Eduard Boltzmann geboren in Wien

1854 Eintritt in das Gymnasium in Linz

1863 Juli: Matura (Reifeprüfung) in Linz
Oktober: Beginn des Studiums der Mathematik und Physik an der Universität Wien

1865 Erste Veröffentlichung:
„Über die Bewegung der Electricität in krummen Flächen". Sitzungsber. d. Kais. Akad. d. Wiss. 52 (1865), S. 214–221

1866 Zweite Veröffentlichung:
„Über die mechanische Bedeutung des zweiten Hauptsatzes der Wärmetheorie". Sitzungsber. d. Kaiserl. Akad. d. Wiss. 53 (1866), 195–220
Oktober bis September 1869: Assistent am k.k. physikalischen Institut der Universität Wien
19. Dezember: Promotion

1867 Lehramtsprüfung für Mathematik und Physik für das Obergymnasium
21. Dezember: Eröffnung des Habilitationsverfahrens zur Erteilung der Venia Docendi für alle Fächer der mathematischen Physik an der Universität Wien

1867/68 Probejahr am Akademischen Gymnasium in Wien

1868 7. März: Habilitation. Privatdozent für mathemat. Physik

1869 17. Juli: Erste Professur an der Karl-Franzens-Universität Graz. Berufung auf die neu errichtete Lehrkanzel für mathematische Physik

1870 Sommersemester: Zusammenarbeit mit Bunsen und Kundt am physikalischen Institut der Universität Heidelberg. Begegnung mit Kirchhoff

1871 Wintersemester 1971/72: Zusammenarbeit mit Helmholtz am Physikalischen Laboratorium der Friedrich-Wilhelm-Universität in Berlin

1873 Erste Professur an der Universität Wien. Ernennung zum o. ö. Professor für Mathematik

1875 März: Ablehnung eines Rufs an das Eidgenössische Polytechnikum in Zürich
1. April: Erweiterung des Lehrauftrags an der Universität Wien „auf jene Gebiete dieser Wissenschaft [Mathematik], welche mit der Physik im Zusammenhang stehen" unter Bewilligung einer jährlichen Zulage von 1.200 Gulden (lt. Dekret vom 7. April 1875).
November: Ablehnung eines Rufs an die Universität Freiburg

1876 28. August: Zweite Professur an der Karl-Franzens-Universität Graz. Ernennung zum o. Professor für Physik und Leiter des Physikalischen Instituts mit einem Jahresgehalt von 3.840 Gulden (lt. Dekret vom 28. August 1876)

1878/79 Dekan der philosophischen Fakultät der Universität Graz (lt. Dekret vom 3. August 1878)

1881 Verleihung des Titels eines „Regierungsrathes" (lt. Dekret vom 25. August 1881)

1887/88 Rektor der Universität Graz (lt. Dekret v. 24. Juni 1887)

1888 6. Januar: Ruf an die Friedrich-Wilhems-Universität Berlin an die Philosophische Fakultät (als Nachfolger Kirchhoffs)
März: Ernennung zum o. Professor für theoretische Physik in Berlin (lt. Bestallungsurkunde vom 19. März 1888)
24. Juni: Absage an die Universität Berlin
14. Oktober und 10. Dezember: Versuche, die Absage rückgängig zu machen
20. Oktober: Abschlägige Antwort aus Berlin
Mit Dekret vom 12. September 1888 wird der Jahresgehalt in Graz auf 5.000 Gulden erhöht

1889 27. Oktober: Verleihung des Titels eines „Hofrathes“ (lt. Dekret vom 30. Oktober 1889)

1890 6. Juli: Ernennung zum Professor für Theoretische Physik an der Kgl. Ludwig-Maximilian-Universität in München. Verleihung des Titels eines „Geheimen Rates“
31. August: Entlassung aus dem österreichischen Staatsdienst (lt. Dekret vom 19. August 1890)

1894 1. September: Entlassung aus dem Bayerischen Staatsdienst (lt. Dekret vom 18. Juli 1894)
1. September: Zweite Professur an der Universität Wien. Berufung zum o. Professor der Theoretischen Physik mit einem Jahresgehalt von 7.600 Gulden und einer freien Dienstwohnung (lt. Dekret vom 22. Juni 1894)

1899 20. Juli bis 2. August: Erste USA-Reise nach Worcester

1900 31. August: Entlassung aus dem österreichischen Staatsdienst (lt. Dekret vom 21. Juli 1900)

1900 1. September: Professur an der Universität Leipzig. Ernennung zum o. Professor der theoretischen Physik in der Philosophischen Fakultät (lt. Dekret vom 17. August 1900) mit einem Jahresgehalt von 12.000 Mark (lt. Berufungszusage vom 4. August 1900)

1902 1. Oktober: Dritte Professur an der Universität Wien. Berufung zum o. Professor der theoretischen Physik mit einem Jahresgehalt von 15.200 Kronen und einer jährl. Wohnungsentschädigung von 3.000 Kronen. Wiederverleihung des Titels eines „Hofrates“ (lt. Dekreten vom 4. Juni und 14. Juli 1902)

1903 5. Mai: Zusätzlicher Lehrauftrag für „Philosophie der Natur und Methodologie der Naturwissenschaften“ mit einer Remuneration von 2.000 Kronen je Semester (lt. Dekret vom 9. Mai 1903)

1904 Dispension vom zusätzlichen Lehrauftrag

1904 21. August bis 8. Oktober: Zweite USA-Reise nach St. Louis, Detroit, Chikago, Washington D.C.

1905 11. Juni bis 3. August: Dritte USA-Reise nach Berkeley

1906 5. Mai: Wegen Krankheit vom Dienst suspendiert

1906 5. September: Ludwig Boltzmann beendet sein Leben in Duino bei Triest

Q. B. F. F. F. Q. S.

AUSPICIIS IMPERIO TUTELAQUE

Serenissimi Domini Potentissimi Maximique Principis

CAESARIS

NICOLAI ALEXANDRI FILII

Totius Russiae etc. etc. etc. Imperium Dominatumque Obtinentis

Universitatis IMPERATORIAE Petropolitanae Senatus Academicus, Ordinis physico-mathematici sententiam cunctis suffragiis enuntiatam votis felicissimis amplexus, LUDOWICUM BOLTZMANNUM Doctorem, V. C., Professorem, quippe qui in naturae arcana penitus investiganda atque inlustranda curam multiplicem contulerit, disciplinamque eam, quae physice solet nuncupari, omni fere ex parte ingenii sui labore adauxerit, concilio m. Januarii die XXVI° a. D. MCMIIII celebrato **socium sibi honoris causa** adscivit, quae electio a Ministro Publicae Instructionis m. Februarii die XII° a. c. adprobata est.

Quae suffragia uti debita auctoritate confirmentur, praesens diploma Domino Doctori LUDOWICO BOLTZMANNO V. C., Professori, Consiliario Aulico Privato a Senatu Academico Universitatis s. s. offertur, quibus par erat nominibus nec non et sigillo Academico instructum.

Rector *Prof. Dr. A. Shdanow.*

Decani *Prof. Dr. W. Schewiakoff*
Prof. Dr. D. Grimm
Prof. Dr. V. Schukowski
Prof. S. Platonoff

m. Martii die XIX° a. D. MCMIIII

To all Persons to whom these Presents shall come

GREETING.

This Diploma Witnesseth

that **Ludwig Boltzmann** *has been duly elected a Foreign Associate*

National Academy of Sciences of the United States of America,

in conformity with the provisions of the Charter and Constitution of said Academy, and that he is fully entitled to enjoy all the rights of Fellowship in said Academy with all the Liberties, Immunities and Privileges thereunto belonging. In testimony whereof, the said Academy have caused their Corporate Seal to be affixed to this Diploma and the same to be attested by the names of the proper Officers this twenty first day of April in the year of our Lord One thousand nine hundred and four.

Arnold Hague Home Sec.   *Alexander Agassiz* President

Simon Newcomb For. Sec.   *Ira Remsen* Vice Pres.

Anhang 4: Ehrungen
(laut vorhandenen Urkunden)

1875 29. Mai: Freiherr von Baumgartner Preis der Akademie der Wissenschaften in Wien; dotiert mit 1.000 Gulden

1882 9. Dezember: Korrespondierendes Mitglied der Königlichen Gesellschaft der Wissenschaften zu Göttingen in der Mathematischen Klasse

1885 20. Mai: Wirkliches Mitglied der Kaiserlichen Akademie der Wissenschaften in Wien, Mathematisch-Naturwissenschaftliche Klasse

1887 12. November: Auswärtiges Mitglied der Königlichen Gesellschaft der Wissenschaften zu Göttingen in der Mathematischen Klasse

1888 5. April: Ordentliches Mitglied der Preußischen Akademie der Wissenschaften in der Physikalisch-Mathematischen Klasse

29. Juni: Ehrenmitglied der Preußischen Akademie der Wissenschaften in Berlin (Umwandlung der bisherigen Mitgliedschaft)

12. Dezember: Auswärtiges Mitglied der Königlich Schwedischen Akademie in Stockholm

1889 13. Januar: Korrespondierendes Mitglied der Akademie der Wissenschaften in Bologna

1890 2. Juli: Ehrenmitglied der Mathematisch-Physikalischen Gesellschaft an der Universität Graz

1891 14. November: Ordentliches Mitglied der Bayerischen Akademie der Wissenschaften in München

1892 30. Januar: Ehrenmitglied des Naturwissenschaftlichen Vereins für Steiermark in Graz

26. April: Ehrenmitglied der Manchester Literary and Philosophical Society, Manchester

21. Mai: Auswärtiges Mitglied der Holländischen Gesellschaft der Wissenschaften in Haarlem

1893 7. April: Auswärtiges Mitglied der Gesellschaft der Wissenschaften in Kopenhagen

1894 15. August: Ehrendoktor der Universität Oxford

1895 9. Mai: Mitglied der Königlichen Gesellschaft Edinburgh

29. Mai: Wiederwahl als Wirkliches Mitglied der Kaiserlichen Akademie der Wissenschaften in Wien

7. Dezember: Ordentliches Mitglied der Königlichen Gesellschaft der Wissenschaften in Upsala

---

Abb. 19. Ernennung zum Ehrenmitglied des Akademischen Senats der Kaiserlichen Universität St. Petersburg, St. Petersburg, 26. Januar 1904

Fig. 19. Appointment as Honorary Member of the Academic Senate of the Imperial University of St. Petersburg, St. Petersburg, 26 January 1904

Abb. 20. Ernennung zum Auswärtigen Mitglied der USA-Akademie der Wissenschaften, Washington D.C., 21. April 1904

Fig. 20. Appointment as Foreign Associate of the National Academy of Sciences of the United States of America, Washington D.C., 21 April 1904

1896 12. Januar: Auswärtiges Mitglied der Akademie der Wissenschaften in Turin
7. September: Auswärtiges Mitglied der Regia Lynceorum Academia, Rom
9. Oktober: Auswärtiges Mitglied der Akademie der Wissenschaften in Rom in der Klasse für Physik, Mathematik und Naturwissenschafen
1897 10. März: Auswärtiges Ehrenmitglied der American Academy of Arts and Sciences, Section of Physics, Boston
21. April: Auswärtiges Mitglied der Niederländischen Akademie der Wissenschaften in Amsterdam
6. Mai: Auswärtiges Mitglied der Italienischen Gesellschaft der Wissenschaften in Rom
24. Mai: Ehrenmitglied der Cambridge Philosophical Society
15. Juni: Ehrenmitglied der Physikalisch-Medicinischen Societät Erlangen
1898 26. Mai: Ehrenmitglied des Physikalischen Vereins zu Frankfurt am Main
1899 1. Juni: Mitglied der Gesellschaft für Naturwissenschaften in London
10. Juli: Ehrendoktor der Clark University, Worcester, Massachusetts
21. November: Verleihung des Königlich Bayerischen Maximilians-Ordens für Wissenschaft und Kunst
29. Dezember: Korrespondierendes Mitglied der Kaiserlichen Akademie der Wissenschaften in Petersburg
1900 9. Februar: Verleihung des Österreichischen Ehrenzeichens für Kunst und Wissenschaft
4. Mai: Auswärtiges Mitglied der Ungarischen Akademie der Wissenschaften in Budapest
15. Dezember: Ordentliches Mitglied der Königlich Sächsischen Gesellschaft der Wissenschaften in Leipzig
1902 11. März: Verleihung des Otto-Vahlbruch-Preises an der Universität Göttingen; dotiert mit 12.000 Mark
6. September: Ehrendoktor der Norwegischen König Frederik Universität in Christiania
1903 15. Oktober: Ehrenmitglied der Kaiserlichen Gesellschaft der Freunde der Naturwissenschaften in Petersburg
18. Dezember: Ehrenmitglied der Kaiserlichen Naturwissenschaftlichen Gesellschaft in Moskau
1904 26. Januar: Ehrenmitglied des Akademischen Senats (Ehrensenator) der Kaiserlichen Universität Petersburg
20. Februar: Festveranstaltung zum 60. Geburtstag. Festschrift: Meyer, St. (1904). Festschrift Ludwig Boltzmann gewidmet zum sechzigsten Geburtstage (117 Einzelbeiträge, 928 Seiten). Leipzig: Verlag J. A. Barth
16. März: Ehrenmitglied der Royal Irish Academy, Department of Science, Dublin
21. April: Auswärtiges Mitglied der National Academy of Sciences of the United States of America, Washington D.C.
9. Mai: Ehrenmitglied der Royal Institution of Great Britain, London
11. Mai: Ehrenmitglied der Kaiserlichen Universität Kasan
20. Mai: Wiederwahl als Wirkliches Mitglied der Kaiserlichen Akademie der Wissenschaften in Wien
17. Oktober: Ehrenmitglied der Academy of Science of St. Louis
1906 1. März: Medaille (in 18 kar. Gold) und Ehrenpreis der Peter-Wilhelm-Müller Stiftung in Frankfurt am Main; dotiert mit 9.000 Reichsmark

Mitglied der Akademie der Wissenschaften New York, Mitglied der Physical Society of London, Mitglied der British Association for Advancement of Science. Lt. Angaben von Höflechner und Hohenester (1985). Urkunden nicht vorhanden.

Namensverzeichnis